Angewandte
chemische Thermodynamik
und Thermoanalytik

EXS
Experientia Supplementum
Vol. 37

E. Marti, H. R. Oswald und H. G. Wiedemann
(Herausgeber)

Angewandte chemische Thermodynamik und Thermoanalytik

Vorträge des Rapperswiler TA-Symposiums
vom 18. bis 20. April 1979

1979

Birkhäuser Verlag
Basel · Boston · Stuttgart

Library of Congress Cataloging
in Publication Data
Rapperswiler TA-Symposium, 1979.
Angewandte chemische Thermodynamik
und Thermoanalytik.
(Experientia Supplementum; 37)
Papers in English, French or German.
1. Thermodynamics-Congresses. 2. Ther-
malanalysis-Congresses. I. Marti, E., 1932 –
II. Oswald, H. R., 1930 – III. Wiedemann,
Hans G. – IV. Series. [DNLM: 1. Thermo-
dynamics-Congresses. W1 EX23 v. 37 /
QD504 R221a 1979]
QD504.R36 1979   541.3'69   79-27665
ISBN 3–7643–1142–8

CIP-Kurztitelaufnahme
der Deutschen Bibliothek
*Angewandte chemische Thermodynamik
und Thermoanalytik.* Vorträge d. Rapperswiler TA-Symposiums vom 18.–20. April
1979 / E. Marti . . . (Hrsg.). – Basel, Boston,
Stuttgart. Birkhäuser, 1979.
(Experientia: Suppl.; Vol. 37)
ISBN 3–7643–1142–8
NE: Marti, Erwin [Hrsg.]; TA-Symposium
⟨1979, Rapperswil⟩.

CIP-Kurztitelaufnahme
der Deutschen Bibliothek

Inhaltsverzeichnis

4
Industrielle Anwendungen

Vorwort

Die Beiträge des ›Rapperswiler TA-Symposiums‹, das vom 18.–20. April 1979 stattfand, sind im vorliegenden Band der ›Experientia Supplementum‹ als Vortrag oder Zusammenfassung enthalten. Das Symposium war den Gebieten der angewandten chemischen Thermodynamik und der Thermoanalytik gewidmet. Die vier Sektionen 1) Anorganische Chemie, 2) Biologie, Biochemie und Organische Chemie, 3) Instrumentation, 4) Industrielle Anwendungen verdeutlichen die Breite der behandelten Themen. Erfreulicherweise wurde die Mehrzahl der gehaltenen Vorträge für diesen Band zur Verfügung gestellt. Allen Autoren sei an dieser Stelle sowohl für ihre spontane Bereitschaft als auch für ihre Sorgfalt beim Erstellen der druckfertigen Manuskripte gedankt. In denjenigen Fällen, wo keine ausführliche Publikation des Vortrags möglich war, ist stellvertretend die Zusammenfassung aus dem wissenschaftlichen Programm des Symposiums in diesen Band mit aufgenommen worden. Dadurch ist eine geschlossene Information über den wissenschaftlichen Gehalt der Tagung gewährleistet.

Das Organisationskomitee des ›Rapperswiler TA-Symposiums‹ war aus den folgenden Vorstandsmitgliedern der beiden einladenden Gesellschaften, nämlich der Schweizerischen Gesellschaft für Thermoanalytik und Kalorimetrie (STK) und der Gesellschaft für Thermische Analyse (GEFTA), BRD, zusammengesetzt:

Prof. G. Bayer, Zürich
Dr. E. Marti, Basel
Dr. M. Müller-Vonmoos, Zürich
Prof. H. R. Oswald, Zürich
Prof. W. Richarz, Zürich
Prof. H. J. Seifert, Kassel
Dr. P. Tissot, Genf
Dr. H. G. Wiedemann, Greifensee

Eine Ausstellung thermoanalytischer Meßinstrumente erweiterte die Rapperswiler Tagung. Wissenschaftliche Mitarbeiter einiger Herstellerfirmen thermoanalytischer Geräte haben sich mit Vorträgen über instrumentelle Neuheiten und methodische Aspekte am Symposium beteiligt.

Ein vielseitiges Rahmenprogramm bot Gelegenheit, neben den fachlichen Diskussionen auch die persönlichen Kontakte zwischen den rund 180 Teilnehmern und Gästen des Symposiums zu fördern.

E. M., H. R. O., H. G. W.

Vorsitzende der einzelnen Untersektionen:

Prof. G. Bayer, Zürich
Dr. F. Brogli, Basel
Prof. Th. Gast, Berlin
Dr. W. Hemminger, Braunschweig
PD Dr. E. Kaldis, Zürich
Prof. A. Kettrup, Paderborn
PD Dr. W. Krajewski, Aachen
Prof. Dr. Krug, Tübingen
Prof. I. Lamprecht, Berlin
Dr. E. Marti, Basel
Dr. M. Müller-Vonmoos, Zürich
Prof. H. R. Oswald, Zürich
Dr. W. Perron, Greifensee
Prof. H. J. Seifert, Kassel
Dr. H. G. Wiedemann, Greifensee

1
Anorganische Chemie

UEBER DIE STABILITAET UND DAS UMWANDLUNGSVERHALTEN
DES VATERITS ($CaCO_3$)

G.Bayer
Institut für Kristallographie und Petrographie der ETH
Sonneggstrasse 5, 8092 Zürich

H.G.Wiedemann
Mettler Instrumente AG
8606 Greifensee

Ziel dieser Arbeit war die reproduzierbare Herstellung von reinem Vaterit und dessen thermoanalytische Untersuchung (DTA, Heizröntgen). Langsame Fällung von Ca-Salzlösungen mit verschiedenen Alkalicarbonatlösungen und umgekehrt ergab bei hohen Konzentrationen reine Vateritpräparate. Ebenso bewährte sich das Einrühren von Gipspulver in konz. K_2CO_3-Lösung. Die gut gewaschenen und getrockneten Proben zeigten beim Aufheizen ab ca. 420°C die exotherme, irreversible Umwandlung zu Calcit. Die Enthalpie dieser Umwandlung wurde an verschiedenen Vateritproben gemessen. Je nach Herstellungsbedingungen variieren diese Werte. Dies hängt mit der schlechten Kristallinität der Präparate und einem möglichen Fremdioneneinbau in die stark fehlgeordnete Struktur zusammen. Im Gegensatz zur relativ hohen Stabilität im trockenen Zustand zeigten die Vateritproben in wässrigem Medium bereits ab 40°C die irreversible Umwandlung in Aragonit. Versuche gut kristallisierten Vaterit herzustellen, wie er von biologischen Vorkommen bekannt ist, blieben erfolglos.

1. Einleitung

Calciumcarbonat, $CaCO_3$, kristallisiert in den drei Modifikationen Calcit, Aragonit und Vaterit wobei Häufigkeit und Stabilität in dieser Reihenfolge stark abnehmen. Ueber Arbeiten am $CaCO_3$-System unter verschiedenen p,T-Bedingungen und in Ab-

hängigkeit von der Atmosphäre und von chemischen Einflüssen existiert eine umfangreiche Literatur (1,2,3,4,5,6). Bei Hochdruck-
experimenten wurden dabei neue polymorphe Formen gefunden, die
zur Unterscheidung von Calcit (=CaCO$_3$ I) mit Calcit II und Calcit III bezeichnet werden (7). In Tabelle I sind einige Daten
der verschiedenen CaCO$_3$-Modifikationen einander gegenübergestellt. Fig.1 zeigt die in einem p,T-Diagramm zusammengefassten,
neuesten Daten über die Stabilitätsbereiche (4).

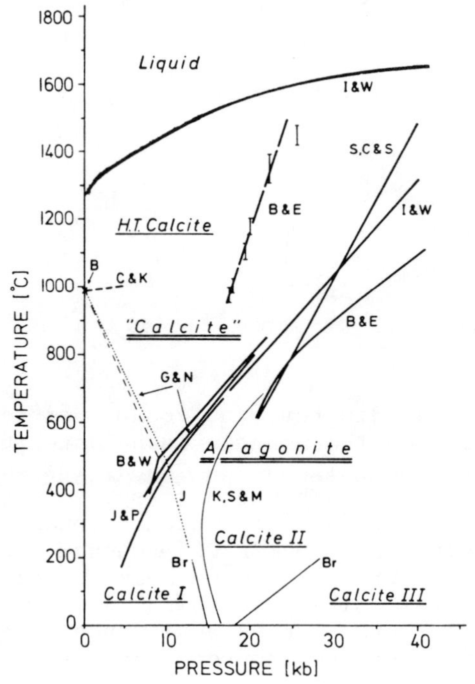

Fig.1   p,T-Diagramm
des CaCO$_3$ (4)

Der Aragonit wird allgemein als die stabile Hochdruckform des
CaCO$_3$ betrachtet, er kann aber auch sehr leicht unter Normal-
druckbedingungen gebildet werden, besonders bei höherer Temperatur und bei organogenen Kalkabscheidungen. Obwohl Aragonit
häufig vorkommt spielt er als gesteinsbildendes Mineral im Vergleich zum Calcit nur eine untergeordnete Rolle. Dies trifft in
noch viel stärkerem Ausmass für den Vaterit zu. Dieses hexagonal
kristallisierende Calciumcarbonat ist als Mineral äusserst selten und ohne Bedeutung, was im Zusammenhang mit seiner besonderen Instabilität und mit den speziellen Bildungsbedingungen
steht. Vaterit tritt gelegentlich als Primärkristallisation bei

der Fällung aus konzentrierten, Ca-hältigen Lösungen auf wobei
die Temperatur nicht zu hoch sein darf. Die Struktur der Kristalle, die häufig rundlich geformte Sphärulite oder "Somatoide"
bilden, ist stark fehlgeordnet. Die Umwandlung in die stabilen
Modifikationen Calcit oder Aragonit erfolgt sehr leicht; sie
hängt von verschiedenen Faktoren ab wie Zeit, Temperatur, Aus-
gangssubstanzen, Reinheit, Fehlordnungsgrad. Dabei wird nicht
nur die Umwandlungstemperatur sondern auch die Umwandlungsenthalpie stark beeinflusst, was die grosse Streuung der wenigen
bisher in der Literatur angegebenen Werte erklärt. Ueber ein
Stabilitätsfeld des Vaterits im reinen $CaCO_3$-Phasendiagramm ist
bisher nichts bekannt. Möglicherweise ist sein Auftreten an den
Einbau von Fremdatomen gebunden.

Tabelle 1.   Eigenschaften der $CaCO_3$-Modifikationen

Bezeichnung	Struktur	Dichte (g/ccm)	Umwandlung	T_u (^oC)	ΔH_u Kcal/mol
Vaterit	P6$_3$/mmc hex.	2.645	V → C I	490	-0.50 ±0.06
Aragonit	Pmcn orh.	2.947	A → C I	390–440	+0.07
Calcit I	R$\bar{3}$c rhomb.	2.710	C ⇄ A	400 (10 Kbar)	
Calcit II	P2$_1$/c mkl.	2.770	C I → C II	Hochdruck-phase (15 Kbar)	

Die im folgenden beschriebenen Untersuchungen hatten zum Ziel
reinen, möglichst gut kristallisierten Vaterit reproduzierbar
herzustellen und seine Stabilität und sein Umwandlungsverhalten
mit thermoanalytischen und röntgenographischen Methoden zu untersuchen.

2. <u>Struktur der $CaCO_3$ Modifikationen</u>

        Gemeinsam ist allen kristallinen Formen des $CaCO_3$ die
Sauerstoffkoordination um das Kohlenstoffatom in Form eines
gleichseitigen Dreieckes. Dagegen ist die Anordnung und die
Orientierung der $[CO_3]^{2-}$-Baugruppen in den einzelnen Modifikationen verschieden. Dadurch ergibt sich eine sehr unterschiedliche Sauerstoffkoordination um das Calcium mit entsprechend
verschiedenen interatomaren Abständen Ca-O (Tabelle 2). Während
beim Calcit ein schwach deformiertes $[CaO_6]$ -Oktaeder vorliegt,
sind beim Aragonit 9 Sauerstoffatome als nächste Nachbarn um ein
Calcium-Ion gruppiert. Dies ist in Uebereinstimmung mit der
dichter gepackten Struktur.

Tabelle 2.   C-O und Ca-O Koordination in den Modifikationen
             des $CaCO_3$

	Calcit I	CaCO$_3$ II (bei 15 Kbar)	Aragonit	Vaterit
C-O (Å)	1.283 ±0.002	1.256 ±0.05	1.287 ±0.05	1.26 ±0.02
Koordinationszahl	3	3	3	3
Ca-O (Å)	2.356 ±0.004	2.383 ±0.038 (Mittelwert)	2.508 ±0.005 (Mittelwert)	2.50 ±0.06 (Mittelwert)
Koordinationszahl	6	6	9	8

In Fig.2 sind Ausschnitte aus Strukturprojektionen des Calcits
und des Aragonits einander gegenübergestellt. Typisch für den
Calcit ist die schichtähnliche Anordnung der $[CO_3]^{2-}$-Gruppen parallel zur Basis (0001) und die Schraubung der über Kanten verknüpften $[CaO_6]$-Oktaeder um die c-Achse. Die Aragonitstruktur
dagegen ist charakterisiert durch die jeweils um 120° gegeneinander verdrehten, übereinanderliegenden $[CO_3]^{2-}$-Gruppen. Durch
diese Anordnung ergibt sich die 9er-Sauerstoffkoordination für
das Calcium (Fig.2b). Beim Vaterit (Fig.3) sind die $[CO_3]^{2-}$-
Gruppen senkrecht zur Basis stehend angeordnet, d.h. parallel
zur hexagonalen Achsenrichtung [0001]. Die Calcium-Ionen zeigen
dabei eine hexagonal-primitive Anordnung, während je 2 Sauerstoffatome einer $[CO_3]^{2-}$-Gruppe im Zentrum eines von 6 Ca-Ionen
gebildeten Teilprismas übereinander und parallel zur c-Achse
liegen. Das dritte Suaerstoffatom und das Kohlenstoffatom sind
bezüglich ihrer Position statistisch verteilt (6). Eine Möglichkeit der Orientierung der $[CO_3]^{2-}$-Gruppen ist in der rechten
Hälfte von Fig. 3 gezeigt. Die Vateritstruktur wird daher mit
der Elementarzelle einer gemittelten Struktur angegeben. Prinzipiell kann man sie als eine verzerrte Variante des NiAs-Typs
auffassen, wobei die Ca-Ionen auf den Ni-Positionen und die O-O
Gruppen auf den As-Lagen verteilt sind. Für die Sauerstoffan-
ordnung um die Ca-Ionen ergibt sich dabei die Koordinationszahl
8, das Koordinationspolyeder ist ein verzerrter Würfel (Fig. 4).
Die Struktur des Vaterits ist relativ sperrig aufgebaut, was
auch in der geringen Dichte und in der Instabilität zum Ausdruck
kommt. Fig. 5 zeigt einen Vergleich von Röntgenpulveraufnahmen
der drei $CaCO_3$-Modifikationen, die ganz unterschiedliche, charakteristische Reflexabfolgen zeigen.

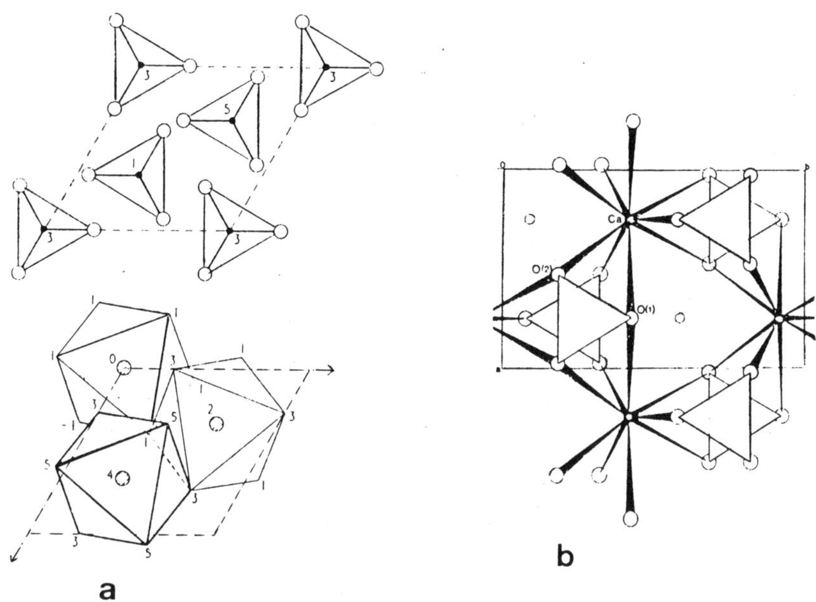

Fig.2. $[CO_3]^{2-}$-Gruppen und Ca-O Koordination im Calcit (a)
       und Aragonit (b)

Zu erwähnen wären auch die engen strukturellen Beziehungen zwi-
schen Vaterit $(CaCO_3)$ und Bastnäsit $(Ce|F|CO_3)$ und den Zwischen-
gliedern dieser Reihe Synchisit $(CaCe|F|(CO_3)_2)$, Röntgenit
$(Ca_2Ce_3|F_3|(CO_3)_5)$ und Parisit $(CaCe_2|F_2|(CO_3)_3)$. Die Strukturen
dieser Calcium-Cerfluorcarbonate sind aus Wechsellagerungen von
"Vaterit"- und "Bastnäsit"-Schichten aufgebaut (6,8).

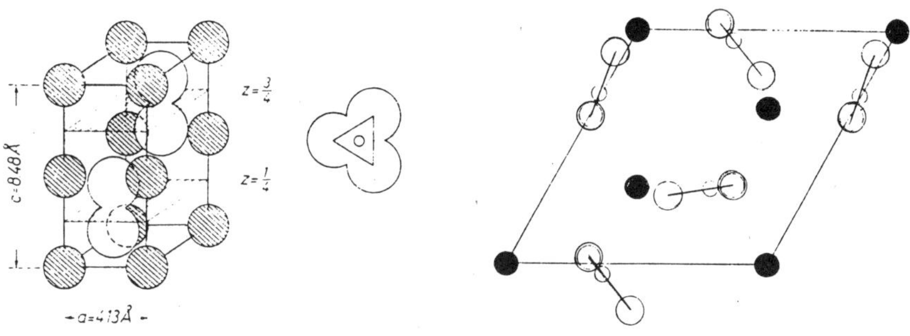

Fig.3. Orientierung der $[CO_3]^{2-}$-Gruppen im Vaterit (6)

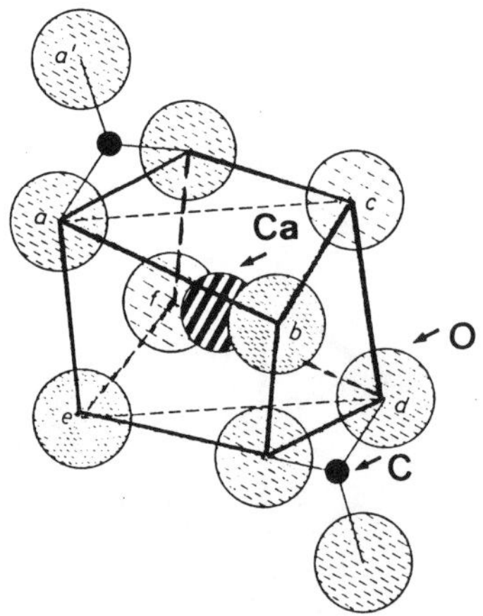

Fig.4. Sauerstoffkoordination des
        Calciums im Vaterit (6)

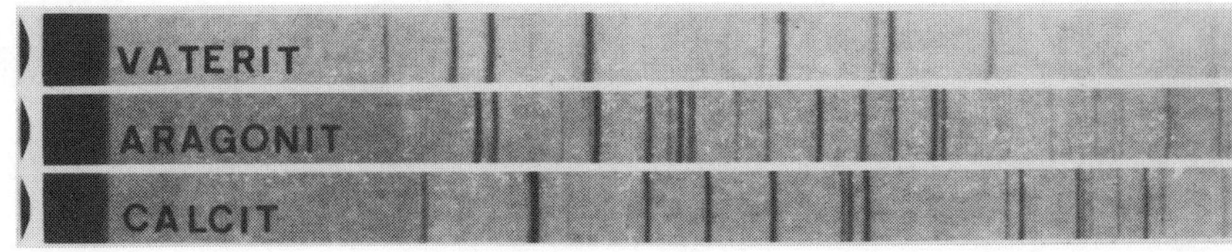

Fig.5. Röntgenpulveraufnahmen der $CaCO_3$-Modifikationen
        (Cu_{k_α} - Strahlung)

3. Vorkommen und Synthese des Vaterits

        Wie erwähnt sind die natürlichen Vorkommen von Vate-
rit auf Grund seiner Instabilität und der speziellen Bildungsbedingungen äusserst selten (9). Verschiedene Syntheseversuche
zeigten, dass bei vielen Fällungen von $CaCO_3$ primär Vaterit entstehen kann der sich je nach Milieu, Lösungsgenossen, pH, Temperatur und Druck mehr oder weniger schnell, aber immer irreversibel, in stabilen Calcit oder Aragonit umwandelt. Nur in trocken-
er Atmosphäre ist reiner Vaterit bei Raumtemperatur unbegrenzt
beständig. Die meisten natürlichen Vateritvorkommen sind vermutlich rezenter Natur. Als Mineral wurde Vaterit in geringen
Mengen in metamorphen Gesteinen und Sedimenten gefunden. Bekannt
sind ferner hydrothermale Bildungen, z.B. Pseudomorphosen nach
Larnit (β-Ca_2SiO_4) eingebettet in Kieselgel (10). Im technischen
Bereich ist Vaterit gelegentlich ein unerwünschtes Primärprodukt
bei der Fällung von $CaCO_3$-Pigmenten. Auch bei hydratisiertem
Portlandzement und bei Kesselsteinablagerungen kann Vaterit ge-

legentlich auftreten. Was die organogenen Abscheidungen betrifft
so wird hier Vaterit relativ häufig beobachtet, sowohl unter
normalen wie auch unter pathologischen Bedingungen. Bekannt sind
z.B. das Auftreten in Gallensteinen, in Otolithen und im Skelett
bei gewissen Fischarten, in regenerierten Molluskenschalen und
in Gastropodenschalen (11, 12). Für Heizröntgen-Untersuchungen
(Fig.8), über die an späterer Stelle berichtet wird, wurde gut
kristallisierter Vaterit aus den Eierschalen der Spezies Ampullaria glauca verwendet. Die weitaus häufigste Form des $CaCO_3$
ist aber auch bei den organogenen Kalkbildungen neben Aragonit
(Korallen, Schneckengehäuse) der Calcit (z.B. Muschelschalen,
Algen, Schwämme, Echinodermen, Brachiopoden, Foraminiferen).
        Eine umfangreiche Zusammenstellung der Literatur über
Vaterit mit zahlreichen eigenen Syntheseversuchen findet sich
bei Meyer (9). Wichtigste Voraussetzungen für die Fällung dieser
$CaCO_3$-Form sind hohe Uebersättigung und schnelle Abscheidung in
Gegenwart von Lösungsgenossen die die Umwandlung in Calcit oder
Aragonit hemmen. Prinzipiell können die verschiedensten Calciumsalzlösungen und CO_3''-hältigen Lösungen verwendet werden, wobei
aber meistens neben Vaterit auch Calcit entsteht. Dabei ist
nicht immer eindeutig zu entscheiden ob primär nur Vaterit gebildet wurde der sich dann auf Grund seiner Instabilität zunehmend in Calcit umgewandelt hat. Dies tritt z.B. sehr leicht
in wässrigen, NaCl-hältigen Lösungen ein, wie eigene Untersuchungen zeigten. Infolge der erforderlichen, speziellen Fällungs-
bedingungen sind die Vateritkristalle sehr klein und schlecht
ausgebildet. Sie treten häufig als sphärulithische Kristall-
aggregate mit einem Durchmesser um 10 µm auf. Wie Flörke (13)
gezeigt hat kann Vaterit auch durch eine Art topotaktischer Reaktionen beim Einbringen von Gipsspaltplättchen in eine Sodalösung
gebildet werden. Eigene Untersuchungen bestätigen, dass bei dieser Umsetzung die Oberflächenschichten abblättern und die Reaktion ganz durch das Kristallplättchen durchschreitet. Fig. 6
zeigt die rasterelektronenmikroskopische Aufnahme einer derartigen Reaktionsschicht, wobei neben den Vateritsphärulithen auch
Calcitkristalle erkennbar sind. Diese Umsetzung konnte mit sämt-
lichen Alkalicarbonatlösungen erreicht werden, wobei die Konzentrationen zwischen 50-100% der maximalen Löslichkeit der betreffenden Carbonate in H_2O lagen. Die reinsten, Calcit-freien Vateritpräparate wurden mit 2-molaren K_2CO_3-Lösungen erhalten wobei
statt Gipskristallen auch gemahlener Gips verwendet werden kann.
Wesentlich ist aber das langsame Einrühren des Gipspulvers oder
der Calciumsalzlösungen in die vorgelegte, kalte Carbonatlösung.
Erhöhung der Temperatur auf über 40°C begünstigt bereits die Umwandlung zu Aragonit. Zu lange Kontaktzeiten zwischen den Vate-
ritkristallen und der Carbonatlösung müssen ebenfalls vermieden
werden, da sonst bei Raumtemperatur allmählich die Umwandlung in
Calcit stattfindet. Für die reproduzierbare Herstellung von reinem Vaterit hat sich in Anlehnung an die Literatur (11) folgende,

einfache Methode bewährt: In eine vorgelegte kalte 2-molare Ka-
liumcarbonatlösung (5.6g K_2CO_3 in 20ccm H_2O) wird aus einer Bü-
rette 1.5-molare Calciumnitratlösung (3.6g $Ca(NO_3)_2$.4 H_2O in
10ccm H_2O) oder 1.5-molare Calciumchloridlösung (1.7g $CaCl_2$ in
10ccm H_2O) zugetropft. Wesentlich dabei ist, dass das Eintropfen
sehr langsam erfolgt (1 Tropfen ca. alle 2-3 Sekunden) und dass
die vorgelegte K_2CO_3-Lösung dauernd gerührt wird.

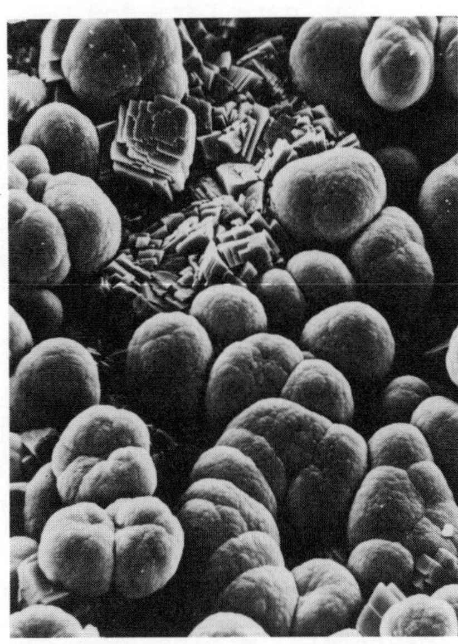

Fig.6.   SEM-Aufnahme eines
         Gipsspaltplättchens
         nach Reaktion in
         2-molarer Na_2CO_3-
         Lösung (1000 x)

Nach dem Absitzen des gefällten Vaterits wird mehrmals mit kal-
tem H_2O gewaschen und im ausgebreitetem Filter bei Raumtemperatur getrocknet. Versuche unter analogen Bedingungen Vaterit-
mischkristalle mit teilweisem Einbau von Cd, Mn, Mg, Sr herzustellen waren erfolglos, in allen Fällen entstand Calcit, bzw.
beim Sr-Versuch ein Aragonitmischkristall neben Calcit.

4.   Umwandlungsverhalten des Vaterits

        Wie die verschiedenen Syntheseversuche zeigten wan-
delt sich Vaterit sehr leicht und irreversibel in die beiden
anderen $CaCO_3$-Modifikationen Calcit und Aragonit um. Dies trifft
vor allem auf wässrige Suspensionen zu, wobei neben der Temperatur und dem pH auch die Lösungsgenossen einen entscheidenden
Einfluss haben (14). Schematisch und vereinfacht ist das Umwandlungsverhalten in Fig.7 dargestellt. In wässrigen Alkali-
Salzlösungen wandelt sich Vaterit bereits bei Raumtemperatur in
Calcit um. Dagegen ist er in reinem, kalten Wasser stabil und

und beginnt sich erst oberhalb von ca. 40°C in Aragonit umzu-
wandeln. Mit steigender Temperatur nimmt wie erwartet die Um-
wandlungsgeschwindigkeit stark zu. Im Vergleich zu flüssigem
Wasser ist Wasserdampf bezüglich der Umwandlung Vaterit → Aragonit nicht wirksam. Nach 20-stündiger Behandlung in Wasserdampf
bei 80°C war eine Vateritprobe noch unverändert, während die in
Wasser suspendierte Probe vollständig in Aragonit umgewandelt
war.

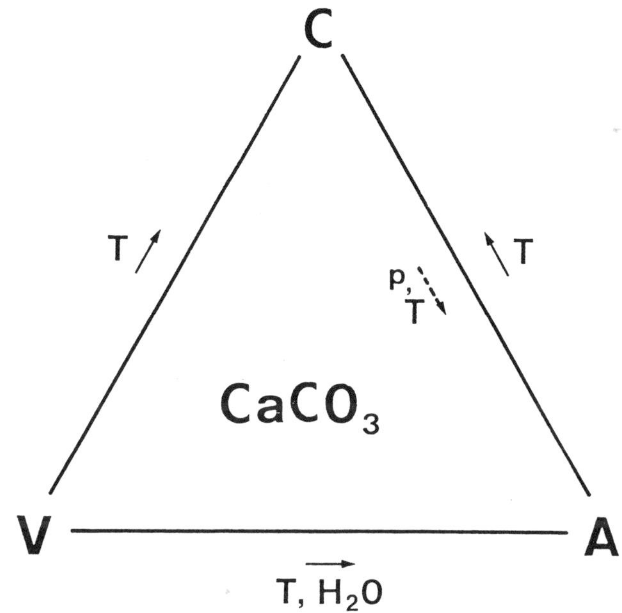

Fig.7. Umwandlungsverhalten der CaCO₃-Modifikationen
        Calcit (C), Aragonit (A) und Vaterit (V)

Für Versuche zur Verbesserung der Kristallinität wurden Vateritproben in NaNO₃-Schmelzen bei ca. 350°C getempert und langsam
abgekühlt. Dabei erfolgte in allen Fällen nur die Umwandlung in
die Calcitform. Die Stabilität von reinem trockenen Vaterit erstreckt sich dagegen bis zu wesentlich höheren Temperaturen. In
Uebereinstimmung mit der Literatur (2) wurde die Umwandlung
mittels DTA bei 490°C gefunden. Fig.8 zeigt in einer Heizröntgenaufnahme diese Umwandlung von Vaterit (Ampullaria glauca) zu
Calcit und dessen Zersetzung zum CaO. Auffällig ist der grosse
Ueberlappungsbereich der beiden CaCO₃-Formen. Zum Vergleich ist
auch die Heizröntgenaufnahme einer Aragonitprobe gezeigt. Die
endotherme Umwandlung zu Calcit erfolgt hier schon bei niedri-
gerer Temperatur und in einem relativ engen Temperaturbereich.

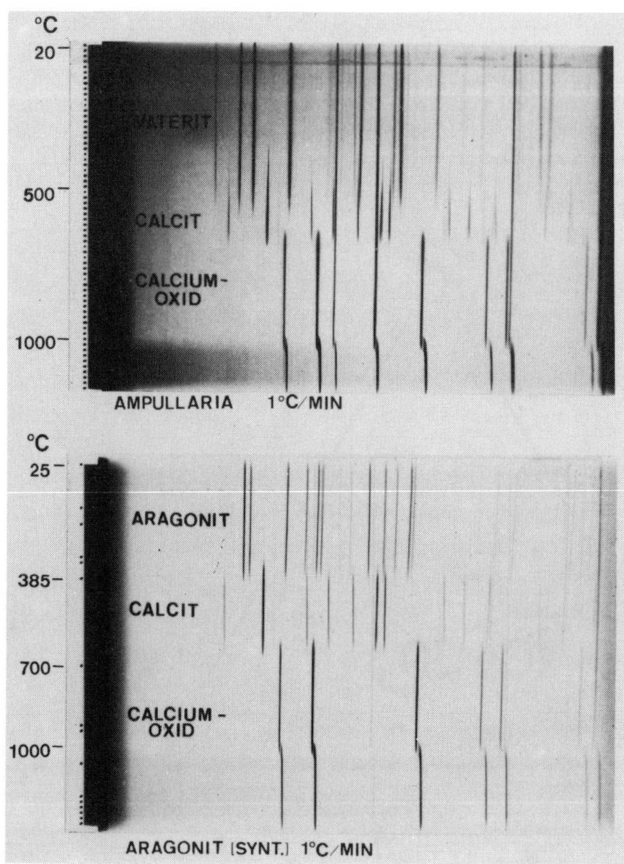

Fig.8.
Heizröntgenauf-
nahme von Vaterit
und Aragonit
(1°C/min, T(max)=
1000°C, Luft,
$Cu_{K\alpha}$ -Strahlung)

Für die quantitative Bestimmung der Umwandlungsenthalpie Vaterit
→ Calcit wurde ein Mettler Gerät TA 2000 verwendet. Die verwendeten Probenmengen lagen um 10mg, die Heizgeschwindigkeit
betrug 2°C/min. Die ausgewerteten Ergebnisse von 12 Einzelmessungen sind in Tabelle 3 zusammengefasst. Je nach Herstellungsbedingungen bei der Vateritsynthese variieren die Werte etwas.
Der mit -0.50 ±0.06 Kcal/mol gefundene Mittelwert für die Umwandlung Vaterit → Calcit liegt deutlich niedriger als die in
der Literatur (2) angegebenen Werte von bis zu -1.04 Kcal/mol.
Je nach Kristallinität bzw. Fehlordnung des Vaterits - ausge-
drückt als Linienbreite des (112)-Röntgenreflexes - schwanken
die Werte für die Umwandlungsenthalpie sehr stark (Fig.9).
        Wie weit Rekristallisationsvorgänge mit in die Um-
wandlungswärme eingehen und diese grössenordnungsmässig beeinflussen, bleibt noch abzuklären.

Tabelle 3.   Umwandlung Vaterit → Calcit, Messwerte mit TA 2000

	Einwaage	Kcal/mol
1	9.95 mg	-0.4379
2	11.96 "	-0.4122
3	10.16 "	-0.5107
4	11.63 "	-0.6138
5	12.16 "	-0.4415
6	10.97 "	-0.5318
7	11.20 "	-0.5163
8	11.39 "	-0.5621
9	11.78 "	-0.4764
10	11.70 "	-0.4773
11	11.28 "	-0.5325
12	11.58 "	-0.4663

$$\Delta H_{tr} = -0.4982 \pm 0.06$$

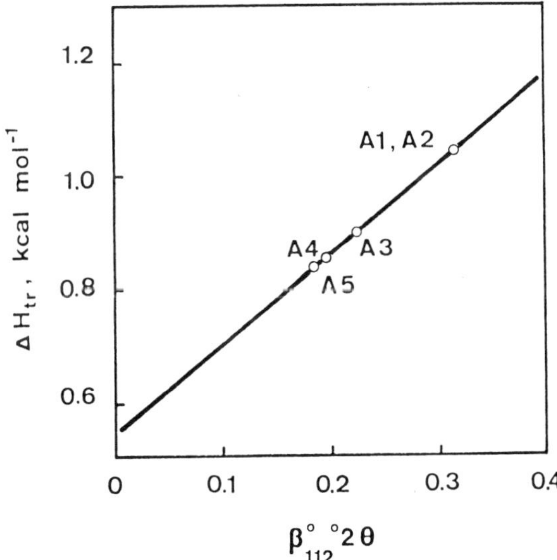

Fig.9. Umwandlungsenthalpie Vaterit → Calcit in Abhängig-
        keit von der Breite des (112)-Röntgenreflexes (2)

Zu erwähnen wäre abschliessend auch die Beschleunigung der Umwandlung Vaterit → Calcit durch mechanische Einflüsse, z.B.durch
Mahlen in einer Kugelmühle oder in einem Mörser. In Fig.10 ist
die Abnahme des Vateritpeaks in Abhängigkeit von der Mahldauer
gezeigt. Entsprechende Röntgenaufnahmen zeigten zunehmend die
Bildung von Calcit.

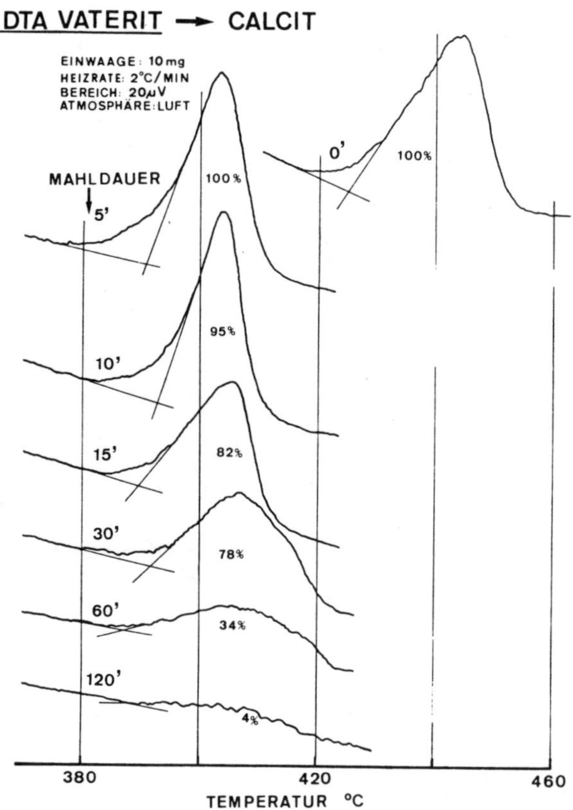

Fig.10.   Umwandlung Vaterit → Calcit in Abhängigkeit
           von der Mahldauer

Wie bereits früher erwähnt, wird im wässrigen Medium bei erhöhter
Temperatur die Umwandlung Vaterit → Aragonit stark beschleunigt.
In Fig.11 ist die Abnahme des Vaterits in Funktion der Zeit bei
isothermer Behandlung in H_2O von 60°C dargestellt. Das Röntgen-
diagramm der Probe die 11 Stunden behandelt wurde zeigt nur mehr
die Reflexe von Aragonit.

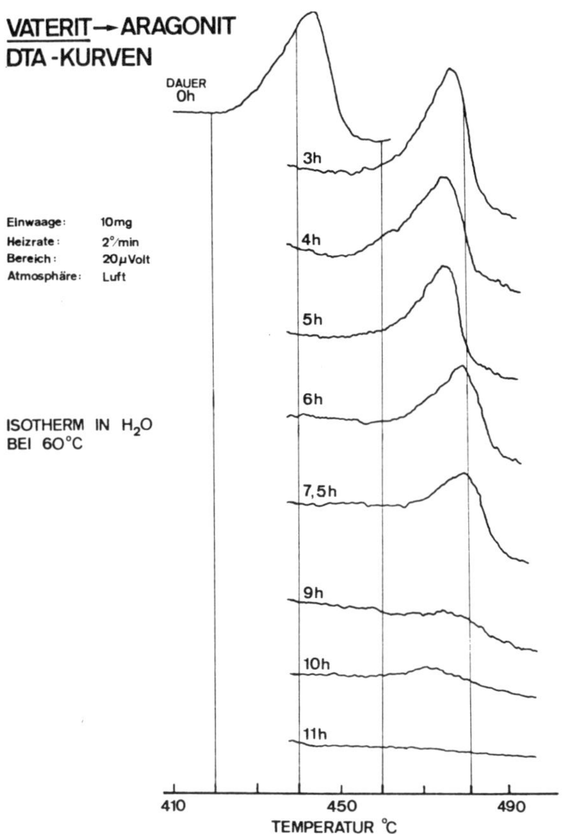

Fig.11.   Umwandlung Vaterit → Aragonit durch Erwärmen
           in reinem H_2O

Eine bisher noch ungeklärte Beobachtung, die noch weiterer Untersuchungen bedarf,ist die starke Verschiebung des Vateritpeaks
in Fig. 10 und 11 im Anfangsstadium der mechanischen oder thermischen Einwirkung. Die Röntgendiagramme zeigten jedenfalls
keine Veränderung der Vateritreflexe. Eine Möglichkeit wäre,
dass in den sehr voluminösen Präparaten eine Art Kompaktierung
bei mechanischer Einwirkung stattfindet.

5. <u>Literatur</u>:

1. J.N.ALBRIGHT, Vaterite stability. Amer.Min. <u>56</u>,620-624(1971)

2. A.G.TURNBULL, A thermochemical study of vaterite. Geochim.
    Cosmochim.Acta <u>37</u>,1593-1601(1973)

3. P.DAVIES, D.DOLLIMORE and G.R.HEAL, Polymorph transition
    kinetics by DTA. Jour.Thermal Anal. <u>13</u>,473-487(1978)

4. P.W.MIRWALD, A DTA-study of the high-temperatur polymor-
    phism of calcite at high pressure. Contrib.Mineral.Petrol.
    <u>59</u>,33-40(1976)

5. J.W.McCAULEY and R.ROY, Controlled nucleation and crystel
    growth of various $CaCO_3$ phases by the silica gel technique.
    Amer.Min. <u>59</u>,947-963(1974)

6. H.-J.MEYER, Struktur und Fehlordnung des Vaterits. Z.Krist.
    <u>128</u>,183-212(1969)

7. L.MERRILL and W.A.BASSET, The crystal structure of $CaCO_3$(Ⅱ),
    a high-pressure metastable phase of calcium carbonate. Acta
    Cryst. <u>B31</u>,343-349(1975)

8. J.D.H.DONNAY and G.DONNAY, Propriétés apliques de la série
    bastnaesite-vaterite. Bull.soc.franç.Minér.Crist. <u>84</u>,25-29,
    (1961)

9. H.-J.MEYER, Bildung und Morphologie des Vaterits. Z.Krist.
    <u>121</u>,220-242(1965)

10. J.D.C.McCONNELL, Vaterite from Ballcraigy, Larne, Northern
    Ireland. Mineral.Mag. <u>32</u>,535-545(1959)

11. H.A.LOWENSTAM and D.P.ABBOTT, Vaterite: a mineralization
    product of the hard tissues of a marine organism (Ascidia-
    cea). Science <u>188</u>,363-365(1975)

12. A.HALL and J.D.TAYLOR, The occurence of vaterite in gastro-
    pod egg-shells. Mineral.Mag. <u>38</u>,521-522(1971)

13. W.FLOERKE und O.W.FLOERKE, Vateritbildung aus Gips in Soda-
    lösung. Neues Jb.Miner.Mh. <u>8</u>,179-181(1961)

14. J.L.BISCHOFF, Catalysis, inhibition, and the calcite-arago-
    nite problem. II. The vaterite-aragonite transformation.
    Amer.Jour.Science <u>266</u>,80-90(1968)

NEUUNTERSUCHUNG DER SYSTEME CsCl/CdCl$_2$ UND RbCd/CdCl$_2$ MIT DTA,
RÖNTGENSTRUKTURANALYSE UND LÖSUNGSKALORIMETRIE*

Hans-J. Seifert mit N. Preuss u. J. Sandrock
Institut für Anorganische Chemie der Universität GH Kassel, BRD

Beide Systeme sind bereits 1968 in unserer Arbeitsgruppe mittels DTA untersucht worden [1]. In der Folgezeit erschienen in der Literatur über die darin existierenden Verbindungen widersprüchliche Angaben (Tab.1), so daß eine Neuuntersuchung mit verbesserten apparativen Methoden durchgeführt wurde.

DTA-MESSUNGEN: Substanzmengen von 0.5-1 g in abgeschmolzenen Quarzampullen. Selbstgebaute Meßzelle [2].

RÖNTGENSTRUKTURUNTERSUCHUNGEN: Aufnahme an Kristallpulvern unter Schutzgas mit dem Zählrohrgoniometer PW 1o5o/25, Fa. Philips. - Hochtemperaturaufnahmen mit der Simon-Guinier-Kamera der Fa. Enraf Nonius -. Alles CuKα-Strahlung.

LÖSUNGSKALORIMETRISCHE MESSUNGEN: In einem selbstgebauten isoperibolen Lösungskalorimeter [3] wurden die Lösungswärmen der Verbindungen $A_nCdCl_{(n+2)}$ sowie des Gemisches der Ausgangskomponenten $(nACl+CdCl_2)$ gemessen; die Differenz ergibt die Bildungsenthalpie aus den Ausgangskomponenten, ΔH^R.

---

* 25. Veröffentlichung über Halogeno-Metallate(II).

Tab. 1: Literaturangaben ab 1968 über existierende Verbindungen

<u>Seifert, Koknat 1968 [1]</u>

Cs_3CdCl_5 Cs_2CdCl_4 $Cs_3Cd_2Cl_7$ $CsCdCl_3$ $CsCd_5Cl_{11}$

<u>Aus wässriger Lösung [4]</u>

Cs_2CdCl_4 $Cs_3Cd_2Cl_7$ $CsCdCl_3$

<u>Belyaev 1972 [5]</u>

Cs_3CdCl_5 Cs_2CdCl_4 $CsCdCl_3$

<u>Ilyasov 1976 [6]</u>

Cs_4CdCl_6 Cs_2CdCl_4 $CsCdCl_3$ α-u.β-$CdCl_2$

<u>Seifert, Koknat 1968 [1]</u> bestätigt von Arend et al [7] 1973

Rb_4CdCl_6 Rb_2CdCl_4 $Rb_3Cd_2Cl_7$ u. $Rb_4Cd_3Cl_{10}$ $RbCdCl_3$ $RbCd_5Cl_{11}$

<u>Aus wässriger Lösung [8].-Ilyasov 1971 [9],; 1976 [6]</u>

Rb_4CdCl_6 $RbCdCl_3$

<u>Belyaev 1972 [5]</u>

Rb_4CdCl_6 $Rb_3Cd_2Cl_7$ $RbCdCl_3$ α-u.β-$CdCl_2$

<u>Ilyasov 1973 [10], 1977 [11]</u>

Rb_3CdCl_5 $RbCdCl_3$

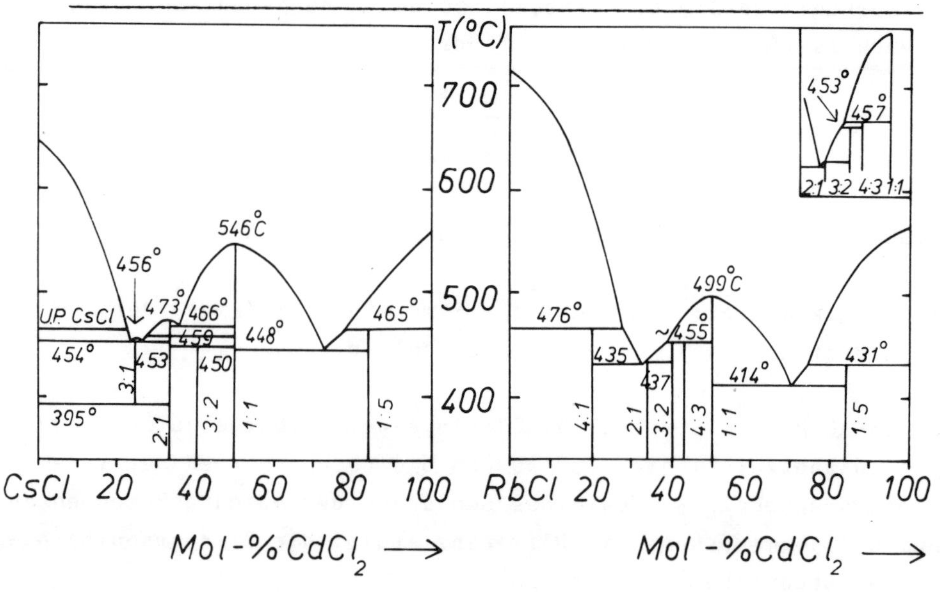

Abb. 1 - Die Systeme $CsCl/CdCl_2$ und $RbCl/CdCl_2$

Die Verbindungen ACd_5Cl_{11} u. Rb_4CdCl_6

Die Verbindungen $CsCd_5Cl_{11}$ u. $RbCd_5Cl_{11}$
schmelzen inkongruent.
Abb.2 zeigt Aufheizkurven von $RbCd_5Cl_{11}$
und einer Probe der Zusammensetzung
"$RbCd_4Cl_9$". Beide Proben wurden vor der
Messung nach Abschrecken der Schmelze im
Meßtiegel 3 Tage bei 420°C getempert.
Bei der Verbindung tritt das Eutektikum
bei 414°C nicht mehr auf.

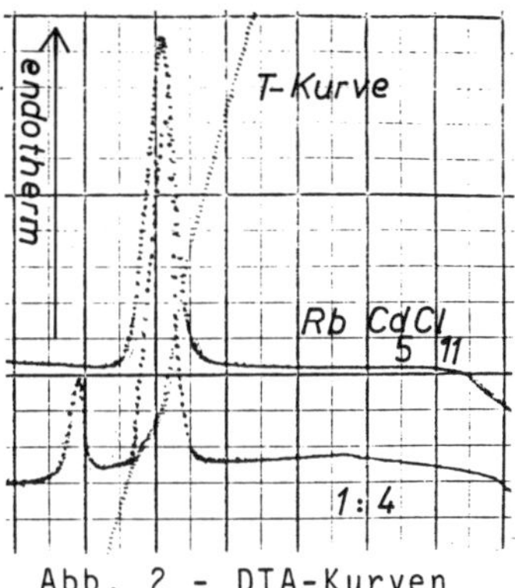

Abb. 2 - DTA-Kurven

Die gleiche Beweisführung gilt für die Existenz des inkongruent-
schmelzenden Rb_4CdCl_6 und die Nichtexistenz eines "Rb_3CdCl_5".

Die Verbindungen $ACdCl_3$

Beide Verbindungen schmelzen kongruent. $RbCdCl_3$ zeigt bei 114°C
einen Umwandlungspunkt [7]: Die Hochtemperaturmodifikation
kristallisiert im kubischen Perowskittyp, darunter liegt die tetragonale Raumgruppe P4/mbm
vor. Durch ^{87}Rb NMR-NQR [12]
konnte gezeigt werden, daß
bei 9o u. 67,5°C zwei weitere Umwandlungen existieren.
Diese U.P. liefern keine DTA-
Signale. Für die Tieftemperaturmodifikation wurde röntgenographisch (Abb. 3) der
$GdFeO_3$-Typ (Pnma) bestätigt
durch das Auftreten des Reflexes (o31) bei ϑ=14,3o°
(a=7,3o7; b=1o,45o; c=7,317Å).
Diese Phase ist metastabil
und wandelt sich langsam in
die stabile Modifikation um,
die im NH_4CdCl_3-Typ kristallisiert [13] und auch aus
wässriger Lösung entsteht.
Beim langsamen Erhitzen unter den Bedingungen einer

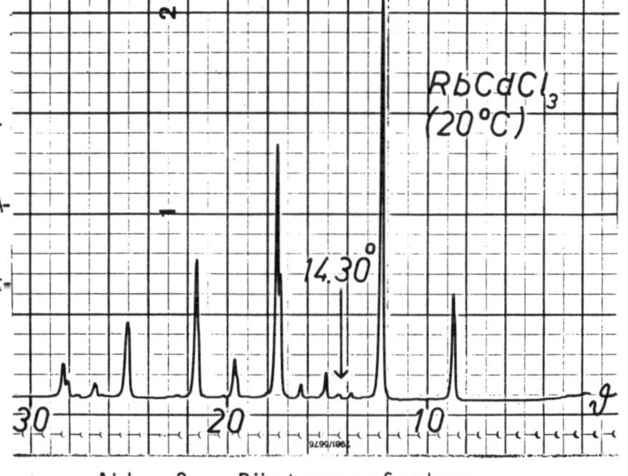

Abb. 3 - Röntgenaufnahme

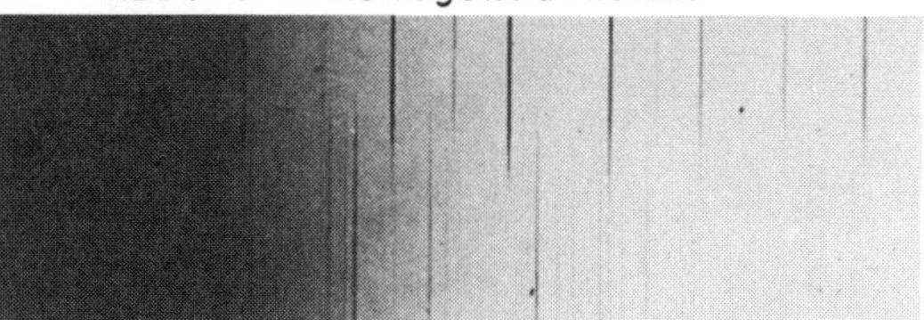

Abb. 4 - Simon-Guinier-Aufnahme

Simon-Guinier-Hochtemperaturaufnahme geht sie bei $\sim 120^{\circ}$ in
die kubische Modifikation über (Abb.4); bei schnellem Erhitzen
unter DTA-Bedingungen treten zwei Signale bei 13o u. 18o$^{\circ}$C auf.
Die Bildungsenthalpien ΔH^R wurden lösungskalorimetrisch gemessen
(in kcal·mol^{-1}); $RbCdCl_3$(NH_4CdCl_3-Typ): -6,5o; $RbCdCl_3$($GdFeO_3$-Typ):
-4,96.

Die Verbindungen $A_3Cd_2Cl_7$ und $Rb_4Cd_3Cl_{10}$

$Cs_3Cd_2Cl_7$ zerfällt in festem
Zustand bei 45o$^{\circ}$C; die beiden
Rb-Verbindungen schmelzen inkongruent bei 453 bzw. 457°C.
Zur Reindarstellung müssen alle
Verbindungen extrem lange getempert werden (4-6 Wochen).
In Abb. 5 sind die Goniometer-
aufnahmen von ausreichend getemperten Kristallpulvern gegenübergestellt.

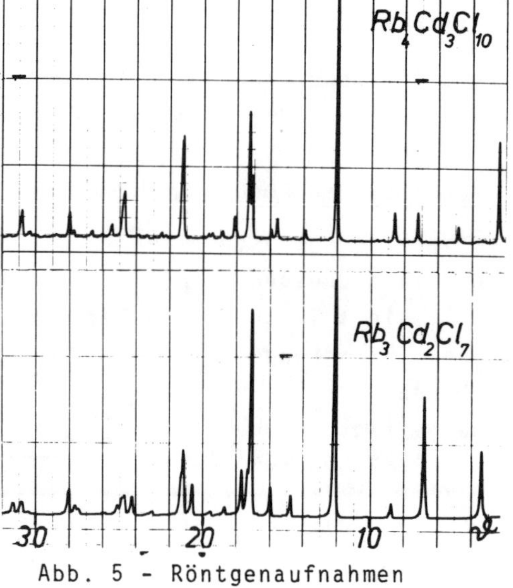

Abb. 5 - Röntgenaufnahmen

Die Verbindungen A_2CdCl_4

Cs_2CdCl_4 schmilzt kongruent bei
473°C; in Aufheizkurven tritt
bei 459°C ein Umwandlungspunkt
auf: Die im K_2NiF_4-Typ kristallisierende Tieftemperaturmodifikation wandelt sich in $H-Cs_2CdCl_4$ um, daß im $\beta-K_2SO_4$-
Typ kristallisiert. (R.G. Pnma; a=9.89o;
b=7.833; c=13.7o9 Å). Beim Abkühlen der
Schmelze treten so starke Unterkühlungen
auf, daß sich direkt das $T-Cs_2CdCl_4$ aus-
scheidet (Abb.6).

Die Verbindung Cs_3CdCl_5

Cs_3CdCl_5 schmilzt kongruent bei 456°C, ist
aber nur oberhalb 395°C stabil. Durch Abschrecken einer Schmelze erhält man die
Verbindung bei Raumtemperatur metastabil.

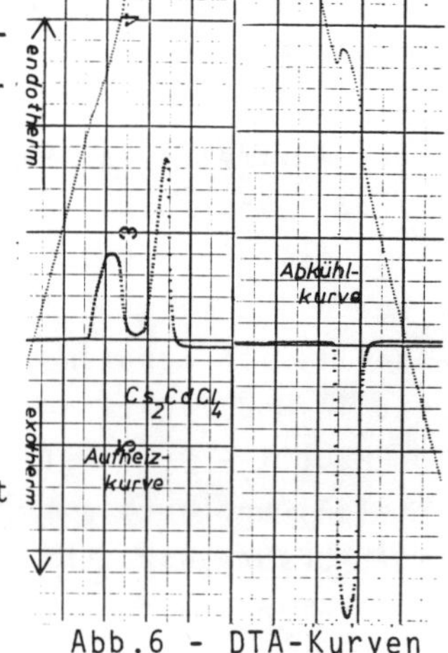

Abb.6 - DTA-Kurven

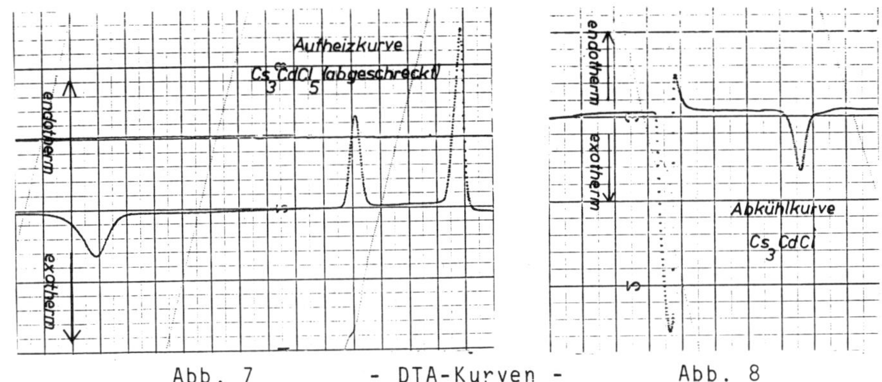

Abb. 7   - DTA-Kurven -   Abb. 8

Beim Aufheizen (Abb.7) tritt bei ca 2oo°C ein starker, exothermer
Effekt auf: das metastabile Cs_3CdCl_5 zerfällt in den stabilen
Zustand $(CsCl+Cs_2CdCl_4)$; bei 395°C bildet es sich als jetzt sta-
bile Verbindung zurück.

Ein überraschendes Verhalten tritt beim Abkühlen der Schmelze
auf: Zuerst beginnt mit starker Unterkühlung die exotherme Kri-
stallisation. Während dieses Prozesses setzt ein endothermer Pro-
zeß ein, der die Probe bis unterhalb der Temperatur des Vergleichs-
tiegels abkühlt (Abb.8). - Bei ca 4oo°C zerfällt dann erwartungs-
gemäß das Cs_3CdCl_5 endotherm. - Erklärung: Aus der unterkühlten
Schmelze scheidet sich anfänglich ein metastabiles Gemisch
$(CsCl + Cs_2CdCl_4)$ aus. Noch während des Erstarrungsprozesses
synproportioniert es <u>endotherm</u> zu der bei dieser Temperatur stabilen Phase Cs_3CdCl_5!

Tab. 2: Bildungs-(ΔH^R) und Synproportionierungsenthalpien (ΔH^S)
(Alle Werte in kcal·mol^{-1}.)

ΔH^R z.B. für $2CsCl + CdCl_2 \longrightarrow Cs_2CdCl_4$

ΔH^S z.B. für $1/3\ Cs_3CdCl_5 + 2/3\ Cs_{1.5}CdCl_{3.5} \longrightarrow Cs_2CdCl_4$

	Cs_3CdCl_5	Cs_2CdCl_4	$Cs_{1.5}CdCl_{3.5}$	$CsCdCl_3$
ΔH^R:	-9.13	-1o.5o	-7.58	-8.25
ΔH^S:	+1.37	- 2.41	+1.8o	-3.2o

	Rb_4CdCl_6	Rb_2CdCl_4	$Rb_{1.5}CdCl_{3.5}$	$RbCdCl_3$
ΔH^R:	-9.93	-5.73	-4.8o	-6.5o
ΔH^S:	-4.oo	+o.1o	+1.31	-3.3o

Die Annahme, daß Verbindungen A_3MCl_5, in denen Koordinationste-
traeder vorliegen - $A_3[MCl_4]Cl$ - endotherme Synproportionierungsenthalpien besitzen, ist durch lösungskalorimetrische Untersuchungen nicht nur an den Cd-Verbindungen (Tab.2) sondern auch
an den entsprechenden Verbindungen des Mg und Mn bestätigt worden [14].

L I T E R A T U R

[1] H.-J. Seifert u. F.W. Koknat, Z.anorg.allg.Chem. <u>357</u>, 314
    (1968).

[2] H.-J. Seifert, Thermochim.Acta <u>2o</u>, 31 (1977).

[3] G. Thiel u. H.-J. Seifert, Thermochim.Acta <u>22</u>, 363 (1978).

[4] V.K. Filippov, M.A. Yakimov u. Chin T. Tam, Z.Neorg.Khim.
    <u>18</u>, 2269 (1973).

[5] I.N. Belyaev, D.S. Lesnykh, A.K. Doroshenko u.
    I.G. Eikhenbaum, Z.Priklad.Khim. <u>45</u>, 665 (1972).

[6] K.I. Iskandarov u. I.I. Ilyasov, Z.Neorg.Khim. <u>21</u>, 1581
    (1976).

[7] P. Bohac, A. Gäumann u. H. Arend, Mat.Res.Bull. <u>8</u>, 1299
    (1973).

[8] V.K. Filippov, K.A. Agafonova u. M.A. Yakimov, Z.Neorg.Khim.
    <u>19</u>, 315o (1974).

[9] T.I. Drobasheva, I.I. Ilyasov u. I.A. Tokman, Z.Neorg.Khim.
    <u>16</u>, 517 (1971).

[10] I.I. Ilyasov u. M. Davranov, Z.Neorg.Khim. <u>18</u>, 279 (1973).

[11] I.I. Ilyasov, K.I. Iskandarov u. V.V. Volchanskaya,
     Z.Neorg.Khim. <u>22</u>, 864 (1977).

[12] S. Plesko, R. Kind u. J. Roos, J.Phys.Soc.Japan <u>45</u>, 553
     (1978).

[13] M. Natarajan, H.E. Howard-Lock u. I.D. Brown, Canad.J.Chem.
     <u>56</u>, 1192 (1978).

[14] H.-J. Seifert, G, Thiel u. G. ·Flohr. Z.anorg.allg.Chem. <u>436</u>,
     237 u. 244 (1977).

THERMOANALYTISCHE UNTERSUCHUNGEN AN ANTIMON- UND WISMUT-CHALKOGENID-HALOGENIDEN

M. Schulte-Kellinghaus und V. Krämer
Kristallographisches Institut der Universität Freiburg
Hebelstrasse 25, D-7800 Freiburg, BRD

Einleitung

Ausgangspunkt unserer Untersuchungen war das Antimon-Sulfid-Jodid SbSJ, das wegen seiner physikalischen Eigenschaften (ferroelektrisch, photoleitend) vielfaches Interesse gefunden hat. Bei der Suche nach ähnlichen interessanten Verbindungen wurde das Antimon-Oxid-Jodid Sb_5O_7J entdeckt (1), das in verschiedenen polytypen Strukturvarianten auftritt, die je nach Struktur ferroelektrisch und/oder ferroelastisch sind (2). Die einkristalline Darstellung dieser gemischten Anionenverbindungen geschieht vorteilhafterweise durch chemischen Transport über die Gasphase. Eine günstige Voraussetzung für die Kristallzüchtung ist gegeben, wenn man die Stabilitätsbereiche der Verbindungen kennt; diese lassen sich im vorliegenden Fall relativ einfach mit Hilfe thermoanalytischer Untersuchungen ermitteln.
    Da beim chemischen Transport in den Sb- und Bi-Chalkogenid-Halogenid-Systemen je nach Versuchsbedingungen halogenärmere oder -reichere Phasen auftraten, lag es nahe, diese $Me(III)_2X_3$-$Me(III)Hal_3$ Systeme (Me(III)=Sb, Bi; X=O, S; Hal=Cl, Br, J) systematisch zu untersuchen.

Methode

Die thermoanalytischen Untersuchungen wurden mit einer Mettler Thermowaage (TA 1/2) durchgeführt, die Versuchsbedingungen wie Einwaage, Tiegelgröße etc. wurden konstant gehalten, die Heizrate betrug immer 1°C/min.
    In zwei Versuchsreihen, zum einen in Inertgasatmosphäre (strömender Stickstoff), zum anderen in oxidierender Atmosphäre (N_2/O_2-Gemisch), wurden zunächst alle Verbindungen auf 1000°C erhitzt, um eine Übersicht über den Reaktionsablauf zu bekommen. Die TG-Kurven (in Verbindung mit den DTG-Kurven) zeigten in den meisten Fällen mehrere Stufen, die Zwischenprodukten beim Abbau der Ausgangsverbindungen entsprechen. Beispiele sind in (3) gezeigt. Alle Zwischenprodukte konnten durch isothermes Erhitzen bis zur Gewichtskonstanz isoliert werden.

Wenn die Zersetzungsreaktionen überlagert sind, wurden die Versuche im Minimum der DTG-Peaks abgebrochen. Die jeweiligen Reaktionsprodukte wurden an Hand von Röntgen-Guinieraufnahmen
identifiziert. Die Reaktionsmechanismen wurden aus stöchiometri-
schen Berechnungen abgeleitet, unterstützt durch die Analyse der
gasförmigen Reaktionsprodukte, die sich im Ofenraum und auf
einem Kühlfinger niedergeschlagen hatten. Sie sind daher nur als
formal zu betrachten und spiegeln nicht den mikroskopischen Vorgang wieder.

Ergebnisse

a)   Antimon-Chalkogenid-Halogenide in Stickstoffatmosphäre
            (Abb. 1)

Über die Stabilität der Verbindungen ergibt sich folgendes Bild:
- Die Sb-Sulfid-Halogenide sind instabiler als die Sb-Oxid-
  Halogenide.
- Die Stabilität der Oxid-Halogenide nimmt vom Jodid zum Chlorid
  hin zu (SbOBr und SbOJ sind nicht bekannt).
- Die Stabilität der Sulfid-Halogenide nimmt dagegen vom Jodid
  zum Chlorid hin ab (SbSCl ist nicht bekannt).
$$Sb\text{-}S\text{-}Hal < Sb\text{-}O\text{-}Hal$$
$$Sb\text{-}O\text{-}J < Sb\text{-}O\text{-}Br < Sb\text{-}O\text{-}Cl$$
$$Sb\text{-}S\text{-}Cl < Sb\text{-}S\text{-}Br < Sb\text{-}S\text{-}J$$
            Der Zerfallsmechanismus ist überall gleich, $SbHal_3$
entweicht. Es bilden sich alle bekannten halogenärmeren Oxid-
Halogenide, halogenärmere Sulfid-Halogenide sind nicht bekannt.
Alle Zwischenprodukte konnten durch tempern dargestellt werden.

b)   Antimon-Chalkogenid-Halogenide in oxidierender Atmo-
            sphäre (Abb. 2)

Diese Verbindungen sind in oxidierender Atmosphäre generell instabiler. Die Reihenfolge der Stabilität der einzelnen Verbindungen ist gleich wie unter a) beobachtet:
$$Sb\text{-}X\text{-}Hal \text{ in } O_2 < Sb\text{-}X\text{-}Hal \text{ in } N_2$$
$$Sb\text{-}S\text{-}Hal \qquad < Sb\text{-}O\text{-}Hal$$
$$Sb\text{-}O\text{-}J < Sb\text{-}O\text{-}Br < Sb\text{-}O\text{-}Cl$$
$$Sb\text{-}S\text{-}Cl < Sb\text{-}S\text{-}Br < Sb\text{-}S\text{-}J$$
            Die relativ instabilen $SbOCl$, $Sb_4S_5Cl_2$ und $SbSBr$ zer-
fallen unter $SbHal_3$-Abgabe, wie auch in Inertgas beobachtet.
Einzige Ausnahme ist, daß das $Sb_8O_{11}Cl_2$ nicht auftritt. Endprodukt ist immer Sb_2O_4. Das stabilere $Sb_4O_5J_2$ zerfällt unter O_2-
Aufnahme und J_2-Abgabe, bei gleichzeitiger Oxidation des Sb(III)
zum Sb(IV). SbSJ weist eine mittlere Stabilität auf, beim Zerfall bildet sich $Sb_4O_5J_2$ und Sb_2O_3 unter Abgabe von SbJ_3 und
J_2. Alle Sb-Oxid-Jodid-Phasen treten als Zwischenprodukte auf
und konnten durch tempern dargestellt werden. Erstmalig wurden
hierbei die beiden neuen Verbindungen Sb_3O_4J und Sb_5O_7J gefunden
(1).

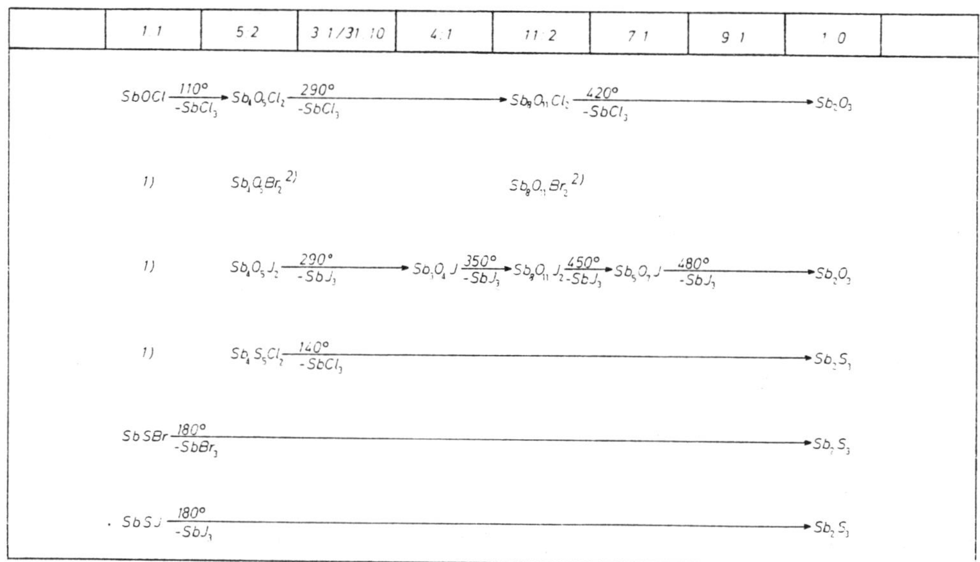

Abb. 1: Antimon-Chalkogenid-Halogenide in N_2-Atmosphäre

Abb. 2: Antimon-Chalkogenid-Halogenide in N_2/O_2-Atmosphäre

c)   **Wismut-Chalkogenid-Halogenide in Stickstoffatmosphäre**
        (Abb. 3)

Die Bi-Verbindungen sind grundsätzlich stabiler als die entsprechenden Sb-Verbindungen. Die Stabilitätsverhältnisse untereinander sind vergleichbar mit denen der Sb-Verbindungen. Als Ausnahme weist das BiSJ eine geringere Stabilität auf.

$$Sb\text{-}X\text{-}Hal < Bi\text{-}X\text{-}Hal$$
$$Bi\text{-}S\text{-}Hal < Bi\text{-}O\text{-}Hal$$
$$Bi\text{-}O\text{-}J < Bi\text{-}O\text{-}Br < Bi\text{-}O\text{-}Cl$$
$$Bi\text{-}S\text{-}Cl < Bi\text{-}S\text{-}Br < Bi\text{-}S\text{-}J$$

Der Zerfallsmechanismus ist bei allen Verbindungen
gleich, $BiHal_3$ entweicht. Beim BiOBr entweicht zusätzlich Br_2.
Wiederum werden als Zwischenprodukte der Zersetzung
sukzessive alle bekannten halogenärmeren Bi-Chalkogenid-Haloge-
nide gebildet. Neu entdeckt wurden hierbei das $Bi_4S_5Cl_2$ (4, 5)
(die analogen Br- und J-Verbindungen existieren nicht), das
$Bi_{19}S_{27}Cl_3$ (Br_3) (6, 7) und das $Bi_4O_5J_2$. Bemerkenswert ist, daß
das $Bi_4O_5Br_2$ nicht gefunden wurde, obwohl es die Systematik erwarten ließe.
Erwähnt werden soll, daß die Stöchiometrie der 3:1
Verbindungen unsicher ist. Es gibt nur von $Bi_{24}O_{31}Cl_{10}$ (Br_{10})
eine ältere Strukturbestimmung (8), nicht jedoch von der Verbindung $Bi_7O_9J_3$, so daß unklar ist, welche Stöchiometrie die rich-
tige ist und ob diese Verbindungen isotyp sind.

d)   **Wismut-Chalkogenid-Halogenide in oxidierender Atmo-**
        sphäre (Abb. 4)

Die Stabilität ist wieder geringer als in Inertgasatmosphäre.
Die Stabilitätsverhältnisse sind die gleichen, wie unter c) beobachtet:

$$Sb\text{-}X\text{-}Hal < Bi\text{-}X\text{-}Hal$$
$$Bi\text{-}X\text{-}Hal \text{ in } O_2 < Bi\text{-}X\text{-}Hal \text{ in } N_2$$
$$Bi\text{-}S\text{-}Hal < Bi\text{-}O\text{-}Hal$$
$$Bi\text{-}O\text{-}J < Bi\text{-}O\text{-}Br < Bi\text{-}O\text{-}Cl$$
$$Bi\text{-}S\text{-}Cl < Bi\text{-}S\text{-}Br < Bi\text{-}S\text{-}J$$

Analog zu den relativ stabilen Sb-Oxid-Jodiden zerfällt auch das BiOJ unter O_2-Aufnahme und J_2-Abgabe. Vom BiOBr
zum BiOCl findet eine Änderung des Mechanismus statt. Beim BiOBr
entweicht noch überwiegend Br_2 unter O_2-Aufnahme und wenig $BiBr_3$,
beim BiOCl dagegen entweicht überwiegend $BiCl_3$ und wenig Cl_2.
Die Bi-Sulfid-Halogenide werden zunächst alle zum
Oxid-Halogenid oxidiert, zerfallen dann wie unter c) angegeben.
Wiederum werden als Zwischenprodukte alle halogenärmeren Chalkogenid-Halogenide gefunden, bis auf das $Bi_4O_5J_2$, dessen Bildungstemperatur in O_2-Atmosphäre zu niedrig liegt, so daß
unmittelbar das halogenärmere $Bi_7O_9J_3$ gebildet wird.

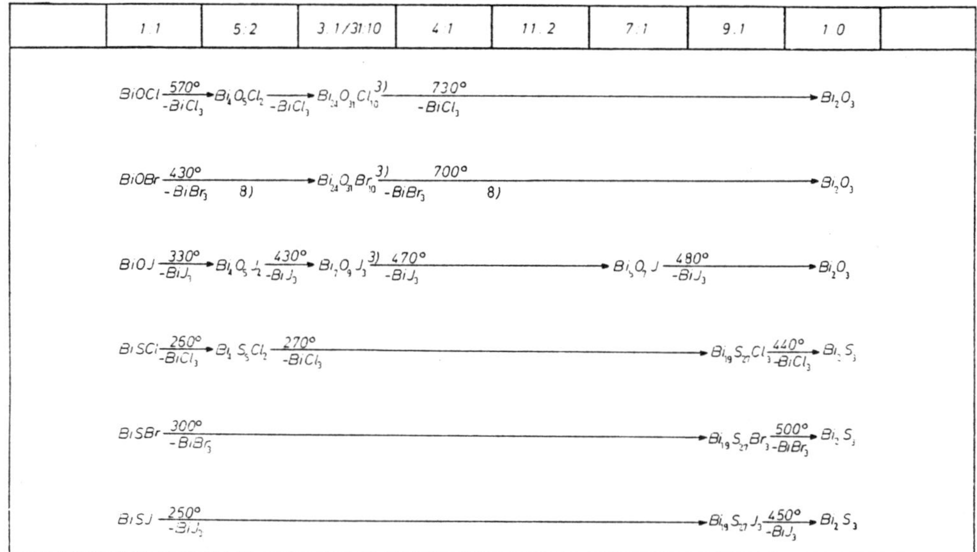

Abb. 3: Wismut-Chalkogenid-Halogenide in N_2-Atmosphäre

Abb. 4: Wismut-Chalkogenid-Halogenide in N_2/O_2-Atmosphäre

Schluß

Aus den 1:1 Verbindungen der Antimon- und Wismut-Chalkogenid-Halogenide werden beim Erhitzen auf der Thermowaage in Stickstoffatmosphäre sukzessive alle halogenärmeren bekannten Chalkogenid-Halogenide gebildet, mit zwei Ausnahmen ($Sb_8O_{11}Cl_2$, $Bi_4O_5J_2$) auch in oxidierender Atmosphäre. Mit der Thermowaage läßt sich also hier die Hälfte des Phasendiagramms, d.h. die halogenarme Seite in Bezug auf Anzahl und Zusammensetzung der intermediären Phasen analysieren. Bei diesen Untersuchungen traten neben schon bekannten einige neue Verbindungen auf; außerdem wurden wertvolle Hinweise zur Optimierung ihrer Kristallzüchtung durch chemischen Transport gewonnen. Ein Großteil der Verbindungen konnte daraufhin bereits einkristallin dargestellt werden.

Dank

Wir danken Fräulein U.Grass für die Anfertigung der Abbildungen. Die Deutsche Forschungsgemeinschaft unterstützte diese Arbeit durch Sachmittel.

Literatur

1. V.Krämer, M.Schuhmacher und R.Nitsche, Mat.Res.Bull.__8__,65(1973)
2. R.Nitsche, V.Krämer, M.Schuhmacher und A.Bußmann, J.Cryst.Growth __42__, 549 (1977)
3. V.Krämer, J.Therm.Anal.__16__, (1979) im Druck
4. V.Krämer, Z.Naturforsch. __31b__, 1542 (1976)
5. V.Krämer, Acta Cryst. __B35__, 139 (1979)
6. V.Krämer, Z.Naturforsch. __29b__, 688 (1974)
7. V.Krämer, J.Appl.Cryst. __6__, 499 (1973)
8. L.G.Sillén und M.Edstrand, Z.Kristallogr. __104__, 178 (1942)

Anmerkungen zu den Abb. 1-4 :

1) Verbindung unbekannt
2) Verbindung nicht untersucht
3) Stöchiometrie unsicher
4) $Bi_4O_5J_2$ wurde nicht gefunden
5) Zersetzungsmechanismus unklar
6) nicht einphasig
7) $BiHal_3$ entweicht zusätzlich
8) Hal_2 entweicht zusätzlich

DIE POLYMORPHIE VON Na_2SO_4

W. Eysel[+], M.Mehrotra, Th. Hahn und H.Arnold
Institut für Kristallographie der Technischen Hochschule,
Templergraben 55, 5100 Aachen, BRD

Die Polymorphie des Na_2SO_4 ist seit Jahrzehnten Gegen-
stand zahlreicher Untersuchungen. In dem engen Temperaturbereich zwischen $200^{\circ}C$ und $240^{\circ}C$ treten vier Modifikationen (Na_2SO_4 V, III, II, I) auf, deren Kristallstrukturen sehr unterschiedliche Verwandtschaftsgrade aufwei-
sen. Der kinetische Ablauf der einzelnen Umwandlungen
ist entsprechend verschieden und reicht von spontan bis
sehr träge. Als Folge treten bei Untersuchungen mit
dynamischen Methoden je nach experimentellen Bedingungen
zahlreiche metastabile Zustände (z.T. irreversibel und
nicht reproduzierbar) auf.

Das Umwandlungsverhalten wurde mit den folgenden Methoden an Pulvern und Einkristallen untersucht und wird auf
der Basis der neu bestimmten Kristallstrukturen interpretiert: DTA, TMA, Hochtemperaturmikroskopie und Röntgenbeugung bei normalen und hohen Temperaturen, auch in
Gegenwart von Wasserdampf. Es ergab sich folgendes
Gleichgewichtsschema:

$$V \xrightleftharpoons{\sim 200^{\circ}C} III \xrightleftharpoons{230^{\circ}C} II \xrightleftharpoons{237^{\circ}C} I \xrightleftharpoons{883^{\circ}C} Schmelze$$

Die früher beschriebene Form IV konnte nicht nachgewiesen werden.

[+]Neue Anschrift: Mineralogisch-Petrographisches
Institut der Universität,
Im Neuenheimer Feld 236
6900 Heidelberg, BRD

STRUKTURGELENKTE THERMISCHE ZERSETZUNG VON KOMPLEXEN MIT EIN-,
ZWEI- UND DREIDIMENSIONALEN BAUELEMENTEN

W.Bachmann, J.R.Günter und H.R.Oswald
Anorganisch-chemisches Institut
Universität Zürich, Winterthurerstrasse 190
8057 Zürich, Schweiz

Um vertiefte Einblicke in die Problematik der Reaktivität fester Stoffe zu ermöglichen, werden die geometrischen Aspekte strukturgelenkter - d.h. topotaktischer - Zersetzungsreaktionen [1] an Einkristallen von Komplexverbindungen des Typs $[M(diam)_nM'(CN)_4]$ untersucht, wobei M und M' zweiwertige Metalle wie Cd, Ni etc. darstellen.

EINLEITUNG

1. Zersetzungsreaktionen

Zersetzungsreaktionen müssen mit möglichst vielen voneinander unabhängigen Methoden untersucht werden. Bei derartigen Reaktivitätsuntersuchungen ist das Arbeiten an genau definierten Systemen eine Voraussetzung für aussagekräftige, auswertbare Informationen.

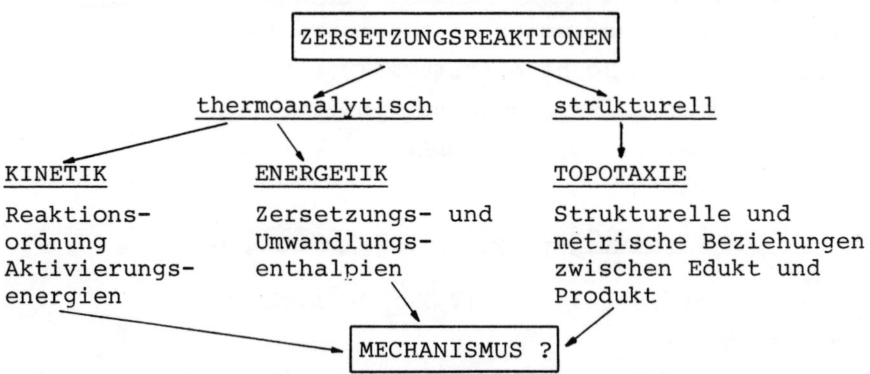

2. Strukturgelenkte Reaktionen: Topotaxie

Die Definition für topotaktisch verlaufende Reaktionen lautet:

Eine chemische Reaktion oder Festkörper-Umwandlung verläuft topotaktisch, wenn ihr festes Produkt in einer oder mehreren kristallographisch gleichwertigen Orientierungen zum festen Edukt gebildet wird, und wenn sie das gesamte Volumen des Ausgangskristalls durchdringen kann [1].

3.   Das System: $[M(diam)_n M'(CN)_4]$
          Vorwiegend aus japanischen Arbeiten [2,3,4,5] sind die
Strukturen und das thermische Verhalten der nachfolgenden
Klathratverbindungen bekannt.

$[M(diam)M'(CN)_4 \cdot 2G]$, wobei M   = Mn,Fe,Co,Ni,Cu,Zn; Cd
                                   M' = Ni,Pd,Pt; Cd,Hg
                                   diam = NH_3(zweimal),en(Aethylendiamin),
                                          etc.
                                   G   = Benzol, Anilin, etc.

Verwandte Komplexverbindungen des Typs $[M(diam)_n M'(CN)_4]$, mit
M, M' = Ni, Cd konnten dargestellt und charakterisiert werden.

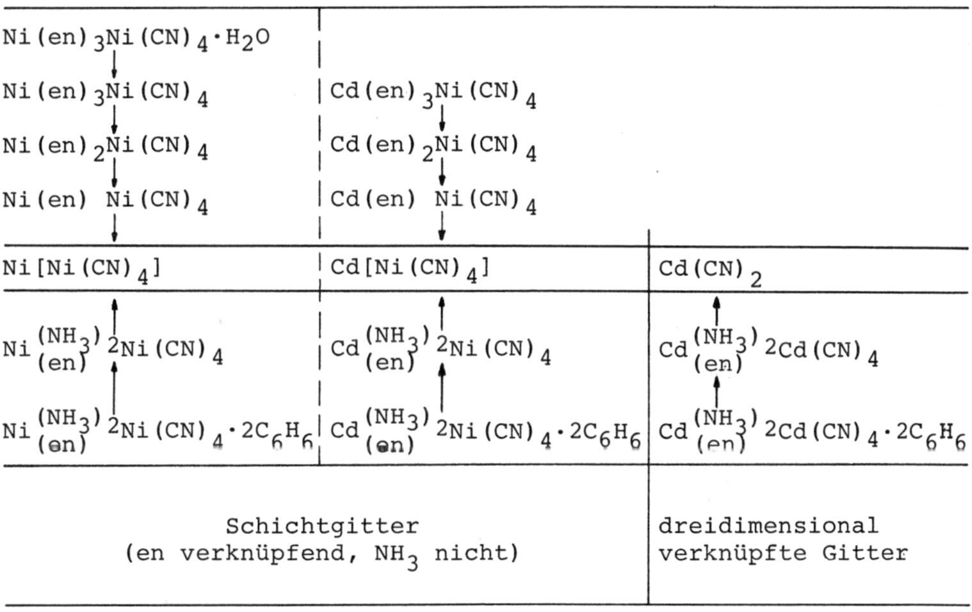

KLATHRATVERBINDUNGEN: $[M(diam)M'(CN)_4 \cdot 2C_6H_6]$

     Um der Forderung eines genau definierten Systems nach-
zukommen, wurden alle Untersuchungen an Einkristallen von 0,5 bis
1 mg Gewicht durchgeführt.
     Im folgenden wird die thermische Zersetzung der
Klathratverbindungen $Ni(NH_3)_2Ni(CN)_4 \cdot 2C_6H_6$ (I) und $Cd(en)Ni(CN)_4 \cdot 2C_6H_6$ (II) beschrieben.

1.   <u>Thermisches Verhalten</u>
        Die thermogravimetrischen Zersetzungskurven der
Klathrate (I) und (II) in Abb. 1 zeigen drei Stufen. Die Verbindung (II) zersetzt sich bereits bei Raumtemperatur und muss deshalb in einer Benzolatmosphäre aufbewahrt werden.

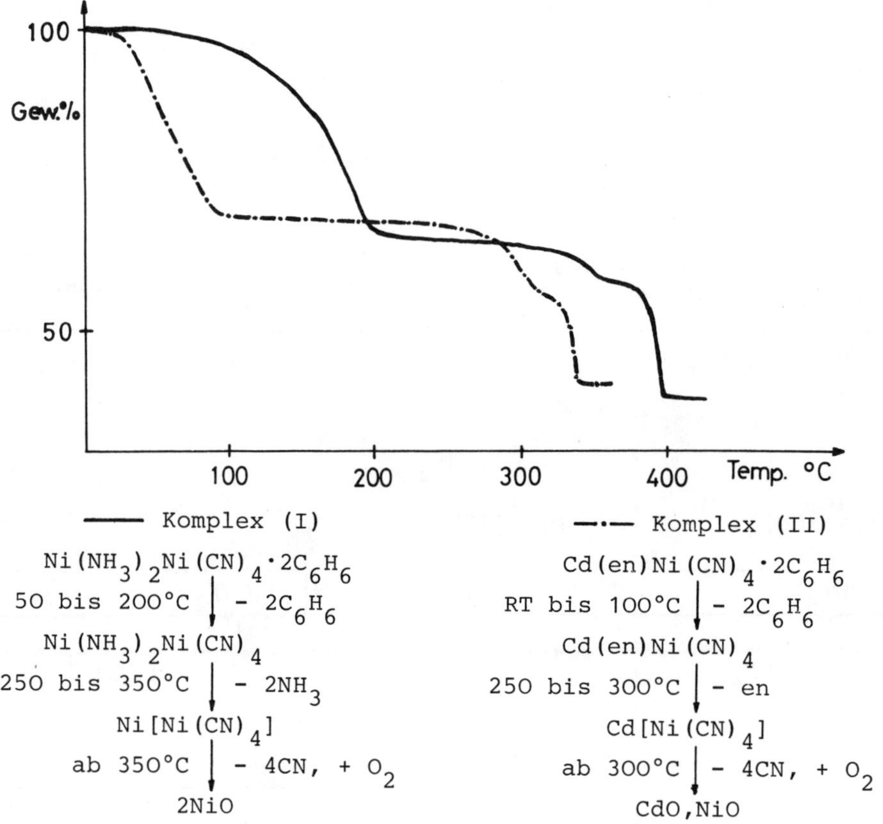

<u>Abb. 1</u>: Thermogravimetrische Zersetzungskurven von (I) und (II)
         (10°C/Min; strömende Luft)

        Aus kinetischen Untersuchungen von Aynsley [6] und
Ohyama [7] wurde auf die Oberflächendiffusion beim Verlust der
Gastmolekeln als geschwindigkeitsbestimmenden Schritt geschlos-
sen, d.h. für die erste Zersetzungsstufe liege eine Reaktion
0.Ordnung vor. Die Reaktionsenthalpien betragen 50 bis 59 kJ mol^{-1},
mit Aktivierungsenergien für Ni(NH_3)_2Ni(CN)_4·2C_6H_6 (I) von
67,2 kJ mol^{-1} und Cd(en)Ni(CN)_4·2C_6H_6 von 51,4 kJ mol^{-1}.
        Diese um rund 25% tiefere Aktivierungsenergie kann mit
der sterischen Hinderung zwischen dem die Schichten verknüpfenden
Aethylendiamin- und dem eingeschlossenen Benzolmolekül erklärt
werden.

2.   Strukturgelenkte Zersetzung von Einkristallen

Am Modellbeispiel $Ni(NH_3)_2Ni(CN)_4 \cdot 2C_6H_6$ (I) wird das Vorgehen der strukturellen Untersuchungen an Einkristallen während der thermischen Zersetzung erläutert.

Ein Edukteinkristall wurde mit seiner [110]-Richtung parallel der Drehachse eines Weissenberg-Goniometers montiert und orientiert. Die stufenweise Zersetzung erfolgte isotherm im Ofen einer Hochtemperatur-Röntgenkamera (System Huber), wobei der Verlauf der Zersetzungsreaktion in regelmässigen Abständen durch Weissenberg- und/oder Präzessionsaufnahmen verfolgt wurde.

Die relativen strukturellen und metrischen Beziehungen zwischen Edukt- und Produktkristall der ersten Zersetzungsstufe können den Aufnahmen in Abb. 3 wie folgt entnommen werden:

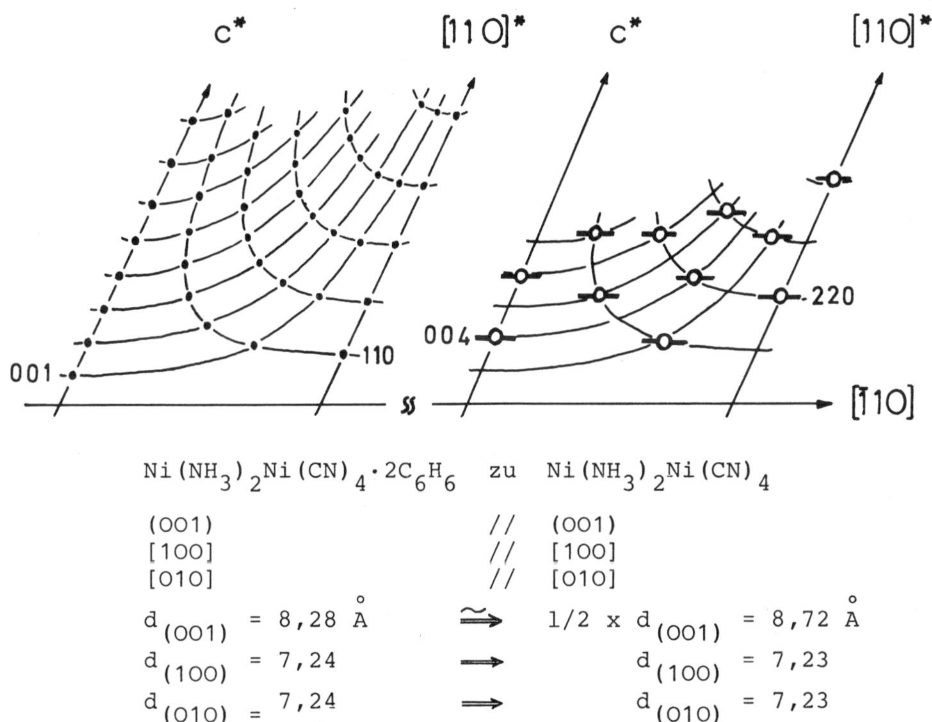

$Ni(NH_3)_2Ni(CN)_4 \cdot 2C_6H_6$ zu $Ni(NH_3)_2Ni(CN)_4$

(001)	//	(001)
[100]	//	[100]
[010]	//	[010]
$d_{(001)} = 8,28\ \text{Å}$	$\Longrightarrow$	$1/2 \times d_{(001)} = 8,72\ \text{Å}$
$d_{(100)} = 7,24$	$\longrightarrow$	$d_{(100)} = 7,23$
$d_{(010)} = 7,24$	$\Longrightarrow$	$d_{(010)} = 7,23$

Abb. 2: Strukturelle und metrische Beziehungen für die erste Zersetzungsstufe von Komplex (I). Abnahme des Abstandes der Schichten (001) von 8,28 Å auf 4,36 Å

Auf gleichartige Weise können die nachfolgenden Zersetzungsstufen bis zum NiO als Endprodukt ausgewertet werden.

Die entsprechenden Topotaxie-Untersuchungen an der Verbindung $Cd(en)Ni(CN)_4 \cdot 2C_6H_6$ (II) führen zu völlig anderen strukturellen und metrischen Beziehungen, was auf nicht-isotype Produktstrukturen schliessen lässt [8].

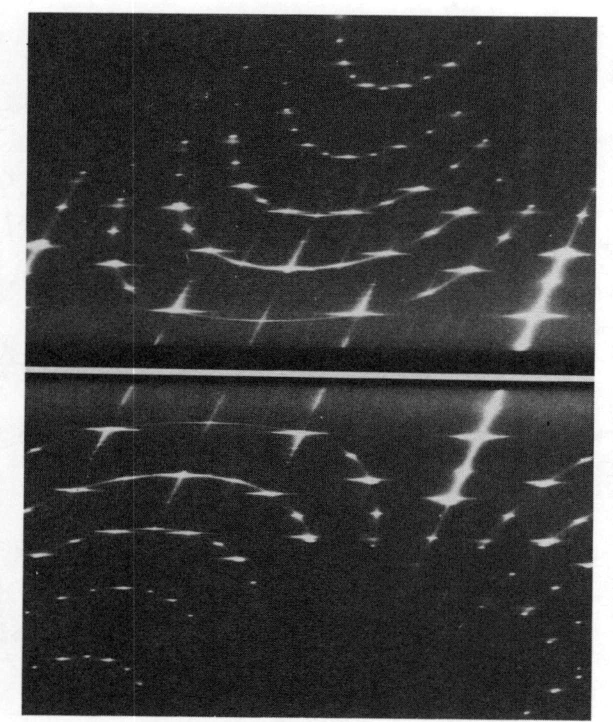

$$Ni(NH_3)_2Ni(CN)_4 \cdot 2C_6H_6 \xrightarrow[\text{3 h}]{\text{isotherm 100°C}} \begin{array}{l} Ni(NH_3)_2Ni(CN)_4 \cdot 2C_6H_6 \\ + Ni(NH_3)_2Ni(CN)_4 \end{array}$$

Abb. 3: Weissenberg-Röntgenaufnahmen der ersten Zersetzungsstufe von (I)

3.   <u>Morphologische Untersuchungen</u>
          Aufnahmen mit dem Rasterelektronenmikroskop zeigen die
im allgemeinen bei topotaktischen Vorgängen auftretende Ausbildung von Pseudomorphosen deutlich, d.h. die äussere Gestalt des
Eduktkristalls bleibt mehr oder weniger vollständig erhalten.
          Die aufgebrochenen Schichten und intakten Basisflächen
(001) in Abb. 4 bestätigen für Komplex (I) die Vorstellung, dass
sowohl die Benzol- als auch die Ammoniakmolekeln parallel zu den
Schichten aus dem Kristall diffundieren.

<u>Abb. 4</u>: $Ni(NH_3)_2Ni(CN)_4 \cdot 2C_6H_6$-Einkristall; im Raster-Elektronen-
          mikroskop zersetzt unter Verlust von Benzol und Ammoniak
          zu $Ni[Ni(CN)_4]$.
          (Vergrösserung ca. 1000 fach)

          Bei Verbindung (II) bleibt die Kristallform ebenfalls
erhalten. Die Oberflächenstruktur der Produkt-Pseudomorphose ist
jedoch, wie Abb. 5 zeigt, anders und viel weniger einheitlich
als bei Komplex (I).

Abb. 5: Cd(en)Ni(CN)$_4 \cdot$2C$_6$H$_6$ Einkristall; im Raster-Elektronen-
mikroskop unter Verlust von Benzol zersetzt
(Vergrösserung ca. 1000 fach).

ZUSAMMENFASSUNG

     Bei der thermischen Zersetzung der Klathratverbindung
[Ni(NH$_3$)$_2$Ni(CN)$_4 \cdot$2C$_6$H$_6$] (I) mit ausgeprägter Schichtgitterstruk-
tur bleiben die Schichten über alle Zersetzungsstufen im wesentlichen unverändert - Erhaltung zweidimensionaler Strukturelemente
von der Edukt- zur Produktstruktur - sind aber nach dem Verlust
der sich zwischen den Schichten befindenden Gastmolekeln dichter
gepackt.
     Der Komplex [Cd(en)Ni(CN)$_4 \cdot$2C$_6$H$_6$] (II) mit analoger
Schichtstruktur verhält sich strukturell bei der Abgabe der Gastmolekeln wesentlich anders, was auf verschiedenartige Strukturen
der beiden Wirtsgitter schliessen lässt. Die anschliessend vor-
genommene genaue röntgenographische Strukturbestimmung der Verbindung [Cd(en)Ni(CN)$_4$] [8] bestätigte diese Vorhersage.
     Thermogravimetrisch reagieren die beiden Klathrate (I)
und (II), abgesehen von der tieferen Reaktionstemperatur und
der kleineren Aktivierungsenergie bei (II), sehr ähnlich. Dieser

Befund ist vereinbar mit der Literaturangabe, dass beide Verbindungen in einer Reaktion 0.Ordnung und der Oberflächendiffusion
von Benzol als geschwindigkeitsbestimmenden Schritt reagieren.
Es scheint sich um den interessanten Fall zu handeln, dass sich
zwei sehr ähnliche Edukte mit unterschiedlichen strukturellen
Reaktionsmechanismen, aber gleichartiger Kinetik thermisch zer-
setzen, doch müssen diese Befunde noch weiter verifiziert werden.

LITERATURVERZEICHNIS

[1] J.R.Günter and H.R.Oswald, Bull.Inst.Chem.Res.Kyoto Univ.,
    53, 249 (1975).
[2] J.H.Rayner and H.M.Powell, J.Chem.Soc., 42, 319 (1952).
[3] T.Iwanioto et al., Bull.Chem.Soc.Japan, 40, 1174 (1967).
[4] T.Miyoshi et al., Inorg.Chim.Acta, 6, 59 (1972).
[5] R.Kuroda, Inorg.Nucl.Chem.Letters, 9, 13 (1973).
[6] E.E.Aynsley et al., Proc.Chem.Soc. (London), 210 (1957).
[7] J.Ohyama et al., Bull.Chem.Soc.Japan, 50, 410 (1977).
[8] W.Bachmann, Diss.Univ.Zürich, in Bearbeitung.

THERMOGRAVIMETRIC STUDY OF LANTHANOID(III) COMPLEXES WITH CROWN ETHERS[1]

Jean-Claude G. Bünzli[2], Denis Wessner

Université de Lausanne, Institut de chimie minérale et analytique, Place du Château 3, 1005 Lausanne, Switzerland.

Paul Tissot

Université de Genève, Département de chimie minérale, analytique et appliquée, Quai Ernest-Ansermet 30, 1211 Genève-4, Switzerland.

Lanthanoid(III) ions interact with crown ethers $\underline{1}$ to $\underline{3}$ to yield stable coordination compounds. Ligands $\underline{1}$ and $\underline{2}$ form 1:1

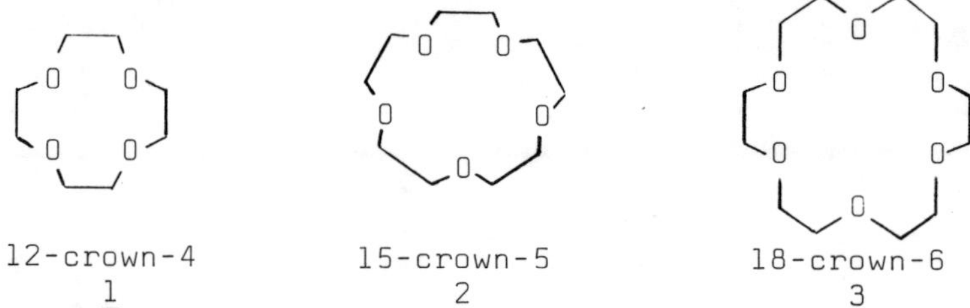

complexes with all the lanthanoid nitrates, and 1:2 complexes with the lighter lanthanoid perchlorates (Ln=La-Gd) [2][3]. With ligand $\underline{3}$, complexes having a salt:ligand ratio of 1:1 and 4:3 can both be isolated. The latter compounds either crystallize directly out of equimolar solutions of nitrate and ligand in acetonitrile (Ln=Nd-Gd,Dy) or can be obtained by thermal decomposition of the corresponding 1:1 complexes [2]. We have thus investigated the thermal behaviour of all the lanthanoid nitrate 1:1 complexes we have isolated with ligands $\underline{1}$ to $\underline{3}$ in order to determine which complexes decompose into the 4:3 compounds. We have also measured the heat of some 1:1 → 4:3 transformations by means of differential scanning calorimetry.

---

1) Part 4 of the series "Complexes of Lanthanoid Salts with Macrocyclic Ligands". For Part 3, see ref. [1].
2) To whom correspondence should be addressed.

J.-C.G. Buenzli et al.

45

The thermogravimetric experiments were performed under dynamic atmosphere of argon or nitrogen and at a rate of 2°/mn. Platinum crucibles were used and the sample size was about 10-12 mg. We are indebted to Mr. P. Comte from the Institut d'électro-chimie et de radiochimie appliquée de l'EPFL, who performed most of the measurements.

Complexes of 12-crown-4 ether do not show any transformation into 4:3 compounds; they are thermally stable up to 280° or 340° and then decompose completely, mainly into lanthanoid oxinitrates.

The thermal behaviour of the 15-crown-5 complexes is more complicated. Complexes with the lighter lanthanoid ions just undergo a complete decomposition around 250 to 300°. From europium on, the decomposition starts at lower temperature and an intermediate compound of limited thermal stability is observed. This trend is confirmed by the thermogram of the hydrated 1:1 complex of gadolinium. Loss of water occurs above 50° and leads to the monohydrated complex which soon decomposes into the anhydrous complex. This compound is stable up to 160° and then is transformed into the 4:3 complex, with loss of ligand which can be recovered unchanged, as evidence by IR measurements. A similar situation is met for terbium, with a much more unstable 1:1 complex, and for the other heavier lanthanoid(III) ions (see Table 1 and Fig. 1). The 4:3 complexes all decompose within a narrow

Table 1 :   Thermogravimetric Data for 15-crown-5 Complexes
Ln$(NO_3)_3 \cdot (15-5) \cdot nH_2O$.

Ln	n	1:1 stab. range $^{\circ}$C	1:1 complex %calc.[a]	%calc.[b]	%found	4:3 stab. range $^{\circ}$C
La	0	→ 260				
Pr	0	→ 240				
Eu	0	→ 170				
Gd	4.2	100 - 160	88.1		88.9	195 - 250
Tb	2.7	100 - 110	94.0		94.6	155 - 260
Dy	4.6	(90)	87.4	90.1	89.4	150 - 260
Ho	5.1	(90)	86.2	88.9	89.0	150 - 270
Er	3.4	105 - 110	90.4	93.2	91.7	170 - 275
Yb	3.9	(105)	89.2	92.0	91.0	165 - 270

a : Anhydrous complex   b : Monohydrate

temperature range (275-285°) and their stability temperature range varies from 55° for gadolinium to 120° for holmium. All the starting compounds, from Ln=Gd to Ln=Yb, are extremely hygroscopic and it is difficult to know with precision what their hydration number is when the experiment starts. Consequently, a

slight doubt was left whether the observed levels correspond to
4:3 complexes or not. Heating the 1:1 hydrated complexes for two
hours at 200° leads, however, to the formation of compounds which
analyse as 4:3 complexes.

With 18-crown-6 ether, a 1:1 $\rightarrow$ 4:3 transformation occurs
for all the lanthanoid ions (cf. Table 2 and Fig. 2). The 4:3
complexes seem to be thermally less stable than the complexes
with ligand 2. (i) Their stability temperature range amounts only
to about 35-70°. (ii) Except for the lighter lanthanoid ions

Table 2 :   Thermogravimetric Data for the Complexes with
            18-Crown-6 $Ln(NO_3)_3 \cdot (18-6) \cdot nH_2O$

Ln	n	1:1 stab. range $^{\circ}$C	4:3 complex %calc.	%found	4:3 stab. range $^{\circ}$C
La	0	$\rightarrow$ 210	88.8	88.7	230 - 305
Pr	0	$\rightarrow$ 130	88.8	88.8	220 - 290
Nd	0	$\rightarrow$ 110	88.9	89.6	180 - 250
Eu	0.4	50 - 110	88.0	87.7	a
Tb	3.5	100 - 110	80.8	76.9	a
Er	3.1	105 - 135	82.1	81.9	200 - 270
Yb	3.5	105 - 120	81.2	79.6	195 - 235

a : Not well defined level.

(La-Pr) and, to a lesser extend, for erbium, the obtained levels
for the 4:3 complexes are not perfectly horizontal, indicating
a beginning of decomposition at relatively low temperature. (iii)
Furthermore, the decomposition temperature of the 4:3 complexes,
which is higher than for the 15-crown-5 complexes, varies erra-
tically throughout the series. It is not always reproducible and
differences up to 20° have been found between two experiments.
The 1:1 $\rightarrow$ 4:3 transformation temperature is, however, quite reproducible.

In the case of these 18-crown-6 complexes, we have
looked in more detail into the 1:1 $\rightarrow$ 4:3 transformation. The
influence of the anion on the 4:3 complex formation has been studied with the praseodymium ion. With chloride, the 4:3 complex
forms at higher temperature (210°) than with nitrate (140°), and
it also seems thermally more stable, with a perfectly horizontal
level extending up to 300°. On the other hand, the 4:3 complex
does not form at all with isothiocyanate : the 1:1 complex decomposes completely around 300°.

We have also measured the heat of the endothermic reaction by differential scanning calorimetry. The thermogram obtained

$$4 \ LnX_3 \cdot \underline{3} \longrightarrow [LnX_3]_4 \cdot (\underline{3})_3 + \underline{3}$$

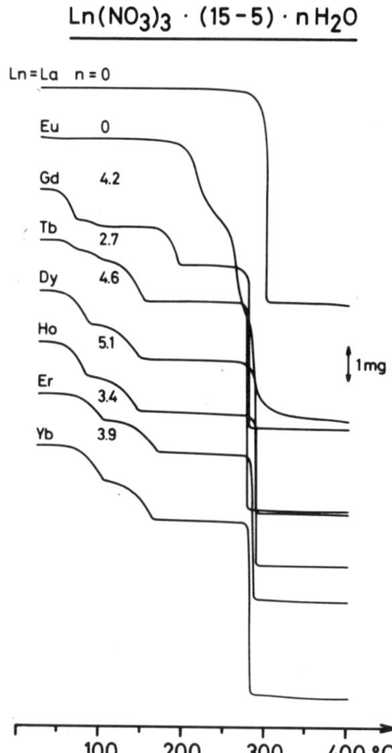

Fig. 1 : Thermograms of the
         15-crown-5 complexes

Fig. 2 : Thermograms of the
         18-crown-6 complexes

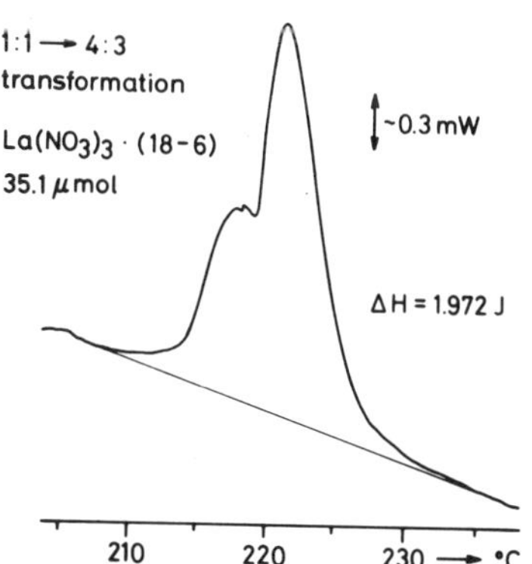

Fig. 3 : DSC curve for the 18-
         crown-6 complex of La.

for the lanthanum complex is displayed in Fig. 3, and the results
are reported in Table 3. They range from +57 to +37.6 KJmol^{-1},
decreasing with increasing atomic number, and they are not much
influenced by the nature of the anion, as demonstrated for praseodymium nitrate and chloride. Further measurements are in progress
in order to elucidate the activation parameters and the mechanism
of such reactions.

Table 3 :   Uncorrected Experimental Heat of the 1:1   4:3
             transformation of some $LnX_3 \cdot \underline{3}$ Complexes[a].

Ln	X	Temperature range (^{o}C)	ΔH_r (kJmol^{-1})
La	NO_3^-	207 - 233	57.0
Ce	NO_3^-	168 - 187	47.2
Pr	NO_3^-	128 - 150	43.4
	Cl^-	204 - 219	39.7
Nd	NO_3^-	101 - 129	37.6

a : As measured with a C-80 Setaram calorimeter on 20-40 mg
    samples, sealed under slight vacuum.

        This study has demonstrated that 4:3 complexes form with
all the lanthanoid nitrates in the case of 18-crown-6 ether and
with the heavier lanthanoid nitrates (Ln=Gd-Lu) in the case of
15-crown-5 ether. The formation of similar compounds does not occur
with the more rigid benzo-15-crown-5 and dibenzo-18-crown-6 ethers
[4][5] and was only reported for one U(III) complex [6].

        Acknowledgments.Financial support from the Swiss National
Science Foundation is gratefully acknowledged (grant 2.150-0.78).

References

1. J.-C. G. Bünzli, D. Wessner, and B. Klein, in "The Rare Earths
   in Modern Science and Technology", Vol. 2, Plenum, in press.
2. J.-C. G. Bünzli and D. Wessner, Helv. Chim. Acta 61, 1454 (1978).
3. J.-C. G. Bünzli, D. Wessner and Huynh Thi Tham Oanh, Inorg.
   Chim. Acta 32, L33 (1979).
4. R.B. King and P.R. Heckley, J. Amer. Chem. Soc. 96, 3118 (1974).
5. S. Gurrieri, A. Seminara, G. Siracusa and A. Cassol, Thermochim. Acta 11, 433 (1975).
6. D.C. Moody, R.A. Penneman, and K.V. Salazar, Inorg. Chem. 18,
   208 (1979).

LANTHANOID(III) COMPLEXES WITH 18-CROWN-6 ETHER : HEAT OF FORMATION IN ANHYDROUS ACETONITRILE[1]

Bruno Ammann and Jean-Claude G. Bünzli[2]

Université de Lausanne, Institut de chimie minérale et analytique, Place du Château 3, 1005 Lausanne, Switzerland.

The thermodynamics of the interaction between mono- and divalent metal ions and macrocyclic polyethers has been extensively studied [1][2], but few data are known for trivalent 4f elements. To our knowledge, the only available results are those reported by Izatt et al. [3] who studied the interaction between lanthanoid(III) chlorides and 18-crown-6 ether[3] in methanol/water by titration calorimetry. In such a solvent, there is no complex formation with the heavier lanthanoid ions (Ln=Gd-Lu). Under anhydrous conditions it is however possible to isolate complexes of these ions with the 18-crown-6 and with other crown ethers [4][5], or with related ligands like, for instance, 1,10-diaza-3,7,13,16-tetraoxacyclooctadecane [6]. Thus, we have undertaken a calorimetric investigation of the following reaction under strictly anhydrous conditions :

$$Ln(NO_3)_3 \cdot (MeCN)_n + L \cdot (MeCN)_m \xrightarrow[MeCN]{298K} Ln(NO_3)_3 \cdot L \cdot (MeCN)_x +$$
$$+ (n+m-x)MeCN$$

Ln=La-Lu and L=18-crown-6 ether

In this communication we discuss the experimental set up and we present the results we have obtained for Ln=La-Tb.

Anhydrous lanthanoid trinitrates were synthesized as previously described [7]. The 18-crown-6 ether was purified by distillation and was further dried. Acetonitrile was dried over calcium hydride and distilled twice over phosphorus pentoxide. The complexes are not much soluble in acetonitrile and a metal

---

1) Part 5 of the series "Complexes of Lanthanoid Salts with Macrocyclic Ligands". For Part 4, see preceding paper.
2) To whom correspondence should be addressed.
3) 1,4,7,10,13,16-hexaoxacyclooctadecane according to IUPAC rules.

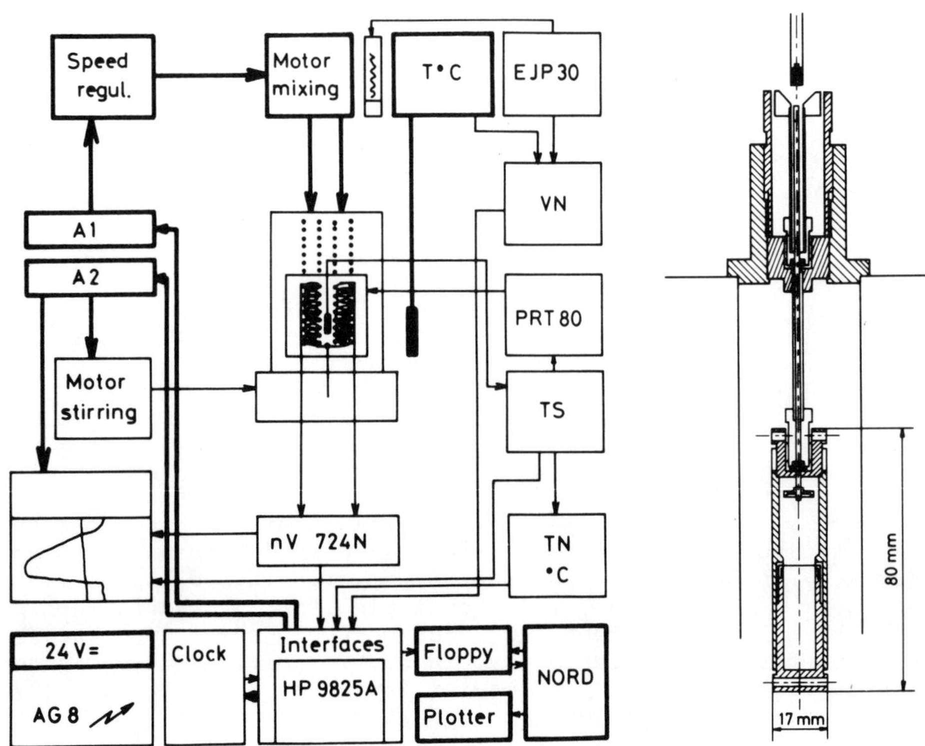

Fig. 1 : Schematic diagram of the modified calorimeter.

Fig. 2 : Mixing cell.

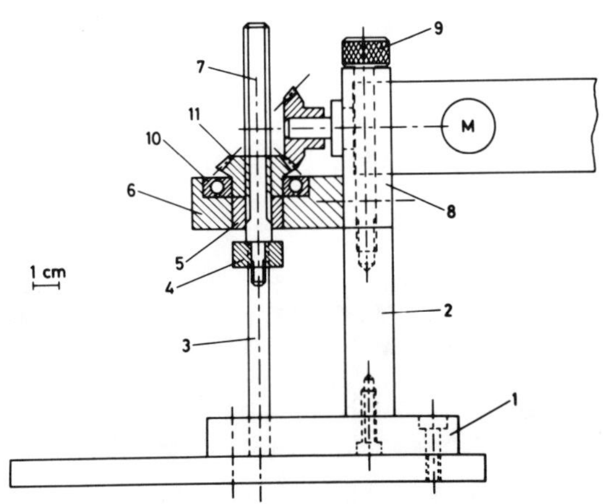

Fig. 3 : Mixing device.

ion concentration of 0.017 M (0.010 M for Ln=La) was used, as
determined by complexometric titration. The ligand concentration
was 15% larger (2% for Ln=La). All the solutions were prepared in
a glovebox (< 30ppm water). The measurements were performed at
298K using a modified C-80 calorimeter from Setaram (Fig. 1) and
specially designed, perfectly tight cells (Fig. 2) constructed for
us by Setaram. The two solutions are separated by a membrane, the
more hygroscopic nitrate solution being in the lower compartment.
To start the reaction, this membrane is teared apart by the lowe-
ring of a cutter fixed onto a metal rod. Stirring is achieved by
moving this cutter up and down about 3-10 times in the solution.
Differential measurements are performed with a reference cell containing the solvent in both compartments. After completion of the
experiment, the solutions are again stirred under exactly the same
conditions and the residual measured heat is used to correct the
experimental reaction heat for differences in stirring heat between the two cells. This correction usually amounts to 5-20%.
A teflon membrane was used for most of the measurements reported
here. We are presently using an aluminium membrane which gives
more reproducible results.
          In order to insure a good reproducibility of the experi-

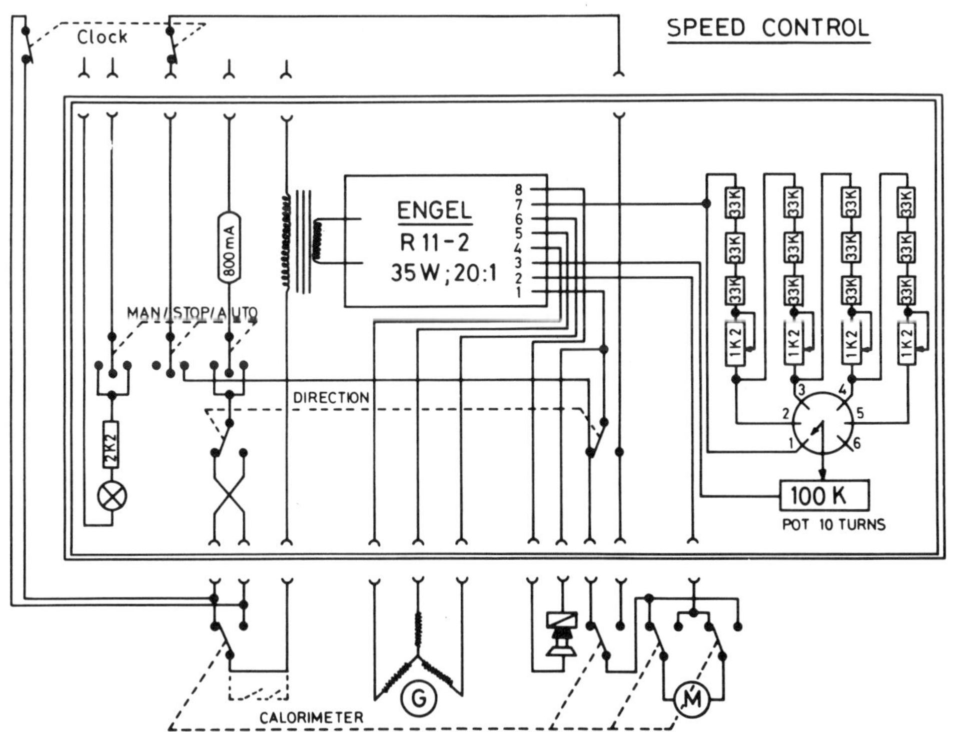

Fig. 4 : Schematic diagram of the speed regulation circuit board.

ments, we have completely automated the measurements by installing
a 35 W motor (Engel) which moves uniformly and simultaneously the
two metal rods into the cells (Fig. 3). This motor is equipped
with a tachymeter and a gear-box, and is controlled by an electronic circuit (speed regulation) we designed for this purpose (Fig.4).
The tachymeter voltage is compared with a reference voltage and
the difference drives the motor power supply. We have also instal-
led two clocks (Rösberg) which allow a complete control of the
experiment through the Hewlett Packard 9825A calculator. A trigger
starts the motor down and up motion which continues until the first
clock interrupts the motor power. The other clock controls the recorder and, when needed, the swinging of the entire calorimeter by
another motor to insure further mixing of the solutions. The calculator integrates the heat flux difference from the two thermo-
piles taking into account the calorimeter sensitivity and eventual
baseline corrections. Further data manipulations are possible
since the data are simultaneously transferred onto floppy disks
which can be read by our NORD 10/S computer.

We have checked this instrumental set up by measuring
the enthalpy of neutralization of 0.5 mMol HCl by 0.25 mMol NaOH.
The obtained $\Delta H(298.16)$, corrected for the dilution enthalpy of
NaOH, is -56.3 ± 0.5 kJmol^{-1}, which compares well with the literature value of -56.5 kJmol^{-1} [8].

The results we have obtained for Ln=La-Tb are summarized
in the Table, together with the formation constants determined by
NMR [4] and the corresponding data for the chloride system [3].

<u>Table</u>   Thermodynamic Data (298.16K) for the Systems Ln(NO$_3$)$_3$/
18-crown-6/MeCN and LnCl$_3$/18-crown-6/MeOH/H$_2$O. ΔH's are
given in kJmol^{-1} and ΔS's in JK^{-1}mol^{-1}.

Ln	ΔH_r [a]	Nitrates			Chlorides [3]		
		LogK[4]	ΔH_f	ΔS_f	LogK	ΔH_f	ΔS_f
La	-34.1	4.4	-36.2	-37.3	3.3	11.8	30.5
Ce	-42.6	4.5	-43.0	-55.6	3.6	10.6	31.0
Pr	-42.0	3.7	-44.0	-76.9	2.6	18.7	33.7
Nd	-33.8	3.5	-36.2	-54.3	2.4	20.0	33.9
Sm	-11.0				2.0	15.4	26.9
Eu	-10.0	2.7	-12.8	+ 8.7	1.8	12.8	23.3
Gd	- 9.8				1.3	15.6	23.1
Tb	-12.5				-	-	-

a)   Average of at least 3 independent measurements, ±5%.

In acetonitrile, the formation of lanthanoid(III) nitrate complexes with 18-crown-6 ether is exothermic, as expected since
nitrogen coordination from the MeCN molecules is replaced by oxygen coordination from the polyether. The enthalpy of reaction

ranges between -34 and -43 kJmol^{-1} for the first four lanthanoid ions and then it decreases quite abruptly to about 10-12 kJmol^{-1} for Ln=Sm-Tb. Preliminary results with Ln=Dy and Er indicate that a heat of reaction is also measurable with these ions and amounts to about -9 and -4 kJmol^{-1}, respectively. These data quantify and confirm the observations made during the isolation of the solid complexes [4][9] : the lighter lanthanoid(III) ions (La-Nd) easily yield 1:1 complexes with 18-crown-6 ether whereas complexes of the heavier ions are more difficult to isolate; in fact, as shown in the preceding paper, 4:3 complexes crystallize preferably with these ions. Moreover, King and Heckley isolated lanthanoid nitrate complexes with the polyether dibenzo-18-crown-6 for Ln=La-Nd only; heavier ions, from Sm onward, did not yield stoichiometric compounds [10]. The formation constants we have determined by NMR [4] allow us to calculate the entropy of formation. ΔS_f is negative and it reaches a minimum for Ln=Pr; it then increases again to become slightly positive for Ln=Eu. A full interpretation of this trend is not yet possible since many factors influence this term. (i) The displacement of acetonitrile molecules by the crown ether. (ii) The conformation change of the polyether on complexing. (iii) A possible change in the coordination mode of the nitrato groups (this is presently being investigated by means of FT-IR spectroscopy). (iv) A possible change of coordination number of the lanthanoid ion. The large differences between the thermodynamic data of our system and the chloride system (LogK smaller by ca. 1 unit, positive ΔH's and ΔS's) arise mainly from the solvent which is a much better donor than acetonitrile.

Acknowledgments. Financial support from the Swiss National Science Foundation is gratefully acknowledged (grant 2.150-0.78). Our thanks are extended to Mr. R. Tschanz of the mechanical workshop for his outstanding help.

References.

1. R.M. Izatt, D.J. Eatough and J.J. Christensen, Structure and Bonding 16, 161 (1974).
2. I.M. Kolthoff, Anal. Chem. 51, 1R (1979).
3. R.M. Izatt, J.D. Lamb, J.J. Christensen, B.L. Haymore, J. Amer. Chem. Soc. 99, 8344 (1977).
4. J.-C. G. Bünzli, D. Wessner and B. Klein, in "The Rare Earths in Modern Science and Technology", vol. 2, Plenum, in press.
5. J.-C. G. Bünzli, D. Wessner and P. Tissot, preceding paper.
6. J.F. Desreux, A. Renard and G. Duyckaerts, J. Inorg. Nucl. Chem. 39, 1587 (1977).
7. J.-C. G. Bünzli, E. Moret and J.-R. Yersin, Helv. Chim. Acta 61, 762 (1978).
8. J. McDonald, Dissertation Thesis, Arizona State University, 1975.
9. J.-C. G. Bünzli and D. Wessner, Helv. Chim. Acta 61, 1454 (1978).
10. R.B. King and P.R. Heckley, J. Amer. Chem. Soc. 96, 3118 (1974).

THERMISCHER ZERFALL VON KUPFER- UND KOBALTOXALATEN

Detlef Krug und Winfried Hädrich
Institut für Anorganische Chemie
der Eberhard-Karls-Universität, Auf der Morgenstelle 18
7400 Tübingen

Herrn Prof. Dr. W. Rüdorff zum 70. Geburtstag gewidmet

In dieser Arbeit /1/ wurden folgende Verbindungen untersucht: einmal das normale Kupfer(II)-oxalat und α-Kupferdiamminoxalat, zum anderen α- und β-Kobalt(II)-oxalatdihydrat und Kobalt(III)-hexamminoxalattetrahydrat.

Diese Systeme wurden unter folgenden Aspekten ausgewählt:
- erstens sollte etwas mehr Klarheit in die teilweise widersprüchlichen Angaben der Literatur gebracht werden,
- zweitens sollte versucht werden, aus dem Auftreten oder Nichtauftreten der formal möglichen Zwischenstufen der einfachen Metall(II)-oxalate Teile des Zerfallsmechanismus zu beleuchten und
- drittens sollten aus dem unterschiedlichen Verhalten der normalen und der zusätzlich amminkomplexierten Oxalate Rückschlüsse gezogen werden auf die ersten Schritte der Zerfallsreaktionen.

1. EINGESETZTE UNTERSUCHUNGSMETHODEN

Von den Methoden der Thermischen Analyse wurden zu den Untersuchungen eingesetzt die Thermogravimetrie, Differentialthermogravimetrie, Differenzthermoanalyse und die Evolved Gas Analysis, letztere auch in der besonders aufschlußreichen Variante der Massenspektrometrie. Die allgemeinen Vorzüge dieser Verfahren sind hinreichend bekannt. Die hier untersuchten Reaktionen haben jedoch, wieder einmal, gezeigt, daß ohne ein ganzes Arsenal zusätzlicher, röntgenographischer, spektroskopischer, magnetischer und chemisch-analytischer Verfahren die Aussagen der Thermischen Analysen gelegentlich nicht ausreichend zu interpretieren gewesen wären.

2.   ERGEBNISSE BEI DEN KUPFER-VERBINDUNGEN

Die wichtigsten Ergebnisse der Untersuchungen an den
Kupfer-Verbindungen sind folgende:
Bei der Präparation von Kupfer(II)-oxalat mußte zunächst einmal festgestellt werden, daß es die wirklich völlig
wasserfreie Verbindung nicht gibt. Im Bild 1 sind die Bindungs-
verhältnisse des Kupferoxalats schematisch dargestellt.

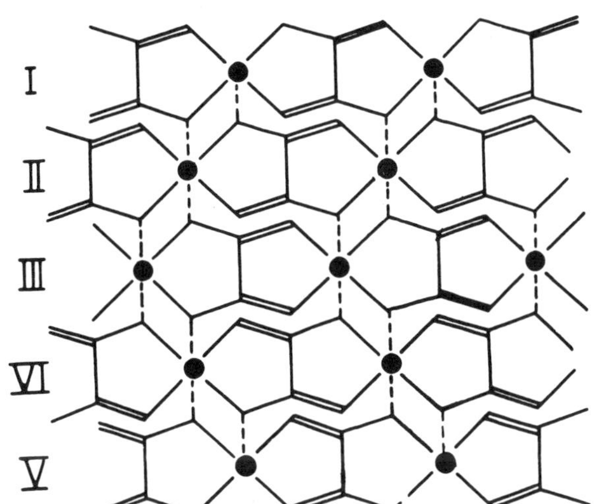

Bild 1
(nach /2/)

Die Oxalat-Bänder I, III und V sind dabei um +45°, die Bänder
II und IV um -45° aus der Bildebene gekippt. Jedes Kupfer-Atom
ist so oktaedrisch von sechs Sauerstoff-Atomen umgeben. Außerdem
entstehen dabei große Hohlräume, in denen Reste des Hydrat-
wassers, etwa 0.1 Mol, derart hartnäckig festgehalten werden,
daß sie erst bei der Zerstörung der gesamten Struktur frei
werden.
Der Zerfall des Kupferoxalats verläuft nun in bekannter
Weise so, daß ziemlich schlagartig, unter Stickstoff bei etwa
540 K, gleichzeitig Kohlenmonoxid und Kohlendioxid abgespalten
werden. Die Stufe des Kupfercarbonates wird dabei übersprungen,
was in Einklang steht mit der Tatsache, daß Kupfercarbonat selbst
schon ab 480 K Kohlendioxid abspaltet.
Ein Teil des beim Oxalat-Zerfall entstehenden
Kupfer(II)-oxids wird durch das Kohlenmonoxid in einer Folge-
reaktion zum Metall reduziert. Literaturangaben /3, 4/, denenzu-
folge Kupferoxalat direkt in metallisches Kupfer und Kohlendioxid zerfällt, können durch die Abhängigkeit des Verhältnisses
Kupfer/Kupferoxid von der Schichtdicke des Oxalates im Tiegel
widerlegt werden.
Die Reduktion des Kupferoxids durch das entstandene
Kohlenmonoxid könnte übrigens für die endgültige mechanistische
Beschreibung der Zerfallsreaktion von Bedeutung werden. Bei

diesen Untersuchungen wurde nämlich gefunden, daß in Gegenwart
von Sauerstoff der Kupferoxalat-Zerfall erst bei rund 40 K
höheren Temperaturen eintritt. Dieses zunächst überraschende
Ergebnis kann dadurch gedeutet werden, daß die Reduktion des
Kupferoxids durch Kohlenmonoxid ein mit etwa 125 kJ/Mol exothermer Vorgang ist. Durch diese Energie wird der Oxalat-Zerfall
sicher beschleunigt. Wird der niedrigerwertige Kohlenstoff durch
Sauerstoff, eventuell schon vor oder bei der Abspaltung,
oxidiert, so ist dieser Beschleunigungseffekt nicht mehr möglich.
        Bei den Zerfallsreaktionen des durch Ammoniak zusätz-
lich komplexierten Kupferoxalates wurden die folgenden Ergebnisse erhalten:
        Im folgenden Bild 2 ist die Struktur des Kupfer(II)-
diamminoxalates dargestellt. Auch hier ist die Umgebung des
Kupfer-Atoms oktaedrisch. Der Jahn-Teller-verzerrte Oktaeder
wird von vier Sauerstoff-Atomen des Oxalat-Ions und zwei Stick-
stoff-Atomen aufgespannt.

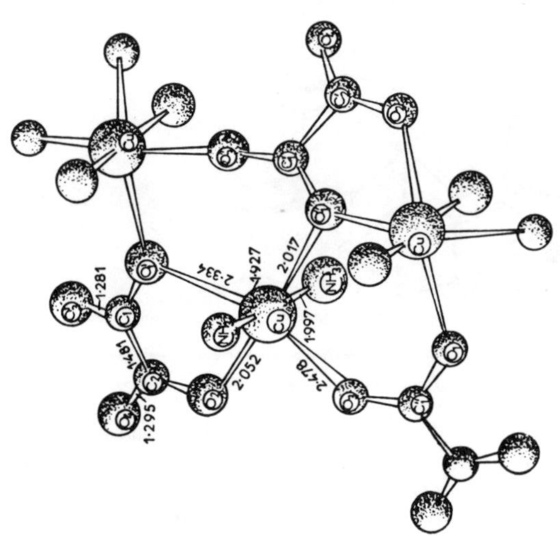

Bild 2
(aus /5/)

Der Zerfall verläuft nun, wie dem nächsten Bild 3 zu entnehmen
ist, in zwei Stufen. Dies wird bei den Signalen der Differenzthermoanalyse (DTA) und der Differentialthermogravimetrie (DTG)
besonders deutlich. Bei der ersten Stufe handelt es sich um die
Abspaltung des ersten Ammoniak-Moleküls, dem jedoch stets ein
teilweiser Zerfall des Oxalats überlagert ist.
        Die nächste Stufe ist die Abspaltung des zweiten
Ammoniak-Moleküls zusammen mit der Vervollständigung des Oxalat-
Zerfalls. Als primäres Reaktionsprodukt entsteht dabei Kupfer-
oxid, das wiederum in einer Sekundärreaktion teilweise zu
metallischem Kupfer reduziert wird.
        Diese Reaktionsfolge wird nicht nur unter Inertgas
beobachtet, sondern auch im Hochvakuum. Außerordentlich bemerkenswert ist jetzt, daß im Gegensatz zum einfachen Kupferoxalat beim Zerfall des Kupferdiamminoxalates massenspektro-

metrisch C-C-Bruchstücke nachgewiesen werden können. Offensicht-
lich wird also durch das stärker komplexierende Ammoniak die
Bindung vom Metall zum Oxalat-Ion so geschwächt, daß das ganze
Ion abgespalten werden kann.

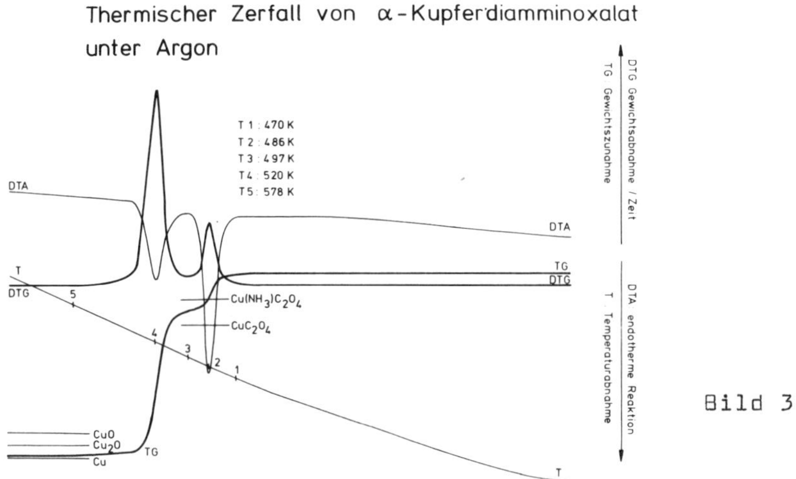

Bild 3

3.   ERGEBNISSE BEI DEN KOBALT-VERBINDUNGEN

Bei den Kobalt-Verbindungen wurden die folgenden
Ergebnisse erzielt:

Das Kobalt(II)-oxalatdihydrat kristallisiert in einer
monoklinen α- und einer orthorhombischen β-Modifikation. Beim
Erhitzen an der Luft zeigen beide einen ersten Farbwechsel von
rosa-rot nach blaßviolett und einen zweiten nach schwarz. Das
Endprodukt ist hierbei Kobalt(II,III)-oxid, Co_3O_4.

Im Bild 4 ist der thermische Zerfall des Kobalt(II)
oxalatdihydrat unter Helium dargestellt. Man erkennt zwei deutlich ausgeprägte und völlig voneinander getrennte Stufen.

Der erste Peak ist die (fast vollständige) Wasserab-
spaltung. Die α-Modifikation ist dabei die stabilere, was mit
den spektroskopischen Untersuchungen im Einklang steht. Mit
dieser Methode kann auch gezeigt werden, daß bei der Abspaltung
des Wassers aus der oktaedrischen Umgebung des Kobalts eine
tetraedrische wird.

Der nächste Peak ist der Oxalat-Zerfall unter simul-
taner Abspaltung von Kohlenmon- und dioxid. Das zunächst entstehende Kobalt(II)-oxid wird durch das Kohlenmonoxid wieder
teilweise zum Metall reduziert. Dabei ist interessant, daß beim
Zerfall unter Helium bei beiden Modifikationen hexagonales
Kobalt entsteht, während beim Zerfall unter Stickstoff die
β-Modifikation zu kubischem Kobalt führt.

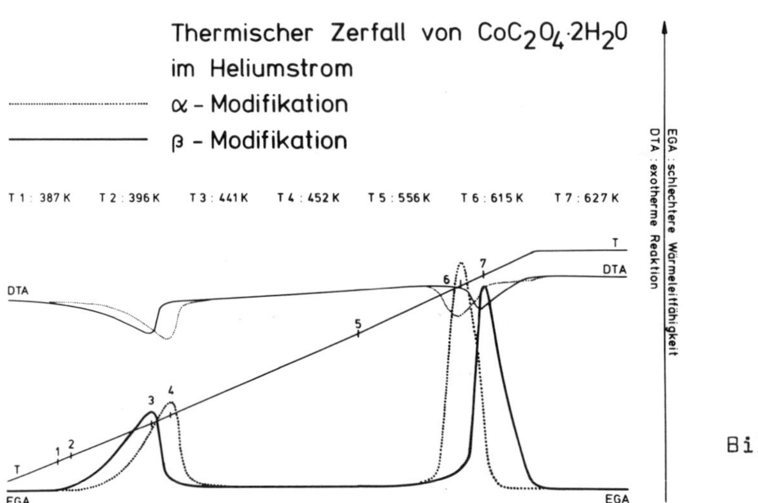

Bild 4

     Wie schon beim Kupfer beobachtet ist auch beim Kobalt
der Zerfall des Oxalates in Gegenwart von Sauerstoff verzögert.
     Letztlich sei noch der Zerfall des Kobalt(III)-
hexamminoxalattetrahydrates, einer orangeroten Verbindung mit
noch unbekannter röntgenographischer Struktur beschrieben. Diese
Verbindung ist jedoch sehr wahrscheinlich monoklin, wie ein Vergleich mit dem Reflexmuster des Kobalt-Minerals Erythrit,
$Co_3(AsO_4)_2$·8 H_2O, ergibt. Mit dessen kristallographischen Daten
konnten alle 45 Reflexe einer Guinier-Aufnahme
des Komplexes indiziert werden /6/.
     Magnetische Messungen zeigen, daß es sich um einen
Kobalt(III)-low-spin-Komplex handelt.
     Aus spektroskopischen Untersuchungen geht hervor, daß
das Kobalt-Atom oktaedrisch von sechs Ammoniak umgeben ist und
das ganze Gebilde mit ebenen Oxalat-Ionen und dem Kristallwasser
eine D_2h-Symmetrie aufweist.
     In der Literatur wird für den zum Kobalt-Metall
führenden Zerfall eine Vierstufen-Reaktion angegeben /7/, bei
den eigenen Untersuchungen werden mit den unterschiedlichsten
Methoden stets nur drei Stufen gefunden.
     Mit langfristigen Abbau-Versuchen bei konstanten
Temperaturen konnte die Literaturangabe bestätigt werden, daß
aus Kobalthexamminoxalattetrahydrat das Kristallwasser vollständig und ohne Zersetzung des Oxalates entfernt werden kann.
Bei diesen Versuchen wurden auch zwei neue Verbindungen gefunden,
nämlich 4 CoC_2O_4·5 NH_3 und 4 CoC_2O_4·3 NH_3·H_2O .

     Im letzten Bild 5 ist der Verlauf des Zerfalls von
Kobalt(III)-hexamminoxalattetrahydrat unter Helium wiedergegeben. Es sind drei Stufen erkennbar, denen folgendes Reaktions-
geschehen zukommt:

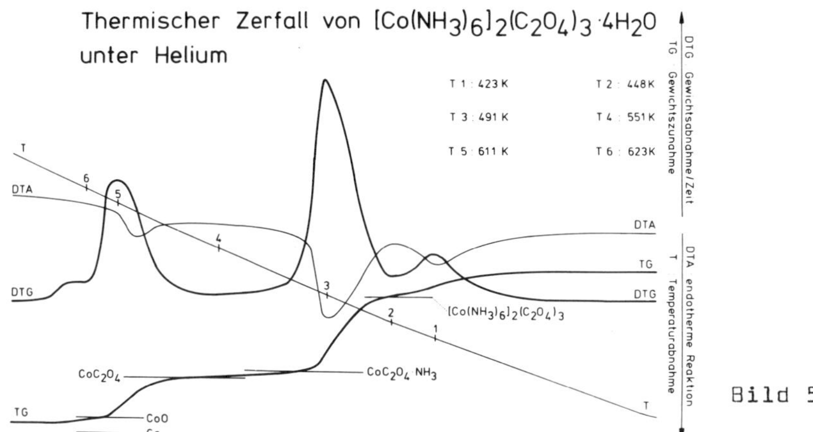

Bild 5

Zunächst verliert die Verbindung einen großen Teil
ihres Kristallwassers und einen Teil des Ammoniaks. Hier unterscheiden sich also die isothermen von den progressiven Versuchen.
Bei dieser Wasser- und Ammoniak-Abspaltung dringt das Oxalat-Ion
in die innere Koordinationssphäre des Komplexes ein. Die okta-
edrische Koordination des Kobalt-Atoms und die Oxidationsstufe +3
bleiben dabei erhalten.

Ab etwa 470 K erhält man Produkte mit der Zusammen-
setzung $CoC_2O_4 \cdot x\ NH_3 \cdot y\ H_2O$, wobei $x + y = 1$ ist. Die Oxidationsstufe ist jetzt also +2. Spektroskopische und magnetische Untersuchungen ergeben, daß in dieser Verbindung die Kobalt-Atome
sowohl oktaedrisch als auch tetraedrisch koordiniert sind; eine
diesem Ergebnis Rechnung tragende Formulierungsmöglichkeit wäre
etwa $Co\ Co(C_2O_4)_2$.

Bei weiterer Temperaturerhöhung wird noch mehr Wasser
und Ammoniak abgespalten und letztlich zerfällt das Oxalat wie
in den anderen Fällen geschildert unter Bildung von Kobaltoxid
und metallischem Kobalt.

Auch bei dieser Kobaltverbindung ergab sich wiederum
der bemerkenswerte Befund, daß das Oxalat-Ion unter Beibehaltung der ursprünglichen C-C-Bindung abgespalten wird.

4.   AUSBLICK UND DANK

Die Autoren hoffen, daß es durch diese Untersuchungen
gelungen ist, ein wenig mehr Licht in das Geschehen solcher Zerfallsreaktionen zu bringen und dadurch der Möglichkeit zur Auf-
stellung eines genauen Reaktionsmechanismus einen Schritt näher

gekommen zu sein.

      Wir danken dem Fonds der Chemischen Industrie für die
finanzielle Unterstützung und Herrn Dr. Hentze, Bayer AG, für
die Messungen der Massenspektren.

5.   LITERATURZITATE

/1/ W. Hädrich, Dissertation Tübingen 1979
/2/ H. Schmittler, Monatsberichte d.Deutsch.Akad.d.Wissen.
    Berlin, 10, 581 (1968)
/3/ D. Dollimore et al., J.Chem.Soc.,2617, (1963)
/4/ K. Nagase et al., Bull.Chem.Soc.Jap., 48, 439 (1975)
/5/ J. Garaj et al., Coll.Czechoslov.Chem.Commun., 42,
    216 (1977)
/6/ ASTM 11 - 626
/7/ L. Kekedy et al., Stud.Univers.V.Babes et Bolyai, Serie 1,
    Band III, Nr. 4, 104 (1958)

THERMOANALYTIK AN KLEINEN EINKRISTALLEN VON KOMPLEXEN

A.Reller, H.R.Beer und H.R.Oswald
Anorganisch-chemisches Institut
Universität Zürich, Winterthurerstrasse 190
8057 Zürich, Schweiz

Zur Interpretation von Zersetzungsreaktionen und Phasen-umwandlungen fester Stoffe werden häufig thermoanalytische Daten ausgewertet, ohne weitere unabhängige Messresultate beizuziehen. Konsistente Erklärungen bezüglich Kinetik und Mechanismus dieser Prozesse lassen sich jedoch nur mit Hilfe methodisch verschieden-artiger Untersuchungen erarbeiten.

In dieser Arbeit werden zwei Vorgänge aus der Festkör-perchemie von Nickelkomplexen unter Berücksichtigung morphologi-scher, struktureller und energetischer Aspekte vorgestellt.

Teil A: Die thermische Zersetzung von $[Ni(SCN)_2(py)_2]$

Die Verbindung $[Ni(SCN)_2(py)_2]$ (py = Pyridin) zersetzt sich ab 170°C unter Abgabe von Pyridin, das massenspektrometrisch nachgewiesen wurde, zu festem Nickelrhodanid (Abb. 1).

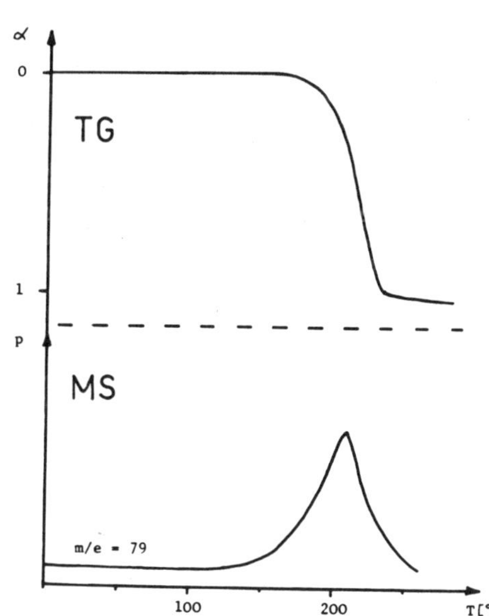

Abb. 1:

TG/MS - Kurven der Zersetzung eines $[Ni(SCN)_2(py)_2]$-Einkri-stalls

Einwaage: 0.465 mg
Heizrate: 10°/min
Druck MS: 3.3 · 10^{-5} Torr
Atmosph.:   Luft, statisch

<u>Struktur:</u> [Ni(SCN)$_2$(py)$_2$]-Einkristalle weisen unendliche Nickel-
rhodanidketten [00$\bar{1}$] auf, an die pro Nickelatom je zwei Pyridinmoleküle über Stickstoff - Metall - Bindungen koordiniert sind,
vgl. Abb. 2 [1].

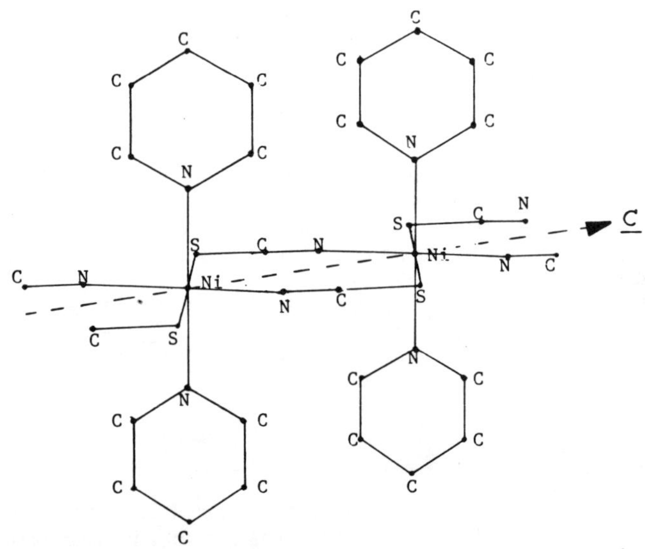

<u>Abb. 2:</u> Ausschnitt aus der Struktur von [Ni(SCN)$_2$(py)$_2$]

<u>Morphologie:</u> Teilweise zersetzte Einkristalle zeigen, dass die
Reaktion auf den Flächen (001) bzw. (00$\bar{1}$) beginnt. Entsprechend
dem in Abb. 3 gezeigten Schema bewegt sich die Reaktionsfront
anschliessend gleichförmig entlang der kristallographischen c-
Achse in den Kristall hinein.

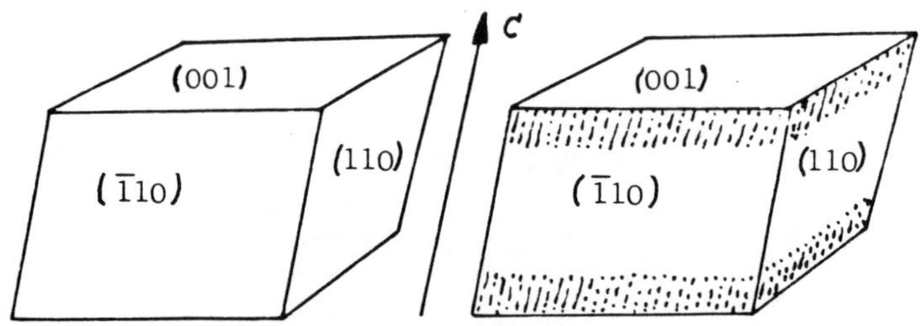

<u>Abb. 3:</u> Schematische Darstellung eines unzersetzten (links) und
eines teilweise zersetzten (rechts) [Ni(SCN)$_2$(py)$_2$]-
Einkristalls
    ☐ = [Ni(SCN)$_2$(py)$_2$] (Farbe grün)
    ▨ = [Ni(SCN)$_2$] (Farbe gelb)

Aufgrund dieser Tatsache hängt die Abgabe der Pyridinmoleküle an die umgebende Atmosphäre stark von der jeweiligen Auflagefläche des Einkristalls im Tiegel ab, vgl. Abb. 4. Bei quantitativen thermogravimetrischen Messungen muss folglich auf die Möglichkeit derartiger Beeinflussungen der Wachstumsgeschwindigkeit der Produktschichten vermehrt geachtet werden.

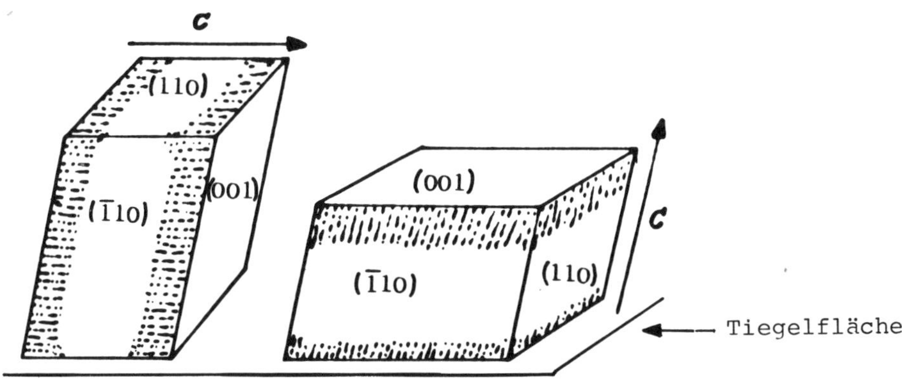

Abb. 4: Schematische Darstellung von partiell zersetzten [Ni(SCN)$_2$(py)$_2$]-Einkristallen. Ist die Auflagefläche (001), so wird die Abgabe von Pyridin gehemmt (rechts); die Produktschicht wächst dort viel langsamer
   ▢ = [Ni(SCN)$_2$(py)$_2$]
   ▦ = [Ni(SCN)$_2$]

Thermogravimetrie: Thermogravimetrische Experimente unter isothermen Bedingungen zeigen, dass die Gewichtsabnahme in einem grossen Bereich linear verläuft, d.h. dass die Wachstumsgeschwindigkeit der Produktschicht konstant ist (Abb. 5).

Interpretation: Bei der Zersetzung von [Ni(SCN)$_2$(py)$_2$]-Einkristallen werden die Ni - N$_{py}$ - Bindungen gebrochen. Die Nickelrhodanidketten bleiben im Sinne einer topotaktischen Reaktion erhalten, was röntgenographisch anhand vergleichender Weissenbergaufnahmen von Edukt und Produkt gezeigt werden kann. Die Pyridinmoleküle bewegen sich entlang den Nickelrhodanidketten [001] des Edukts aus dem Kristall und treten ausschliesslich auf den Flächen (001) und (00$\bar{1}$) in die umgebende Atmosphäre aus. Quantitative thermogravimetrische Messungen an Einkristallen führen zu reproduzierbaren Werten für die entsprechenden Geschwindigkeitskonstanten.

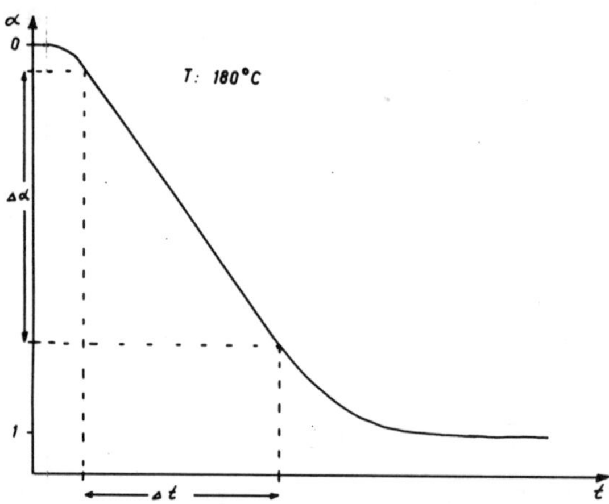

Abb. 5: TG-Kurve der Zersetzung eines
$[Ni(SCN)_2(py)_2]$-Einkristalls
unter isothermen Bedingungen
Einwaage: 0.231 mg
Atmosph.:   Luft, statisch

Teil B: Phasenumwandlungen an $[NiBr_2(dab)]$-Komplexen

Festkörperkomplexe der Verbindungsklasse $[NiBr_2(dab)]$
(dab = Diazabutadien) (Abb. 6) zeigen beim Erwärmen eine irreversible Phasenumwandlung, die mit einer Farbänderung von gelb nach
violett verbunden ist [2]. Der Diazabutadienligand kann verschiedene Substituenten R tragen. Wir beschränken uns hier auf die
Verbindung Dibromo-{glyoxalbis-(tert.-butylimin)-N,N'}-nickel(II),
d.h. R = tert.-butyl.

Koordination, Röntgendaten: Aus Festkörperreflexionsspektren geht
hervor, dass Nickel bei Raumtemperatur oktaedrisch, in der Hochtemperaturmodifikation aber tetraedrisch koordiniert ist. In
Tab. 1 sind aus Pulver- und Einkristallröntgendaten ermittelte
Zellparameter für die beiden Modifikationen aufgeführt. Daraus
lässt sich auf eine relativ enge Verwandtschaft der beiden Kristallstrukturen schliessen, denn zwei Achsen bleiben gleich lang,
die dritte wird nahezu halbiert, und der Winkel β der monoklinen
Form geht in einen rechten Winkel über.

Abb. 6: [NiBr$_2$(dab)]

	Tieftemperatur- Modifikation	Hochtemperatur- Modifikation
RG	C 2/c	P mmn
a	20.22 Å	10.54 Å
b	7.16 Å	7.15 Å
c	20.30 Å	20.29 Å
β	98.55 °	90.00 °

Tab. 1: Zelldaten von [NiBr$_2$(dab)]
R = tert.-butyl

Morphologie: Die Phasenumwandlung wurde mittels eines Heiztisches (Mettler FP5) unter dem Mikroskop verfolgt. Der Farbwechsel vollzieht sich derart, dass eine violette Farbfront von einer Kante ausgehend durch das ganze Kristallvolumen wandert. Zusätzliche Veränderungen am Kristall, wie etwa Rissbildung, sind nicht zu erkennen. Die Ergebnisse aus morphologischen und röntgenographischen Untersuchungen lassen den Schluss zu, dass sich beim Phasenübergang Verschiebungen der einzelnen Atome in kleinen Grenzen halten. Eine Teilchendiffusion über weitere Distanzen als geschwindigkeitsbestimmender Vorgang fällt somit ausser Betracht.

DSC-Messungen: Eingehendere Erkenntnisse bezüglich Kinetik und Mechanistik dieser Phasenumwandlung bringt die quantitative Auswertung von DSC-Messungen. In Abb. 7 sind an einer pulverförmigen, durch Zerdrücken hergestellten Probe und an einem kleinen Einkristall aufgenommene Kurven (DSC-2, Perkin-Elmer) wiedergegeben.
Die Gegenüberstellung zeigt, dass die Enthalpieänderung und die Anfangstemperatur der Reaktion in beiden Fällen praktisch gleich sind. Klare Unterschiede treten jedoch in der Peakform hervor. Während beim Pulver der Kurvenverlauf monoton ist, findet man bei Einkristallen zu Beginn des Phasenübergangs deutliche "Vorpeaks". Diese sind zwar bezüglich Anzahl und Form nicht für jede Messung genau reproduzierbar, treten jedoch stets auf. Sie sind bisher noch nicht vollständig interpretiert worden, lassen sich aber mit Keimbildungsvorgängen in Verbindung bringen.

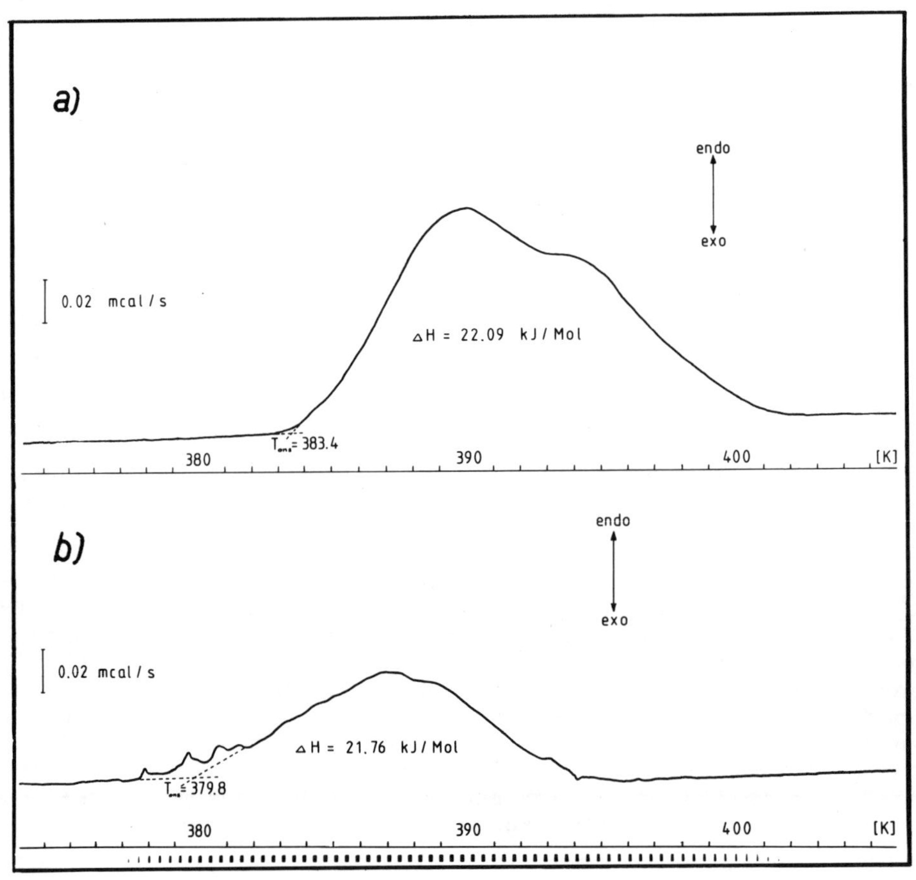

Abb. 7: DSC-Kurven von [NiBr$_2$(dab)]. Heizrate 5°/min, Atmosphäre
N$_2$, a) Pulver, 4.709 mg, b) Einkristall, 0.936 mg

        Die kinetische Auswertung der Thermogramme erfolgte
nach Literaturmethoden für nichtisotherme Kinetik [3],[4],[5]
auf einer Grossrechenanlage (IBM System 370/3033) mit Hilfe
eines selber entwickelten Programmsystems. Wie aus Tab. 2 ersichtlich ist, treten dabei für mikro- und einkristalline Proben beträchtliche Differenzen auf. Die drei aufgeführten Verfahren
liefern unter sich für einen bestimmten Probentyp konsistente
Aktivierungsenergien. Hingegen gelangt man zwischen den zwei
kristallinen Zuständen zu drastisch unterschiedlichen Werten.
        Die mechanistische Auswertung [6] der Kurven ergibt
für die Einkristalle - abgesehen von der Anfangsphase - ein Reak-
tionsgesetz, das einem Wachstum der Phasengrenzschicht als ge-
schwindigkeitsbestimmendem Schritt gehorcht, während für das
Pulver ein Keimbildungsgesetz resultiert. Mit anderen Worten ist

im Pulver die ständige Neubildung von Reaktionskeimen geschwin-
digkeitsbestimmend, bei den Einkristallen hingegen das gross-
räumige Wachstum der zu Beginn gebildeten Keime.

	$[NiBr_2(dab)]$ Pulver	$[NiBr_2(dab)]$ Einkristall
Coats-Redfern [2]	253.1 ± 4.6	367.8 ± 0.8
Freeman-Carroll [3]	263.2 ± 13.4	356.1 ± 26.4
Horowitz-Metzger [4]	249.8 ± 7.9	380.7 ± 0.4

Tab. 2: Aktivierungsenergien [kJ/Mol]
         für Pulver und Einkristall $[NiBr_2(dab)]$

        Diese klaren Unterschiede zwischen Pulver und Einkri-
stall bezüglich Aktivierungsenergie und Grobmechanismus machen
deutlich, welch wesentlichen Einfluss der kristalline Zustand
auf die Messresultate hat. Einen eindeutig definierten Kristallinitätsgrad hat man sicherlich nur beim idealen Einkristall. Bei
Untersuchungen am Realkristall ist bereits mit spezifischen Bau-
fehlern zu rechnen. Für Pulver können bestenfalls Korngrössen-
intervalle angegeben werden.

        Die durch Zermörsern von Kristallen erreichte Ernie-
drigung der Aktivierungsenergie um rund einen Drittel und die
Tatsache, dass die Röntgendaten auf eine strukturgelenkte Reaktion hindeuten, lassen es angebracht erscheinen, unsere thermoanalytischen Messungen jeweils an einem einzelnen Einkristall
vorzunehmen. Auf diese Weise ist eine sinnvolle Korrelation zwischen errechneten kinetischen und mechanistischen Daten und der
Reaktivität des Festkörpers am ehesten gewährleistet. Solche Beziehungen müssen zudem durch zusätzliche Untersuchungen struktureller sowie morphologischer Art gestützt werden und mit diesen vereinbar sein.

Literatur

[1] A.Reller, Diss.Univ.Zürich, in Bearbeitung.
[2] H.tom Dieck und M.Svoboda, Chem.Ber., 109, 1657 (1976).
[3] A.W.Coats und J.P.Redfern, Nature, 201, 68 (1964).
[4] H.H.Horowitz und G.Metzger, Anal.Chem., 35, 1464 (1968).
[5] E.S.Freeman und B.Carroll, J.Phys.Chem., 62, 394 (1958).
[6] V.Šatava, Thermochim.Acta, 2, 423 (1971).

DIE KINETIK DER THERMOLYSE VON α-FeOOH und β-Zn(OH)$_2$ UND DER INTERKONVERSION β-CrOOH $\rightleftharpoons$ CrO$_2$

Rudolf Giovanoli, Willi Stadelmann und Peter Bürki

Anorganisch-chemisches Institut der Universität Bern, Freiestr. 3, Postfach 140, CH-3000 Bern 9 - Fächer

Zusammenfassung

Für Feststoff-Reaktionen abgeleitete Zeitgesetze verschiedener Autoren, welche unterschiedliche Voraussetzungen über den Me= chanismus und den geschwindigkeitsbestimmenden Schritt in Be= tracht gezogen haben, lassen sich bei geeigneter Normierung und Auftragen der Reaktionsrate von 0 bis 1 gegen Halbwertszeiten so darstellen, dass alle Funktionen sich in α = 0,5 und $t/t_{0,5}$ = 1 schneiden.

Am Beispiel von α-FeOOH und β-Zn(OH)$_2$ liessen sich Thermolyse-Reaktionen so erfassen, und auch die Reduktion von CrO$_2$ zu β-CrOOH sowie die Rückreaktion konnten untersucht werden.

Diese bei isothermen Bedingungen ausgeführten Reaktionen und de= ren Produkte wurden durch Röntgenmethoden, Porenanalyse, Elektro= nenmikroskopie, Elektronenbeugung und besonders Dunkelfeld-Abbil= dung im Lichte ausgeblendeter Reflexe überprüft.

Als Ergebnis fanden sich grundsätzlich verschiedene Mechanismen, die sich jedoch nicht alle auf die kinetischen Reaktionskurven ausgewirkt haben: Verschiedene Mechanismen können nahezu identi= sche Reaktionskurven liefern.

Bei der Interkonversion β-CrOOH $\rightleftharpoons$ CrO$_2$ traten dagegen zwei gänz= lich verschiedene Reaktionskurven auf, obwohl das Ausgangsprodukt sich topotaktisch im strengen Wortsinn ins Endprodukt und wieder zurück umwandelt: Einkristall bleibt Einkristall.

Als Folgerungen hieraus kann man nennen: 1. Die Ableitung eines Reaktionsmechanismus aus der Reaktionskinetik ist nicht immer eindeutig; und: 2. Bei der Verwendung des Begriffs der topotak= tischen Reaktion ist grösste Zurückhaltung geboten.

1. Einleitung

Zahlreiche Autoren haben am Beispiel bestimmter Modelle mathema= tische Ausdrücke für das Zeitgesetz von Reaktionen fester Stoffe aufgestellt; für eine Uebersicht siehe [1] bis [4]. Besonders Delmon [1] hat auf die Notwendigkeit einer reduzierten Zeitachse hingewiesen, um isotherme Reaktionsraten in verschiedenen Syste= men besser vergleichen zu können. Die nachstehende Fig. 1 stammt

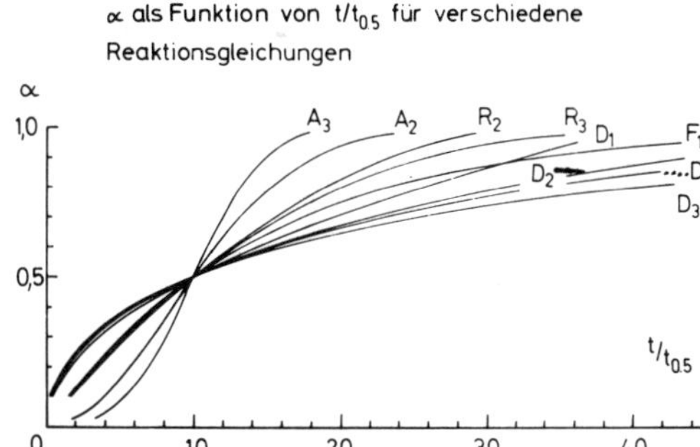

von Sharp et al. [2] und de=
monstriert, wie ähnlich die
Zeitgesetze für völlig ver=
schiedene Ansätze ausfallen
können.

Fig. 1   Mathematisch abgelei=
tete Reaktionskurven in re=
duzierter Darstellung [2].
D = Diffusionskontrolliert,
F1 = 1. Ordnung (Random nucle=
ation), A = Avrami-Gleichun=
gen. Einzelheiten siehe [2].

In einer Reihe von Untersuchun=
gen haben wir nach geeigneten
Reaktionen gesucht, um diese Zeitgesetze vermittelst unabhängiger
Methoden zu überprüfen. Da es sich bei den verfolgten Reaktionen
durchwegs um Heterogenreaktionen handelt, was bei den mathemati=
schen Ansätzen zu den Kurven von Fig. 1 nicht überall   berück=
sichtigt ist, haben sich besonders morphologische Verfahren so=
wie die genauere Ueberprüfung allfällig entstehender Porensyste=
me aufgedrängt. Dieselbe Ursache hat auch eine bestimmte Ober=
grenze für die Einkristalldimensionen festgelegt: da ein Reak=
tionsprodukt oder ein Reaktionspartner durch den festen Stoff
oder durch ein Porensystem entweichen oder gegebenenfalls zudif=
fundieren muss, findet man bei zu grossen Einkristallen sogleich
nach dem Anlaufen der Reaktion ein diffusionsgesteuertes Zeit=
gesetz, was uns nicht besonders interessant scheinen will. Wir
wählten daher Einkristalle der Grössenordnung 1 μ mit einer
Dicke von ≪ 0,5 μ, womit als einziges Beobachtungsinstrument
das Elektronenmikroskop in Frage kommt.

2. Experimentelles

Die isothermen TG-Kurven wurden teils auf einer METTLER-Waage
TA-1 und teils auf einer CAHN-Elektrowaage aufgenommen. Aktivie=
rungsenergien sind nach Wiedemann et al. [5] bestimmt worden.
Die Monoschicht-Kapazität ("Spezifische Oberfläche") wurde nach
BET bestimmt. Den Herren Stoeckli, Perret und Woupéyi [6] verdan=

ken wir die detaillierteren Poren-Analysen. Die Präparate, soweit
nicht nach früher beschriebenen Verfahren selber hergestellt, er=
hielten wir von den Firmen RCA (Dr. Hockings) und BAYER (Prof. W.
Noll), sowie von der Firma ROTH & Co.

Die elektronenmikroskopischen Techniken waren die üblichen. Her=
vorgehoben sei die Dunkelfeldbeleuchtung im Lichte eines definier=
ten Reflexes: Dadurch leuchten im untersuchten Kristall die Re=
gionen auf, wo dieser Reflex entsteht. Mit andern Worten kann so
die Verteilung des Ausgangs-Gitters bzw. die Keimbildung und das
Wachstum des neuen Gitters im Kristallkörper direkt beobachtet
werden.

3. Ergebnisse
3.1 α-FeOCH

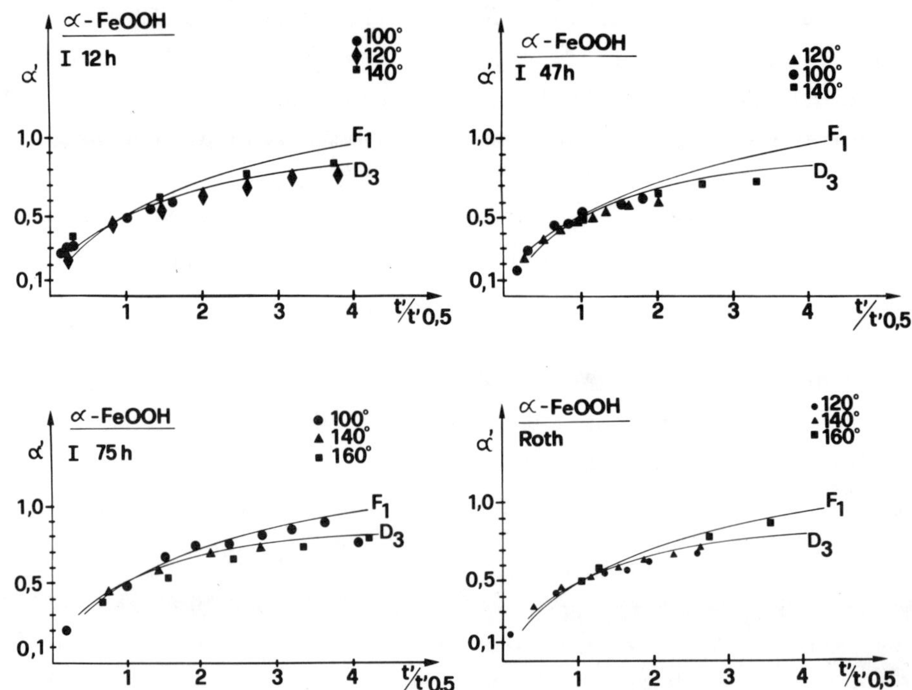

Fig. 2   Reaktionskurven für vier verschiedene α-FeOOH-Präparate

Fig. 2 zeigt die für 4 verschiedene α-FeOOH-Präparate erhaltenen
Messpunkte in reduzierter Darstellung, gemeinsam mit den Modell=
Kurven F_1 und D_3 aus Fig. 1. Es ergibt sich ohne weitere Umstände,
dass zwischen Random Nucleation (d. h. Reaktion 1. Ordnung) und
diffusionsgesteuerter Reaktion mit Diffusion in allen 3 Dimensio=
nen nicht unterschieden werden kann. Es ergibt sich ferner auf den
ersten Blick schon die enorme Streuung, mit der man ungeachtet der
Leistungsfähigkeit heutiger Thermowaagen rechnen muss; die Einzel-
TG-Kurve ist dieserhalb vollständig irreführend. Dieses Ergebnis
steht im übrigen in vollständiger Uebereinstimmung mit früheren
von uns publizierten Daten für γ-FeOOH [7].

Als Aktivierungsenergien fanden wir:

Präparat	Präexpon. Faktor	Aktivierungsenergie
I 12 h	$1,8.10^{18}$	50 kcal/mol
I 47 h	$2,4.10^{19}$	59 kcal/mol
I 75 h	$9,3.10^{15}$	35 kcal/mol
Roth	$8 .10^{14}$	38 kcal/mol

Literaturwerte für die Aktivierungsenergie sind z. B. 21 kcal/mol
[8] bzw. 19,8 kcal/mol [9, 10]. Unsere ersten beiden Präparate
sind feinteilig gegenüber den zwei andern, und die höhere Kristal=
linität bzw. Kristallitgrösse würde   demnach eine niedrigere Ak=
tivierungsenergie   bewirken! Im Fall des γ-FeOOH [7] lagen
nicht so klare Verhältnisse vor, aber vernünftigere.

Gemessen am Aufwand sind die in Fig. 2 gezeigten Ergebnisse eher
bescheiden. Dagegen ist sehr bemerkenswert, dass die aus der Ver=
breiterung der Röntgenreflexe errechnete Kristallitgrösse während
der Thermolyse klar abnimmt:

Reflex 130 von α-FeOOH   liefert   470 ... 580 Å (vor Reaktion)
Reflex 10.4 von α-Fe$_2$O$_3$ liefert   140 ... 150 Å (nach Rn.)
Beide Reflexe haben denselben Gitterebenenabstand.
Daraus folgt zwingend, dass der Kristall im Laufe der Bildung des
α-Fe$_2$O$_3$ in kleinere Bruchstücke zerfällt. Die zunehmende Mono=
schichtkapazität mit steigendem Umsatz α (Fig. 3) bestätigt das.
Als erstes Ergebnis kann somit gefolgert werden: Die α-FeOOH-Ein=

kristalle zerfallen bei der Thermolyse in kleinere α-Fe_2O_3-Kristal-
lite. Sofort folgt daraus als nächstes: Mit steigendem Umsatz wird
die Reaktion zunehmend durch die Wegdiffusion des entstehenden
Wassers durch das neugebildete Porensystem hindurch kontrolliert.

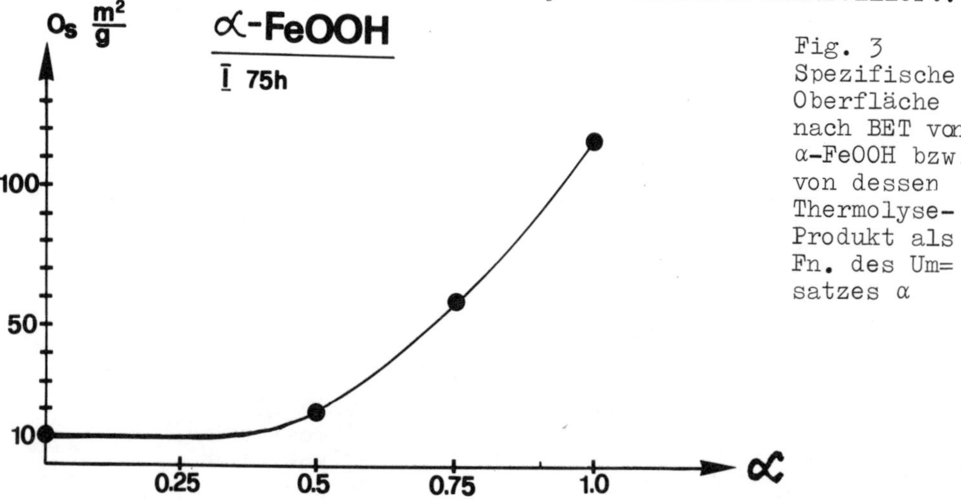

Fig. 3
Spezifische
Oberfläche
nach BET von
α-FeOOH bzw.
von dessen
Thermolyse-
Produkt als
Fn. des Um=
satzes α

Die elektronenmikroskopischen Befunde stützen diese ersten Ergeb=
nisse vollumfänglich: Fig. 4 zeigt einen charakteristischen α-
FeOOH-Kristall bei starker Vergrösserung. Ein solcher Kristall
besteht nach beendeter Reaktion aus einem Aggregat sehr kleiner
α-Fe_2O_3-Kristallite, die indessen ihre Orientierung bezüglich Aus=
gangsprodukt so perfekt beibehalten haben, dass die in Fig. 7 ge=
zeigte Feinbereichs-Elektronenbeugung von einem Einkristall-Dia=
gramm nur bei grosser Sorgfalt der Untersuchung noch zu unterschei=
den ist. Dennoch handelt es sich beim Endprodukt-Diagramm um ein
Texturdiagramm, nicht um ein Einkristalldiagramm.

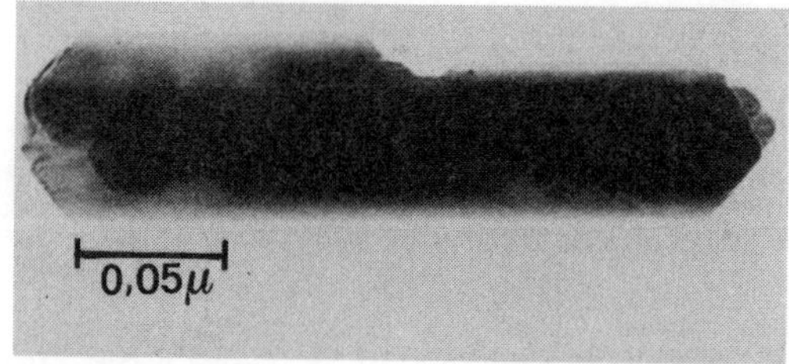

Fig. 4 Typischer Kristall
des Ausgangsprodukts α-FeOOH.

Die wolkigen Moiré-Erschei=
nungen sind Regionen mit
Braggscher Beugung; vgl.
umstehende
Fig. 5:Veränderungen bei
unsorgfältiger Behandlung;
Artefakte

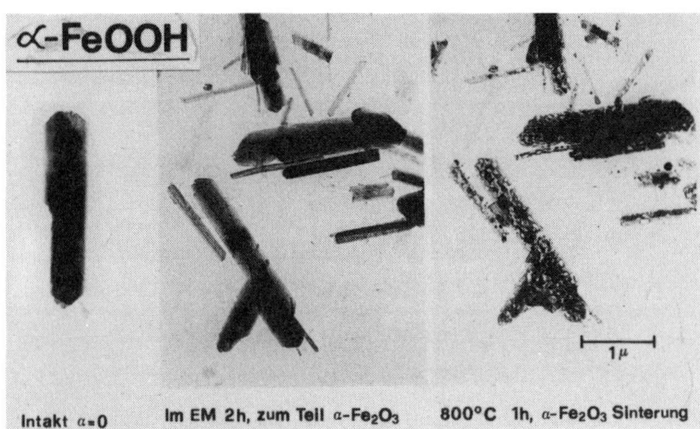

Vollstän=
dig in
α-Fe$_2$O$_3$
umgewan=
delte
Kristalle
sind uni=
form grau.
Poren wie
nebenste=
hend deu=
ten auf
Artefakte
hin; vgl.
z. B.
[8].

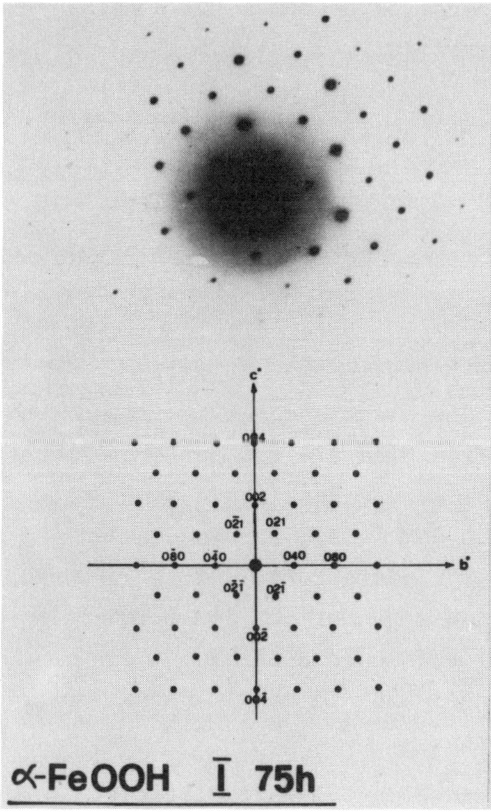

Fig. 5 (Legende siehe rechts oben)

Fig. 6 α-FeOOH: Einkristall=   Fig. 7 Endprodukt: Textur=
         diagramm   diagramm

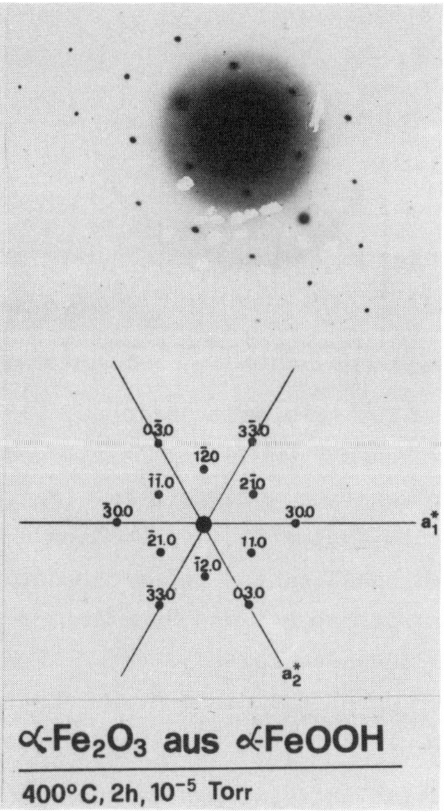

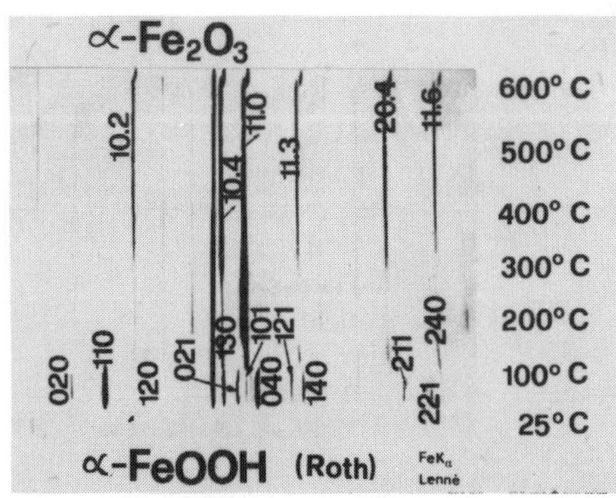

Fig. 8 Guinier-Lenné-Film zur Thermolyse von α-FeOOH

3.2 Ergebnisse zum β-Zn(OH)$_2$

Die Reaktionskurven für die Thermolyse des β-Zn(OH)$_2$ fallen ziemlich ähnlich aus wie die des α-FeOOH (Fig. 9).

Die Einzelwerte streuen so stark, dass sie gerade die F1-Kurve einerseits und die D3-Kurve andererseits bedecken. Dass keine Werte ins Feld zwischen den 2 Kurven fallen, ist Zufall.

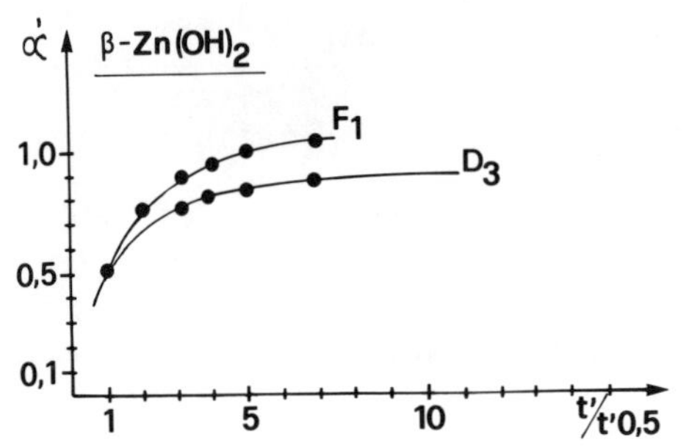

Fig. 9 Reaktionskurven zur Thermolyse des β-Zn(OH)$_2$

Demnach ist auch bei dieser Reaktion aus den TG-Daten allein kein Mechanismus ableitbar.

Dies ist umso erstaunlicher, als die elektronenmikroskopische Untersuchung [11] ein gänzlich anderes Bild als bei der ersterwähnten Reaktion geliefert hat (Fig. 10). Die Reaktion beginnt mit Random Nucleation, setzt sich nach dem Modell der wachsenden Kreisscheibe bzw. des wachsenden Zylinders fort, und endet durch langsame Abgabe des Reaktionsprodukts Wasser aus dem zuletzt vorliegenden Porensystem. Man würde demnach zwei oder sogar drei klar unterscheidbare Reaktionsphasen auch in den TG-Kurven erwarten, findet aber nichts dergleichen.

Für die Aktivierungsenergie ergaben sich folgende Ziffern:
Aktivierungsenergie   17,5 kcal/mol
Präexponentieller Faktor   2,4 . 10^8

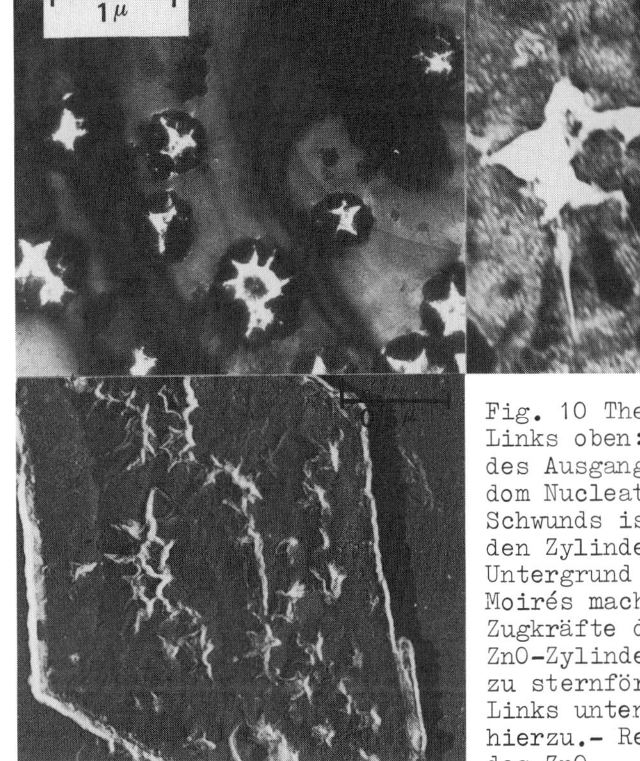

Fig. 10 Thermolyse von β-Zn(OH)$_2$
Links oben: In der Gittermatrix
des Ausgangskristalls findet Ran=
dom Nucleation statt. Wegen des
Schwunds ist das ZnO des wachsen=
den Zylinders dunkel auf grauem
Untergrund sichtbar, und Bragg-
Moirés machen die mechanischen
Zugkräfte direkt sichtbar. Die
ZnO-Zylinder reissen schliesslich
zu sternförmigen Makroporen ein.
Links unten: Kohlehüllabdruck
hierzu.- Rechts oben: Porensystem
des ZnO.

3.3 Resultate zur Interkonversion β-CrOOH $\rightleftharpoons$ CrO$_2$

Umstehende Fig. 11 zeigt die TG-Resultate für die Oxydation des

β-CrOOH in O$_2$ (oben) und für die Rückreaktion in H$_2$/N$_2$. Hier liegt

erstmals ein Fall vor, wo trotz erheblicher Streuung ein bestimm=

tes Zeitgesetz erfüllt ist, nämlich die A2-Kurve, d. h. die Avra=

mi – Gleichung [1-4] für die Oxydation. Die Rückreaktion verläuft

wiederum ganz anders, und zwar im Rahmen der Messgenauigkeit ohne

ganz klaren Befund. Immerhin deutet der Anfang der Reaktion eini=

germassen gut auf die R3-Funktion, und erst gegen den Schluss hin

streuen die Messwerte gleichmässig um die R3-, die D1- und die F1-

Kurve.

Die elektronenmikroskopische Untersuchung geben wir hier aus Raum=

gründen nicht vollumfänglich wieder; siehe hierzu [13]. Der Befund

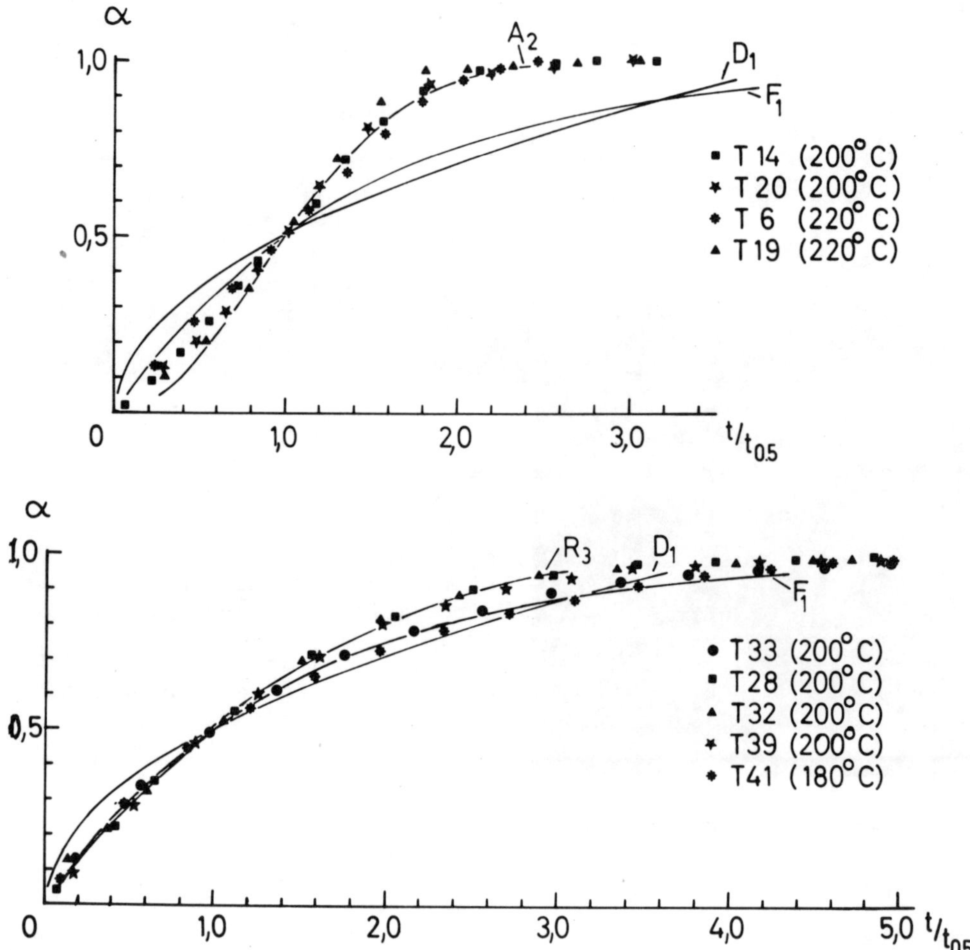

Fig. 11 TG-Kurven in reduzierter Darstellung für die Oxydation des
β-CrOOH zu CrO_2 (oben) und für die Reduktion des CrO_2 zu β-CrOOH
(unten). Die beiden Reaktionen folgen nicht demselben Zeitgesetz,
und die Oxydationsreaktion ist die erste uns bekanntgewordene ein=
fache Reaktion, welche der Avrami-Gleichung folgt.

steht in völliger Uebereinstimmung mit den Ergebnissen von Woupéyi
[6] und lautet, dass während der   Reaktion, vor- und rück=
wärts, der Einkristall des Ausgangsprodukts ein Einkristall des
Endprodukts wird. Es treten keinerlei Poren oder Risse auf. Die
anderswo rapportierten Schlitzporen [14] entstehen nur im Hochva=
kuum, oder aber als Artefakte in der elektronenmikroskopischen Un=

tersuchung bei unvorsichtigem Operieren. Bei richtiger Reaktions=
führung unter Atmosphärendruck in strömendem Gas konnten weder
durch Porenanalyse irgendwelche Mikro- oder Mesoporen nachgewiesen
werden, noch durch hochauflösende Elektronenmikroskopie irgend=
eine morphologische Aenderung, noch durch Röntgenreflexprofil-
Analyse eine Abnahme der Kristallitgrösse.

4. Diskussion

Während die TG-Daten trotz Anwendung der alleräussersten techni=
schen Möglichkeiten -- leistungsfähige Apparatur, kleine Einwaage,
dünne Ausbreitung auf einem grossen Tellertiegel, isotherme Reak=
tionsführung bei mässigen Temperaturen -- bei den meisten von uns
untersuchten-Reaktionen an Oxidhydroxiden und Hydroxiden nur be=
scheidene Ergebnisse lieferten, erwiesen sich die beigezogenen
Methoden der Porenanalyse und vor allem die Elektronenmikroskopie
als bedeutend aussagekräftiger. Der von einigen Autoren vertrete=
nen Ansicht [2], aus Reaktionskurven könne man in eindeutiger Wei=
se auf den Mechanismus von Feststoffreaktionen rückschliessen,
können wir nur für seltene Ausnahmefälle zustimmen.

Fig. 12 stellt hingegen in schematischer Vereinfachung dar, was
im Dunkelfeldbild beim Ausblenden bestimmter Reflexe das Elektro=
nenmikroskop direkt aussagen kann: Beispiel 1 zeigt Random Nucle=
ation in einer sonst intakten Matrix des Ausgangs-Kristallgitters.
Beispiel 2 deutet an, dass von einer Randzone her eine Phasen=
grenzfläche durch den Kristall wandert. Beispiel 3 schliesslich
illustriert den früher beschriebenen Fall [7], wo Keime zur Bil=
dung benachbarter Keime entlang kristallographischen Richtungen
führen, sodass Ketten von Keimen mit nur begrenztem Keimwachstum
auftreten. Noch andere Fälle sind selbstverständlich möglich.
Alle drei gezeigten Beispiele führen unter Erhaltung der Kristall=
form zur Bildung der neuen Phase; diese Erscheinung nennt man ge=
meinhin Pseudomorphose, und sie ist ziemlich verbreitet bei nicht
zu hohen Reaktionstemperaturen. Wendet man den später eingeführten

Begriff der Topotaxie auf die drei Beispiele in unkritischer
weise an, dann werden einfach alle Pseudomorphosen eo ipso zu
"topotaktischen Reaktionen".

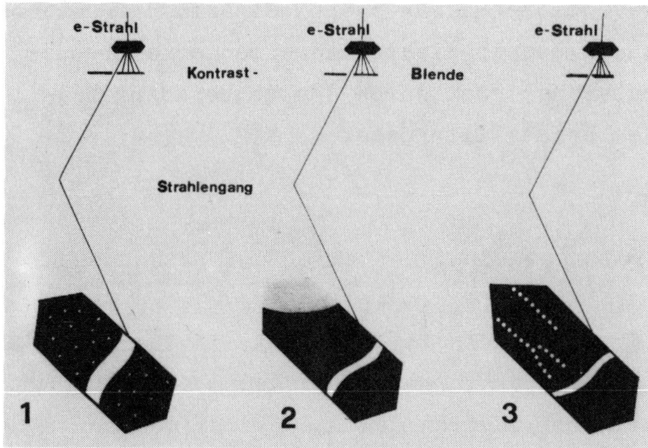

Fig. 12 Beispiele
von Reaktionsmechanis-
men und ihrer Erschei-
nungsform im Dunkel=
feldbild des Elektro=
nenmikroskops

Wir halten dafür, bei der Anwendung des Wortes "Topotaxie" mehr
Zurückhaltung zu üben. Der   Grenzfall ist das Entstehen eines
Einkristalls des Endprodukts unter Beibehaltung kristallographisch
wichtiger Richtungen des Ausgangsprodukts und unter Beibehalten
der Form des ursprünglichen Einkristalls; dieser ideale Fall lag
bei der Bildung von CrO_2 aus β-CrOOH und der Rückreaktion vor
und kann aus den Gitterdaten (Fig. 13) leicht gedeutet werden:

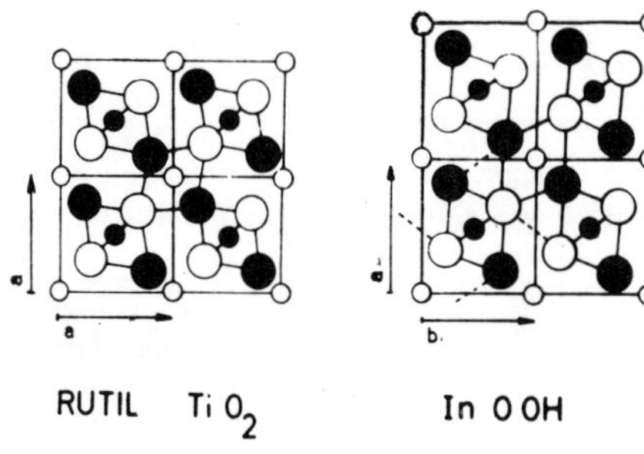

Fig. 13 Links der Rutiltyp als
Projektion // [001], für CrO_2;
Rechts der InOOH-Typ des β-CrOOH.

Gitterkonstanten:

	a_o	b_o	c_o
CrO_2	4,421	–	2,917 Å
β-CrOOH	4,861	4,292	2,960 Å

Der Passfehler von rund 10% in der
Projektionsebene wird demnach vom
Gitter mühelos verkraftet.

Das früher beschriebene γ-FeOOH [7], das α-FeOOH und das β-Zn(OH)$_2$

verhalten sich dagegen ganz anders, und von idealer Topotaxie

kann keine Rede mehr sein. Das Gitter bricht vollständig ausein=

ander, und es entsteht ein wohl noch die Ausgangsform aufweisen=

des, eine mehr oder weniger orientierte Textur zeigendes, aber

aus sehr kleinen Kristalliten bestehendes A g g r e g a t des

Endprodukts. In diesem Sinne sind die Thermolysereaktionen des γ-FeOOH und α-FeOOH nur noch beschränkt topotaktisch, und die Umwandlung des β-Zn(OH)$_2$ in ZnO eher eine Pseudomorphose. Dass als Artefakt auftretende Erscheinungen im Elektronenmikroskop zu ungewollten, nahezu topotaktischen Reaktionen führen [11], zeigt Fig. 14 am Beispiel des β-Zn(OH)$_2$:

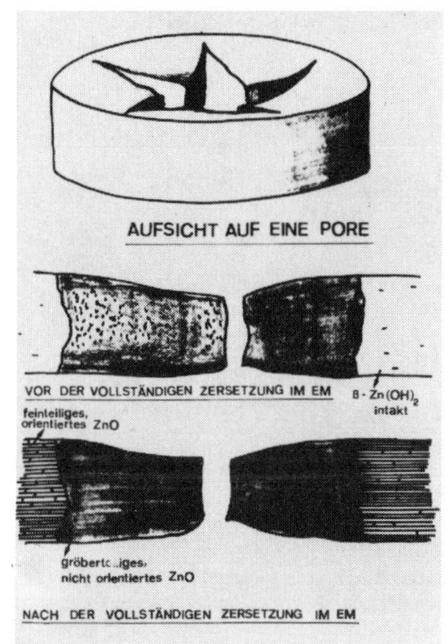

Fig. 14   Schemazeichnung einer in ZnO umgewandelten Stelle in β-Zn(OH)$_2$

Um die groben Risse herum findet sich ZnO ohne kristallographische Orientierung.

Wird bei unvorsichtigem Operieren die ursprünglich intakte Matrix des β-Zn(OH)$_2$ im Elektronenstrahl be= schädigt, so entsteht ZnO mit aus= geprägter Orientierung und kann eine topotaktische Reaktion vor= täuschen.

Die vorgestellten Ergebnisse, die durch laufende Arbeiten und unpublizierte weitere Befunde [13] gestützt werden, las= sen sich in Fig. 15 zusammenfassen.

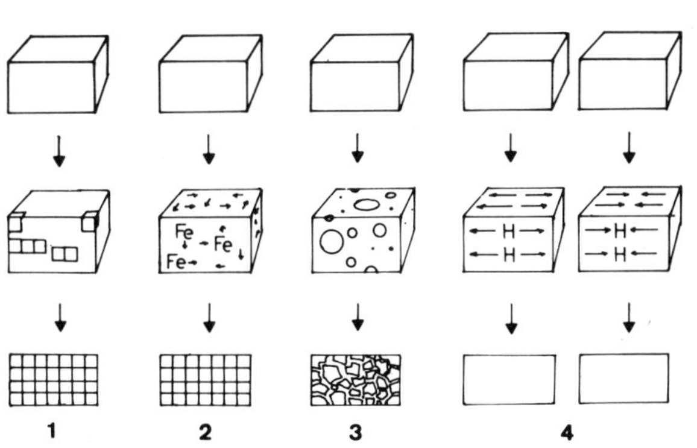

Fig. 15
Vier beobachte= te Mechanis= men: 1 und 2 Zerfall des Ausgangsgitters in kleine Kri= stallite mit beibehaltener Orientierung, 3 dito ohne Textur, 4 ide= ale Topotaxie

1=γ-FeOOH, 2= α-FeOOH, 3= β-Zn(OH)$_2$

Literatur

1. B. Delmon, Rev. Inst. Franç. Pétr. & Ann. Combust. Liq.
   18, 471 (1963)
2. J. H. Sharp, G. W. Brindley & B. N. Narahari Achar,
   J. Amer. Ceram. Soc. 49, 379 (1966)
3. B. Delmon, Introduction à la cinétique hétérogène,
   Technip, Paris 1969
4. P. Barret, Cinétique hétérogène. Gauthiers-Villars, Paris
   1973
5. H. G. Wiedemann, A. V. Tets, H. P. Vaughan, Thermogravime=
   tric Investigations IX. Pittsburgh Conf. Anal. Chem.
   February 21, 1966
6. A. Woupéyi, Lizentiatsarbeit, Neuenburg 1977
7. R. Giovanoli & R. Brütsch, Thermochim. Acta 13, 15 (1975)
   und: Chimia 28, 188 (1974).- R. Brütsch, Diss., Bern 1972
8. G. Mougin, J. P. Larpin, A. Sorel Thrierr, C. R. Acad. Sc.
   Paris 278 C, 893 (1974), und: G. Mougin, Doktordissertation,
   Dijon 1974
9. J. D. C. McConnell & J. Lima-de-Faria, Miner. Mag. 32, 898
   (1961)
10. J. Lima-de-Faria,Acta Cryst. 23, 5, 733 (1967)
11. R. Giovanoli, H. R. Oswald & W. Feitknecht, Helv. Chim.
    Acta 49, 1971 (1966), und: J. Microscopie 4, 711 (1966)
12. W. Stadelmann, Diss., Bern 1975
13. P. Bürki, Diss., Bern 1978
14. M. A. Alario-Franco, J. Fenerty & K. S. W. Sing, in: J.S.
    Anderson, M. W. Roberts & F. S. Stone (Editors), Reacti=
    vity of Solids VII, Chapman & Hall, London 1972, p. 327,
    besonders auch p. 340

THERMOCHEMISCHE UNTERSUCHUNGEN AN LANTHANOIDHALOGENID ALKALIHALOGENID SYSTEMEN

Bernd Gather und Roger Blachnik
Anorg. Chemie, FB 8 Chemie, Gesamthochschule Siegen (BRD)

Thermoanalytische Untersuchungen an einer Auswahl von Mischungen von Lanthanoidhalogeniden mit Alkalihalogeniden führen aufgrund der gezeigten Systematik zur sicheren Voraussage aller möglichen Systeme, die aus diesen Komponenten bildbar sind.

EINE MESSTECHNISCHE ANMERKUNG

Bedingt durch die Substanzen, die in unserem Arbeitskreis eingesetzt werden, neben den hier behandelten Alkali- und Lanthanoidhalogeniden werden hauptsächlich binäre und ternäre chalkogenhaltige Mischungen untersucht sowie durch die große Anzahl der täglich zu untersuchenden Proben werden DTA-Apparaturen betrieben, die folgenden Bedingungen ausgesetzt sind:

1. Großer Probendurchsatz mit ca. 30-40 Proben pro Tag, die nahezu ausschließlich in abgeschmolzenen Quarzampullen zu vermessen sind.

2. Häufiger auftretende Explosionen der Ampullen führen durch die Reaktivität der Chalkogene zur völligen Zerstörung der DTA-Meßeinheit, manchmal sogar zur Zerstörung des DTA-Ofens.

Aus diesen Gegebenheiten ergeben sich als Forderungen für die verwendeten DTA-Geräte:

zu 1: a) die Quarzampullen müssen relativ klein und somit billig im Materialpreis, jedoch noch gut füllbar sein, insbesondere mit den sich statisch aufladenden Halogeniden.

b) wegen der hohen Quarzrohrtoleranzen muß die Probenhalterung flexibel sein.

c) es dürfen keine hohen glasblastechnischen Anforderungen an die Ampullen, wie etwa dünner oder gar eingewölbter Boden zur Verbesserung der Wärmeleitfähigkeit gestellt werden.

zu 2: Ampullenhalterung, Thermoelemente und deren Halte-
      rung sowie das Ofenrohr müssen schnell wechselbar
      und billig in Eigenarbeit erstellbar sein.

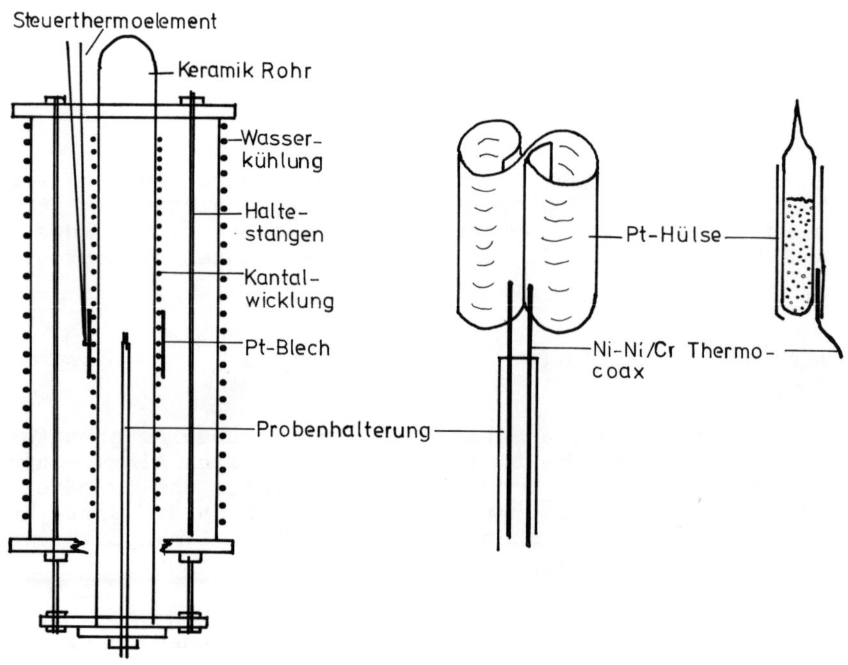

Abb. 1 Schnitt durch   Abb. 2 Probenhalte-   Abb. 3 T-Messung
einen DTA Ofen   rung mit Pt-Hülse   an der Seitenwand

       Letztere Anforderungen werden von den in Abb. 1 ge-
zeigten Öfen erfüllt. In den wassergekühlten Mantel werden Kera-
mik-Rohre, auf die 0,8 mm Kantaldraht bifilar gewickelt ist,
eingesetzt. Auf der mit Isoliermasse verstrichenen Wicklung von
18 Ω liegt in der Mitte ein wieder verwendbarer Platin-Streifen
zur besseren Wärmeübertragung auf das Steuerthermoelement. In
den Ofen ragt ein 3 mm $\emptyset$ Zweilochstab, der 0,2 mm Thermocoax-
Thermoelemente (Ni-Ni/Cr) aufnimmt und gleichzeitig mit der in
Form einer Acht gewickelten Platin-Hülse, die in Grenzen jede
Ampulle aufnehmen kann, die Probenhalterung übernimmt (Abb. 2).

       Die in 1 gestellten Forderungen werden durch Quarzrohre
von 3-3,4 mm $\emptyset$ und möglichst dünner Wandstärke erfüllt. Die

Quarzampullen sind auch durch Ungeübte leicht zu erstellen, wobei auf die Dicke der Abschmelzstelle nicht geachtet werden muß,
da die Temperatur seitlich an der mit ca. 100-300 mg Substanz ge-
füllten Ampulle (Abb. 3) innerhalb der Platin-Hülse gemessen
wird. Die Platin-Hülse sorgt für eine vollständige Übertragung
der Reaktionswärme auf das Thermoelement und garantiert ein gutes
Auflösungsvermögen bei den angewendeten Heiz- und Kühlraten von
10° C/min.

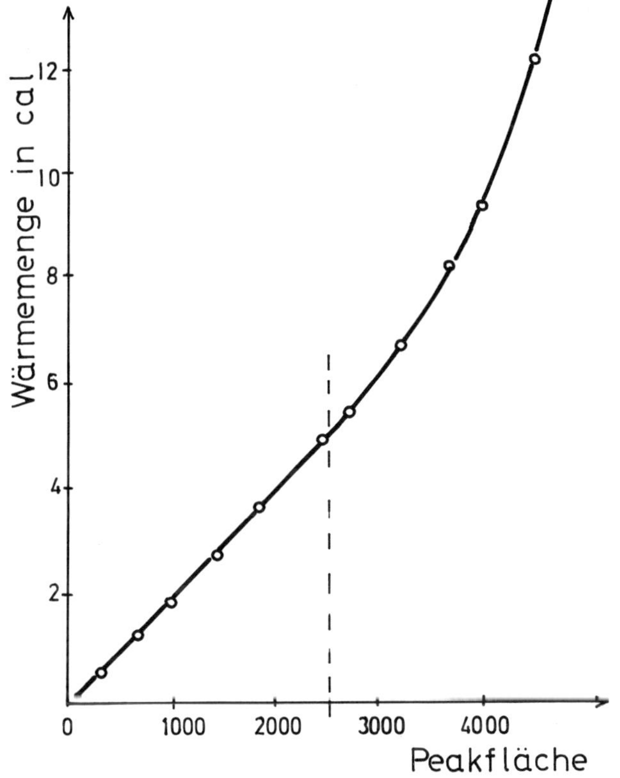

Abb. 4 Schmelzwärme
von Antimon gegen die
durch den Schmelz-
effekt erzeugte Fläche.

Abb. 4 zeigt quantitative DTA-Messungen der Schmelzwärme von Antimon mit veränderter Füllhöhe des Quarztiegels.
Aufgetragen ist die zu erwartende Kalorienzahl gegen die gemessene Peakfläche. Dann, wenn die Probenmasse die Platin-Hülse über-
ragt (gestrichelte Linien), verhält sich die gemessene Peakfläche
nicht mehr linear zur erzeugten bzw. verbrauchten Wärmemenge in
der Probe. Bei der Füllung der Ampullen muß sich also die Substanz
innerhalb des Platin-Tiegelhalters von ca. 1-1,5 cm Höhe befinden.

Zur Durchführung der Messungen werden jeweils zwei DTA-
Öfen mit einem Temperatursteuergerät betrieben. Wie üblich, befindet sich im ersten Ofen ein Steuerthermoelement, der zweite
Ofen enthält jedoch kein Steuerelement, sondern wird durch Paral-
lelschaltung seiner Heizwicklung zu der des ersten Ofens betrieben.

Weitere Öfen lassen sich bis zur völligen Auslastung der Leistung des Steuergerätes zuschalten.

Die Registrierung der Temperatur und der Temperaturdifferenz erfolgt mit einem Zweikanalschreiber je Ofen.

ERGEBNISSE

Die untersuchten Lanthanoidhalogenid-Alkalihalogenid-Systeme sind in Abb. 5 zusammengefaßt. Die Ergebnisse der Untersuchungen sind an anderer Stelle veröffentlicht, Lit. 1).

	La	Ce	Pr	Nd	Pm	Sm	Eu	Gd	Tb	Dy	Ho	Er	Tm	Yb	Lu
Na															
K			o	o		o		o		o		o		o	
Rb				o		o		o		o		o		o	
Cs			o	o		o		o				o		o	

Abb. 5 Zusammenstellung der mit DTA-Messungen aufgeklärten Zustandsdiagramme der Bromid-Systeme.

Als ein typisches System dieser Reihe wird hier erstmals das Zustandsdiagramm CsBr-DyBr$_3$ (Abb. 6) vorgestellt. Dieses System ordnet sich widerspruchslos in die in 1) aufgezeigte Systematik ein, nach der Stabilität und Zusammensetzung der in den Systemen auftretenden Verbindungen nur von der Größe der beteiligten Ionen abhängig sind. Die aus den Zustandsdiagrammen abgeschätzten Stabilitäten wurden durch Messung der Bildungsenthalpien (Lit. 2) bestätigt.

Im einzelnen kann am Beispiel der Bromide folgendes gesagt werden: Wenn in den Systemen Verbindungen auftreten, so hat stets eine die Zusammensetzung M$_3$LnBr$_6$. Die Natrium-Systeme mit den großen Lanthanoidpartnern (Ce-Nd) sind eutektisch. In der Reihe Sm — Lu als Lanthanoidelement findet man Na$_3$LnBr$_6$ zunächst als peritektische, dann mit weiter abnehmendem Radius des Lanthanoids als kongruent schmelzende Verbindung.

Bei Wechsel des Alkaligegenions Na$^+$ zu K$^+$, Rb$^+$ oder Cs$^+$ tritt M$_3$LnBr$_6$ immer kongruent schmelzend auf. Das zwischen dieser Verbindung und dem Alkalibromid liegende Eutektikum wandert als Folge der zunehmenden Stabilität des M$_3$LnBr$_6$ mit zunehmendem M$^+$ und abnehmendem Ln^{3+}-Radius auf den Alkalibromidrand zu.

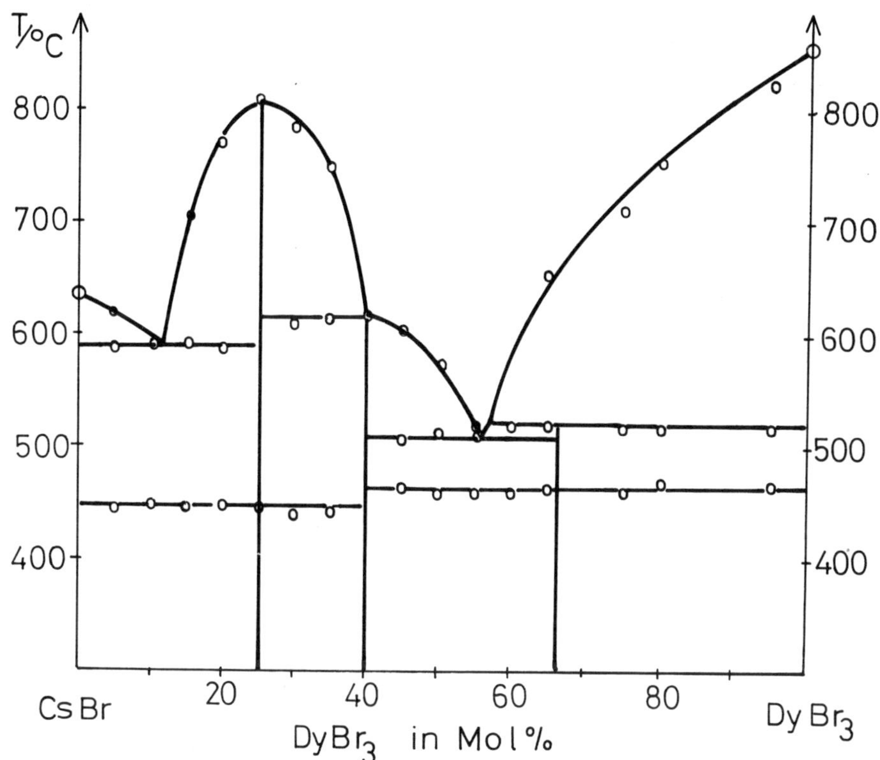

Abb. 6 Das Zustandsdiagramm CsBr-DyBr$_3$

Die ebenfalls gefundene Verbindung M_2LnBr_5 zeigt immer peritektische Zersetzung. Mit abnehmendem Lanthanoidradius taucht daneben eine ebenfalls inkongruent schmelzende Verbindung $M_3Ln_2Br_9$ auf, die in Mischungen, in denen der Quotient $r_{Me^+} \cdot r_{X^-}/r_{Ln^{3+}} > 3$ ist, den Typ M_2LnBr_5 verdrängt.

Bei 33,3 Mol% MBr existiert eine Verbindung der Formel MLn_2Br_7. Das Eutektikum zwischen MLn_2Br_7 und $LnBr_3$ verschiebt sich analog den Stabilitäten auf das $LnBr_3$ zu.

Die Stabilitäten der beschriebenen Verbindungen nehmen stets mit zunehmendem Radius des M^+-Ions und abnehmendem Radius des Ln^{3+} zu, einzige Ausnahme ist der Typ MLn_2Br_7, der ein Stabilitätsmaximum bei mittlerem Seltenerdelementpartner hat.

Die Abb. 7, die Zustandsdiagramme von Kaliumbromid, Rubidiumbromid und Cäsiumbromid mit Ytterbiumbromid schematisiert und übereinander projiziert zeigt, verdeutlicht diese Zusammenhänge.

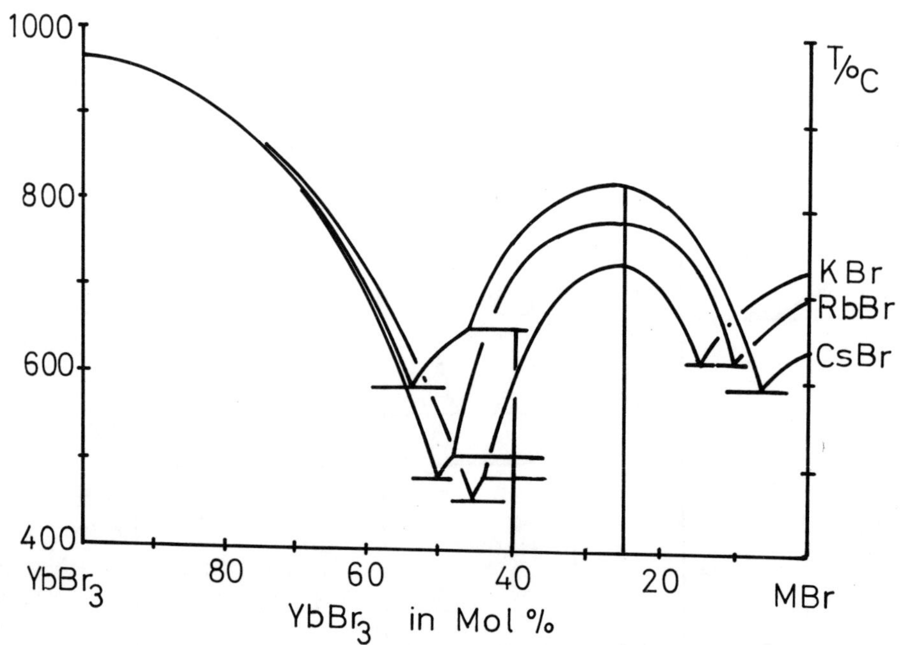

Abb. 7 Zustandsdiagramme von Kaliumbromid, Rubidiumbromid und Cäsiumbromid mit Ytterbiumbromid schematisiert und übereinander projiziert.

    Die Lage und die Zahl der Verbindungen in den Systemen der behandelten Mischungsreihe sowie in Grenzen sogar deren Schmelztemperaturen und damit auch die Lage und Höhe der Eutektika hängt somit nur vom Radienverhältnis der beteiligten Ionen ab, da die f-Elektronen kaum in die Bindung eingreifen. Die Zustandsdiagramme gehen also kontinuierlich ineinander über.

LITERATUR

1 R. Blachnik und A. Jäger-Kasper, Z.anorg.allg.Chem., im Druck
2 R. Blachnik und D. Selle, Z.anorg.allg.Chem., im Druck

AN INVESTIGATION ON THE SYSTEM $K_2Cr_2O_7$ - KNO_3 by DSC

Jan Lützow Holm

Insitute of Silicate Science and High Temperature Chemistry

The Technical University of Trondheim

N-7034 Trondheim-NTH, Norway

The phase diagram of the binary system $K_2Cr_2O_7$-KNO_3 has been reinvestigated using DSC. The system is a simple eutectic one, with the eutectic point at 80 mole% KNO + 20 mole% $K_2Cr_2O_7$ and 542.8 K. The enthalpies of fusion and the heat capacities of both $K_2Cr_2O_7$ and KNO_3 have been redetermined, as well as the enthalpy of fusion of the eutectic mixture. The following results have been obtained:

$$\Delta H_f(K_2Cr_2O_7): \quad 40.39 \pm 0.28 \quad KJ/mole$$

$$\Delta H_f(KNO_3) \quad : \quad 9.89 \pm 0.09 \quad KJ/mole$$

$$\Delta H_f(eut) \quad : \quad 14.35 \pm 0.09 \quad KJ/mole\ mixture.$$

Thermodynamic calculations of the liquidus lines on both sides of the system show that liquid mixtures of potassium dichromate and potassium nitrate are close to ideal.

1.   INTRODUCTION

At this institute the alkali dichromates have been studied from room temperature to the melting point (1). The study of the phase diagram of the binary system $K_2Cr_2O_7$-KNO_3 is a part of this investigation.

The dichromates are known to be rather low-melting, with melting points in the temperature region 350-400 °C. The melting behaviour of these compounds can therefore easily be studied by DSC.

Enthalpy of fusion data for the alkali dichromates $M_2Cr_2O_7$, M = Na, K, Rb or Cs) are scarce in the literature. Only for the potassium compound are data available. The enthalpy of fusion for $K_2Cr_2O_7$ quoted by Kelley in U.S. Bur. Mines Bull. 584 (2) is from 1909 (3). The enthalpy of fusion and heat capacity of $K_2Cr_2O_7$, as well as of KNO_3 were therefore determined together with the enthalpy of fusion of the eutectic mixture.

2.   EXPERIMENTAL

The investigation of the phase diagram was carried out using a differential scanning calorimeter (DSC-II) from Perkin-Elmer. Aluminium crucibles were used in most of the studies. For pure $K_2Cr_2O_7$, however, a platinum crucible was also used. For measurements of the heat capacity of $K_2Cr_2O_7$ a golden crucible was used. Reagent grade KNO_3 (suprapur, Merck) and $K_2Cr_2O_7$ (p.a., Merck) in the required proportion were mixed in pure acetone, dried and ground in an agate mortar. The samples for the DSC experiments (about 5-8 mg) were weight on a Mettler ME 30 balance.

The calibration of the calorimeter followed the procedures given by Perkin-Elmer (4), using metallic tin. The results are summarized in Table 1.

Table 1. Calibration of DSC with metallic tin

Heating rate K/min	2.5	5	10
ΔH_f cal/g			14.46
T_f/K	504.57	504.84	505.47

Lit.val.: Perkin-Elmer (4)   :   14.45 cal/g

Grønvold (5)   :   14.48 cal/g = 7.195 KJ/mole

Correction factor :   7.195/7.179 = 1.0022

3.   RESULTS

3.1   The phase diagram

Both heating and cooling curve studies were used to establish to the solidus and liquidus points in the phase diagram. Due to supercooling effects, the solidus and liquidus points had in most cases to be taken from the heating curves. Figs. 1a-c show how the liquidus and the solidus points were determined. The uncertainty in this method is estimated to $\pm$ 2 degrees.

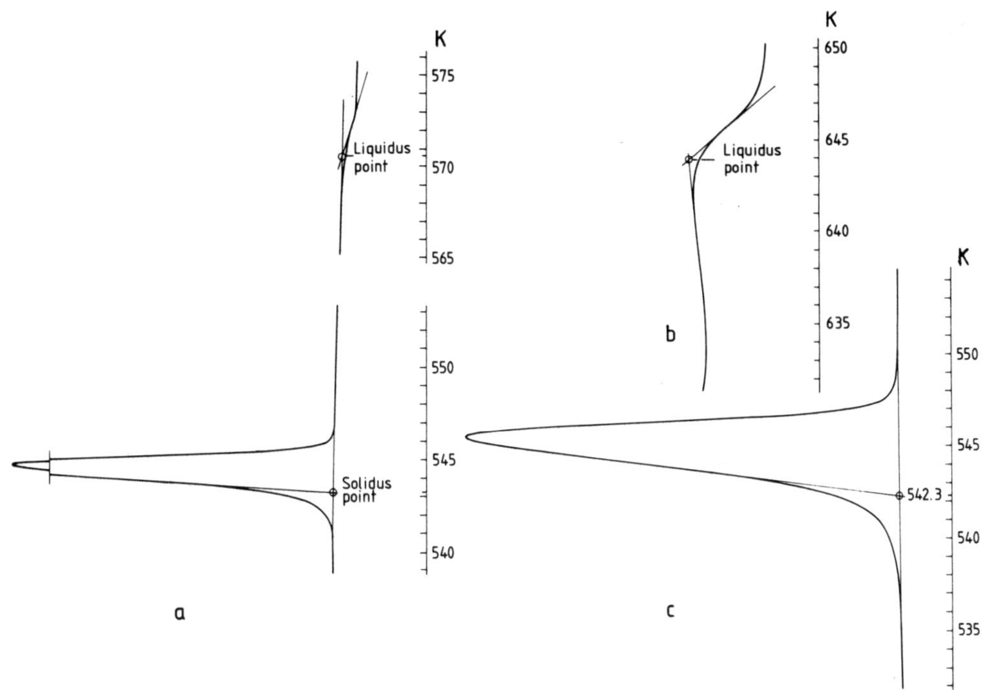

Fig. 1. Heating curves for KNO_3-$K_2Cr_2O_7$ mixtures.

a) 10.7 mole% $K_2Cr_2O_7$. Heating rate: 2.5 ^{o}/min,
                          range   :   5 mcal/sec.

b) 75.2 mole% $K_2Cr_2O_7$. Heating rate: 5 ^{o}/min,
                          range   : 10 mcal/sec.

c) 20   mole% $K_2Cr_2O_7$. Heating rate: 5 ^{o}/min,
                          range   :   5 mcal/sec.

      The results are summarized in Table 2, and the phase
diagram presented in Fig. 2, together with the results from the work
by Nguen-Duy and Dancy (6).

3.2.   <u>The enthalpies of fusion.</u>

      The enthalpies of fusion for KNO_3 and $K_2Cr_2O_7$ obtained
are given in Tables 3 and 4. Table 3 also give the enthalpy of the
solid transformation KNO_3(III) - KNO_3(I).

<u>Table 2. Phase diagram $K_2Cr_2O_7$ - KNO_3.</u>

Results from DSC - investigation
(heating + cooling)

Molfraction $K_2Cr_2O_7$	Liquidus/K		Eutectic/K	
	Heat.	Cool.	Heat.	Cool.
1.000	667.6	–	–	–
0.852	657.5	652	541	537
0.752	644	638	541.5	538
0.579	621	617	543	539
0.434	598	–	543.5	540
0.338	584	580	543.0	540.5
0.200	542.5	–	542.5	–
0.157	559	555	542.5	539
0.107	570	567.3	543	536
0.05	592	–	543	–
0.00	607.3	–	–	–

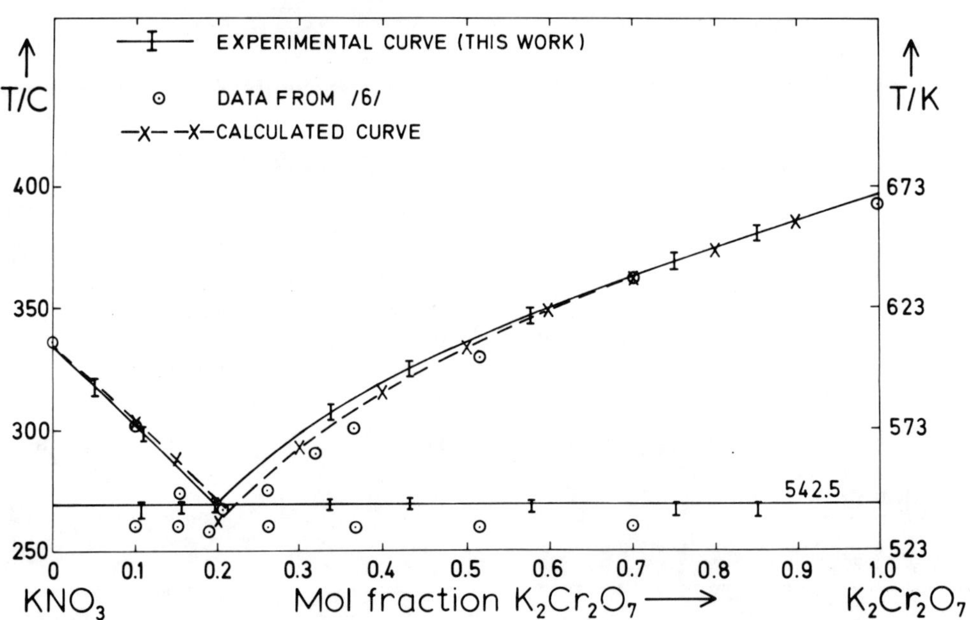

Fig. 2.   The phase diagram for the system KNO_3-$K_2Cr_2O_7$.

Table 3.   Enthalpies of transition and fusion for KNO_3.

Process	Perkin-Elmer(4) J/mole	This work J/mole
Transition	2521 (402.0)	2365±26 (401.3±0.3)
Fusion	9941 (607.5)	9891±70 (607.3±0.3)

Table 4.   Enthalpies of fusion for $K_2Cr_2O_7$. (Pt-crucible).

Exp.	$\Delta H/cal\ g^{-1}$	T_1/K	T_2/K
1	32.55	668.2	670.8
2	32.65	668.1	670.3
3	32.97	668.4	670.5
4	32.97	668.2	670.4
5	32.60	668.6	670.6
6	32.87	668.5	670.5

Mean value: 32.74±0.23 cal/g   668.3±0.3   670.5±0.3

Corrected value:

32.81±0.23 cal/g

40.389 KJ/mole

9.652 kcal/mole

As one can see from Fig. 3 two peaks were pbserved for
the melting of $K_2Cr_2O_7$ at the heating rate of 10 °/min. The kinetics
for the melting of this compound will be discussed elsewhere. The
enthalpy of fusion of the eutectic mixture (0.8 mol KNO_3 + 0.2 mol
$K_2Cr_2O_7$) was also determined. Four different measurements gave a
value of 14350 ± 90 J.

3.3.   Specific heat measurements.

The specific heats of solid and liquid $K_2Cr_2O_7$ are plotted in Fig. 4. The procedure used in evaluating the C_p-values will
be published elsewhere.
At the melting point $C_p(\ell) - C_p(s)$ is 61 J/mole K.

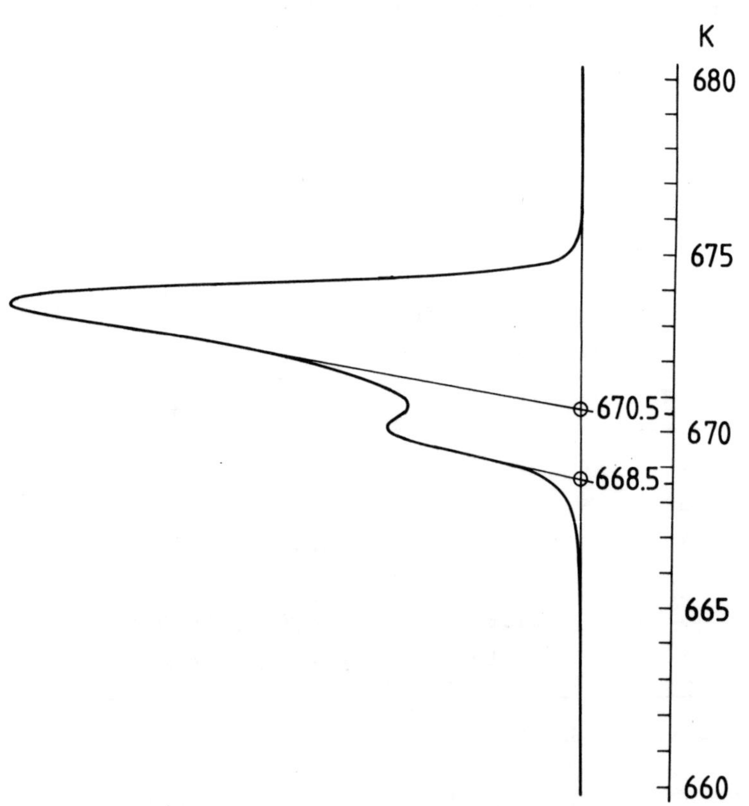

Fig. 3.   DSC-melting curve for $K_2Cr_2O_7$.
          (Pt-crucible,   3.018 mg $K_2Cr_2O_7$, heating rate;
          10°/min., range; 10 mcal/sec.).

4.   CALCULATIONS

The well known freezing point equation (eqn. (1)) has been used in the calculation of the liquidus curves on both sides of the system.

$$- R \ln N_A = \Delta H_f\left(\frac{1}{T_A} - \frac{1}{T_f}\right) - \frac{1}{2} \Delta C_{p_{(A)}}\left(\frac{\Delta T_A}{T}\right)^2 \tag{1}$$

$$\text{where} \quad N_A = \frac{n_{K_2Cr_2O_7}}{n_{K_2Cr_2O_7} + n_{KNO_3}} \, , \quad N_B = \frac{n_{KNO_3}}{n_{K_2Cr_2O_7} + n_{KNO_3}} \tag{2}$$

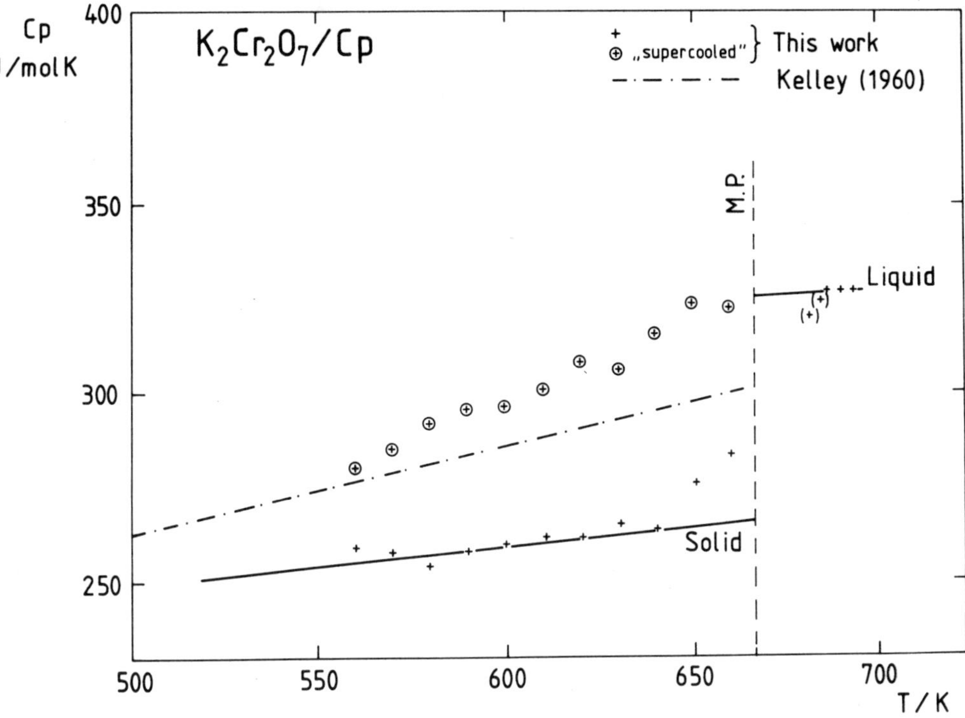

Fig. 4.   Specific heats for solid and liquid $K_2Cr_2O_7$
            according to this work.

$$\Delta C_{p\,(A)} = C_p{,}\ell\,(K_2Cr_2O_7) - C_p{,}s\,(K_2Cr_2O_7) \qquad (3)$$

ΔT_A is the freezing point depression.

        The enthalpies of fusion for KNO_3 and $K_2Cr_2O_7$ found in
in the present work were used in the calculation of the phase
diagram. The calculated diagram is compared with the experimental
one in Fig. 2.
        Since the enthalpy of fusion of the eutectic mixture
has been measured, it is possible to use an enthalpy cycle to calculate the enthalpy of mixing of the liquid mixture 0.8 mole KNO_3
+ 0.2 mole $K_2Cr_2O_7$.

Enthalpy cycle.

$$0.2\ K_2Cr_2O_7\,(s) \quad + \quad 0.8\ KNO_3\,(s)$$

$$\downarrow \Delta H_1 \qquad\qquad \downarrow \Delta H_2 \qquad\qquad \downarrow \Delta H_3$$

$$0.2\ K_2Cr_2O_7\,(\ell) \quad + \quad 0.8\ KNO_3\,(\ell) \xrightarrow{\ \Delta H^M\ } MIX$$

Here

$$\Delta H_1 = 0.2 \cdot \Delta H_f(K_2Cr_2O_7) \quad \text{at } 543\ K$$

$$\Delta H_2 = 0.8 \cdot H_f(KNO_3) = 0.8\cdot 9891\ J = 7675\ J$$

$$\Delta H_3 = H_f\ (\text{eut.mix}) = 14350\ J$$

ΔH_f for $K_2Cr_2O_7$ at the eutectic temperature 542.7 K is given

$$\Delta H_{f(543)} = \Delta H_{f(667)} - \Delta C_p(667{-}543) - (40390 - 61\cdot 124) = 6565\ J$$

$\Delta C_p = C_p(\ell) - C_p(s) = 61\ J/mol\ K$ is taken from the data given in Fig. 4.

The cycle gives

$$\Delta H^M = \Delta H_3 - (\Delta H_1 + \Delta H_2) = +\ 110\ J \tag{4}$$

According to this value molten mixtures of KNO_3 and $K_2Cr_2O_7$ are close to ideal.

5.   REFERENCES

1) Holm, J.L. To be published.

2) Kelley, K.K. Contributions to the Data on Theoretical Metal-
              lurgy XIII, U.S. Bur. Mines Bull. 584 (1960) 148.

3) Goodwin, H.M. and Kalmus, T.H., Phys. Rev. 28 (1909) 1.

4) Perkin-Elmer, Instruction Manual for DSC-2, Norwalk, Conn., USA 1976

5) Grønvold, F. Rev. Chim.-Min. 11 (1974) 568.

6) Nguyen-Duy, P. and Dancy, E.A., J. Am. Cer. Soc. 60 (1978) 94.

ZUR HOCHTEMPERATURKORROSION VON NICKEL-SUPERLEGIERUNGEN

E. Erdös, H. Altorfer und E. Denzler, Gebrüder Sulzer Aktienge-
sellschaft, Abteilung Forschung und Entwicklung, Winterthur

EINLEITUNG

Die Korrosion durch heisse Gase und Verbrennungspro-
dukte, kurz Hochtemperaturkorrosion genannt, spielt für den Betrieb und die Lebensdauer industrieller Gasturbinen eine hervorragende Rolle. Solche Maschinen werden zumeist mit Erdöl oder
Erdgas bei Luftüberschuss betrieben. Die Materialtemperaturen
betragen 600-900 $^{\circ}$C. Bisherige Untersuchungen [1] haben gezeigt,
dass nicht so sehr die heissen Gase an sich, als vornehmlich feste, flüssige und kondensierbare Anteile im Brenngasstrom für
die Korrosion verantwortlich sind. Dies hat die Untersuchungsme-
thoden wiederum dahingehend beeinflusst, dass - neben Versuchen
in Maschinen und in Brennkammern - im Laboratorium die von kon-
densierten Phasen induzierte Oxidation untersucht wird. Dabei
stehen Alkalisulfate im Zentrum des Interesses, da Meersalz, eine wichtige Verunreinigung des Brennstoffes oder der Verbren-
nungsluft, in der industriellen Turbine mit dem Schwefel im
Brennstoff zu Sulfat reagiert.

EXPERIMENTELLES

Zur Untersuchung der Alkalisulfat-induzierten Oxidation und Korrosion von Schaufelwerkstoffen wurden zwei Methoden
eingesetzt: Erstens, die elektrochemische Korrosionsprüfung in
geschmolzenem $(Na_{0,9} K_{0,1})_2 SO_4$ mit Potential-Zeitmessungen, po-
tentiostatischen und potentiodynamischen Verfahren, und zweitens,
die thermogravimetrische Oxidation von Proben, die mit dem gleichen Mischsulfat bestäubt worden waren. Atmosphäre war bei beiden Arten von Versuchen Luft und die Temperatur 900 $^{\circ}$C. Gegen-
stand der Untersuchung waren die drei Superlegierungen IN 713 LC,
IN 738 LC und IN 939 auf Nickelbasis:

	C	Cr	Co	Mo	W	Ta	Nb	Al	Ti	Zr
IN713LC	0,05	12,0	–	4,5	–	–	2,0	5,9	0,6	0,10
IN738LC	0,11	16,0	8,5	1,7	2,6	1,7	0,9	3,5	3,5	0,05
IN939	0,15	22,5	19,0	–	2,0	1,4	1,0	1,9	3,7	0,10

Alle drei Legierungen enthalten 0,01 % B. Zusammensetzung in Gewichts-Prozent. Bei den elektrochemischen Versuchen wurde eine selbsthergestellte Referenzelektrode verwendet, über die früher berichtet wurde [2]. Zur Auswertung der Untersuchungen wurden auch metallographische und Feinstrukturmethoden herangezogen.

RESULTATE

Die Stromspannungskurven verschiedener Legierungen (Abb. 1) erlauben eine gute Differenzierung im Korrosionsverhalten nach der Ausdehnung des Passivbereiches und der Höhe des Korrosionsstroms. Potentiostatische Paralleluntersuchungen über 50 h Haltezeit ergeben gleiche Korrosionsstromdichten wie langsame potentiodynamische Messungen (dE/dt = 0,1 mV/min). Ihre metallographische Auswertung zeigt, dass im Passivbereich fast keine Korrosion stattfindet, während im Transpassivbereich Korrosion mit starker Ausbildung von Chromsulfiden auftritt. Abb. 2 Nimonic 81 50 h bei + 100 mV (passiv) und Abb. 3 ebenfalls Nimonic 81 50 h bei + 200 mV (transpassiv). Die Korrosion in Alkalisulfatschmelzen (ohne Fremdstrom) zerfällt in eine Inkubations- und eine Propagationsphase (Abb. 4). Die Dauer der Inkubationsphase unterscheidet die Legierungen. Solange diese währt, besteht eine geschlossene und schützende Deckschicht. Nachher tritt ein Aufbrechen des Zunders und jähes Absinken des Potentials ein. Abb. 5: Zunder auf IN 713 LC in der Inkubationszeit, Abb. 6 unmittelbar nach dem Durchbruch (Rasterelektronen-Mikroskop).

Diese Ergebnisse elektrochemischer Korrosionsprüfung werden mit denen thermogravimetrischer Versuche verglichen. Proben aus den drei Werkstoffen in der Form geschliffener Plättchen wurden mit einer 1 m Lösung von $(Na_{0,9} K_{0,1})_2 SO_4$ besprüht – ca. 1,4 mg·cm^{-2} – und 48 h bei 900 °C in Luft geglüht. Danach wurde gewogen und die Operation wiederholt. Die Gewichtsdifferenz pro Flächeneinheit wurde in Funktion der Zeit dargestellt. (Abb. 7) Auch nach dieser Methode sind die drei Legierungen stark unterschiedlich in ihrem Korrosionswiderstand. IN 713 LC hat eine sehr kurze Inkubationszeit und ist nach 48 h nach einer einmaligen Dotierung mit Alkalisulfat bereits stark korrodiert. (Abb. 8) Der äussere wenig haftende und geschichtete Zunder besteht zur Hauptsache aus NiO und $Ni(Cr,Al)_2O_4$ mit einer Deck-

schicht aus $NiNb_2O_6$. Die innere Zunderschicht ist aus $NiMoO_4$,
$CrNbO_4$, Cr_2O_3 und $\alpha-Al_2O_3$ zusammengesetzt. Diese Befunde entsprechen den Arbeiten von Bourhis und St. John [3] bzw. von Johnson
et al. [4]. IN 738 LC hat eine ausgeprägte Inkubationszeit [5].
Zu kurze Versuchszeiten würden hier zu einer Fehlinterpretation
führen. Bei reiner Luftoxidation (900 ^{o}C, 1000 h) bildet diese
Legierung einen Zunder aus Cr_2O_3 und geringeren Mengen von TiO_2
(Rutil). Bei der Alkalisulfatinduzierten Oxidation ist der Haupt-
anteil des Zunders am Ende der Inkubationszeit $Ni(Cr,Al)_2O_4$
($Cr \gg Al$). In der Propagationsphase nach > 450 h ist NiO die
Hauptphase. Dieser Veränderung des Zunders entspricht ein Fort-
schreiten der Korrosion. Abb. 9 IN 738 LC nach 350 h, Abb. 10
idem nach 600 h. Bei IN 939, einer Legierung mit noch höhrem
Chromgehalt wird ein ähnlicher, wenn auch langsamerer Zunderumbau
wie bei IN 738 LC festgestellt. Erst nach 1000 h macht sich NiO
bemerkbar und kündigt das Ende der Inkubationsphase an. Parallel
zur Aenderung der Zunderzusammensetzung verstärkt sich die Sul-
fidation, die sich über die Bildung von Chromsulfiden (äussere
Sulfidationszone) und Titansulfiden (innere Sulfidationszone)
vollzieht. Abb. 11, Sulfidzone analysiert mit Elektronenstrahl-
Mikrosonde. Die freie Bildungsenthalpie von CrS beträgt
$-33,k$ Kcal/Mol und die von TiS $-55,9$ Kcal/Mol bei 1200 K. Neben
Cr_2O_3, $NiCr_2O_4$ und NiO sind im Zunder auch TiO_2 (Rutil),
$Cr(Nb,Ta)O_4$ und $NiTiO_3$ nachweisbar. Eine besondere Kategorie der
Zunderverbindungen sind Chromate, Molybdate, Tantalate, welche
durch Reaktion von Alkalioxid und Schwermetalloxid in Gegenwart
von Luft entstehen. Abb. 12, Feinstrukturaufnahmen am Zunder,
Kamera nach Guinier-de Wolff, $CrK\alpha$. Sie haben gemeinsam, dass
sie unter Verbrauch von Oxiionen gebildet werden. Die Korrosion
von IN 939 geht über längere Zeit mit einem Gewichtsverlust gegenüber dem Ausgangszustand einher. (Abb. 7) In der Literatur
ist vereinzelt vom Verdampfen von Na_2CrO_4 die Rede [3], doch haben eigene thermogravimetrische Versuche an Na_2CrO_4 gezeigt,
dass $\leq$ 900 ^{o}C kein Gewichtsverlust eintritt. Wir beobachteten
aber die Bildung von grünen Kriställchen aus Cr_2O_3 an der Wand
der Quarztiegel, in denen die Proben hingen (Abb. 13). Die Bildung von Chromat vollzieht sich nach der Reaktion:

$$1/2\ Cr_2O_{3_s} + Na_2SO_{4_l} + 1/4\ O_{2_g} \rightleftharpoons Na_2CrO_{4_l} + SO_{2_g}$$

$$\log K = -4,73\ (1200\ K)$$

Je nach der Oxiionenaktivität (= Acidität) der Schmelze ist aber
auch Bildung und Zersetzung von Dichromat in Betracht zu ziehen,
wobei diese Acidität als variabel anzusehen ist.

$$2CrO_4{}^{2-} \rightleftharpoons Cr_2O_7{}^{2-} + O^{2-}$$

$$Na_2Cr_2O_{7\,l} \longrightarrow Na_2CrO_{4\,l} + CrO_{3\,g}$$

momentane Reaktion

$$1/2\ Cr_2O_{3\,s} + 3/4\ O_{2\,g}$$

Auf diese Weise kann Cr_2O_3 in kleinen Bereichen über die Gasphase transportiert werden. Die angeführten Reaktionen werden von folgenden Parametern gesteuert:
1. Temperatur und Temperaturgradienten; 2. Acidität 2a) durch SO_2/SO_3 in der Gasphase, 2b) durch Bildung saurer Oxide aus Legierungselementen, z. B. MoO_3; 3. Sauerstoffpartialdruck; 4. Einfluss des Kations: Die Stabilität des Dichromations nimmt zu mit wachsendem Ionenradius und nimmt ab mit wachsender Polarisationskraft des Kations [6]; 5. Strömungsgeschwindigkeit und Turbulenz in der Gasphase; 6. Einfluss von Wasserdampf, der die Verflüchtigung von CrO_3 erhöht [7].

DISKUSSION

Sogenannte Aluminiumoxidbildner wie IN 713 LC korrodieren nach einer sehr kurzen Inkubationszeit mit hoher Geschwindigkeit. Ein kurzer Versuch < 100 h liefert bereits sinnvolle Informationen zur Hochtemperaturkorrosion. Chromoxidbildner hingegen (IN 738 LC, IN 939) sind unter den Versuchsbedingungen durch eine ausgeprägte Inkubationszeit gekennzeichnet. Während dieser finden chemische Reaktionen statt, die die Zunderbestandteile angreifen und umwandeln. Das schützende Chromsesquioxid wird abhängig von der Acidität in Chromat überführt und über die Bildung von Dichromat zum Teil verflüchtigt. Bilden sich poröse Zunderschichten, so ist die Spinellbildung beschleunigt, da zum Mechanismus der Kationendiffusion der Sauerstofftransport über die Gasphase hinzutritt. Das Einwandern von Schwefel, welcher durch die Zunderschicht hindurch diffundiert und Chrom- bzw. Chromtitansulfide bildet, verhindert, dass sich eine zusammenhängende schützende Cr_2O_3 Schicht erneut bilden kann. Schliesslich tritt Nickeloxid ohne Schutzcharakter auf.
Die Alkalisulfatinduzierte Oxidation liefert das für die Hochtemperaturkorrosion charakteristische Bild, sie kann mit elektrochemischen und thermogravimetrischen Methoden untersucht werden. In letzterem Falle ist die Bildung flüchtiger Produkte in Betracht zu ziehen.

LITERATUR

[1] M. A. De Crescente und N. S. Bornstein, Corrosion 24
              (1968) 127

[2] E. Erdös und H. Altorfer, Electrochimica Acta 20 (1975) 937

[3] Y. Bourhis und C. St. John, Oxid. Metals 9 (1975) 507

[4] D. M. Johnson, D. P. Whittle, J. Stringer, Corr. Sc. 15
              (1975) 721

[5] G. C. Fryburg, F. J. Kohl, C. A. Stearns, Properties of
              high temperature alloys, eds. Z. A. Foroulis
              and F. S. Pettit, The electrochem. soc.,
              Inc. Princeton, N. J., 1976, p. 585

[6] H. Flood, A. Muan, Acta chem. scand. 4 (1950) 364

[7] D. Caplan, M. Cohen, J. electrochem. soc. 108 (1961) 438

Diese Arbeit wurde teilweise im Rahmen der Schweizerischen Be-
teiligung an der COST 50 Aktion, Werkstoffe für Gasturbinen,
2. Runde Forschungsvorhaben CH 5 ausgeführt.

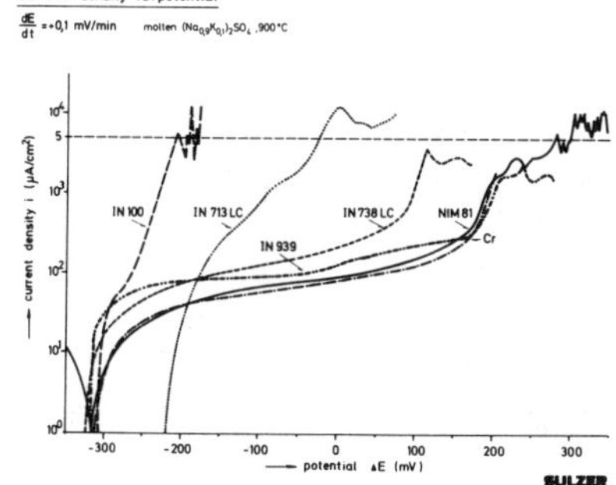

Abb. 1

Abb. 2

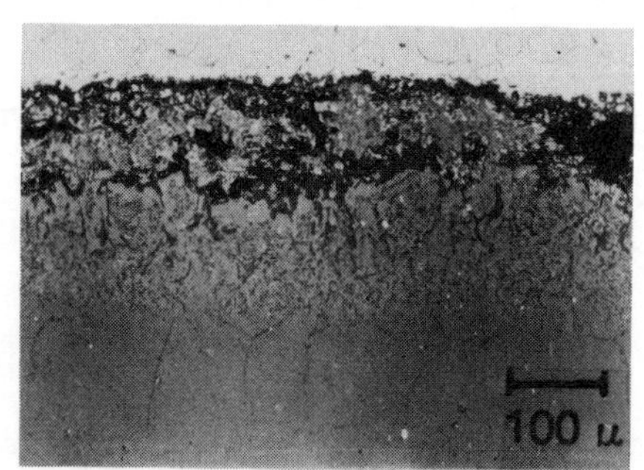

Abb. 3

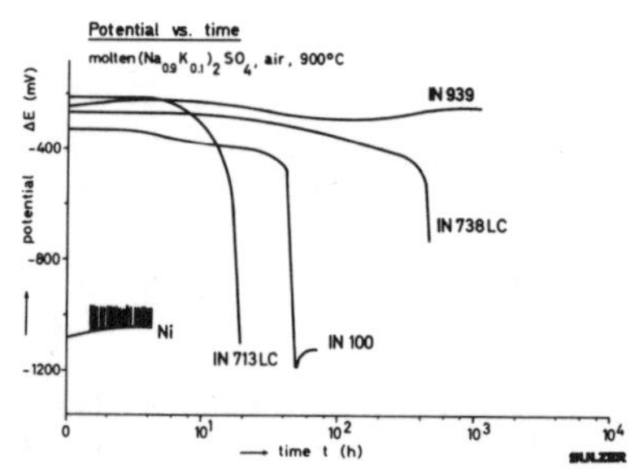

Abb. 4

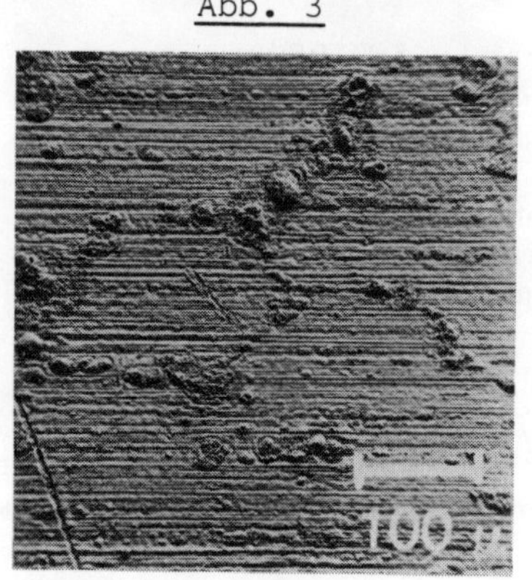

Abb. 5

Abb. 6

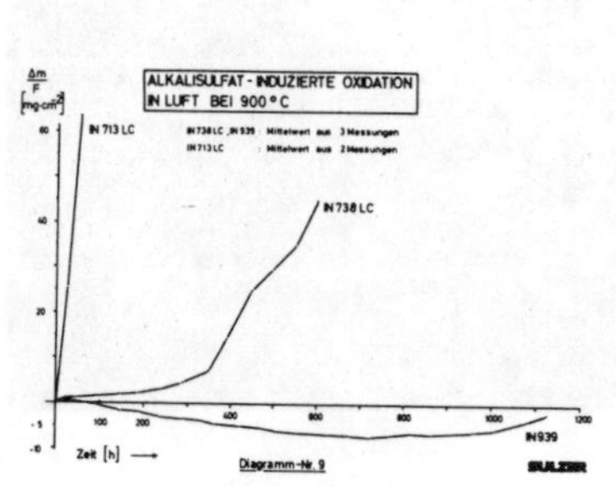

Abb. 7

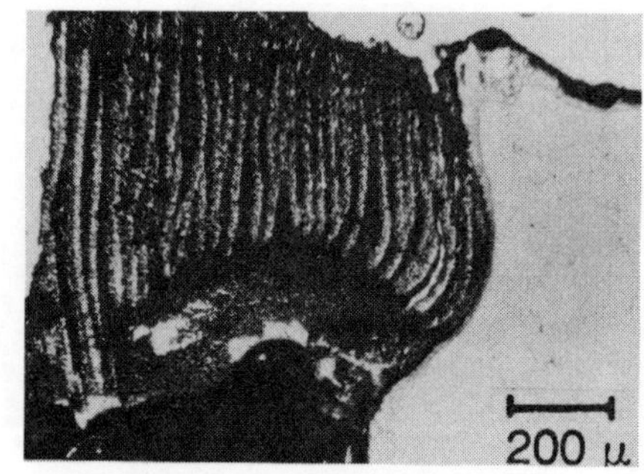

Abb. 8

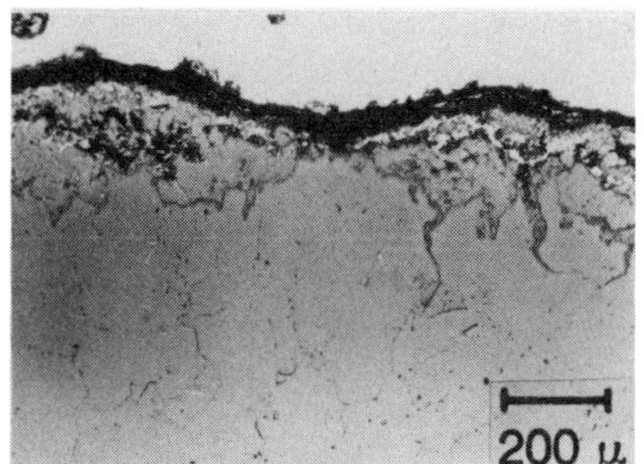

Abb. 9

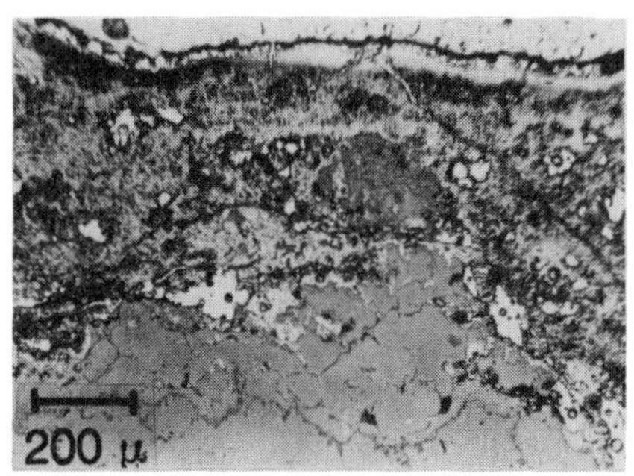

Abb. 10

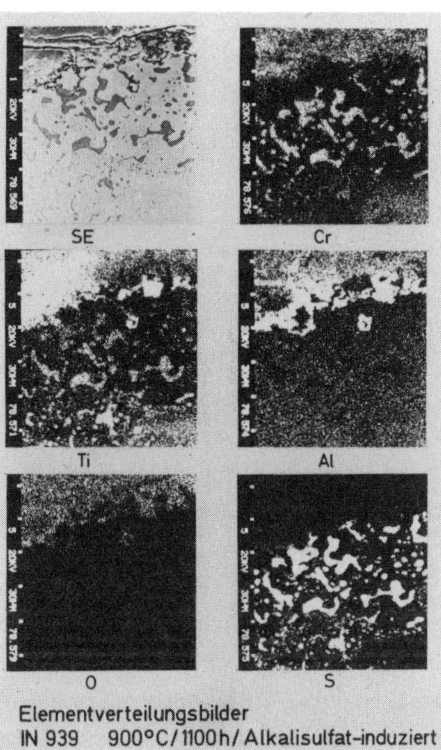

Abb. 11

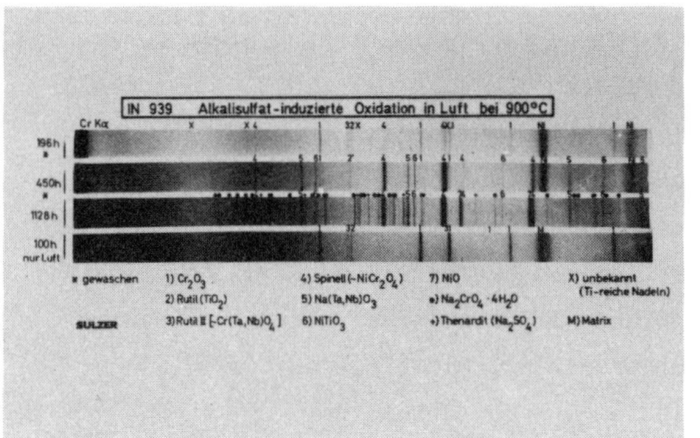

Abb. 12

Abb. 13

HOCHTEMPERATURPHASENDIAGRAMME VON VERBINDUNGEN MIT VALENZFLUKTUATION : TmSe

B.Fritzler, E.Kaldis / Lab. für Festkörperphysik / ETH - Hönggerberg /
CH - 8093 Zürich

TmSe (NaCl-Struktur) ist unter normalen Bedingungen gemischtvalent: $4f^{13}$:
Tm^{2+}- $4f^{12}5d^{1}$:Tm^{3+}. Durch Untersuchung des Phasendiagramms Tm-Se wurden
die Phasengrenzen des Homogenitätsbereichs von stöchiometrischem TmSe
mit $0.90 < x < 1.05$ (x=mol Tm/mol Se) bestimmt und durch weitere Untersuchungen (u.a. Röntgenaufnahmen und Elektronenbeugung) untermauert.
Durch kontrollierte Variation der Stöchiometrie wurde eine Änderung der
gemischten Valenz vom Tm-Ion zwischen 3.0^{+} und 2.71^{+} erreicht.
Da TmSe eine hochschmelzende und äusserst reaktive Verbindung ist, sind
zur Untersuchung des Phasendiagramms spezielle Methoden notwendig.
Wolframtiegel ($\emptyset$ 4.5 mm, Länge 10 mm) wurden durch Elektroerosion hergestellt, unter hochreinem Argon abgefüllt und mit Elektronenstrahl ge-
schweisst. Spezielle Vorkehrungen wurden zur Vermeidung der Überhitzung
der Probe während des Schweissvorganges getroffen, so dass die Stöchiometrie unverändert bleibt. Erste Untersuchungen führen zu folgenden Ergebnissen: Mit zunehmender Temperatur treten Phasenumwandlungen auf, die
zu einem Zerfall des Homogenitätsbereichs bis zum Auftreten eines Eutek-
tikums bei 2020°C führen. Den niedrigsten Schmelzpunkt (2020°C) hat das
stöchiometrische TmSe, was auf die relative Instabilität des Gitters
hinweist. Aus physikalischen Messungen schliesst man, dass in diesem
Bereich auch die Valenzfluktuationen einsetzen. Den höchsten Schmelzpunkt (2032°C) hat Tm^{3+}Se (x=0.90), was in Übereinstimmung mit kalorimetrischen Messungen bei Zimmertemperatur steht. Hierbei wurde die Lösungswärme von TmSe in 4N HCl als Funktion der Stöchiometrie ($0.87 \leq x \leq 1.05$)
bestimmt, wobei Änderungen von bis zu 50 % auftreten.

Literatur: E.Kaldis, B.Fritzler und W.Peteler
           Z.Naturforsch. 34 a, 55-67 (1979)

DIE KOMBINATION THERMOCHEMISCHER UND SPEKTROSKOPISCHER ANALYSENMETHODEN ZUR BESTIMMUNG VON KOMPLEXSTABILITÄTEN

Antonius Kettrup, Karl-Heinz Ohrbach
Gesamthochschule Paderborn
Fachbereich Chemie und Chemietechnik, Warburger Str. 100
4790 Paderborn

1.   Einleitung

        Zur Strukturaufklärung von Metallkomplexen stehen eine Reihe spektroskopischer Methoden zur Verfügung, deren Ergebnisse gleichzeitig Aussagen über die Stabilität von Komplexverbindungen zulassen. Dennoch stellen thermochemische Verfahren, d.h. die Kalorimetrie und die Differential-Thermo-Analyse wertvolle Ergänzungsmethoden dar. Insbesondere für die Stabilitätsbestimmung von Lewissäure-Lewisbase-Additionskomplexen ist die Kalorimetrie als Methode der Wahl anzusehen [1,2].

2.   Acetessigsäureanilide als Komplexbildner

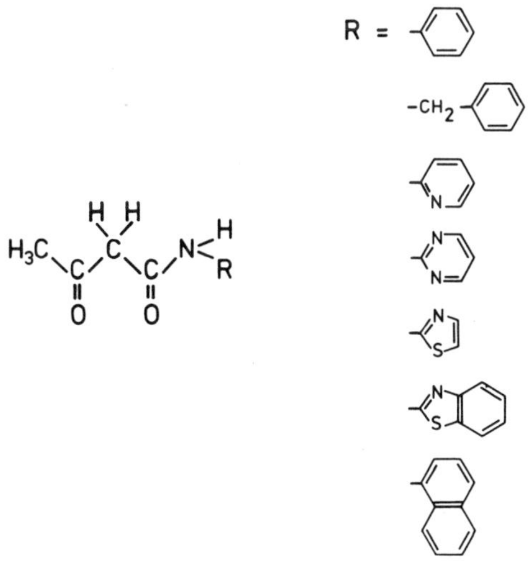

Abb. 1: Struktur des Acetessigsäureamids

Unsere Untersuchungen beschäftigen sich mit der Synthese selektiver analytischer Reagentien bzw. selektiver chelatbildender Ionenaustauscher
zur Anreicherung und Bestimmung von Metallen. Dabei gilt es, durch planvolle
Synthese Substituenteneffekte am Liganden für die Selektivität der Komplexbildner und die Stabilität der Metallkomplexe nutzbar zu machen.

Aus diesem Grunde wurden die komplexbildenden Eigenschaften einer Gruppe ver-
wandter Verbindungen in Abhängigkeit von der Struktur des Komplexbildners
untersucht [3-8].

Als Ausgangsverbindung bot sich das Acetessigsäureamid an, an dem sich sowohl
die Wasserstoffe der Amidgruppe als auch die Wasserstoffatome der mittelständigen CH_2-Gruppe substituieren lassen. In diesem Zusammenhang erwiesen sich
insbesondere substituierte Acetessigsäureanilide als gute Chelatbildner.

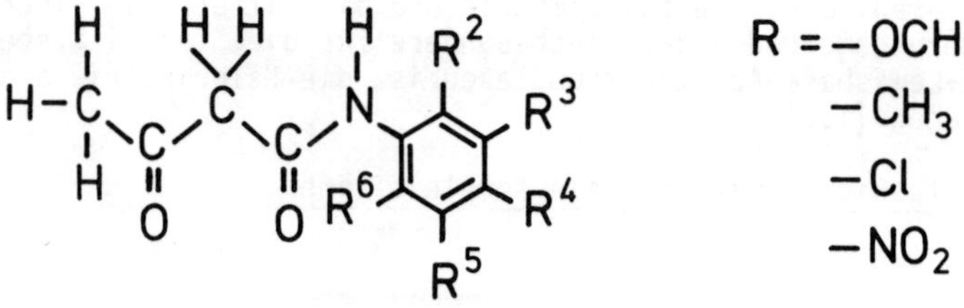

Abb. 2: Struktur der Acetessigsäureanilide

Ausgehend von der Gruppe der Stammverbindungen lassen sich durch Substitution
die entsprechend substituierten 2-Halogenacetessigsäureanilide darstellen
[4, 5, 7, 8] .

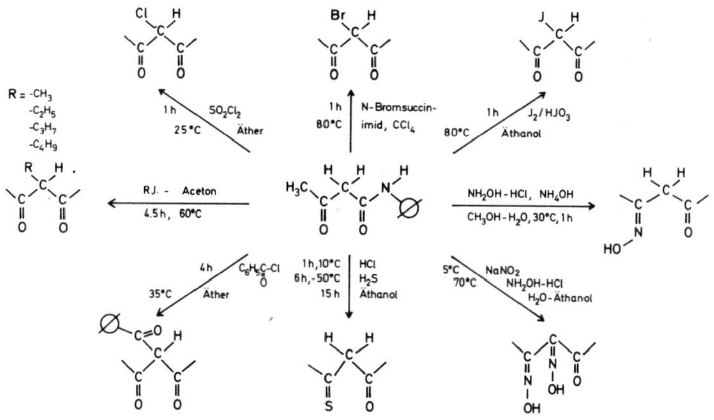

Abb. 3: Darstellungsweise substituierter Acetessigsäureanilide

Die 3-Acetessigsäureanilid-Monoxime, die vicinalen 2,3-Dioxime, die Thioacet-
essigsäureanilide erhielten wir unter den aufgeführten Reaktionsbedingungen
[9-11]. Darüberhinaus haben wir eine große Anzahl von Phenylhydrazonen und
Formazanen der Acetessigsäureanilide erstmalig dargestellt [12-16]. Aus NMR-
spektroskopischen Untersuchungen der Acetessigsäureanilide geht hervor, daß
sie ähnlich wie andere ß-Diketoverbindungen ein Keto-Enolgleichgewicht aus-
bilden [17-19].

Die Lage des Keto-Enol-Gleichgewichts ist lösungsmittelabhängig, so daß durch
die Wahl des Mediums, aber auch durch die Wahl eines entsprechenden Metallions
die Komplexbildung über die Ketoform oder aber über die Enolform erreicht werden kann. Im ersten Fall entstehen Lewissäure-Lewisbase-Additionskomplexe,
während im anderen Fall zunächst das Proton der Enolform abdissoziiert und
das gebildete Enolation mit Metallionen zum Metallchelat reagieren kann.

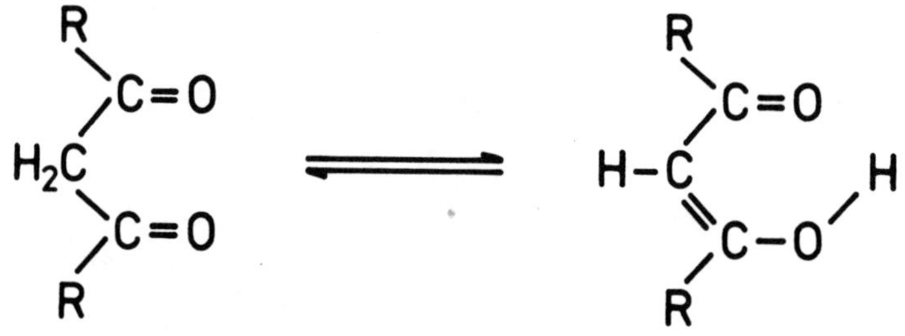

Abb. 4: Keto-Enol-Tautomerie von ß-Diketoverbindungen

3.   Metallchelate der Acetessigsäureanilide

        Das Tautomerengleichgewicht der Acetessigsäureanilide wird ausge-
drückt durch die Beziehung

$$K_k = \frac{(Enol)}{(Keto)}$$

Die Ermittlung der Gleichgewichtskonstanten erfolgt durch eine Konzentrationsbestimmung von Keto- oder Enolform. Wir untersuchten dieses Gleichgewicht mit
Hilfe der NMR-Spektroskopie, da im Fall der Acetessigsäureanilide die unterschiedlichen chemischen Verschiebungen der Protonen von CH- und CH_2-Gruppen
einerseits sowie der CH_3-Gruppe in der Keto- und der Enolform andererseits
eine quantitative Bestimmung des Tautomeriegleichgewichts zulassen.

Die Konzentrationsbestimmung kann über die Halbwertsbreite der Signale oder
über die durch Integration erhaltene Intensität erfolgen.

Das Keto-Enol-Gleichgewicht der Acetessigsäureanilide ist abhängig von der Art
und Position der Substituenten am Phenylring. Substituenten mit negativ meso-
merem Einfluß erniedrigen die Elektronendichte am Stickstoffatom der Amidgruppe. Als Maß für die Elektronendichte an dieser Stelle des Chelatbildners läßt
sich die Basizitätskonstante pK_B der entsprechenden freien Aniline heranziehen.
Trägt man die Gleichgewichtskonstanten des Tautomerengleichgewichts bzw. den
Enolgehalt der verschieden substituierten Acetessigsäureanilide gegen die
Basizitätskonstanten der entsprechenden freien Aniline auf, so erhält man
Geraden, wie die Abb. 5 zeigt.

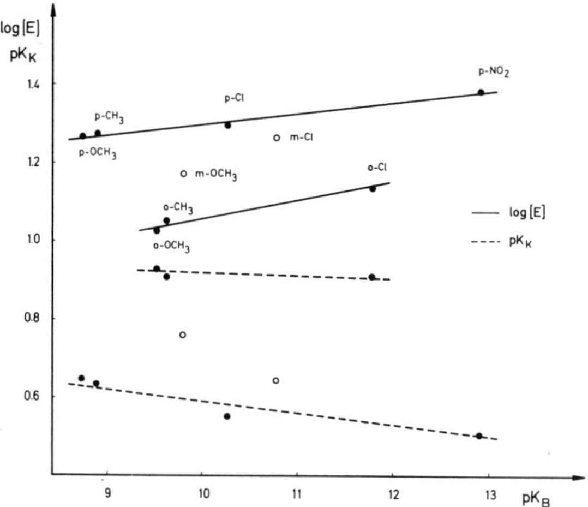

Abb. 5: Enolgehalt gegen pK_B der Aniline

Parasubstituierte Acetessigsäureanilide weisen einen höheren Enolgehalt auf
als meta- oder ortho-substituierte Verbindungen.
Wie aus der Auftragung hervorgeht, bewirken elektronenziehende Substituenten
am Phenylring, wie z.B. die Nitrogruppe, eine stärkere Enolisierung des Komplexbildners, d.h. eine stärkere Bindungslockerung in der mittelständigen CH_2
-Gruppe. Dieser Substituenteneinfluß auf den Enolisierungsgrad des Komplexbildners bestimmt natürlich auch das Komplexbildungsverhalten.

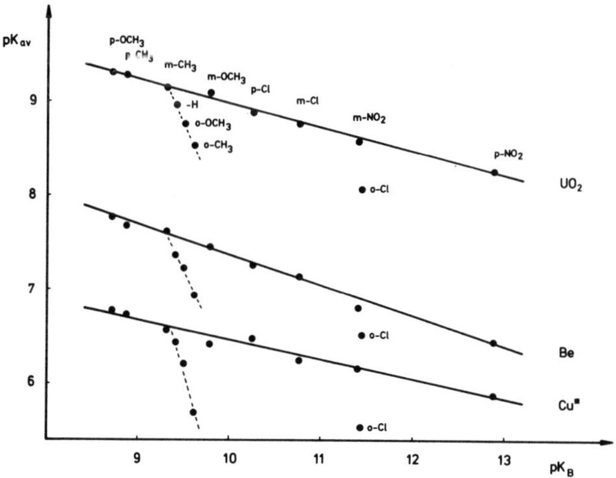

Abb. 6: pK_{av} der Metallchelate gegen pK_B der Chelatbildner

In Abb. 6 ist die Auftragung der potentiometrisch bestimmten Stabilitätskonstanten von Metallchelaten der Acetessigsäureanilide gegen die Basizitätskonstanten der entsprechend substituierten freien Phenylamine dargestellt.

Diese Korrelation zeigt deutlich, daß einerseits eine Stabilitätserniedrigung
von der para- über die meta- zur ortho-Substitution resultiert, und daß andererseits eine Substituentenabstufung
$$OCH_3 > CH_3 > Cl > NO_2$$
hinsichtlich ihrer Stabilitätsbeeinflussung auf die Metallchelate zu beobachten ist.
Wir haben die Komplexbildung der Acetessigsäureanilide mit einer Reihe von
Metallen untersucht; sehr stabile Komplexe werden insbesondere mit UO_2, Beryl-
lium und Kupfer gebildet.
Diese Fernwirkung der Substituenten am Phenylring auf die Stabilität der gebildeten Metallchelate bleibt erhalten, auch wenn eine zusätzliche Substitution
in der mittelständigen CH_2-Gruppe vorgenommen wird, wie Abb. 7 zeigt.

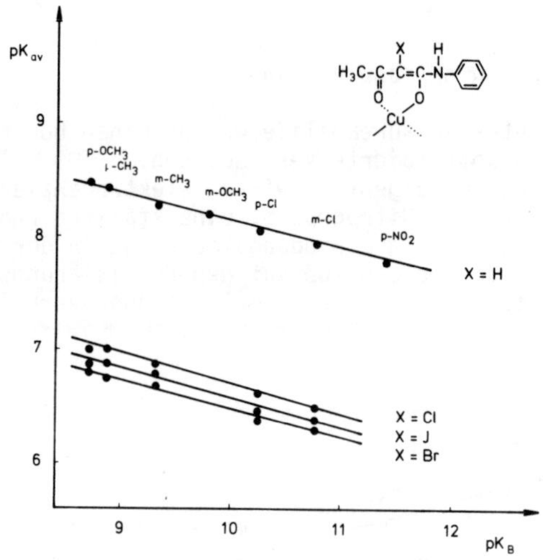

Abb. 7: pK_{av} der Metallchelate mit 2-Halogenoacetessigsäureaniliden gegen pK_B

Deutlich wird jedoch, daß ein elektronenziehender Substituent direkt am Chelat-
ring die Stabilität der Metallchelate stärker beeinflußt, d.h. erniedrigt, als
Substituenten in größerer Entfernung von der komplexierenden Donatorgruppe.

Die Tatsache, daß die Fernwirkung der Substituenten am Phenylring in erster
Linie die Elektronendichte am Stickstoffatom der Amidgruppe bestimmt, und sich
dieser Einfluß dann durch das gesamte Ligandmolekül fortsetzt bis hin zur
Donatorgruppe, ergibt sich aus der Auswertung unserer Messungen nach der
Hammett-Beziehung $pK = \rho \cdot \sigma$.

Die Abb. 8 enthält eine Auftragung der Differenzwerte der Stabilitätskonstanten der Kupferkomplexe meta-substituierter 2-Jodacetessigsäureanilide gegen
die Substituentenkonstanten nach Hammett und Jaffé.

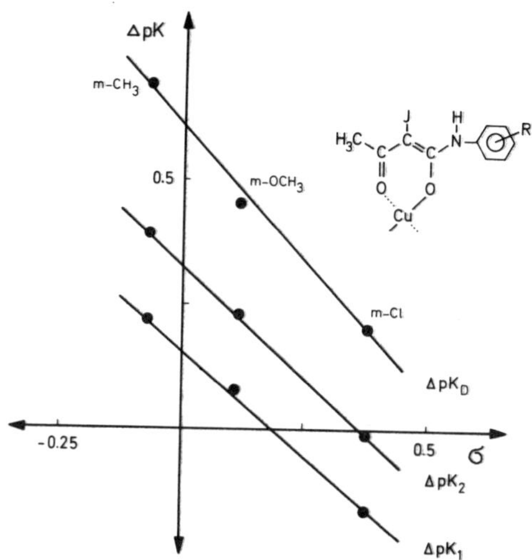

Abb. 8: Δ pK der 2-Jodacetessigsäureanilide gegen die Substituentenkonstanten

Man erhält Geraden mit negativer Steigung, d.h. die Reaktionskonstanten haben
negative Werte.
Negative Reaktionskonstanten bedeuten jedoch, daß mit steigender Elektronendichte am Stickstoffatom der Amidgruppe (Reaktionsort) die Komplexbildung
begünstigt wird.

4.   Thermochemische Untersuchungen der Chelatbildung

          Wie jede chemische Reaktion läßt sich auch die Bildung von Metall-
chelaten thermodynamisch beschreiben. Durch die Bestimmung der Stabilitätskonstanten der Metallchelate gelangt man unmittelbar zu Werten für die Gibb'sche
Freie Energie ΔG.
$$\Delta G° = - RT \ \ln K$$
Die Gibb'sche Freie Energie ist durch die Beziehung

$$\Delta G° = \Delta H° - T \ \Delta S°$$
mit der Änderung der Enthalpie und der Entropie im Verlauf der Reaktion ver-
knüpft. Bestimmt man die Stabilitätskonstanten der Metallchelate bei verschiedenen Temperaturen, so läßt sich nach der Van't-Hoff'schen-Gleichung

$$\frac{d(\ln K)}{dT} = \frac{\Delta H°}{RT^2}$$

die Reaktionsenthalpie ermitteln. Zu Werten für die Reaktionsentropie gelangt
man rechnerisch.

Bei der Komplexbildung in Lösung muß die Solvathülle des Zentralatoms durch
andere Liganden ersetzt werden. Handelt es sich bei diesen Liganden um poly-
funktionelle Chelatbildner, so wächst während der Chelatbildung die Anzahl der
freibeweglichen Teilchen in der Lösung an.

$$\left[Cu(H_2O)_6\right]^{2+} + 2\left[A(H_2O)_n\right]^{-} \rightleftharpoons Cu\,A_2(H_2O)_m + (6+2n-m)\,H_2O$$

Unter sonst gleichen Bedingungen wird also die Wahrscheinlichkeit des Reakti-
onsablaufs erhöht.

Die Reaktionsentropie nimmt zu. Dieser Entropieeffekt, der zu einer Vergröße-
rung der Stabilität des Metallkomplexes führt, wird auch als "Chelateffekt"
bezeichnet.

Zur Ermittlung der thermodynamischen Größen der Chelatbildung haben wie die
Stabilitätskonstanten der Kupfer-, Beryllium- und Uranylchelate mit verschieden substituierten Acetessigsäureaniliden im Temperaturbereich von 283 bis
313 K gemessen [20].

In der Abb.8 sind die Stabilitätskonstanten der Metallchelate des Acetessig-
säure-4-chloranilids in Abhängigkeit von der Temperatur aufgetragen.

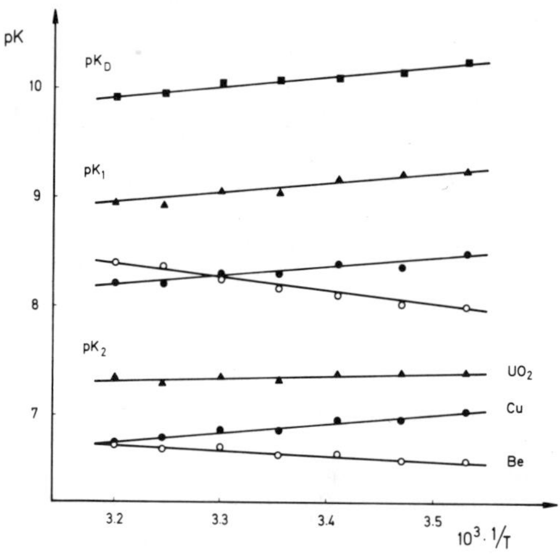

Abb. 9: pK der Metallchelate des Acetessigsäure-4-Chloranilids gegen 1/T

Aus den Steigungen der Geraden wird deutlich, daß die Reaktionsenthalpie für
die Bildung von Berylliumchelaten positiv ist, während sie für die übrigen
Metallchelate negativ ist.
Grundsätzlich lassen sich aus Messungen dieser Art die Unterschiede in den
Bildungsenthalpien der ersten und zweiten Bildungsstufe des Komplexes ermitteln, die bis zu 3 Kcal/Mol auseinanderliegen können (MeA[+] hat immer den
negativeren Wert).

Die Bildungsentropie der ersten Stufe der Chelatbildung MA^+ ist immer größer
als die der zweiten Stufe MA_2.
Auffallend sind die hohen Entropiewerte für die Bildung der Berylliumchelate
(ca + 80 cal/grad Mol für die erste und ca + 60 cal/Grad Mol für die zweite
Stufe).
Das liegt sicher an der starken Hydratisierung der kleinen Berylliumionen, so
daß es im Verlauf der Chelatbildung zu einer beträchtlichen Zunahme der Teilchen in der Lösung kommt.
Die hohe Stabilität der Berylliumchelate wird sicher in erheblichem Maße durch
den Entropieeffekt hervorgerufen.
Zur Zeit werden diese Untersuchungen durch Messungen mit Hilfe eines Titrati-
onskalorimeters ergänzt.
Die Stabilitätsbestimmung von Metallchelaten läßt sich nicht in allen Fällen
durch potentiometrische Titrationen erreichen, da für diese Untersuchungen
der Chelatbildner in hohem Reinheitsgrad vorliegen und zum anderen in einem
Dioxan/Wasser-Gemisch löslich sein muß.

Aus diesem Grunde haben wir erstmalig die Massenspektrometrie zur Bestimmung
von Komplexstabilitäten herangezogen.

5.   Spektroskopische Untersuchungen der Komplexstabilität

        In Abb.10 ist das Fragmentierungsschema der Acetessigsäureanilide
gezeigt.

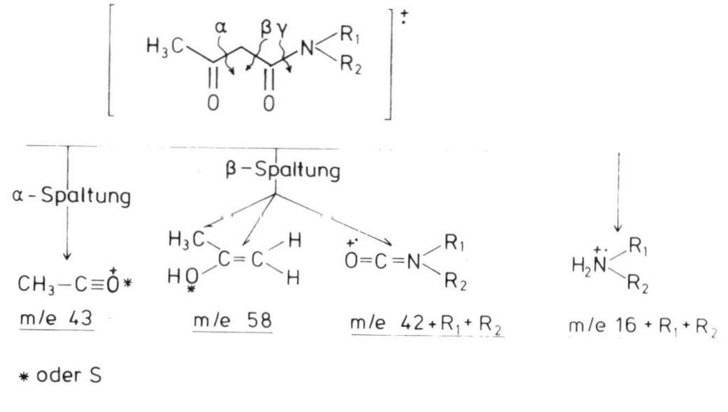

Abb. 10: Fragmentierungsschema der Acetessigsäureanilide.

Danach entstehen im ersten Fragmentierungsschnitt vier verschiedene Bruchstückionen, die weiter zerfallen.
Die Metallkomplexe der Acetessigsäureanilide weisen jedoch ein anderes Fragmentierungsschema auf, da die Ausbildung zweier Chelatringe das Komplexmole-
kül stabilisiert [21,22].

In Abb. 11 ist das Fragmentierungsschema der Berylliumchelate mit Acetessigsäureaniliden zu sehen.

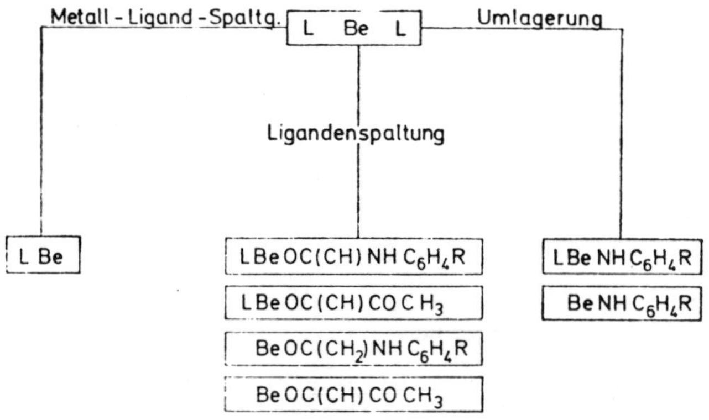

Abb. 11: Fragmentierungsschema der Berylliumchelate

Man beobachtet die Spaltung der Metall-Ligand-Bindung, zweitens Bindungsspal-
tungen innerhalb des komplexgebundenen Liganden und drittens Fragmentierungs-
vorgänge unter Umlagerung, d.h. Bruchstückionen, die nicht strukturell in der
Verbindung angelegt sind.

Verfolgt man den Weg der Ligandenspaltung, so ist auffällig, daß der Abbau des
Komplexmoleküls von den Phenylringen her erfolgt. Denn es treten bevorzugt
metallhaltige Bruchstückionen mit der Acetoacetgruppierung auf.
Im Verlauf unserer massenspektroskopischen Untersuchungen an Metallchelaten
stellten wir fest, daß mit steigender Stabilität der Metallchelate die Anzahl
und die Intensität der metallhaltigen Bruchstückionen im Massenspektrum zu-
nehmen.
Bildet man den Quotienten aus den Intensitätssummen der metallhaltigen und
der metallfreien Bruchstückionen, so erhält man ein Maß für die Stabilität der
Metallchelate. Für diese Quotienten gilt

$$Q = \frac{\sum I\,m}{\sum I}$$

Ein Vergleich der Zahlenwerte dieses Quotienten mit den potentiometrisch bestimmten Stabilitätskonstanten zeigt, daß es sich um korrelierte Größen handelt. Denn die Auftragung des Quotienten Q des Intensitätsverhältnisses der
Bruchstückionen gegen die mittleren Stabilitätskonstanten der Berylliumchelate
mit verschieden substituierten Acetessigsäureaniliden ergibt lineare Beziehungen, wie aus Abb. 12 hervorgeht.

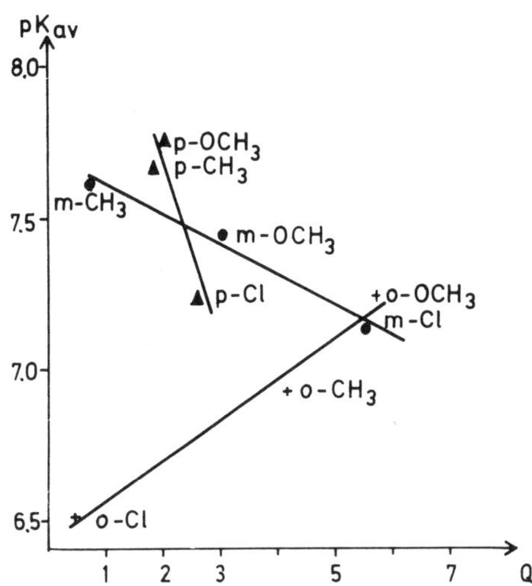

Abb. 12: Auftragung von Q gegen pK_{av} der Berylliumchelate

Es ergeben sich verschiedene Geraden für ortho-, meta- und para-substituierte
Komplexe. Im Fall der Substitution in para- und meta-Stellung am Phenylring
gehören zu höheren Quotienten Q niedrigere pK_{av}-Werte, während bei den Berylliumchelaten mit orthosubstituierten Acetoacetaniliden der entgegengesetzte
Effekt zu beobachten ist [23].
Hier scheint neben dem induktiven und mesomeren Einfluß insbesondere die
sterische Hinderung der ortho-Substituenten wirksam zu werden. Die Tatsache,
daß auch beim massenspektrometrischen Zerfall der Komplexe die Elektronendichte am Amidstickstoff eine Rolle spielt, zeigt die Auftragung der Q-Werte
der meta- und parasubstituierten Berylliumchelate gegen die Substituentenkonstanten nach Hammett.

Wie aus Abb. 13 ersichtlich ist, ergeben sich Geraden mit positiver Steigung.
Dieses Ergebnis läßt sich so deuten, daß die Verminderung der Elektronendichte
am Stickstoffatom der Amidgruppe eine Fragmentierung zugunsten berylliumhaltiger Bruchstückionen bewirkt. Diese Schlußfolgerung erscheint sinnvoll, wenn
man bedenkt, daß aus einer hohen Elektronendichte eine verminderte Empfindlichkeit der beteiligten Bindungen gegenüber Anregung und Elektronenemittierung
resultiert. In diesem Fall würden also bevorzugt diejenigen Bindungen gespal-
ten werden, die den größten Abstand zur Amidgruppe haben, also insbesondere
Be-O-Bindungen.

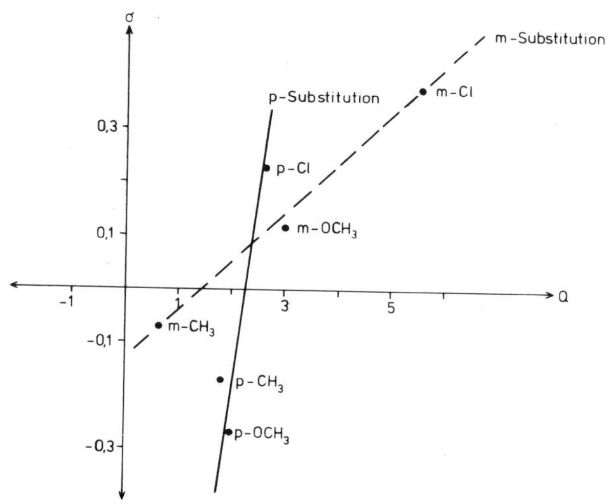

Abb.13: Auftragung der Q-Werte gegen die Substituentenkonstanten nach Hammett

Bei Verminderung der Elektronendichte dagegen fragmentieren leicht Bindungen in der Nähe der Amidgruppe. So entstehen große berylliumhaltige Fragmente,aus denen beim weiteren Zerfall wiederum kleinere Bruchstückionen hervorgehen, wodurch der Wert des Quotienten Q zunimmt.
Eine weitere Möglichkeit zur Bestimmung der Stabilität von Metallchelaten besteht in der Analyse ihrer IR-Spektren, und zwar gibt die Lage der Metall-Sauerstoff-Valenzschwingung Auskunft über die Stabilität diser Bindung. In der Regel ist es schwierig, diese Valenzschwingungen genau zu lokalisieren. Wir haben zu diesem Zweck isotopenmarkierte 58 Nickel-und 62 Nickelcheltate synthetisiert. Auf diese Untersuchungen soll nicht näher eingegangen, sondern nur in Abb.14 verdeutlicht werden, daß eine Korrelation zwischen potentiometrisch bestimmten Stabilitätskonstanten und der Lage der Nickel-Sauerstoff-Valenzschwingung im IR-Spektrum besteht.[22] .

Allgemein läßt sich sagen,daß die massenspektroskopische Stabilitätsbestimmung wesentlich genauere Ergebnisse liefert als die IR-Spektroskopische Untersuchungen.

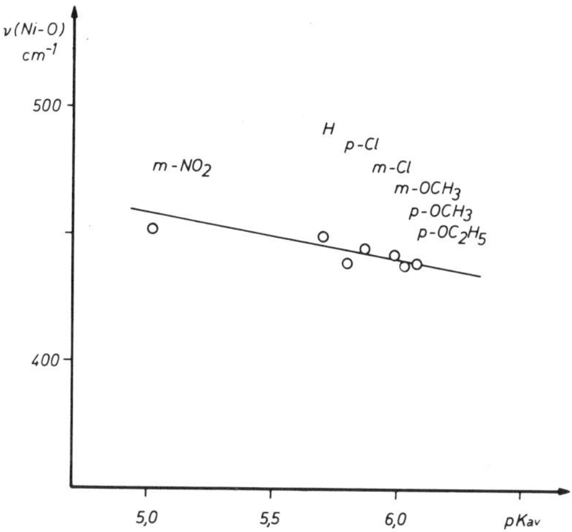

Abb. 14: Auftragung ν_{Ni-O} gegen pK_{av} für Nickelchelate der Thioacetessig-
säureanilide.

6.   DTA/MS-Untersuchungen an Metallchelaten

        Es ergab sich nun die Frage, ob anknüpfend an diese Ergebnisse
mit Hilfe einer Methodenkombination aus Differential-Thermo-Analyse und
Massenspektrometrie systematische Aussagen über die Stabilität von Metallchelaten zu erhalten wären.

In Zusammenarbeit mit H. Wyden sowie E. Kaiserberger konnten wir sowohl mit
einem Mettler Thermoanalyzer TA 1 / Balzers Quadrupol 311 als auch mit einem
Netzsch STA 429 / Balzers Quadrupol 511 entsprechende Messungen an Berylliumchelaten substituierter Acetessigsäureanilide durchführen [24].

Die nächste Abbildung zeigt ein Diagramm dieser Untersuchungen.
Die DTA-Kurve weist bei 95°C eine exotherme Stufe auf, die mit einem geringen
Gewichtsverlust verbunden ist. Es handelt sich vermutlich um eine Umorientie-
rung der Moleküle im Gitter unter Verlust des bei der Synthese addierten
Lösungsmittels Methanol. Bei 224° C zeigt sich ein endothermer Peak, der dem
Schmelzpunkt zuzuordnen ist, während bei ungefähr 310°C die Zersetzung des
Berylliumchelats einsetzt. Im nächsten Diapositiv sind zwei der Massenspektren
einander gegenübergestellt, die jeweils repräsentativ sind für den Bereich
unterhalb und oberhalb der Zersetzungstemperatur. Die gleichen Bruchstückionen,
die das Spektrum bei 172°C aufweist, treten auch - jedoch mit wesentlich niedri-
gerer Intensität - bei 100 ° C auf. Das schwerste Bruchstückion hat die Masse
44.

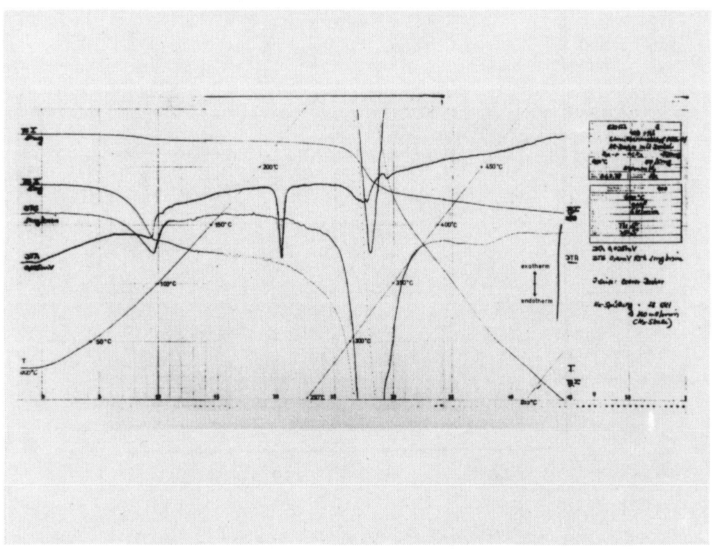

Abb. 15: DTA/MS-Diagramm des Berylliumchelates mit Acetessigsäure-p-methoxy-
         anilid

Oberhalb des Zersetzungspunktes werden wesentlich bruchstückreichere Spektren
registriert, die auch Bruchstückionen hoher Massen enthalten.

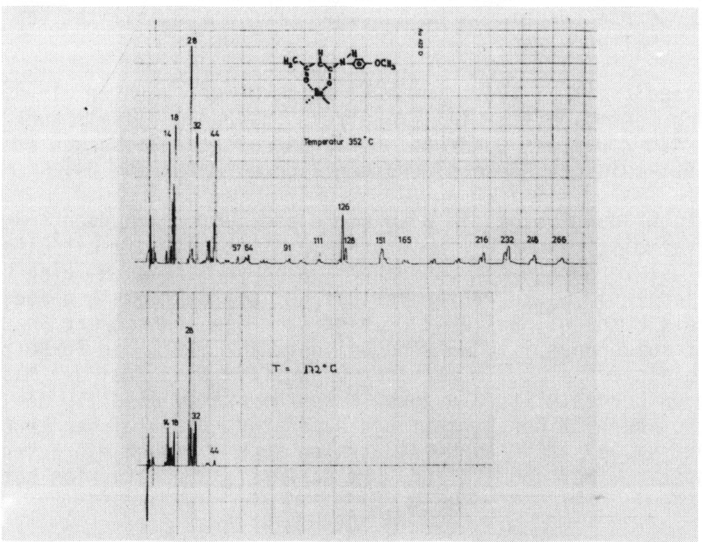

Abb. 16: Massenspektren des (Acetessigsäure-p-anisid)$_2$-Beryllium bei 172°C
         und 352°C.

Während der DTA-Messung wurden die Intensitäten vorgewählter Bruchstückionen registriert, um das Auftreten dieser Bruchstücke in Abhängigkeit von der Temperatur zu studieren. Das Ergebnis dieser Messungen ist in Abb.17 dargestellt.

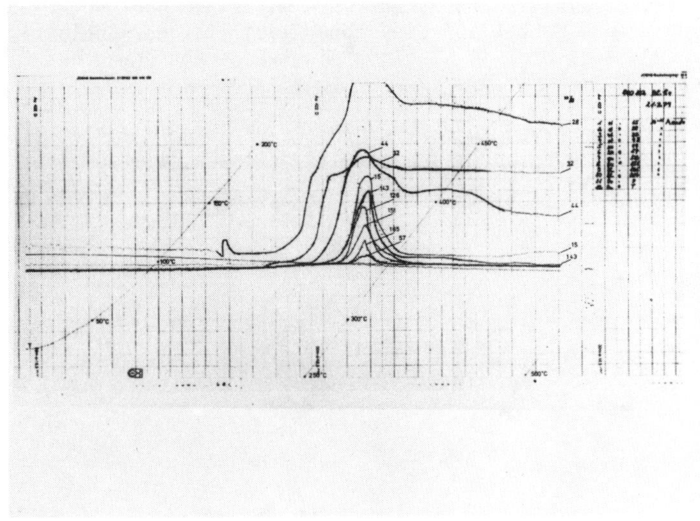

Abb. 17: Auftragung der Intensität bestimmter Bruchstückionen gegen die Temperatur.

64	$CH_3COBeCH$
91	$CH_3COBeCHCO$
124	CH_3COBeO_2CHCO
126	$CH_3COHBeO_2CHCOH$
151	$CONH-Ph-OCH_3$
165	$CH_2-CO-NH-Ph-OCH_3$
191	$CO-CH_2-CO-NH-Ph-OCH_3$
200	$Be-CO-CH_2-CO-NH-Ph-OCH_3$
215	$CH_3-CO-Be-CH_2-CO-NH-Ph-OCH_3$
216	$O-Be-CO-CH_2-CO-NH-Ph-OCH_3$
232	$O_2-Be-CO-CH_2-CO-NH-Ph-OCH_3$
247	$O_2-Be-CH_3-CO-CH_2-CO-NH-Ph-OCH_3$
266	$CO-CH-CO-Be-CO-CH-CO-NH-Ph-OCH_3$

Abb. 18: Masse und Intensität von Bruchstückionen

Aus Abb. 17 geht hervor, daß oberhalb des Schmelzpunktes ein allmählicher Anstieg der Intensität einzelner Bruchstückionen zu verzeichnen ist.

In Abb. 18 sind den Massen dieser Bruchstückionen mögliche Strukturelemente des Berylliumchelates zugeordnet. Auffällig ist in diesem Zusammenhang das Auftreten berylliumhaltiger Bruchstückionen mit einem oder sogar beiden Chelatringen. Dieser Befund deutet auf eine hohe Stabilität der Chelatringe hin, die durch Bindungsausgleich im Ring und eine ebene Anordnung der Ringe zustande kommt.

Röntgenstrukturanalysen von Kupfer- und Nickelchelaten der Acetessigsäureanilide haben diesen Bindungsausgleich bereits bewiesen, wie aus Abb. 19 zu ersehen ist [25] .

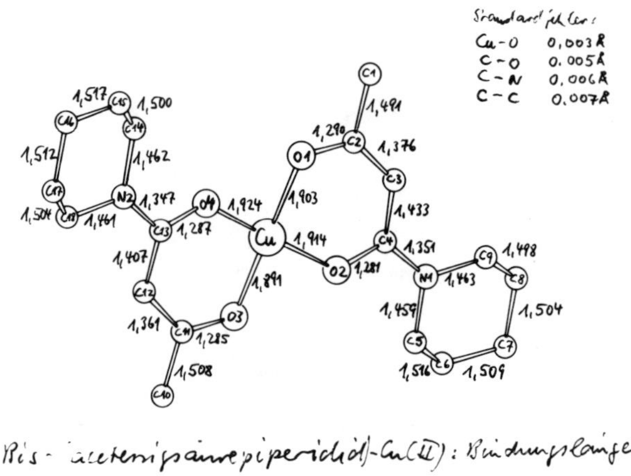

Abb. 19: Röntgenstruktur des (Acetessigsäurepiperidid)$_2$-Kupfer

Die Röntgenstrukturanalyse eines Berylliumchelates wird zur Zeit durchgeführt.

Während sich die Stabilität von Metallchelaten durch potentiometrische Titration sowie durch Interpretation der Massenspektren bestimmen läßt, sind diese Methoden ungeeignet zur Bestimmung der Stabilität von Lewis-Säure / Lewis-Base-Komplexen.

7.   Die Stabilität von Lewis-Säure / Lewis-Base-Addukten

        Die Stärke dieser Komplexe läßt sich aufgrund ihrer Bildungsenthalpie abschätzen. Die Größe dieser Enthalpiewerte sollte ebenfalls von der Struktur der Lewis-Base abhängen. Aus diesem Grunde bestimmten wir die

Bildungsenthalpien der Komplexe des Antimon(V)pentachlorids mit verschieden
substituierten Acetessigsäureaniliden und stellten fest, daß die Substituenten
am Phenylring in der gleichen Weise die Elektronendichte am Amidstickstoff
sowie die Donatorstärke der Lewisbase beeinflussen, wie bereits bei der Bildung von Metallchelaten beobachtet wurde [26].

Aus Abb. 20 ergibt sich die Auftragung der gemessenen Bildungsenthalpien gegen
die Basizitätskonstanten der freien Aniline.

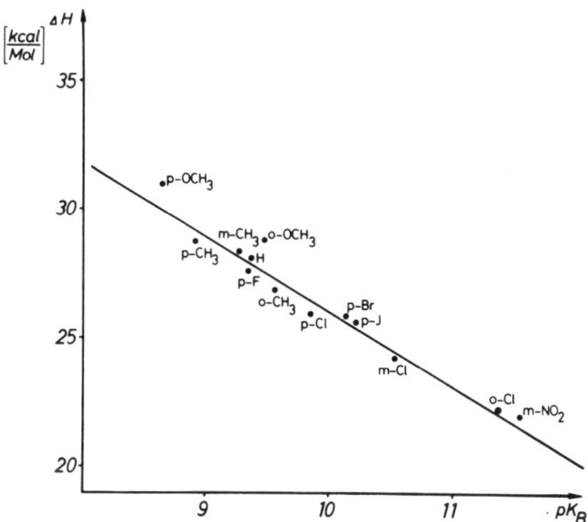

Abb. 20: Auftragung der Bildungsenthalpien gegen die Basizitätskonstanten.

Es wird deutlich, daß elektronenschiebende Substituenten sowie Substituenten
in para-Stellung eine Stabilitätserhöhung bewirken. Im Fall der Reaktion des
Acetessigsäure-m-nitranilids mit Antimon-pentachlorid wird die geringste
Bildungsenthalpie gemessen. Wertet man die gemessenen Enthalpiewerte nach der
Hammett-Beziehung aus, so erhält man Geraden mit negativer Steigung, d.h. eine
Erhöhung der Elektronendichte am Amidstickstoff erleichtert die Reaktion des
Acetessigsäureanilids mit der Lewis-Säure.

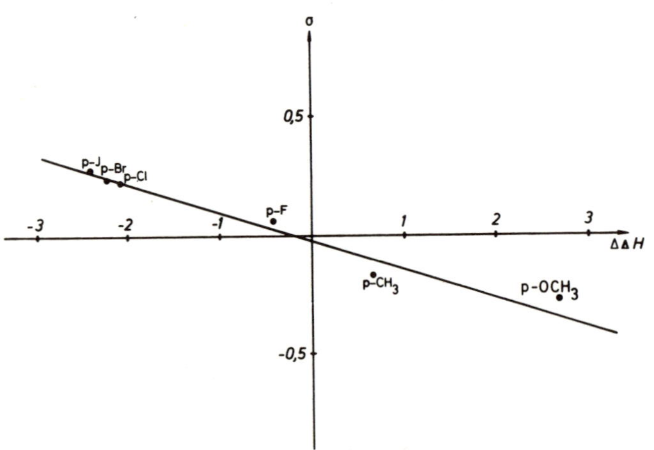

Abb. 21: Anwendung der Hammett-Gleichung auf die Bildungsenthalpien

Betrachtet man die Stabilität der Komplexe des Antimon-V-chlorids mit 2-Chloro-
acetessigsäureaniliden, so stellt man eine Differenz von 10 kcal/Mol zu den
Enthalpiewerten der unsubstituierten Acetessigsäureanilide fest, wie aus Abb.
22 hervorgeht.

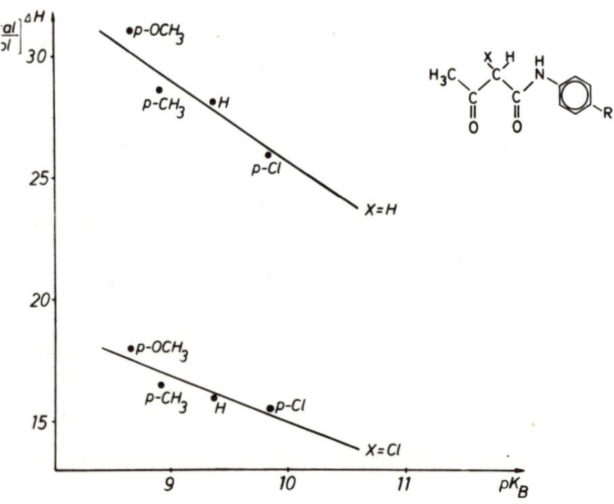

Abb.22: Auftragung Δ H der Berylliumkomplexe gegen pK_B für 2-Halogenacetessig-
        säureanilide

Der negative induktive Effekt des Chloratoms erniedrigt die Elektronendichte
an den Donatoratomen. Andererseits stellte man bei der Umsetzung von Antimon-
pentachlorid mit 2-Methylacetessigsäureaniliden eine Erhöhung der Bildungsenthalpie fest. Die Tatsache, daß NMR-spektroskopisch bei diesen Verbindungen
keine Enolform festzustellen ist, deutet darauf hin,daß die Koordination des
Antimonpentachlorids an Acetessigsäureanilide über die Ketoform erfolgt.
Den Beweis für diese Vermutung erhielten wir durch die Präparation der Addukte
und die Messung ihrer IR-Spektren.
Aus diesen Spektren geht eindeutig hervor, daß die Amid-I-Bande in Abhängig -
keit vom Substituenten am Phenylring verschoben wird, wie die nächste Abbil -
dung zeigt.

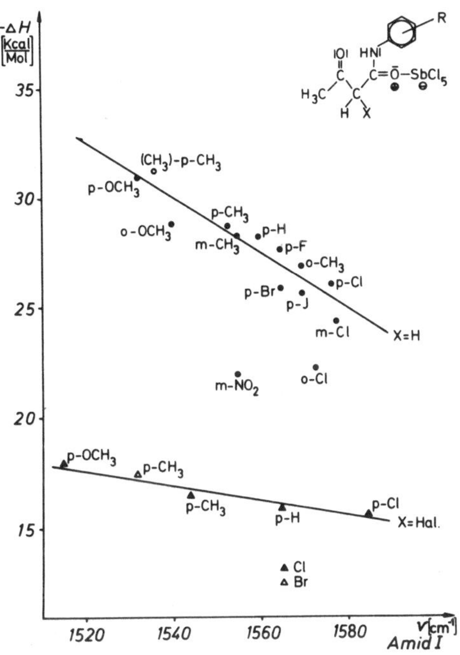

Abb.23: Auftragung der Enthalpiewerte gegen die Lage der Amid-I-Bande

Die Lage der Carbonylbande der zur Methylgruppe benachbarten Carbonylgruppe
ist dagegen unverändert.

Acetessigsäure -	NH cm^{-1}	C=O cm^{-1}	Amid I cm^{-1}	Amid II cm^{-1}	Sb-O cm^{-1}
anilid	3280w	1720s	16531s	1543s	-
anilid-SbCl₅	3342w	1720s	1588s	1489s	-
anilid(SbCL4)	3340w	1611s	1565s	1434s	429w
p-anisidid	3260w	1716s	1655s	1560s	-
p-anisidid-SbCl₅	3365w	1716s	1575s	1780s	-
p-anisidid(SbCl₄)	3360w	1600s	1511s	1392s	430w

Tabelle 1: Bandenlagen im IR-Spektrum der Acetessigsäureanilide, ihrer Metallchelate und Addukte

Es gelang uns, außer den Lewis-Base-Komplexen des Antimonpentachlorids auch
Metallchelate darzustellen.
Das IR-Spektrum dieser Komplexe weist keine Carbonylfrequenz bei 1700 cm^{-1} auf,
sondern eine verschobene Bande bei 1600 cm^{-1}, wie aus Tabelle 1 hervorgeht.

Diese Untersuchungen zeigen, daß die kalorimetrisch bestimmte Bildungsenthalpien der Addukte von den Substituenten am Phenylring sowie denen am mittelständigen C-Atom beeinflußt werden.

Inzwischen sind eine Reihe weitere Lewissäure-Lewisbase-Additionskomplexe der
Acetessigsäureanilide mit $SiCl_4$, $SnCl_4$, $GeCl_4$ untersucht, welche den großen
Wert der Kalorimetrie für die Stabilitätsbestimmung dieser Komplexe bewiesen
haben[27,28].

8.   Zusammenfassung

Die Interpretation thermochemischer und spektroskopischer Daten
führt zu Aussagen über die Struktur und Stabilität von Metallkomplexen. Der
Anwendung der Differential-Thermoanalyse in Kombination mit der Massenspektrometrie wird in Zukunft steigende Bedeutung zukommen.

9.   Literatur

1.   A. Kettrup, H. Specker   Z.Analyt.Chem. 23o, 241 (1967)
2.   A. Kettrup, H. Specker   Z.Analyt.Chem. 240, 1   (1968)
3.   G. Stöckelmann, A. Kettrup,
     H. Specker   Z.anorg.allgem.Chem. 372, 144 (1970)
4.   A. Kettrup, J. Abshagen   Z.Naturforsch. 25b, 1382 (1970)
5.   A. Kettrup, J. Abshagen   Z.Naturforsch. 25b, 1386 (1970)
6.   A. Kettrup, M. Grote   Monatsh.Chemie 104, 1333 (1973)
7.   A. Kettrup, J. Abshagen   Chemiker-Zeitung 98, 511 (1974)
8.   A. Kettrup, J. Abshagen   Monatsh.Chemie 106, 55 (1975)
9.   A. Kettrup, T. Neustadt   Z.Naturforsch. 28b, 86 (1973)
10. A. Kettrup, K. Striegler   Can.J.Chem. 52, 661 (1974)
11. A. Kettrup, T. Neustadt   in Vorbereitung
12. A. Kettrup, M. Grote, J.Hartmann Monatsh.Chemie 107, 1391 (1976)

13. A. Kettrup, M. Grote   Z.Naturforsch. 31b, 1689 (1976)
14. A. Kettrup, M. Grote   Z.Naturforsch. 32b;   863 (1977)
15. A. Kettrup, M. Grote   Z.Anal.Chem.   293,   115 (1978)
16. A. Kettrup, T. Seshadri,
     M. Cramer   Talanta 26, 303 (1972)
17. A. Kettrup, H. Marsmann   Z.Anal.Chem. 260, 243 (1972)
18. A. Kettrup, J. Abshagen   Z.Anal.Chem. 268, 357 (1974)
19. A. Kettrup, M. Grote   Z.Anal.Chem. 269, 118 (1974)
20. A. Kettrup   unveröffentlicht
21. A. Kettrup; W. Riepe   Z.Anal.Chem. 252, 1 (1970)
22. A. Kettrup, T. Neustadt,
     W. Riepe   Z.Anal.Chem.272, 11 (1974)
23. A. Kettrup, P. Ackermann,
     W. Riepe   Z.Naturforsch. 33b, 183 (1978)
24. A. Kettrup   unveröffentlicht
25. A. Kettrup, B. Krebs   unveröffentlicht
26. A. Kettrup, K. Striegler   Thermochim.Acta 15, 147 (1976)
27. A. Kettrup, K.H. Ohrbach   Thermochim.Acta 29, 273 (1979)
28. A. Kettrup, K.H. Ohrbach   Thermochim.Acta, in press

<u>Dank</u>

Dem Land Nordrhein-Westfalen und dem Fonds der Chemischen Industrie danken wir
für die finanzielle Unterstützung dieser Untersuchungen.

Herrn E. Kaisersberger (Fa. Netzsch - Gerätebau, Selb) und Herrn H. Wyden (Fa.
Mettler, Greifensee) danken wir für die Durchführung von DTA/MS-Messungen.

IONENLEITER Li$_3$N: EIN BEISPIEL FÜR SPEZIFISCHE WÄRMEUNTERSUCHUNGEN IM
TEMPERATURBEREICH VON MILLI-KELVIN BIS 800K

Eberhard Gmelin und Herbert Grundel
Max-Planck-Institut für Festkörperforschung, 7 Stuttgart 80

Zusammenfassung [1]

Anhand der spezifischen Wärmedaten für den Ionenleiter Li$_3$N [2] wurden die
kalorimetrischen Meßeinrichtungen des MPI-FKF erläutert. Drei verschiedene
kalorimetrischen Methoden überdecken den Temperaturbereich von 80mK bis ca
1000K; die wesentlichen Merkmale der drei teils voll automatisierten Kalorimeter sind in der folgenden Tabelle zusammengestellt:

Methode	Relaxationszeit [3] (nicht-adiabatisch)	Nernst [4] (adiabatisch)	Differential scanning (DSC-2 Perkin Elmer)
Temperatur bereich (K)	$0.08 < T < 10$	$1.5 < T < 350$	$100 < T < 1000$
Proben gewicht (mg)	20 - 200	$\gtrsim 500$	$\sim< 2 - 100$
Energiezufuhr für $\Delta T/T \approx 1\%$ [W]	nW, µW	µW, mW	mW
Genauigkeit (%)	2 - 10	0.2 - 2	1 - 3
Automatische			
- Messung	ja	ja	-
- Auswertung	ja	ja	ja
mit	HP 9825 IEC-BUS	PDPM/15-20 CAMAC	HP 9825 IEC-BUS

Nur die Automatisierung der Auswertung der Daten und der Steuerung des DSC
wurden im Detail (bzgl. Hardware und Software) erläutert. Das Blockschaltbild
ist in Abbildung 1 wiedergegeben. Erfahrungen mit dem DSC im Vergleich zur
adiabatischen Kalorimetrie wurden diskutiert:

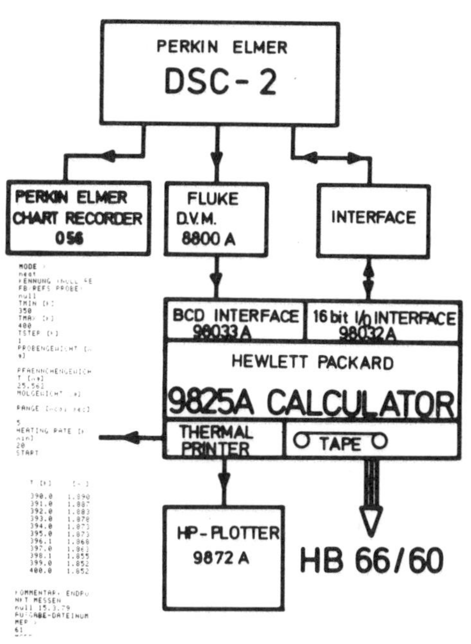

Abb. 1

Bequemlichkeit und Schnelligkeit bei fast gleicher Genauigkeit mit wenig Probensubstanz zeichnen die Kommerziellen Differential-Scanning Kalorimeter aus.

Die mit dem benutzten Gerät erzielte Reproduzierbarkeit lag bei ±0.3K und ±0.7% mit einer In-Probe im Zeitraum von 2 Monaten.

- Vorsicht ist geboten bei Messungen unterhalb Zimmertemperatur; geringste Mengen an Feuchtigkeit können leicht die Messung verfälschen.
- Mit der automatischen Datenerfassung wird eine Steigerung der Genauigkeit um das 3 bis 10 fache gegenüber einem x-t Schreiber erzielt.

Die in dem sehr weiten Temperaturbereich von 0.4K bis 800K gemessenen c_p-Daten des technisch sehr interessanten Li_3N wurden hinsichtlich der physikalischen und chemischen Aspekte dieses Ionenleiters interpretiert und die thermodynamischen Daten bestimmt:

$$H (298.15)-Ho = (11.6 \pm 0.3) \; KJMol^{-1}$$
$$S (298.15) = (65.7 \pm 0.2) \; JMol^{-1}K^{-1}$$
$$c_p(298.15) = (75.15 \pm 0.2) \; JMol^{-1}K^{-1}$$
$$\Delta G(298.15) = (-120.6 \pm 0.6) \; JMol^{-1}K^{-1}$$

Zitate:

[1] Beschreibung der Apparaturen und Darstellung der Resultate an Li_3N erfolgen ausführlich in Zeitschriften und Ref. 4.
[2] A. Rabenau, in Festkörperprobleme XVIII, J. Treusch (ed) p. 77 Vieweg Braunschweig (1978)
[3] H. Grundel, E. Gmelin diese Konferenz; wird veröffentlicht in Cryogenics.
[4] E. Gmelin, Thermochinica Acta 29, 1-39 (1979)

EINSATZ DER ENERGIEDISPERSIVEN RÖNTGENBEUGUNG ZUR UNTERSUCHUNG DER AMMONIUMNITRATPHASEN II/I.

Walter Engel und Norbert Eisenreich
Institut für Chemie der Treibstoffe der Fraunhofergesellsch.
7507 Berghausen, Hummelberg, Bundesrepublik Deutschland

Einleitung

In der Literatur gibt es zahlreiche Arbeiten, die sich mit der thermischen Analyse von Ammoniumnitrat mit Hilfe von DTA, DSC und Dilatometrie beschäftigen /1-7/. Diese Ergebnisse sowie Strukturbestimmungen mit Hilfe der Röntgenbeugung haben eine ziemlich genaue Kenntnis über die verschiedenen Ammoniumnitratphasen und deren Umwandlungstemperaturen gebracht /7-18/. Experimentelle Kenntnisse über die mit den Umwandlungen verknüpften strukturellen Details sind jedoch nicht vorhanden, da die thermischen Analysemethoden nur indirekte Informationen über Gitteränderungen liefern. Die Untersuchungen mit Röntgenbeugung beziehen sich nur auf die einzelnen Phasen selbst. Aus diesem Grunde wurde die energiedispersive Röntgenbeugung zusammen mit einer Hochtemperaturkammer für die Untersuchung der Umwandlung der Ammoniumnitratphasen II/I eingesetzt. Mit dieser Kombination können relativ schnell Beugungsdiagramme bei schrittweiser oder linearer Aufheizung einer Probe aufgenommen und somit Informationen über die Gitteränderungen im Umwandlungsbereich der beiden Phasen gewonnen werden.

Experimentelle Einzelheiten

Die Gerätekombination für die Messungen wurde bereits an anderer Stelle beschrieben /17-19/. Bei den hier wiedergegeben Experimenten erfolgte die Bündelung der Röntgenstrahlung durch 2 Aperturblenden (3,4 und 1,1 mm) und 2 Detektorblenden (2 x 0,34 mm). Diese Blenden begrenzten die Winkelabweichung auf +/- 0,14 Grad. Die Auflösung des Detektors beträgt bei der Mn-K_α-Linie 0,166 KeV. Die Röntgendiagramme wurden mit einer Kanalbreite von 0,02 keV und insgesamt 1000 Kanälen aufgenommen. Bei einem Winkel von 2 Theta gleich 10 Grad steht zwischen 13 und 30 keV ein Bereich zur Verfügung, der frei von störenden Beugungs- bzw. Fluoreszenzpeaks ist.

Für die Messungen wurde getrocknetes Ammoniumnitrat von Merck
nach Anrühren mit Zaponlack auf einen Platinträger aufgebracht.
Die Proben konnten schrittweise und linear aufgeheizt werden.
Temperaturschwankungen waren kleiner als +/-0.1^{o} und ein
eventueller Temperaturunterschied innerhalb der Probe kleiner
als 0,25^{o}.

Messungen

        Im Temperaturbereich der Phasenumwandlung wurden
folgende Untersuchungen gemacht:
1. aufeinanderfolgende isotherme Messungen bei <u>einer</u> Temperatur
   mit einer Meßzeit von 30 s;
2. isotherme Messungen von 300 s bei einer schrittweisen Aufheizung bzw. Abkühlung mit einer Wartezeit von 120 s
   nach Erreichen der Temperatur;
3. Messungen im Verlauf einer linearen Temperatursteigerung von
   0,06^{o}/min bei einer Meßzeit von 200 s, unterbrochen von
   einer 1 -2 s dauernden Ablage von Spektren auf die Diskette.

Auswertung und Ergebnisse

        Die Auswertung der Diagramme auf der Diskette erfolg-
te mit Fortran-Programmen auf dem Zentralrechner. Diese ermög-
lichten den Untergrundabzug, die Berechnung der Peaklagen, der
Peakintensitäten und der Peakbreiten.
Es zeigte sich durch die aufeinanderfolgenden, isothermen
Messungen bei einer Temperatur, daß sich bereits nach 30 s die
Diagramme nicht mehr merklich änderten.
Zwischen Diagrammserien, die unter schrittweiser und linearer
Aufheizung aufgenommen wurden, konnte kein wesentlicher Unterschied festgestellt werden. Insbesondere wiesen beide Serien
dieselben Tendenzen hinsichtlich Peakverschiebungen und Inten-
sitätsänderungen während der Temperatursteigerung auf.
In Tab. 1 sind die Peaklagen und Peakbreiten der Serie mit
linearer Temperatursteigerung zusammengestellt. Einige Diagramme dieser Serie sind in Abb. 1 wiedergegeben. Abb. 2
enthält die Entwicklung der Peakintensitäten einiger Netzebenen
dieser Serie.
Bei der weiteren Auswertung wurden aus den Peaklagen mit
der Bragg´schen Gleichung die Netzebenenabstände ausgerech-
net. Die Ergebnisse für eine Serie mit isothermen Messungen
bei schrittweiser Temperaturerhöhung finden sich in Tab. 2.
Für die bereits erwähnte Serie mit der linearen Temperatursteigerung sind sie in Tab. 3 eingetragen. Die zugehörigen
Gitterparameter sind ebenfalls in diesen Tabellen aufgeführt.
Sie wurden mit einem Least-Squares-Fit-Verfahren berechnet.
In Abb. 3 sind die Netzebenenabstände der (111)$_{\mathrm{II}}$-Ebene der
Serie mit schrittweiser Aufheizung und nachfolgender Abkühlung
gegen die Temperatur aufgetragen. Aus dieser Abb. wird deutlich, daß bei der Abkühlung ein gleicher Umwandlungsgrad
bei einer um 2° tieferen Temperatur erreicht wird.

Gitterparameter der Serie mit linearer Temperatursteigerung sind in Abb. 4 und die entsprechenden Netzebenenabstände in Abb. 5 dargestellt.

Diskussion der Ergebnisse

Aus den bekannten Gitterparametern der kubischen Modifikation I (a_I=4,40 Å) und der tetragonalen Modifikation II (a_{II}= 5,75 Å; c_{II}=5,00 Å) folgt, daß sich bei der Umwandlung II/I die tetragonale Basis auf $a_I \sqrt{2}$ ausweiten, der Parameter c_{II} sich aber zu a_I verkleinern muß /8-18/. Umgekehrt ist zu erwarten, daß sich a_I, ausgehend von $a_{II}/ \sqrt{2}$, zum größeren Endwert nach vollzogener Umwandlung hin entwickelt. Errechnet man aus den Gitterparametern der Literatur die Abstände für die Netzebenen der beiden Modifikationen, so sollten sich im Laufe der Umwandlung die von $(001)_{II}$, $(111)_{II}$ bzw. $(110)_I$ und $(120)_{II}$ verringern und die von $(110)_{II}$, $(200)_{II}$ und $(100)_I$ vergrößern.
Die Werte in der Tab. 1 zeigen aber, daß entgegen den Erwartungen während des Aufheizens bei allen Peaks eine Verschiebung zu höheren Energien auftritt, woraus folgt, daß alle Netzebenenabstände zu tieferen Werten tendieren(siehe Tab.2 u.3,Abb.3-5). Wie Abb. 1 und 2 zeigen, bleibt der starke Peak der $(111)_{II}$-Ebene während der Umwandlung mit fast gleicher Intensität erhalten. Bei der erwarteten, geringen Verschiebung zur endgültigen Lage des Peaks der $(110)_I$-Ebene verändert sich zudem die Peakbreite nicht. Es kann deshalb kein Doppelpeak vorliegen, der aus den Peaks der Ebenen $(111)_{II}$ und $(110)_I$ besteht. Danach muß man annehmen, daß die untersuchte Probe im Umwandlungsbereich nicht aus einem Gemisch der Phasen I und II, sondern aus einem Übergangszustand besteht, der sowohl die Reflexe der tetragonalen als auch der kubischen Symmetrie zuläßt. Bei einer Berechnung der Gitterparameter im Temperaturbereich der Umwandlung muß also der Peak der $(111)_{II}$-Ebene auch als Peak der $(110)_I$-Ebene verwendet werden.
Die für beide Modifikationen derart durchgeführte Gitterparameterberechnung (Tab. 2 und 3, Abb. 4 und 5) zeigt, daß sich c_{II} tatsächlich verkleinert, ohne jedoch den Wert von a_I zu erreichen. Entgegen der Erwartung wird auch a_{II} kleiner, und a_I entsteht zunächst mit einem höheren Wert, der erst nach vollzogener Umwandlung die erwartete Größe erreicht. Die Standardabweichungen, die bei diesen Berechnungen erhalten werden, sind mit Ausnahme des ersten bzw. des letzten Bereiches der Umwandlung für beide Phasen relativ gut (siehe Tab. 2 und 3). Damit drückt sich aus, daß die Veränderung aller Netzebenenabstände konform geht mit der Veränderung des $(111)_{II}$- bzw.$(110)_I$-Ebenenabstandes.
Dies bedeutet, daß kubische Elementarzellen der Phase I , wenn sie am Anfang des Umwandlungsbereiches entstehen, größer sind als nach erfolgter Umwandlung entsprechend des noch nicht genug verringerten $(110)_I$-Ebenenabstandes. Hingegen werden Elementarzellen der Phase II mit fortschreitender Umwandlung immer kleiner, da sie sich an den enger zusammenrückenden $(111)_{II}$-Ebenen orientieren müssen.

In gleicher Weise und in Übereinstimmung mit den oben beschriebenen Vorstellungen geht die $(120)_{II}$-Ebene kontinuierlich in
die $(111)_I$-Ebene über.

Schlußbemerkungen

Unter Verwendung der energiedispersiven Röntgenbeugung
wurden strukturelle Details der Phasenumwandlung II/I von
Ammoniumnitrat beschrieben. Gitterparameter und Netzebenenabstände erwiesen sich als Meßgrößen, die denen der TGA, DTA,
bzw. der Dilatometrie entsprechen.
Es zeigt sich, daß diese Phasenumwandlung unter Erhaltung
bestimmter Netzebenen vor sich geht. Diese erfahren im Verlaufe
der Umwandlung eine kontinuierliche Abstandsänderung. An
ihnen orientieren sich bildende und noch vorhandene Elementarzellen der beiden Symmetrien bezüglich ihrer Größe.

Literatur

1.   J.Morand, Ann. de Chim. 12,10(1955)1018
2.   V.Hovi, J.Pöyhönen, P.Paalasalo, Physica 42,A(1960)
3.   K.Heide, Z. anorg. allg. Chemie 344(1965)241
4.   T.Seiyama, N.Yamazoe, J .Crist. Growth 2(1968)255
5.   R.R.Sowell, M.M.Karnowsky, L.C.Walters, J. Thermal Anal.
                                     3(1971)119
6.   F.Wolf, K.Benecke, H. Fürtig, Z .phys. Chem.,
                          249,5-6(1972)289
7.   I.Konkoly-Thege, J. Thermal Anal., 12(1977)197
8.   S.B.Hendricks, E.Posniak, F.C.Kracek, J.Am.Chem.Soc.
                          54(1932)2766
9.   Y.Shinnaka, J. Phys. Soc. Japan, 11(1956)393
10. Y.Shinnaka, J. Phys. Soc. Japan, 14(1959)1073
11. Y.Shinnaka, J. Phys. Soc. Japan, 14(1959)17071
12. J.L.Amoros, M.L.Canut, Bol.R.Soc.Esp.Hist.Nat.(G),
                 60(1962)15
13. M.Canut-Amoros, J.L.Amoros, Z.Kristallogr., 127(1968)44
14. J.L.Amoros, F.Arese, M.Canut, Z.Kristallogr., 117(1962)91
15. S.Yamamoto, Y.Shinnaka, J.Phys.Soc.Japan, 37(1974)724
16. C.S.Choi, J.E.Mapes, Acta Crist., B28(1972)1357
17. W.Engel, P.Charbit, Proc. 1.Europ.Symp.Thermal Analysis
                 Salford (1976)274
18. W.Engel, P.Charbit, J.Thermal Anal., 13(1978)275
19. B.C.Giessen, G.E.Gordon, Science, 159,(1968)973

Herrn Kugler sind wir für die Unterstützung bei der
Datenerfassung zu Dank verpflichtet.
Für ihre Mitarbeit danken wir Herrn Hartmann und Herrn Poth.

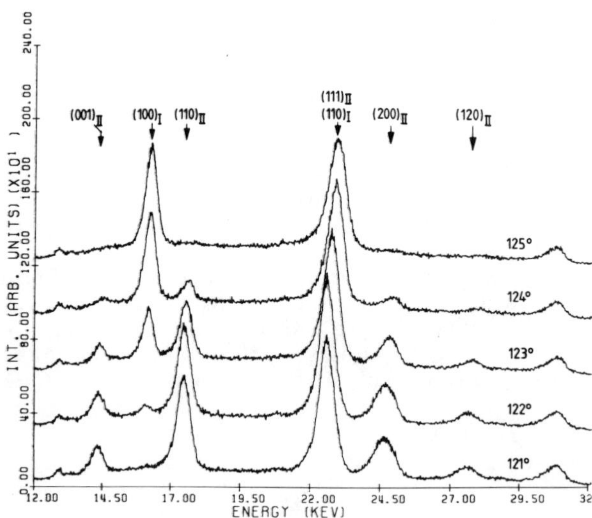

<u>Abb. 1:</u>   Energiedispersive Röntgenbeugungsdiagramme im
Bereich der Ammoniumnitratumwandlung II/I der
Serie mit linearer Aufheizrate

<u>Tab. 1:</u>   Peaklagen und Halbwertsbreiten (HWB) der Serie mit
linearer Aufheizrate in keV.

Tempera-tur (°C)	(001)$_{II}$	(100)$_I$	(110)$_{II}$	(111)$_{II}$ (110)$_I$	(200)$_{II}$	(120)$_{II}$ (111)$_I$
121	14,324		17,464	22,563	24,628	27,586
121,25	14,322		17,465	22,574	24,641	27,596
121,50	14,340	16,088	17,466	22,574	24,642	27,599
121,75	14,328	16,087	17,466	22,576	24,654	27,576
122	14,341	16,122	17,471	22,581	24,663	27,621
122,25	14,346	16,207	17,478	22,600	24,682	27,626
122,50	14,355	16,119	17,478	22,629	24,720	27,665
122,75	14,373	16,122	17,489	22,642	24,744	27,703
123	14,394	16,155	17,518	22,721	24,771	27,741
123,25	14,432	16,169	17,554	22,765	24,811	27,800
123,50	14,427	16,183	17,566	22,795	24,814	27,850
123,75	14,481	16,195	17,598	22,848	24,853	27,880
124	14,533	16,205	17,595	22,864	24,832	27,923
124,25	14,548	16,222	17,642	22,892	24,899	28,002
124,50	14,586	16,227	17,627	22,897	24,791	27,999
124,75	14,614	16,235	17,678	22,910	24,969	28,050
125		16,238		22,919		
HWB	0,462	0,526	0,575	0,706	0,806	0,824

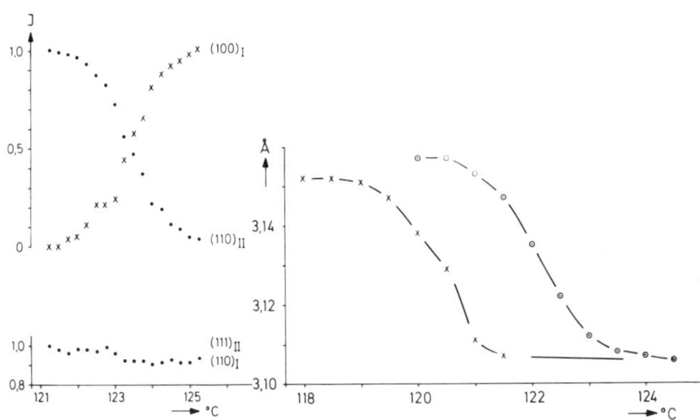

Abb. 2/3:   (2)   (3)
Entwicklung der Peakintensitäten dreier Netzebenen im Verlauf der Umwandlung der Serie mit
linearer Temperatursteigerung(2). Verlauf des
Netzebenenabstandes der $(111)_{II}$-Ebene bei
schrittweiser Aufheizung (o) bzw.Abkühlung (x) (3)

Tab. 2:   Ausgewählte Netzebenenabstände, Gitterparameter und
Standardabweichungen im Phasenumwandlungbereich der
Serie mit schrittweiser Aufheizung in Ångström

Temp. (^{o}C)	$(001)_{II}$ c_{II}	$(110)_{II}$	$(111)_{II}$ $(110)_{I}$	a_{II}	s_{II}	$(100)_{I}$	a_{I}	s_{I}
120	4,959	4,077	3,157	5,770	0,0035			
120,5	4,959	4,080	3,157	5,773	0,0031			
121	4,956	4,076	3,153	5,769	0,0028	4,396	4,417	0,3701
121,5	4,949	4,068	3,147	5,760	0,0038	4,400	4,417	0,0288
122	4,943	4,065	3,135	5,749	0,0024	4,401	4,414	0,0168
122,5	4,906	4,056	3,122	5,728	0,0046	4,401	4,406	0,0080
123	4,817	4,059	3,112	5,733	0,0118	4,393	4,395	0,0043
123,5	4,774	4,060	3,108	5,732	0,0150	4,391	4,392	0,0021
124		4,058	3,107	5,115	0,3700	4,391	4,392	0,0015
124,5			3,106			4,392	4,392	0,0003
121,5			3,107			4,389	4,390	0,0030
121			3,111			4,388	4,392	0,0069
120,5	4,911	4,068	3,129	5,760	0,0058	4,403	4,410	0,0128
120	4,970	4,073	3,138	5,762	0,0073	4,398	4,411	0,0230
119,5	4,978	4,075	3,147	5,766	0,0058	4,392	4,411	0,0340
119	4,979	4,076	3,151	5,769	0,0054	4,337	4,396	0,0517
118,5	4,980	4,078	3,152	5,768	0,0045	4,333	4,375	0,0721
118	4,979	4,077	3,152	5,768	0,0048			

c_{II} und der Abstand der $(001)_{II}$-Ebene unterscheiden sich
maximal um 0,001 Å

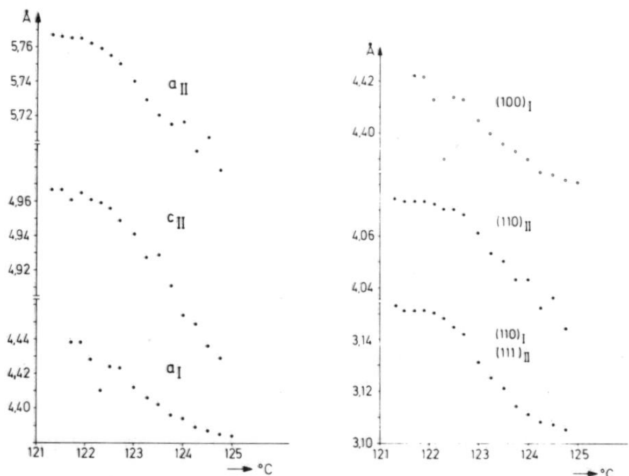

(4)   (5)

Abb. 4/5:   Gitterparameter (4) und Netzebenenabstände (5)
            während der Umwandlung der Serie mit linearer
            Temperatursteigerung.

Tab. 3:   Ausgewählte Netzebenenabstände, Gitterparameter und
            Standardabweichungen im Phasenumwandlungsbereich der
            Serie mit linearer Aufheizung in Ångström.

Temp. (^{o}C)	$(001)_{II}$ c_{II}	$(110)_{II}$	$(111)_{II}$ $(110)_I$	a_{II}	s_{II}	$(100)_I$	a_I	s_I
121	4,967	4,074	3,153	5,767	0,0034			
121,25	4,967	4,073	3,151	5,766	0,0029			
121,50	4,961	4,073	3,151	5,765	0,0029	4,422	4,438	0,0207
122,75	4,965	4,073	3,151	5,765	0,0024	4,422	4,438	0,0203
123	4,961	4,072	3,150	5,762	0,0022	4,413	4,428	0,0247
122,25	4,959	4,070	3,148	5,759	0,0017	4,390	4,410	0,0359
122,50	4,956	4,070	3,144	5,755	0,0013	4,414	4,424	0,0188
122,75	4,950	4,068	3,142	5,750	0,0020	4,413	4,423	0,0178
123	4,942	4,061	3,131	5,740	0,0033	4,405	4,412	0,0141
123,25	4,929	4,053	3,125	5,729	0,0032	4,400	4,406	0,0103
123,50	4,931	4,050	3,121	5,720	0,0056	4,396	4,402	0,0061
123,75	4,913	4,043	3,114	5,715	0,0048	4,393	4,396	0,0059
124	4,895	4,043	3,111	5,716	0,0061	4,390	4,394	0,0059
124,25	4,890	4,032	3,108	5,699	0,0059	4,385	4,389	0,0055
124,50	4,877	4,036	3,107	5,707	0,0100	4,384	4,387	0,0057
124,75	4,868	4,024	3,105	5,688	0,0052	4,382	4,385	0,0055
125			3,104			4,381	4,384	0,0049

c_{II} und der Abstand der $(001)_{II}$-Ebene unterscheiden sich
bei Temperaturen höher 125,75 °C um maximal 0,001 Å.

ENERGY BALANCE OF PHOTOREDOX SYSTEMS

Barbara Sulzberger, Hans-Rudolf Grüniger, Marcel Gori and
Gion Calzaferri

Institut für Anorganische Chemie der Universität Bern
Freiestrasse 3
CH-3012 Bern

Photochemists have had little motivation for studying
energy balances of photochemical reactions. This situation has
changed, however, with the interest in the possibilities of photochemical solar energy conversion. The thermodynamic limit for
the efficiency of a single photochemical system, operating at 20°C
in sunlight, not attenuated by the atmosphere, has been reported
to be 29%. Under the same conditions this limit for a converter
composed of two systems is 41% [1]. The practical limit for photochemical energy storage is estimated at 15% [2].

The rate of excitation J_e of a system by light in Ein-
stein/sec is equal to the integral over the product of light di-
stribution $I(\lambda)$ (Einstein/sec·cm^2 [λ]) and absorption cross section $\sigma(\lambda)$ (cm^2) of the photosystem.

$$J_e = \int_\lambda I(\lambda) \cdot \sigma(\lambda) d\lambda$$

For a process $N° \xrightleftharpoons{h\nu} N^*$ the thermodynamic potential of the
photoproduct in Joule/Mole is approximatively [1]:

$$\Delta\mu^* = RT \cdot \ln \frac{N^*_{il}}{N^*_d} \quad .$$

N^*_{il} is the steady state concentration of species in the upper state
under irradiation. N^*_d is the concentration of the same state in
the dark. The maximum power production P is equal to the flux of
photoproducts J_e times the thermodynamic potential of the photoproduct times a loss factor $(1-\phi_{loss})$:

$$P = J_e(1 - \phi_{loss})\Delta\mu^*$$

There are different methods to get more detailed information on J_e, $\Delta\mu^*$ and on ϕ_{loss} according to the problem to be solved. In the thionine/iron system [3] ϕ_{loss} is well understood [4],[5]. Therefore we shall start with a discussion of this system. Using the abbreviations TH^+ for thionine, TH_2^+ for semithionine and TH_2 for dihydrothionine, the reactions may be summarized with the following scheme:

Photooxidation

$$TH^+ \xrightarrow{\ h\nu\ } (TH^+)^*$$

$$(TH^+)^* + Fe^{2+} + H^+ \longrightarrow TH_2^+ + Fe^{3+}$$

Dark Reaction

$$TH_2^+ + Fe^{3+} \rightleftharpoons TH^+ + H^+ + Fe^{2+}$$

$$2TH_2^+ \rightleftharpoons TH^+ + TH_2 + H^+$$

A detailed energy balance of these reactions is given in Fig. 1:

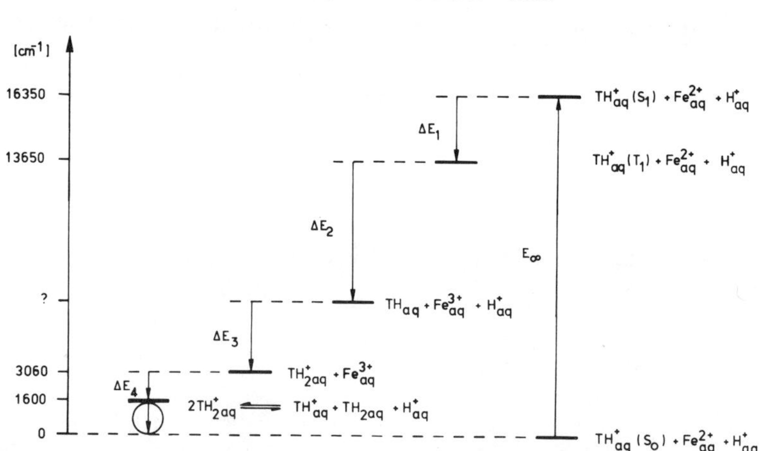

1   Energy balance of the thionine/iron system

E_{00} is the energy difference between the lowest vibrational level of thionine in the ground state S_0 and in the first excited singlet state S_1. Changing from the singlet state S_1 to the triplet state T_1 the excited thionine molecule looses the energy ΔE_1 which is converted to heat*. ΔE_2 is the energy lost during the transfer of an electron from Fe^{2+} to $TH^+(T_1)$. Since the radical $TH^\bullet$ is a strong base, it is immediately protonated. ΔE_3 is equal to the protonation enthalpy ΔH_p^o. In a next step two radicals TH_2^+ disprotonate so that only about 10% of E_{00} can be used to drive e.g. a photogalvanic cell.

This kind of discussion provides useful insight into the different desactivation paths. For many problems, however, it is necessary to have detailed information on the concentration dependence of the system behaviour. We have found that a generalization of the reduction degree introduced by Michaelis [7] is very useful for the description of redox and photoredox systems [4],[8]-[10]. The reduction degree of the thionine/iron system is defined by [4]:

$$r = \frac{[TH^+] + 2[TH_2] + [Fe^{2+}]}{2G_1^o + G_2^o} \quad ; \quad 0 \leqslant r \leqslant 1$$

G_1^o and G_2^o are the total concentrations of thionine and iron respectively:

$$G_1^o = [TH^+] + [TH_2^+] + [TH_2]$$

$$G_2^o = [Fe^{3+}] + [Fe^{2+}]$$

$$v = G_2^o / G_1^o$$

Figure 2 shows the normalized equilibrium concentrations of a thionine like model system versus the reduction degree. $E_{A/R}$; $E_{Me(n+1)+/Me^{n+}}$ are the equilibrium potentials. Of course, $E_{A/R}$ is equal to $E_{Me(n+1)+/Me^{n+}}$ at equilibrium. For clearness' sake, the two curves have been separated by ΔE. The calculations have been carried out with the help of a method described elsewhere [11]. The model considered is:

$$A \xrightarrow{\ h\nu\ } A^*$$

Photooxidation

$$A^* + Me^{n+} \longrightarrow R + Me^{(n+1)+}$$

$$R + Me^{(n+1)+} \rightleftharpoons A + Me^{n+} \quad ; \quad K_{RM}$$

Dark Reaction

$$2R \rightleftharpoons A + H \quad ; \quad K_R$$

---

* We do not distinguish between the energy of the T_1 and the T_2 states [6].

If a sample is irradiated at a fixed reduction degree, the photo-oxidation shifts the individual concentrations from the equilibrium in the directions marked by arrows. r_0 is a particularly interesting point to start the reaction from. Since no reduction equivalents are transferred to or from the system, r_0 remains unchanged. This means that the reduction degree is an invariant under irradiation. Under certain assumptions which are often not very restrictive, it is perfectly possible to calculate all the nonequilibrium concentrations as well as the half cell potentials in rather complex photoredox systems. This subject is discussed elsewhere [10].

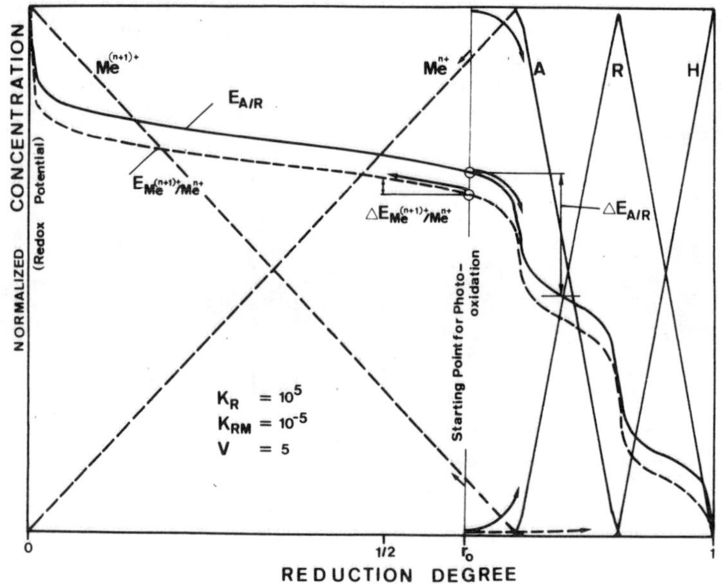

2   Normalized equilibrium concentrations and equilibrium potential versus the reduction degree. For the redox potential the total ordinate corresponds to 1 V.

Heterogeneous photoredox systems in which the photosensitive part is a semiconductor material seem to be among the most promising chemical systems for the conversion of light energy into electrical energy [12],[13]. In Figure 3 the principle of a photoelectrochemical cell is shown. By absorption of a photon an electron from the valence band is excited to the conduction band. This creates a potential difference $\Delta\mu^*$ between the redox potential of a redox couple Red/Ox in solution and the semiconductor. A hole created in the valence band can therefore oxidize a Red. By inserting a counter electrode a current between the illuminated electrode and the reference electrode can be observed. The power production of such a cell depends mainly on $\Delta\mu^*$, the bandgap E_g and the quantum yield for the current (number of electrons produced by 1 Einstein photons absorbed) at a given $\Delta\mu^*$.

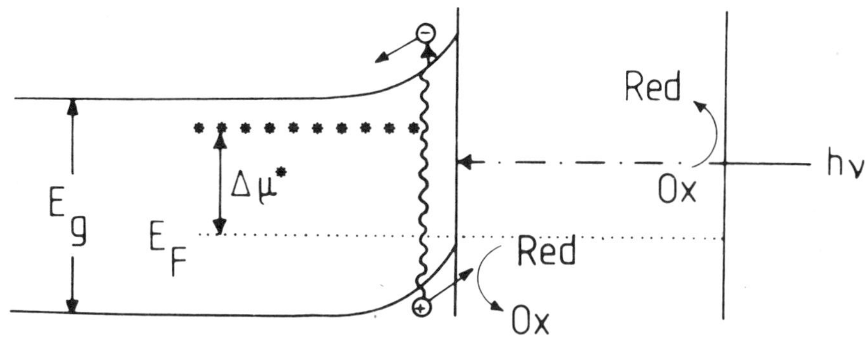

3   Principle of the mechanism of a photoelectric cell.

Figure 4 shows the experimental set-up for the observation of photopotentials and photocurrents we have used to investigate doped sintered α-Fe$_2$O$_3$ in I$_2$/I$^-$,KCl solutions [14]. Xe represents a 150 watt high pressure xenon lamp. F$_1$,F$_2$ are filters. SC is the semiconductor, Ra a variable resistor and REC a two channel recorder. As homogeneous redox couple we have used the iodine/iodide solutions shown in Table 1:

Table 1:   Composition of the electrolyte solutions [Mol/lt]

Electrolyte / Number	I	II	III	IV	V
I$_2$	10^{-2}	10^{-3}	10^{-4}	10^{-4}	10^{-3}
I$^-$	10^{-1}	10^{-1}	10^{-1}	1	1
KCl	1	1	1	1	1
Relative transmission for visible light $350 < \lambda < 650$ nm	43%	66.2%	100%	99.7%	67.8%

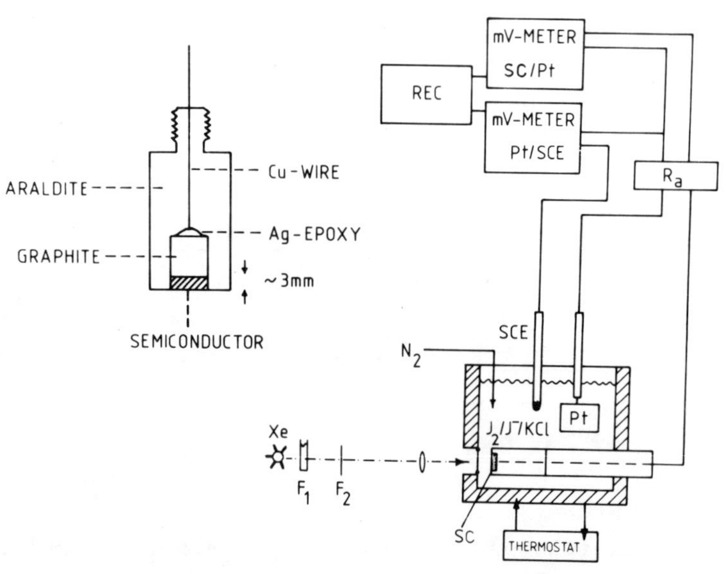

4   Electrode and experimental set-up for the observa-
       tion of photopotentials and photocurrents.

From the wavelength dependence of the photopotentials we know
that photoactivity of our electrochemical cell starts at the same
wavelength (600-650 nm) as the absorption of light of a thin va-
cuum deposited film. No photocorrosion could be observed in neutral solution. The photopotentials are much higher than we had
expected. There is a remarkable dependence of the photoresponse
of the iron(III) oxide on the redox electrolyte. The potential/
current and the power/potential curves we have observed on
iron(III) oxide doped with 1°/oo CaO are shown in Figure 5.

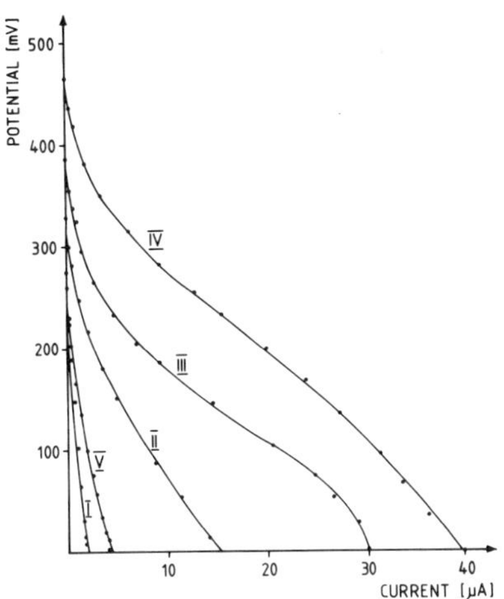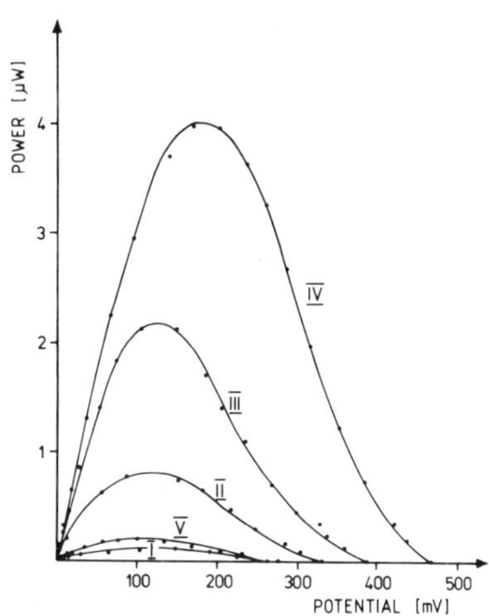

5   Potential/current and power/potential curves obser-
     ved on iron(III) oxide doped with 1°/oo CaO. The
     numbers I to V refer to Table 1. Electrode surface
     1 cm².

        This work is supported by the Swiss National Science
Foundation (Grant No. 4.099-0.76.04).

References

[1]   W. Schockley & H.J. Queissen, J.Appl.Phys. 32(1961)510;
      R.T. Ross & Ta-Lee Hsiao, ibid 48(1977)4783.
[2]   E. Schumacher, Chimia 32(1978)193.
[3]   E. Rabinowitch, J.Chem.Phys. 8(1940)551.
[4]   G. Calzaferri & H.R. Grüniger, Z.Naturforsch. 32a(1977)1036.
[5]   G. Calzaferri, Chimia 32(1978)241.
[6]   H.E.A. Kramer, & M. Hafner, Z.Naturforsch. 24b(1969)452;
      U. Sommer & H.E.A. Kramer, Photochem.Photobiol. 13(1971)387.
[7]   L. Michaelis, Chem.Rev. 16(1935)243.
[8]   G. Calzaferri & Th. Dubler, Ber.Bunsen-Ges. 76(1972)1143.
[9]   G. Calzaferri & H.R. Grüniger, Helv. 61(1978)950.
[10] G. Calzaferri & J. Baumann, Z.Phys.Chemie NF, in press.
[11] Th. Dubler, C. Maissen & G. Calzaferri, Z.Naturforsch. 31b
      (1976)569.
[12] H. Gerischer, J.Electrochem.Soc. 125(1978)218C.
[13] A.J. Bard, J.Photochemistry 10(1979)59.
[14] M. Gori, H.R. Grüniger & G. Calzaferri, J.Appl.Electrochem.,
      submitted.

2
Biologie, Biochemie und Organische Chemie

LAUDATIO ZUR VERLEIHUNG DES NETZSCH-GEFTA-PREISES 1979 AN
HERRN DR. ERHARD KOCH, MUELHEIM, AM 19.4.1979, ANLAESSLICH DES
'RAPPERSWILER TA-SYMPOSIUM!

Der Vorstand der Gesellschaft für Thermische Analyse
e.V. (GEFTA), BRD, hat im Februar 1979 beschlossen, Herrn Diplom-
Chemiker Dr. Erhard Koch, Mülheim a.d. Ruhr, den NETZSCH-GEFTA-
Preis 1979 zu verleihen.

Der NETZSCH-GEFTA-Preis kann jährlich an eine Persönlichkeit, in Würdigung aussergewöhnlicher, wissenschaftlicher
Leistungen auf dem Gebiet der Thermischen Analyse, verliehen werden. Verdienste für die Thermische Analyse in den Gebieten der Instrumentation oder der Organisation können ebenfalls mit diesem
Preis anerkannt werden.

Herr Dr. Koch, der am 15. Oktober 1929 in Berlin geboren
wurde, begann nach seiner Reifeprüfung im Jahre 1949 zunächst mit
dem Studium der Mathematik an der Universität Göttingen, wechselte
aber dann zum Chemie-Studium über und absolvierte 1955 die Diplom-
Chemiker Hauptprüfung. In seiner Dissertation behandelte er unter
der Betreuung von Herrn Professor G.O. Schenck am Organisch-Chemischen Institut in Göttingen das Thema 'Zur Temperaturabhängigkeit
von photosensibilisierten Lösungsreaktionen mit molekularem Sauerstoff bei tiefen Temperaturen'. Im Rahmen dieser Arbeit entwickelte
Herr Dr. Koch ein Differentialkalorimeter für reaktionskinetische
Untersuchungen im Temperaturbereich um - 100°C. So hat Herr Dr. Koch
schon vor mehr als 20 Jahren mit thermoanalytischen Messungen be-
gonnen.

Nach seiner Promotion übersiedelte er im Jahre 1958 zusammen mit Herrn Prof. G.O. Schenck nach Mülheim a.d. Ruhr zum Max-
Plank-Institut für Kohleforschung. In den darauf folgenden zehn Jahren arbeitete Herr Dr. Koch auf dem Gebiet der Photolyse-Reaktio-
nen organischer Stoffe bei tiefen Temperaturen.

Das Jahr 1971 war durch den Beginn seiner Untersuchungen
von Lösungsreaktionen mit Hilfe der nicht-isothermen Kalorimetrie
gekennzeichnet. Diese Thematik wurde in den folgenden Jahren sowohl
durch den Einsatz zahlreicher weiterer Methoden als auch vor allem
durch mathematische Modelle vertieft. Die Ergebnisse dieser Untersuchungen hat Herr Dr. Koch in umfassender Weise in der Monographie
'Non-isothermal Reaction Analysis', Academic Press, London, 1977,
dargestellt.

Es war ein weiter Weg von der Einrichtung eines Chemie-
labors in der Wohnung seiner Eltern in Bremen bis zur wissenschaftlichen Persönlichkeit des heute zu Ehrenden.

In Würdigung seiner hervorragenden experimentellen und
theoretischen Arbeiten verleihen wir Herrn Diplom-Chemiker
Dr. Erhard Koch den NETZSCH-GEFTA-Preis 1979.

Für den Vorstand der GEFTA
Dr. W.D. Emmerich

STRATEGIEN ZUR NICHT-ISOTHERMEN UNTERSUCHUNG VON
LÖSUNGSREAKTIONEN: THEORIE UND EXPERIMENT

Erhard Koch
Institut für Strahlenchemie
Max-Planck-Institut für Kohlenforschung, Stiftstrasse 34 - 36
4330 Mülheim a.d. Ruhr 1

EINLEITUNG

Geht man von der differentiellen Umsatzkurve aus, so bietet die Untersuchung von Lösungsreaktionen bei linear ansteigender Temperatur gegenüber isothermen Meßverfahren einige signifikante Vorteile:

1.   Erhebliche Zeitersparnis, da ein Versuch einen weiten Temperaturbereich erfaßt

2.   Eine Änderung der Heizrate führt zu zusätzlichen kinetischen Erkenntnissen

3.   Anfangsstörungen durch Durchmischung gehen noch nicht in die Auswertung ein; vielmehr hat man in der Anfangstemperatur, bei der die Reaktion einsetzt, und in der maximalen Signalhöhe zwei nützliche, leicht zu ermittelnde kinetische Parameter

4.   Der einheitliche Verlauf von Reaktionen läßt sich schärfer prüfen und die Kinetik komplexer Prozesse besser charakterisieren

THEORIE

Mit den Abkürzungen

Relative Aktivierungsenergie $\varepsilon = E/Rm$; $\int_o^t k(m\xi)d\xi = u(t) \cdot k(mt) = u \cdot k$

ergibt sich für eine Reaktion 1. Ordnung für die differentielle Umsatzkurve

$$v(t) = -[A]_o k_\infty \exp(-\varepsilon/t - k_\infty \int_o^t e^{-\varepsilon/t}dt) = [A]_o \cdot k \cdot e^{-uk} \qquad (1)$$

Gegenüber der entsprechenden isothermen Gleichung wird im Exponenten die feste Geschwindigkeitskonstante $\underline{k}$ durch die oben definierte Zeitfunktion u, die Zeit $\underline{t}$ durch ein nunmehr mit $\underline{t}$ nahezu exponentiell ansteigendes $\underline{k}$ ersetzt. Die gesamte Änderung von $\underline{u}$ während des Ablaufs ist jedoch mit < 40 % klein gegen die Änderung von $\underline{k}$ (4-5 Zehnerpotenzen). In erster Näherung könnte $\underline{u}$ daher als konstant betrachtet werden. Setzt man in zweiter Näherung über eine Exponentialintegral-Entwicklung $u = t^2/\varepsilon$, so ergeben sich für das Kurven-Maximum die sehr nützlichen Beziehungen

$$(uk)_m = 1 \quad (2) \quad \text{und} \quad v_m = [A]_o/eu \quad (3)$$

und damit gilt mit der Halbwertsbreite $\underline{h}$ und den Aktivierungsdaten

$$\text{Reaktionstypindex } M = \frac{E}{mR(\ln k_\infty + \ln u)^2 \cdot h} = 2{,}42 \cdot m \cdot u = \text{konst.} \qquad (4)$$

(m = Heizrate, R = Gaskonstante)

Die Größe $\underline{u}$ kann als spezifische Zeit für die betreffende Reaktion aufgefaßt werden und läßt sich aus den Aktivierungsparametern rekursiv berechnen:

$$u = \frac{\int_o^t k(m\xi)\,d\xi}{k(mt)} \approx \frac{t^2}{\varepsilon} = \frac{\varepsilon}{(\ln k_\infty + \ln u)^2} \approx \frac{\varepsilon}{(\ln k_\infty)^2} \qquad (5)$$

Die spezifische Zeit $\underline{u}$ bestimmt die Kurvenbreite und legt zusammen mit irgendeiner charakteristischen Temperatur, z.B. der Maximumstemperatur, die gesamte Umsatzkurve fest. Ihre fundamentale Bedeutung erkennt man auch daran, daß das Produkt von $\underline{u}$ mit der kinetischen Zellenkonstanten-zusammen mit der maximalen Temperaturerhöhung- es erlaubt, Formfaktor und Halbwertsbreite einer in gerührter Lösung aufgenommenen DTA-Kurve auf die entsprechenden Größen der differentiellen Umsatzkurve (1) umzurechnen [1-3].

KLASSIFIZIERUNG KOMPLEXER PROZESSE

Folgereaktionen oder unabhängige Reaktionen können Umsatzkurven mit mehreren Peaks zeigen. Wenn die Signale nicht interferieren, so läßt sich jeder Peak nach folgenden Kriterien in neun kinetische Gruppen eingliedern: Die relative Signalhöhe (ist bezogen auf die Konzentration der Unterschußkomponente) hängt von vorlaufenden Reaktionsverzweigungen und den Ordnungen der Teilschritte ab und kann mit sinkender Anfangskonzentration konstant bleiben, allmählich verschwinden oder gegen einen festen Grenzwert konvergieren. Entsprechend gibt es für die Anfangstemperatur, die den betrachteten Reaktionsschritt direkt charakterisiert, auch drei Möglichkeiten: Sie kann konstant bleiben, unbegrenzt steigen oder gegen einen Grenzwert konvergieren.

Treten auch negative Signale auf, so ist die Polarität jedes Signals im Vergleich zum vorlaufenden Signal zu beachten; sie kann unverändert bleiben, alternieren oder das Verhalten kann konzentrationsabhängig sein.

Für überlappende Signale werden zur Unterscheidung zusätzliche Kriterien erforderlich, die sich aus den mechanistischen Koordinaten der Peaks ergeben. Der Reaktionstypindex $\underline{M}$ (Gl.(4)) stellt nämlich für komplexe Prozesse eine auf die Anfangs- (oder Brutto-) Reaktion normierte reziproke Kurvenbreite dar, während der Formfaktor $\underline{S}$ die Kurvenasymmetrie charakterisiert. Für elementare Prozesse zeigen diese beiden Größen univariante Werte, die für alle Ordnungen außer 1 auf die Einheitskonzentration zu normieren sind. Für komplexe Reaktionen ergeben sich mechanismentypische Abweichungen.

Als Beispiele haben wir für die wichtigsten aus drei oder fünf Teilschritten aufgebauten Reaktionsmechanismen Klassifizierungstabellen angegeben. Zusätzliche Kriterien sind aus dem Einfluß von Anfangskonzentration und Heizrate herzuleiten, da je nach Mechanismus unterschiedliche Grenztypen von Elementarprozessen auftreten können [1].

EXPERIMENTELLE REALISIERUNG

Differentielle Meßkurven (p Teilschritte) lassen sich für viele thermoanalytische Methoden in Einzelterme aufspalten:

$$\underbrace{y(t) = \frac{dx}{dt}}_{\substack{\text{diff.} \\ \text{Meßgröße}}} = \sum_{i=1}^{p} \frac{dx_i}{dt} = \sum_{i=1}^{p} \underbrace{\lambda_i}_{\substack{\text{Gewichts-} \\ \text{faktor}}} \cdot \underbrace{k_i(t)\pi_i(t)}_{\substack{\text{kinetischer} \\ \text{Term}}} \qquad (6)$$

Die λ sind hier Indikations-Parameter (für die DSC z.B. Enthalpien), die die gesamte Eigenschaftsänderungen $x_\infty - x_o$ im Teilschritt i für die ausgewählte Methode festlegen. Die Produkte $k \cdot \pi$ sind die Massenwirkungsterme und charakterisieren die internen kinetischen Vorgänge. Die Zeitabhängigkeiten der Konzentrationen (in den Termen π_i!) lassen sich durch Integration des zugrunde liegenden Differentialgleichungssystems ermitteln.

Für viele Methoden, wie TG,MS,UV/vis-Spektroskopie, DSC sind die λ temperaturunabhängig, oder eine ggf. vorhandene Temperaturunabhängigkeit läßt sich oft gegen die Zeitabhängigkeit der kinetischen Terme vernachlässigen. Auch DTA-Kurven lassen sich mit Gleichung (6) diskutieren, wenn sie über die Wärmebilanzgleichung auf die Umsatzkurve umgerechnet werden; der ansteigende Teil der Peaks ändert sich dabei meist nur wenig,während der abklingende Teil, insbes. für tiefe u bzw. tiefe Zellenkonstanten, mehr oder weniger verkürzt wird. Allerdings ist es nötig, die DTA unter kinetischen Reaktionsbedingungen durchzuführen, d.h. in verdünnter und gerührter Lösung, wofür wir Apparaturen entwickelt haben [4].

Zur Auswertung bzw. Kontrolle experimenteller Kurven und für theoretische Vorstudien haben wir - neben unseren Analogrechnerprogrammen - verschiedene kooperationsfähige Fortran-Programme entwickelt (Abb. 1). Zusammen mit einer Datenbibliothek, die inzwischen über 600 Einzelversuche (etwa 100 Reaktionen) enthält, können mit Hilfe substanz-verschlüsselter Filenamen Versuchsserien, ggf. beschränkt auf angewählte Bereiche von 36 abgespeicherten Parametern (wie Heizrate, Anfangskonzentration, Formfaktor, Aktivierungsenergie, spezifische Zeit usw.) herausgesucht, durch theoretische Kurven approximiert oder auf Abhängigkeit beliebiger Variablen gegeneinander geprüft werden. Die untersuchten Systeme reichen dabei von unimolekularen Prozessen wie Zerfall von Diazoniumsalzen, Pentazolen, Ozoniden und Peroxiden über bimolekulare Prozesse, wie Diels-Alder-Reaktionen oder thermische Oxidationsreaktionen zu komplexen Prozessen, wie Zerfall von Peroxiden, Sulfoxiden, Abfangreaktionen von instabilen Peroxiden, metallorganischen Reaktionen bis zu den hochgradig komplexen oszillierenden Reaktionen.

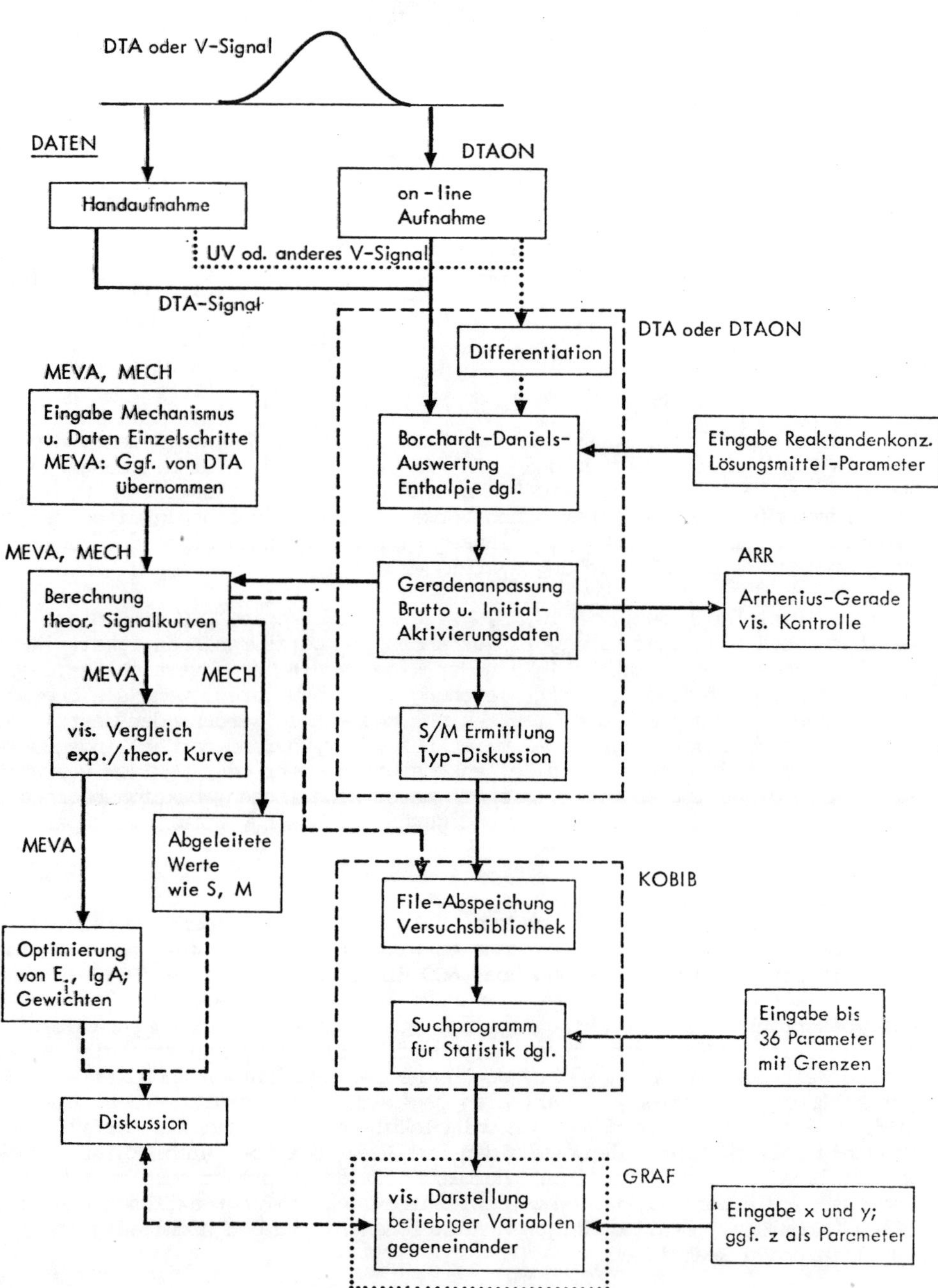

Abb. 1 Programme für Datenverarbeitung

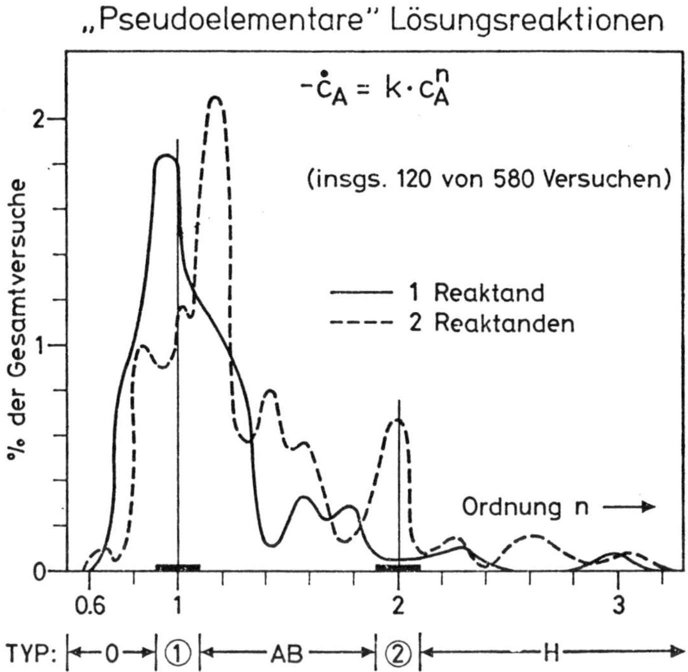

Abb. 2   Pseudoelementare Lösungsreaktionen

   Als Ergebnis einer statistischen Untersuchung zeigt Abb. 2 die Anteile
aller DTA-Versuche, die als formale Reaktionen n-ter Ordnung interpretiert
werden können (ca. 30 %). Für einen Reaktanden zeigt sich das zu erwartende
starke Maximum für n = 1 (unimolekulare Prozesse), während der Fall n = 2 fast
nur in Versuchen mit zwei Reaktanden beobachtet wird. Dann liegt das erste
Maximum jedoch erst bei n ≈ 1,2, was den vielen untersuchten pseudounimoleku-
laren Prozessen mit starkem Überschuß eines Reaktanden entspricht. Sieht man
von den Versuchen ab, bei denen, bedingt durch verschiedene Konzentrationen
zweier Reaktanden, eine gebrochene Ordnung (1<n<2) vorgetäuscht wird [2], so
sind Prozesse mit gebrochenem n außerhalb des Bereichs 1. Ordnung recht selten
und wohl durchweg als komplexe Prozesse zu verstehen.

   Ein Prüfstein für jedes reaktionskinetische Verfahren ist die oszillative
Belousov-Zhabotinski-Reaktion [5]. Bei genügend hoher Cersalzkonzentration

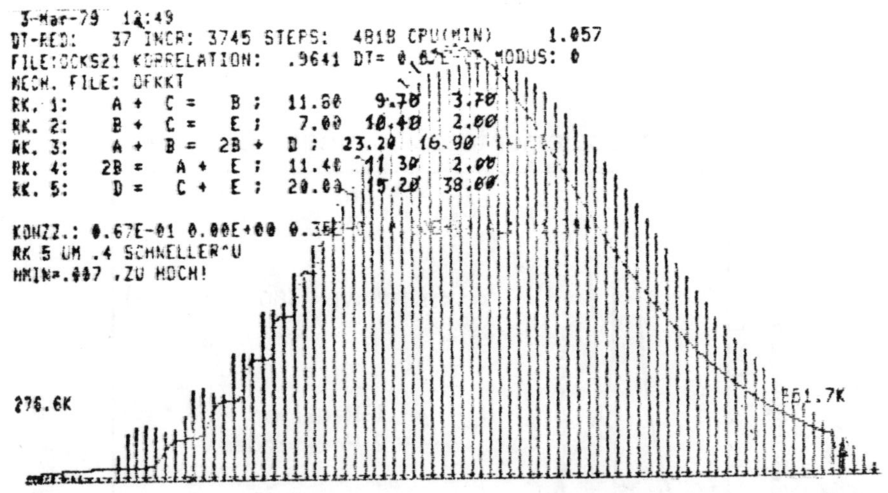

Abb. 3 Experimentelle und theoretische DTA Kurve einer oszillativen Ce-katalysierten BrO_3^--Oxidation (Daten: E;lgA;-ΔH)

(>0.02M) erhält man für die Malonsäure-Oxidation "oszillierende" DTA-Kurven (Abb. 3). Die Nachsimulation mit einem Fünf-Reaktionen-Modell (="Oregonator"; ausgezogene Kurve) zeigt, daß sich eine totale Anpassung erreichen lassen sollte, aber der Rechenaufwand wird- wie bei allen "stiff"-Differentialgleich- ungssystemen mit sehr unterschiedlichen Zeitkonstanten - hoch, während die ge- schilderten indirekten Charakterisierungsmethoden nur einen geringen Aufwand an Rechenzeit erfordern würden.

AUSBLICK

Die linear-temperaturprogrammierte Reaktionsanalyse ist in besonderem Maße zur Charakterisierung komplexer Prozesse und damit zur Erfassung von chemischen Vorgängen in unserer Umwelt prädestiniert. Das zeigt sich darin, daß sich ex- perimentelle DTA-Kurven durch Modellmechanismen mit z.T. sehr guten Korrela- tionskoeffizienten (>0.995) reproduzieren lassen [2,3,5]. Da jedoch die nu- merische Integration in ungünstigen Fällen sehr zeitaufwendig werden kann, ist auch an die direkte Anwendung mengentheoretischer Kriterien und algebraischer Beziehungen zur vergleichenden Signalerzeugung zu denken. Solche Entwicklungen, die die Absolutbestimmung optimaler Modellmechanismen zum Ziel haben, erscheinen als vordringliche Aufgabe der theoretischen Thermoanalytik.

Literatur: 1. E. Koch, Non-isothermal Reaction Analysis, Monographie, Academic Press, London, 1977; 2. E. Koch und B. Stilkerieg, Thermochim. Acta 17, 1 (1976); 3. ibid. 27, 69 (1978); 4. E. Koch, Chem.-Ing.-Tech. 37 1004 (1965); 5.R.M. Noyes, R.J. Field and E. Körös, J.Am. Chem. Soc. 94, 8649 (1972); E. Koch und B. Stilkerieg, Thermochim. Acta 29, 205 (1979).

DANKSAGUNG

Der Author dankt einmal der Schweizerischen Gesellschaft für Thermoanalytik und Kalorimetrie für die Möglichkeit, über neue Aspekte eines neuen Teil-
gebietes der Reaktionskinetik im Zusammenhang vortragen zu dürfen; dann der
Firma NETZSCH-Gerätebau, Selb, und der Gesellschaft für Thermische Analyse für
die Verleihung des NETZSCH-GEFTA-Preises. Es soll nicht unerwähnt bleiben, daß
zu dieser Würdigung meiner Bemühungen um die Erweiterung eines für die Beschreibungen chemischer Vorgänge wichtigen neuen Arbeitsgebiets viele Herren und
Damen beigetragen haben; ich darf hier vor allem Herrn Prof. Dr. O.E. Polansky,
meine Mitarbeiter B. Stilkerieg und G. Lindner und pauschal die Computer-Abtei-
lung des Max-Planck-Institutes für Kohlenforschung erwähnen.

STABILITAET AMPHIPHILER MESOPHASEN IN OEL

Hans-Friedrich Eicke

Institut für Physikalische Chemie, Universität Basel
Klingelbergstrasse 80, 4056 Basel

Mizellen und Mikroemulsionen, d.h. homogene, transparente
und im einfachsten Fall ternäre Systeme niedriger Viskosi=
tät, die je nach Tensid grosse Mengen polaren bzw. apolaren
Solubilisats aufnehmen können, haben das Interesse an diesen
amphiphilen Tensidlösungen in den letzten Jahren ausserordent=
lich belebt. Die Möglichkeit, im Fall des Natriumsalzes
des Di-2-äthylhexylsulfobernsteinsäureesters(AOT) bis zu
140 Mol Wasser pro Mol Tensid in Isooktan zu solubilisieren
wirft die Frage nach der Stabilität dieser Systeme auf.
An Hand von thermodynamischen, kalorimetrischen(1,2),photo=
nenkorrelations- und fluoreszenzspektroskopischen Messungen(3,4)
wird die Bildung, Stabilität und Eigenschaften dieser Sys=
teme diskutiert.

Literatur:

(1) Christen,H.,Eicke,H.F.,Hammerich,H. und Strahm,U.
    Helv.Chim.Acta 59, 1297 (1976)
(2) Eicke,H.F. und Rehak,J. Helv.Chim.Acta 59, 2883 (1976)
(3) Zulauf,M. und Eicke,H.F. J.Phys.Chem. 83, 480 (1979)
(4) Eicke,H.F.,Shepherd,J.C.W. und Steinemann,A.,J.Colloid
    Interface Sci. 56, 168 (1976)

ZUR KLASSIFIZIERUNG UND CHARAKTERISIERUNG VON KALORIMETERN

W.Hemminger, Technische Universität Braunschweig
G.W.H.Höhne Universität Ulm

Jedes Gerät, mit dem Wärmen quantitativ gemessen werden können, ist ein Kalorimeter. Die Bezeichnung Kalorimeter ist nicht einem bestimmten Gerätetyp vorbehalten, da es keine Rolle spielt, wie der Meßvorgang im einzelnen verläuft.

Eine Klassifizierung und Charakterisierung von Kalorimetern führt zu einer Systematik, die erstens einen Gesamtüberblick über die Kalorimetrie vermittelt und zweitens eindeutige Beschreibungen von Kalorimetern ermöglicht.

Eine Klassifizierung ordnet Individuen nach wichtigen Merkmalen und faßt sie unter einer bestimmten Bezeichnung zusammen. Welche Merkmale wichtig und für eine Klassifizierung geeignet sind, ist eine Frage der Zweckmäßigkeit. Wir verwenden als Klassifikationsmerkmale das Meßprinzip, die Betriebsart und die Bauart.

Die Charakterisierung dient zur näheren Beschreibung eines Kalorimeter-Individuums einer Klasse. Als zweckmäßige Charakterisierungsmerkmale werden wir das Rauschen, die Linearität und die Apparatefunktion verwenden.

1.   KLASSIFIZIERUNG

Erstes Klassifizierungsmerkmal : Meßprinzip

Allgemein gilt, daß Wärme indirekt gemessen wird, also über irgendeine, von der zu messenden Wärme verursachte Wirkung. Dies kann über die Temperaturänderung eines Körpers geschehen mit dem die Probe Wärme austauscht oder etwa über die Menge von Eis, die geschmolzen wird, wenn die Probe Wärme an Eis abgibt.

Meßprinzip 1 :

Messung einer Wärme durch Kompensation des Meßeffektes durch die Phasenumwandlung eines Stoffes und Messung der umgewandelten Menge.

Hierbei muß die Umwandlungswärme der betreffenden Substanz, z.B. Eis, bekannt sein. Als Beispiel sei das 1870 von Bunsen /1/ angegebene Eiskalorimeter angeführt.

Meßprinzip 2 :

Messung einer Wärme durch Kompensation des Meßeffektes durch thermoelektrische Effekte und Messung der elektrischen Energie.

Eine Kompensation der zu messenden Wärme ist nicht nur passiv über
die Phasenumwandlung einer Kalorimetersubstanz möglich, sondern auch aktiv
durch geregelte thermoelektrische Effekte. Dann wird die Wärme der zu untersuchenden Reaktion entweder mit Joule'scher Wärme oder mit Peltier-Kühlung
kompensiert. Die dazu notwendige elektrische Energie kann problemlos gemessen werden, sie ist gleich der zu messenden Wärme.

Als Beispiel für dieses Meßprinzip sei ein 1906 von Brönsted /2/
angegebenes Kalorimeter angeführt, womit die endotherme Lösungswärme eines
Salzes über elektrische Beheizung kompensiert und gemessen wurde.

Meßprinzip 3 :

Messung einer zeitlichen Temperaturdifferenz und Bestimmung eines
Gerätefaktors.

Hier handelt es sich um die klassische Mischungskalorimetrie in
ihren verschiedenen apparativen Erscheinungsformen. Das Prinzip ist, daß
die Probe Wärme mit einer Kalorimetersubstanz (Flüssigkeit oder Festkörper)
austauscht bis das Temperaturgleichgewicht erreicht ist. Die erfolgte Temperaturänderung der Kalorimetersubstanz wird gemessen, sie ist der von der
Probe abgegebenen bzw. aufgenommenen Wärme proportional. Der Proportionalitätsfaktor ist der Gerätefaktor, auch Wasserwert, Energieäquivalent oder Kali-
brierfaktor genannt. Dieser Faktor muß experimentell bestimmt werden. Als
Beispiele für dieses Meßprinzip seien die Berthelot'sche Bombe und die ane-
roiden Einwurfkalorimeter angeführt.

Meßprinzip 4 :

Messung einer örtlichen Temperaturdifferenz und Bestimmung eines
Gerätefaktors.

Hier sind zwei Fälle zu unterscheiden: die Strömungskalorimeter und
die Wärmeleitungskalorimeter.

Bei Strömungskalorimetern wird Wärme entweder in einem strömenden
Medium (Gas, Flüssigkeit) freigesetzt, etwa bei einer chemischen Reaktion
die eintritt, wenn zwei Reaktanden zusammenströmen oder die Wärme wird von
außen auf ein strömendes Medium übertragen, wie es etwa bei den Kalorimetern
zur Brennwertbestimmung von Gasen der Fall ist. Die Differenz zwischen der
Einströmtemperatur des Mediums und seiner Temperatur an einem Ort wo die
Reaktion beendet bzw. die zugeführte Wärme aufgenommen ist, ist proportional
zu der im fließenden Medium freigesetzten Wärme.

Bei Wärmeleitungskalorimetern wird die zu messende Wärme nicht in
einem strömenden Medium transportiert, sondern die von einer Probe abgegebene
bzw. aufgenommene Wärme fließt über einen Wärmewiderstand. Damit gekoppelt ist

eine Temperaturdifferenz zwischen benachbarten Querschnitten des Wärmewiderstandes. Im stationären Fall ist diese örtliche Temperaturdifferenz dem fließenden Wärmestrom proportional. Der Proportionalitätsfaktor, der Gerätefaktor,
muß für die Kalorimeter mit Messung einer örtlichen Temperaturdifferenz möglichst unter Versuchsbedingungen experimentell bestimmt werden. Wärmeleitungskalorimeter werden i.a. als "Zwillinge" ausgeführt, dies ist jedoch für das
Meßprinzip ohne Bedeutung.

     Als Beispiele für Wärmeleitungskalorimeter seien die kommerziellen
Kalorimeter von Mettler, Setaram, Du Pont, Heraeus, Thermanalyse u.a. genannt.
Bei diesen Geräten ist der von der oder zur Probe fließende Wärmestrom der
augenblicklich an einem Wärmewiderstand gemessenen Temperaturdifferenz proportional. Durch zeitliche Integration über die insgesamt gemessene Temperaturdifferenz - Zeit - Funktion kann mit Hilfe des Gerätefaktors (Kalibrier-
faktor) die geflossene Wärme bestimmt werden.

     Zweites Klassifizierungsmerkmal : <u>Betriebsart</u>

     Um Betriebsarten von Kalorimetern eindeutig angeben zu können, muß
zunächst eine Abgrenzung zwischen "<u>Meßsystem</u>" und "<u>Umgebung</u>" eingeführt
werden. Das Meßsystem des Kalorimeters soll diejenigen Bestandteile umfassen,
wo der Wärmeaustausch der Probe stattfindet und wo die Meßgröße gebildet wird.
Die Umgebung ist zumeist ein Thermostat oder Ofen. In realen Geräten ist eine
Abgrenzung von Meßsystem und Umgebung nicht ohne eine gewisse Willkür durchzuführen. Zunächst die <u>statischen</u> Betriebsarten:

     <u>Isotherme</u> Betriebsart: die Temperaturen von Meßsystem und Umgebung
sind konstant und gleich. In der Kalorimetrie ist dieser Idealfall nicht rea-
lisierbar. Wenn Wärmen gemessen werden sollen, müssen Wärmeströme fließen, d.h.
Temperaturdifferenzen bestehen. Trotz dieser Einschränkungen darf man etwa die
Phasenumwandlungskalorimeter als isotherm bezeichnen (genauer: quasi-isotherm).

     <u>Isoperibole</u> Betriebsart: bei konstanter Umgebungstemperatur ändert
die in der Probe umgesetzte Wärme die Temperatur des Meßsystems. Diese Änderung ist das Meßsignal.

     <u>Adiabatische</u> Betriebsart : die Reaktionswärme der Probe ändert die
Temperatur des Meßsystems. Die Umgebungstemperatur wird laufend der Temperatur des Meßsystems angeglichen, so daß im Idealfall kein Wärmeaustausch zwischen Meßsystem und Umgebung besteht. Meßgröße ist die Temperaturänderung des
Meßsystems bzw. der Umgebung.

     Als nächstes sind die <u>dynamischen</u> Betriebsarten vorzustellen, d.h.
der sog. "Scanning-Betrieb" von Kalorimetern. Darunter soll eine von außen
erzwungene zeitlineare Temperaturänderung des Meßsystems oder der Umgebung
verstanden werden. Üblicherweise werden Scanning Geräte als Zwillinge gebaut,
dies spielt für diese Betrachtungen jedoch keine Rolle.

     <u>Adiabatisches Scanning</u> : Umgebung und Meßsystem (enthält Probe und
Vergleichsprobe) werden während des Aufheizens auf dieselbe Temperatur geregelt.
Hier bietet sich als Meßprinzip die elektrische Kompensation des Meßeffektes
an, wobei die Adiabasie dadurch aufrechterhalten wird, daß Wärmeströme aus
der oder zur Probe durch verminderte oder vermehrte elektrische Leistung der
Probenheizung kompensiert werden. Geräte mit elektrischer Leistungskompensa-

tion, die im Scanning-Betrieb arbeiten, sollen mit der Kurzbezeichnung DPSC (Differential-Power-Scanning-Calorimeter) versehen werden.

Isoperiboles Scanning : die Umgebungstemperatur bleibt konstant, das Meßsystem wird zeitlinear aufgeheizt. Das Meßsystem besteht aus zwei einzeln beheizbaren Meßsystemen für die Probe bzw. die Vergleichsprobe. Beide Einzel-Meßsysteme werden während des Aufheizens auf gleiche Temperatur geregelt, dabei ist die Differenz der Heizleistungen die Meßgröße. Das Gerät von Perkin-Elmer ist ein Beispiel für ein isoperiboles DPSC.

Umgebungs-Scanning : die Umgebung wird zeitlinear aufgeheizt, das Meßsystem folgt mit einer gewissen Verzögerung, die von der Größe des Wärmewiderstandes zwischen Umgebung und Meßsystem abhängt. Diese Art des Scanning-Betriebes ist bei den Wärmeleitungskalorimetern (Mettler, Du Pont, Heraeus, Setaram, Thermanalyse u.a.) üblich. Im Unterschied zu den DPSC sollen diese Geräte DTSC (Differential-Temperature-Scanning-Calorimeter) genannt werden.

Drittes Klassifizierungsmerkmal : Bauart

Hier sind nur zwei Merkmale zu unterscheiden, nämlich Einfach-Kalorimeter (z.B. Eiskalorimeter von Bunsen) und Zwillingskalorimeter (alle DPSC und DTSC.

Mit der Klassifizierung wurde ein Überblick über alle möglichen kalorischen Meßverfahren gewonnen. Für den Anwender sind zusätzlich solche Daten von Wichtigkeit, die ein Kalorimeter-Individuum innerhalb einer Klasse genauer charakterisieren. Diese Informationen werden benötigt, um ein bestimmtes Kalorimeter hinsichtlich der Einsatzmöglichkeiten für ein vorliegendes Meßproblem beurteilen zu können. Im folgenden werden diejenigen Charakteristika betrachtet, die für den Experimentator wichtig sind und die unabhängig vom jeweiligen Meßverfahren angegeben werden können.

2.   CHARAKTERISIERUNG

Die Empfindlichkeit wird als Verhältnis von Ausgangssignal zu Wärme bzw. Wärmestrom verstanden. Die Angabe der Kalorimeter-Empfindlichkeit erfolgt dann z.B. in mV/W oder mV/J, jedoch nicht in mW pro cm Schreiberbreite, da Eigenschaften des Registriergerätes in diesem Zusammenhang nicht interessieren. Als allgemeines Charakteristikum von Kalorimetern ist die Empfindlichkeit wenig ergiebig, da das elektrische Ausgangssignal des Kalorimeters (heute die übliche Form des Ausgangssignals) durch nachgeschaltete Verstärker weiter erhöht werden kann.

Wichtiger ist das Rauschen. Unter Rauschen sollen Schwankungen des aufgezeichneten Ausgangssignals in Abwesenheit eines thermischen Ereignisses verstanden werden. Da den Experimentator vor allem die geringste, mit dem betreffenden Gerät noch erkennbare Wärme interessiert, sollte das Rauschen mit Hilfe der Empfindlichkeit in Einheiten der Wärme (J) oder des Wärmestroms (W) umgerechnet werden. Hier ist nun ersichtlich, daß jeder nachgeschaltete

Verstärker zwar die Empfindlichkeit steigert, damit aber auch im selben Maße das Rauschen. Durch die Verstärkung wird also kein Gewinn erzielt. Zweckmäßigerweise wird zwischen Kurzzeit- und Langzeitrauschen unterschieden.

Das Kurzzeitrauschen beinhaltet die zufälligen statistischen Schwankungen des Ausgangssignals, die zu einer Verbreiterung der Meßkurve führen. Zur Ermittlung des Kurzzeitrauschens mißt man bei maximaler Geräteempfindlichkeit (ohne Probe) die Schwankungsbreite des Meßsignals und mittelt über eine Zeit von ca. 1 min. Das Rauschen wird in Wärmestromeinheiten angegeben, also etwa in mW.

Das Langzeitrauschen beinhaltet sowohl zufällige Schwankungen der Grundlinie über längere Zeiträume bzw. größere Temperatur-Intervalle (beim Scanning-Betrieb) als auch das sog. "Driften" der Grundlinie. Langzeitrauschen stört i.a. mehr als Kurzzeitrauschen und ein geringes Langzeitrauschen ist eines der kostspieligsten Gütemerkmale eines Kalorimeters. Wie ist das Langzeitrauschen experimentell zu ermitteln? Bei einem Kalorimeter mit statischer Betriebsart wird der Schwankungsbereich mehrerer Grundlinien des leeren Kalorimeters über längere Zeiten, ca. 10 h, gemessen. Bei Scanning-Kalorimetern wird die Schwankungsbreite der Grundlinien beim Durchfahren des gesamten Temperaturbereiches gemessen. Die maximale Schwankungsbreite wird wiederum in Wärmestromeinheiten (etwa mW) umgerechnet. Es ist zweckmäßig, vom Langzeitrauschen die reine Grundliniendrift abzutrennen und diese grafisch anzugeben. Dann ist das eigentlich interessierende Langzeitrauschen die gemittelten Langzeit-Schwankungen verschiedener Grundlinien, d.h. ihre Reproduzierbarkeit bei leerem Kalorimeter. Für jedes Kalorimeter sollte eine komplette Grundlinie und deren Schwankungsbreite bei leerem Gerät angegeben werden, ebenso das Kurzzeitrauschen bei bestimmten Betriebszuständen.

Die Linearität kennzeichnet den funktionalen Zusammenhang zwischen Ausgangssignal und Meßgröße. Strenge Linearität heißt, zwischen Meßsignal und Meßgröße (also Wärme bzw. Wärmestrom) besteht eine streng lineare Beziehung. In der Praxis ist dies nicht erreichbar, der funktionale Zusammenhang ist nicht linear. Der experimentell ermittelte Zusammenhang (Kalibrierung) muß dann dem Experimentator bekannt sein. Es handelt sich um die Kalibrierungsfunktion, die meist in Abhängigkeit von der Temperatur angegeben wird, sie ist der "Poportionalitätsfaktor" im Zusammenhang von Meßsignal und Meßgröße. Ist diese Funktion (der "Proportionalitätsfaktor") von weiteren Parametern abhängig, etwa von der Probenmasse, so muß auch diese Abhängigkeit bekannt sein um kalorimetrisch arbeiten zu können.

Die Genauigkeit wird durch das Verhältnis Q(gemessen)/Q(wahr) bestimmt. Sie hat vor allem mit der Kalibrierung und Kalibrierfähigkeit des Kalorimeters zu tun. Bei exakter Kalibrierung, d.h. bei Abwesenheit systematischer Fehler, wird die Genauigkeit von der Reproduzierbarkeit bestimmt, andernfalls ist sie kleiner. Die Genauigkeit hängt von weiteren Parametern ab, z.B. der Geschwindigkeit der zu untersuchenden Reaktion, und ist daher keine geeignete Größe zur allgemeinen Charakterisierung eines Kalorimeters.

Dasselbe gilt für die Reproduzierbarkeit ($\Delta Q/Q$), sie gibt den Grad der Übereinstimmung mehrerer gleichartiger Messungen an. Wie die Genauigkeit kann auch die Reproduzierbarkeit eines bestimmten Kalorimeters verschieden sein, je nach Art des zu untersuchenden Prozesses. Die Reproduzierbarkeit des Meßsignals des leeren Kalorimeters (der Grundlinie also) ist zugleich das Langzeitrauschen mit abgetrennter Grundliniendrift.

Die Apparatefunktion $\dot{Q}(t)/\int\dot{Q}(t)dt$ ist eine normierte Wärmestromfunktion /3/. Man gewinnt die Apparatefunktion, indem im Kalorimeter ein "Wärmeimpuls" erzeugt wird und das sich ergebende Meßsignal als Funktion der Zeit gemessen wird (Antwortfunktion). Die Ordinatenwerte der Antwortfunktion (in Wärmestromeinheiten angegeben) werden durch die insgesamt freigesetzte Wärme dividiert (entspricht der Fläche unter der Meßkurve), das Ergebnis ist eine normierte Kurve. Falls diese normierten Kurven für verschieden große Wärmeimpulse nahezu oder ganz identisch sind, dann existiert eine "Apparatefunktion". Wenn eine Apparatefunktion existiert, dann transformiert das Kalorimeter das in seinem Inneren stattfindende Ereignis, zwar verzerrt, aber auf definierte Weise in eine Meßkurve. Dann kann man umgekehrt aus der Meßkurve mit Hilfe der Apparatefunktion und mathematischer Methoden das Originalereignis rekonstruieren. Soll also die Meßkurve "entschmiert" werden, benötigt man die Apparatefunktion.

3.   ZUSAMMENFASSUNG

Zur Klassifizierung eines Kalorimeters ist zunächst die Angabe des Meßprinzips notwendig. Zu unterscheiden sind Meßprinzipien mit Kompensation der zu messenden Wärme (durch eine Phasenumwandlung bzw. durch geregelte thermoelektrische Effekte) und Meßprinzipien mit Messung einer Temperaturdifferenz (zeitlich bzw. örtlich) und Bestimmung eines Gerätefaktors. Weitere Klassifikationsmerkmale sind die Betriebsart (statisch: isotherm, isoperibol, adiabatisch, bzw. dynamisch: adiabatisches Scanning, isoperiboles Scanning, Umgebungs-Scanning) und die Bauart (Einfach- bzw. Zwillingskalorimeter).

Rauschen, Linearität und Apparatefunktion sind die wesentlichen Charakteristika eines Kalorimeters. Empfindlichkeit, Genauigkeit und Reproduzierbarkeit sind u.U. nützliche Angaben, sie sind jedoch ohne zusätzliche Informationen nicht aussagekräftig genug, um ein Kalorimeter zu beurteilen.

Die entwickelte Klassifizierung und Charakterisierung reicht noch nicht aus um ein Kalorimeter vollständig zu beschreiben. Für den Experimentator sind zusätzliche Angaben wichtig, die sich aus seinem spezifischen Problem ergeben. Das sind etwa der notwendige Temperaturbereich, das erforderliche Probenvolumen u.a. Hier ist es zweckmäßig, die vorgestellten Klassifizierungs- und Charakterisierungsmerkmale durch derartige Daten zu ergänzen. Das Ergebnis ist eine "Checkliste" /4/, mit deren Verwendung eine eindeutige und informative Beschreibung von Kalorimetern erreicht werden kann.

Literatur

/1/   Bunsen, R.W., Ann.Phys. 141 (1870) 1.
/2/   Brönsted, J.N., Z.Phys.Chem. 56 (1906) 645.
/3/   Höhne, G.W.H., Thermochimica Acta 22 (1978) 347.
/4/   Hemminger, W. u. Höhne, G.W.H., in "Grundlagen der Kalorimetrie",
      Verlag Chemie, Weinheim (im Druck).

DIRECT CALORIMETRY IN ECOLOGICAL ENERGETICS.
LONG TERM MONITORING OF AQUATIC ANIMALS.

Erich Gnaiger
Institut für Zoophysiologie
der Universität Innsbruck, Peter-Mayr-Str. 1a
6020 Innsbruck

ABSTRACT

The measurement of heat production represents the most general approach to the estimation of energy flow through biological systems. While aerobic energy metabolism is most conveniently studied by polarographic oxygen determination, direct calorimetry presents the only unspecific method for quantitative comparison of aerobic and anoxic metabolism in animals. In flow calorimeters constant experimental conditions may be controlled for practically unlimited periods of time, and transitions of the environmental regime may be repeatedly performed during one experiment. The merits of a direct calorimetric flow system are demonstrated in case studies of anoxic and aerobic animal metabolism and discussed in the context of current biochemical and ecophysiological concepts.

CONTENTS

1.   METHODOLOGICAL CONSIDERATIONS

1.1.   <u>Direct vs. indirect calorimetry</u>

The most widely used techniques in studies of energy
metabolism involve the measurement of oxygen uptake (Grodzinski
et al. 1975; Pamatmat 1978a). The energetically coupled transfer
of electrons to the terminal acceptor oxygen comprises nearly
the only important mechanism of energy transformation under atmospheric conditions. When the type(s) of substrate and the
amount of oxygen consumed are known, the heat effect accompany-
ing the catabolic reactions can be calculated (indirect calorimetry). The caloric equivalent of oxygen may vary from 430 to 500
$kJ.mol^{-1}$ O_2, with a typical value around 450 $kJ.mol^{-1}$ O_2 for
aquatic animals metabolizing mainly fat.Several early and recent
investigations of aerobic energy metabolism established the general equivalence of indirect and direct calorimetric methods
(Kleiber 1962; Blaxter 1967; Pullar et al. 1969; Peakin 1973;
Becker and Lamprecht 1977; Needergard et al. 1977; Pamatmat 1978b;
Dunkel et al. 1979; Gnaiger 1979).
Oxygen uptake rates, however, fail to reflect total
metabolic activity whenever anoxic, fermentative reactions contri-
bute to fullfill the energetic demands of an organism. This may
be true during short bursts of locomotory activity (physiological
partial anoxia), or under reduced availability of environmental oxygen (ecological anoxia). Due to the poor solubility of oxygen in
water - only 2-5% of the oxygen concentration in air -, many
aquatic environments become periodically or permanently depleted
of oxygen by reducing processes (Hutchinson 1957). Without tur-
bulent exchange, sharp oxygen gradients develop at the sediment-
water interface, rendering anoxic the interstitial environment of
mud and sand (Revsbech and Gnaiger, in prep.). As a consequence
of eutrophication, the rate of oxygen depletion in stratified pol-
luted waters is enhanced (Wetzel 1975), and also in soils the
establishment of anoxic conditions imposes problems of economical
importance (Hook and Crawford 1978; Stolzy and Flühler 1978).
Various animals are adapted to exploit anoxic environments and may encounter transient or persistent anoxia (Fenchel
and Riedl 1970; Brand 1972; Wieser et al. 1974; Hochachka and
Storey 1975; Gnaiger 1977b; Newell 1979). Even under aerobic conditions some of these species produce reduced endproducts of a
partially anoxic metabolism (Köhler and Hanselmann 1974; Zebe
1975; Hammen 1979). Recent biochemical studies clarified the prominent role of mixed fermentations of glycogen (reviewed by
Gnaiger 1977a; deZwaan 1977), but anoxic energy metabolism of animals involve still other, probably more complex mechanisms which
are not completely understood at present (Zs.-Nagy 1977; Gnaiger
1979). Direct calorimetry reveals the sum of the enthalpy changes
of all physico-chemical reactions and provides thus a direct measure of energy flow irrespective of the specific mechanisms involved. It is therefore presently the only method suitable for
quantitative comparison of total metabolic rates under various
environmental oxygen regimes.

1.2.   Flow vs. batch systems

When animals are placed in a closed system, the oxygen concentration will drop in the course of the experiment. In the oxygen-independent region one will observe true aerobic rates. But due to the changing conditions it is impossible to examine the rate-pO_2 relationship of metabolism at constant low levels of oxygen. Furthermore, the experimental regime is strictly unidirectional as opposed to periodically changing natural environments. Finally, during anoxia excreted organic acids will continuously alter the experimental conditions, thus introducing an uncontrolled variable which is indistinguishable from the factor of time.

All these disadvantages are avoided in flow systems both in respirometry (Gnaiger and Forstner 1980) and in direct calorimetry. Small volume calorimeters (LKB-2107 flow sorption microcalorimeter; 0.5 ml pyrex chamber) may be operated at low rates of flow (LKB 10200 Perpex peristaltic pump; 3.3 ml.h^{-1}) which do not interfere with the calorimetric signal even at the detection limit of the instrument when held constant throughout the experiment. Sterile filtered water (0.45 um) is equilibrated with gas mixtures (Wösthoff gas mixing pump 1SA 27) at $\pm$ 0.1^{o}C of the experimental temperature and is pumped through the calorimeter. For working at reduced oxygen concentrations, the original teflon tubes of the calorimeter had to be replaced by gold capillary tubes which prevent gaseous diffusion and minimize bacterial growth. A polarographic flow respirometer may be connected so that direct and indirect calorimetric measurements can be carried out simultaneously (Brettel 1977; Gnaiger 1980).

2.   EXPERIMENTAL PROCEDURES

Poikilothermic organisms at low environmental temperatures and when deprived of oxygen produce heat at particularly low rates. This factor combination is characteristic especially of benthic life. Typical rates of heat production in small volume microcalorimeters will range from 2 to 200 uW resulting in differential signals of about 0.1 to 10 uV. Long term experiments up to several days can be used for studying the processes of growth, development, and biological acclimation to different conditions of the natural environment. The application of direct calorimetry in ecological energetics therefore sets a high standard with respect to sensitivity and stability of the experimental system.

2.1.   Control of the baseline

The stability and definition of the baseline represents the classical problem in calorimetry (Skinner 1969). In isothermal heat conduction calorimeters the baseline is given by the thermoelectric potential recorded when no experimental heat effect is produced in the system. The parameters of the calorimeter baseline (Tab. 1) refer to experiments conducted in a thermostated room ($17\overset{+}{-}1^{\circ}C$), at ambient relative humidities of 30 to 45%, and experimental temperatures of 8.5, 12 and $20^{\circ}C$. The external cooling thermostat was set about $10^{\circ}C$ below experimental temperature. The sensitivity of the instrument was 0.055 uV·uW^{-1} as determined by electrical calibrations (0.6 to 0.1 mA through a 50.03 Ohm resistor). While the sensitivity within and in between experiments varies by no more than 0.9 and 2.0% standard deviation respectively, two types of baseline stability have to be distinguished: (a) stability with time within experiments as long as the calorimeter remains undisturbed, and (b) reproducibility between experiments after the calorimeter has been opened.

Tab. 1. Parameters of the calorimeter baseline. The stability of the calorimeter system determines the limit of detection in long term biological monitoring if the baseline is determined in each experiment by poisoning the organisms.

| | abs.voltage [/uV] | | range | |
	mean	S.D.	[/uV]	[/uW]
reproducibility				
all experiments	-0.56	0.80	2.40	43.7
5 consecutive exp.	-1.35	0.13	0.30	5.5
5 consecutive exp.	-0.24	0.11	0.28	5.0
stability				
worst case (127 hrs)			0.11	2.0
average exp.(103 hrs)			0.06	1.2
amplifier			0.03	0.6

    Reproducibility of the baseline level is influenced by various factors such as thermal contact between experimental chamber and heat sink, slight shifts in thermostat temperature, humidity, etc. Reproducibility is poor for all experiments but increases (range decreases) by a factor of 10 within single blocks of consecutive experiments (Tab. 1). Shifts of the baseline level occur at unpredictable intervals.

    The high stability within experiments (Tab. 1) permits higher accuracies if the baseline is determined without opening the calorimeter. The flow system allows easy addition of dissolved poisons to stop all physiological activities. Death of an organism, however, does not necessarily imply that all reactions accompanied by heat effects are immediately suppressed, and the concentrations and heat of dilution of the added chemicals should be low to avoid new sources of error. Of several tested substances, a quarternary ammonium base (Amoquar, Pfizer Corp.) proved the most efficient poison with the lowest heat of dilution.

<u>Fig. 1 and 2.</u> Determination of the calorimeter baseline.
ΔU: difference of thermoelectrical potential with respect to the
stabilizing level comprising the baseline; P: power (heat production per unit time) calculated from ΔU and the calibration constant.

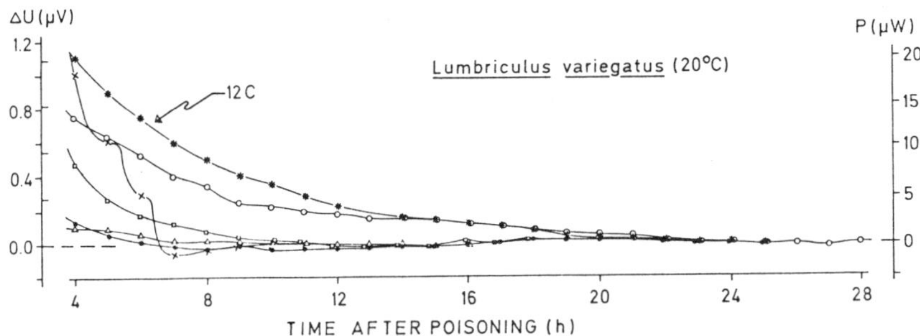

<u>Fig. 1.</u> Experiments with 10 individuals of <u>Lumbriculus variegatus</u>
(103 mg wet weight ±11% standard deviation), poisoned with Amoquar
(1 $ul.ml^{-1}$). The individual thermograms are indicated by different symbols.

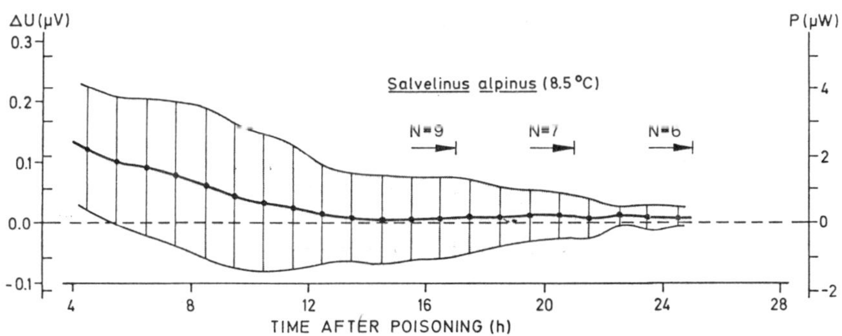

<u>Fig. 2.</u> Experiments with 4 eggs of <u>Salvelinus alpinus</u>, poisoned
with Amoquar (5 $ul.ml^{-1}$). The means ± standard deviation are
plotted with the number of experiments (N) indicated above.

Figures 1 and 2 show the time courses of diminishing heat production after poisoning the animals. The potentials are plotted relative to the constant level which stabilizes within 12 to 24 hoursafter addition of the poison. The stability of this experimental baseline - not its absolute value - determines the detection limit of the instrument. Occasional instabilities are correlated with changes of the thermostat (air bath) temperature. Continuous monitoring of the thermostat temperature allows the rejection of experiments which do not meet a given stability requirement (usually $\pm 0.02^{\circ}C$). This precaution reduces the baseline error to 1.2 /uW in an "average experiment" lasting up to 7 days (Tab. 1; Fig. 2). Half of this variability is explained by noise and drift of the amplifier (Keithley 150B microvolt ammeter).

2.2.   Thermal equilibration time

Organisms below a certain limit like bacterial suspensions may be pumped through the detection unit (Lamprecht 1979). Larger ones, however, cannot be placed into the calorimeter without opening it and thermally disturbing the instrument. Reequilibration time may be reduced, if the aluminium heat sink is cooled below experimental temperature by a Peltier thermal heat pump. Thereafter the calorimeter is closed, and the temperature of the aluminium block is slowly raised to the level of thermal equilibrium by electrical heating. In this mode of operation the calorimeter signal will stabilize within 2 to 6 hours.

3. pO_2 AND ENERGY METABOLISM: CASE STUDIES

In order to illustrate the preceding statements some selected studies will be discussed. The two species to be presented tolerate periods of anoxia, but are different in ecology and behavior: The mud dwelling oligochaete <u>Lumbriculus variegatus</u> lives in a relatively wide temperature range in regions with seasonal and short term variations of the oxygen regime. The locomotory inactive eggs of the salmonid <u>Salvelinus alpinus</u> are cold stenothermic and develop in the benthic region of lakes where the microenvironment may gradually become unfavourable with respect to oxygen. Their anoxic tolerance constitutes an outstanding exception among salmonid eggs (Gruber 1977).

3.1.   Anoxic vs. aerobic heat production

The direct dependence of heat production on oxygen concentration in <u>S.alpinus</u> (Fig. 3) demonstrates the importance of steady state measurements in a flow system where the development of oxygen microstratifications at the egg surface is prevented. Above air saturation the rate is independent of oxygen concentration. As in <u>L.variegatus</u> this supports the assumption that no anoxic processes take part in aerobic metabolism.

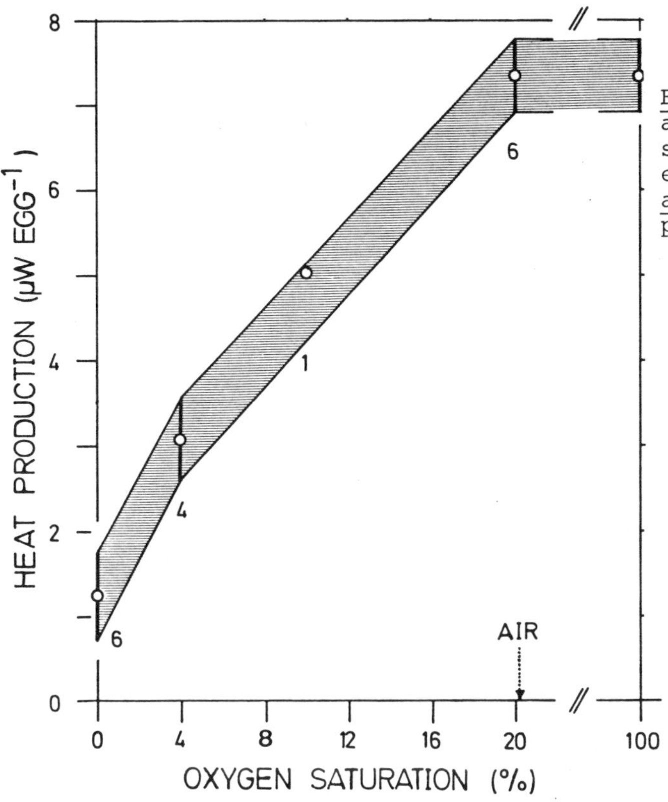

Fig. 3. Heat production as a function of oxygen saturation in developing eggs of <u>Salvelinus alpinus</u> (4 eggs per experiment, 8.5°C).

The anoxic rate of heat production amounts to 11 to 23% of the aerobic rate (Fig. 3). Also the developmental rate of the eggs is decelerated under reduced pO_2 (Gruber in prep.). The more flexible anoxic metabolism of the oligochaetes attains steady state levels at 20 to 60% of the aerobic rate depending on temperature and state of activity (Gnaiger 1979).

3.2.   Levels and patterns of activity

According to variability with time two types of activity have to be distinguished: (a) Levels of activity indicative of the metabolic state of the organism remain more or less constant over long periods of time. (b) Patterns of activity appear as the specific structure of the thermogram (Calvet and Prat 1963). They indicate special functions, mostly locomotory activity, and display a periodic behavior. With animal groups synchronized activity patterns become evident. Under anoxic conditions these peaks of synchronous activity are absent (Fig. 4).

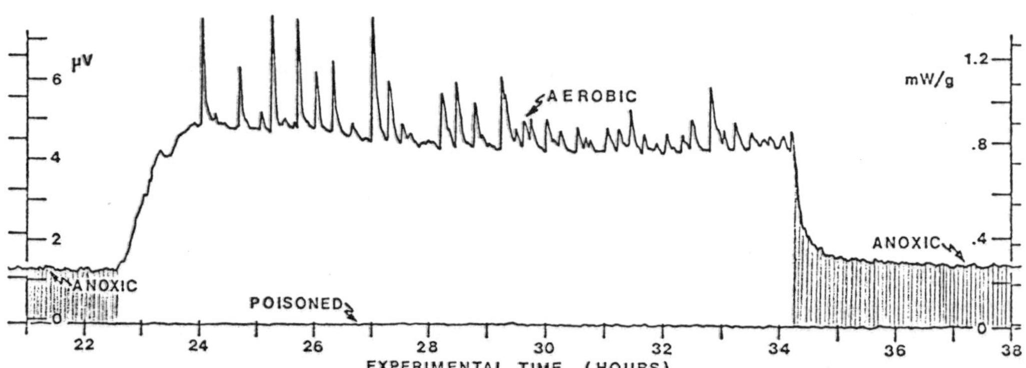

Fig. 4. Heat production of Lumbriculus variegatus during anoxic-aerobic transitions (10 animals of 12mg wet weight per individual, 20°C). Peaks of synchronized activtiy are most pronounced during aerobic overshoot.

3.3.   Anoxic-aerobic transitions

Physiological anoxia by locomotory stress results in an "oxygen debt" to be repaid during the recovery period. A similar overshoot is frequently observed after environmental anoxia (Fig.4). L.variegatus attains steady state levels of heat production within 5 hours after return to aerobic conditions.

On the other hand, salmonid eggs show a complex transition pattern from anoxic to aerobic metabolism (Fig. 5) with a time lag of up to 48 hours. Under anoxic stress the aerobic machinery does not appear to be maintained in a functional state since in their "sedentary" life stage these organisms will experience gradual changes of oxygen conditions only. The different time courses that these two species display in metabolic adjustments during anoxic-aerobic transitions reflect the different conditions which they meet in nature. The periodically fluctuating environment of the oligochaetes necessitates a flexible and . expensive (overshoot) metabolic response, whereas in the salmonid eggs the slow reconstitution of the aerobic functions suffices in meeting the demands of the slowly changing external parameters.

4.   THE SIGNIFICANCE OF BIOLOGICAL CALORIMETRY

As illustrated by the preceding examples, direct calorimetry specifies metabolic responses of an organism to ecological variables. The worldwide problem of eutrophication and related environmental anoxia calls for a better understanding of the effects of oxygen reduction on animal life. Oxygen depletion of eutrophic waters is but one consequence of pollution and often is accompanied by elevated levels of toxic waste products. Any evaluation of their biological impact has to quantify the combined effects of toxicants under anoxic stress. In this effort direct calorimetry will play a prominent role.

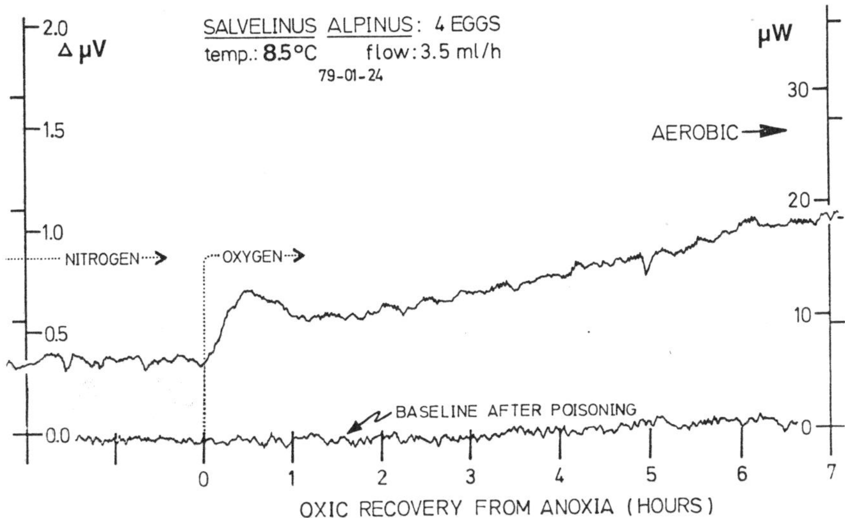

Fig. 5. Heat production of eggs of Salvelinus alpinus during anoxic-aerobic transition. An initial overshoot is followed by a gradual approach to the aerobic steady state level (arrow).

Due to the unspecific nature of heat production, the interpretation of thermograms has to rely on additional informations about the underlying mechanisms. In metabolic studies the principles of the biochemical pathways have to be analyzed in terms of enthalpy changes in order to draw conclusions about the rates of substrate consumption and ATP turnover under different oxygen conditions (Gnaiger 1977a). "Biological calorimetry is much more than a mere indicator that something is happening; it can lead to the most important statement about what is happening: That we do not yet understand it!" (Woledge 1975). This statement refers to the highly advanced study of muscle physiology (Curtin and Woledge 1978) and has its meaning in the field of invertebrate anoxibiosis, too (Gnaiger 1979). It emphasizes the importance of feed back stimulation by various methods in the progress of our understanding of ecological energetics.

Acknowledgements: This work was supported by the "Fonds zur Förderung der wissenschaftlichen Forschung in Österreich", projects no.2919 and 3917. I thank Prof.Dr.W.Wieser for encouragement and reading the manuscript. Thanks are also due to R. Kaufmann for help in electronics, and E. Dolezal for identifying the oligo-chaete species.

5.   REFERENCES

Becker W., Lamprecht I. (1977) Mikrokalorimetrische Untersuchungen
    zum Wirt-Parasit-Verhältnis zwischen Biomphalaria glabrata und
    Schistosoma mansoni. Z.Parasitenk. 53, 297-305
Blaxter K.L. (1967) The Energy Metabolism of Ruminants. Hutchinson
    Scientific and Technical, London, 3rd impr. 1969, 332 pp
Brand T.v. (1972) Parasitenphysiologie. Gustav Fischer Verlag,
    Stuttgart, 353 pp
Brettel R. (1977) Microcalorimetric measurements of the heat pro-
    duction in partially synchronous cultures of Baker's yeast. In:
    Application of calorimetry in life sciences. (Lamprecht I.,
    Schaarschmidt B., eds.) Walter de Gruyter, Berlin, 129-138
Calvet E., Prat H. (1963) Recent progress in microcalorimetry.
    Pergamon Press, Oxford, 177 pp
Curtin N.A.,Woledge R.. (1978) Energy changes and muscular con-
    traction. Physiol.Rev. 58, 690-761
Dunkel F., Wensman C., Lovrien R. (1979) Direct calorific heat
    equivalent of oxygen respiration in the egg of the flour beetle
    Tribolium confusum (Coleoptera: Tenebrionidae). Comp.Biochem.
    Physiol. 62A, 1021-1029
Fenchel T.M., Riedl R.J. (1970) The sulfide system: A new biotic
    community underneath the oxidiced layer of marine sand bottoms.
    Marine Biol. 7, 255-268
Gnaiger E. (1977a) Thermodynamic considerations of invertebrate
    anoxibiosis. In: Application of calorimetry in life sciences.
    (Lamprecht I., Schaarschmidt B., eds.) Walter de Gruyter,
    Berlin, 281-303
Gnaiger E. (1977b) Anoxibiosis and vertical migration of[a]meioben-
    thic copepod. Proc.3rd int.Meiofauna Conf.Hamburg, Aug.1977
    (Abstract)
Gnaiger E. (1979) Contribution of direct calorimetry to the study
    of invertebrate anoxibiosis: A challenge to the biochemist.
    In: The Physiology of Euryoxic Animals. (Holwerda D.A. ed.)
    Zeist (The Netherlands), 21-24 March, 1979, 98-101
Gnaiger E. (1980) A flow respirometer for continuous monitoring
    of zooplankton and small invertebrates. In: Handbook on pola-
    rographic oxygen sensors: Aquatic and physiological applica-
    tions. (Gnaiger E., Forstner H., eds.) Springer, Heidelberg-
    New York (in prep.)
Gnaiger E., Forstner H. (1980) Handbook on polarographic oxygen
    sensors: Aquatic and physiological applications. Springer,
    Heidelberg-New York (in prep.)
Grodzinski W., Klekowski R.Z., Duncan A. (1975) Methods for ecolo-
    gical bioenergetics. IBP Handbook No. 24, Blackwell Sci.Publ.,
    Oxford, 367 pp
Gruber K. (1977) Die Energetik der Ei- und Larvalentwicklung bei
    Salvelinus alpinus unter besonderer Berücksichtigung der öko-
    logischen Verhältnisse. Thesis, Univ.Innsbruck, 156 pp
Hammen C.S. (1979) Metabolic rates of marine bivalve molluscs
    determined by calorimetry. Comp.Biochem.Physiol. 62A, 955-959
Hochachka P.W., Storey K.B. (1975) Metabolic consequences of di-
    ving in animals and man. Science 187, 613-621
Hook D.D., Crawford R.M.M. (1978) Plant life in anaerobic environ-
    ments. Ann Arbor Science Publ., Ann Arbor, 564 pp

Hutchinson G.E. (1957) A treatise on limnology. I.Geography, physics and chemistry. John Wiley and Sons, Inc., New York, 1015 pp
Kleiber M. (1962) The fire of life. An introduction to animal energetics. John Wiley and Sons, Inc., New York, 454 pp
Köhler P., Hanselmann K. (1974) Anaerobic and aerobic energy metabolism in the larvae (Tetrahyridia) of Mesocestoides corti. Exp.Parasitol. 36, 178-188
Lamprecht I. (1979) Calorimetry for metabolic research and detection of microorganisms. In: Automation in microbiology. (Friedman H., ed.) (in prep.)
Nedergaard J., Cannon B., Lindberg O. (1977) Microcalorimetry of isolated mammalian cells. Nature 267, 518-520
Newell R.C. (1979) Biology of intertidal animals. Marine Ecological Surveys LTD, Faversham, Kent, 781 pp
Pamatmat M.M. (1978a) Benthic community metabolism: A review and assessment of present status and outlook. In: Ecology of marine benthos. VI. (Coull B.C.,ed.) Belle W.Baruch Libr.Mar.Sci., Columbia, S.C., 89-111
Pamatmat M.M. (1978b) Oxygen uptake and heat production in a metabolic conformer (Littorina irrorata) and a metabolic regulator (Uca pugnax). Mar.Biol. 48, 317-325
Peakin G.J. (1973) The measurement of the costs of maintainance in terrestrial poikilotherms: A comparison between respirometry and calorimetry. Experientia 29, 801-802
Pullar J.D., Brockway J.M., McDonald J.D. (1969) A comparison of direct and indirect calorimetry. In: Energy Metabolism of Farm Animals. (Blaxter K.L., Kielanowski J., Thorbek G., eds.) Oriel Press, 415-421
Revsbech N.P., Gnaiger E. (1979) Microstratification of oxygen and pH at the sediment-water interface. (in prep.)
Skinner H.A. (1969) Theory, scope and accuracy of calorimetric measurements. In: Biochemical Microcalorimetry. (Brown H.D. ed.) Academic Press, New York, 1-32
Stolzy L.H., Flühler H. (1978) Measurement and prediciton of anaerobiosis in soils. In: Nitrogen in the environment. Vol.1. Nitrogen behavior in field soil. (Nielsen D.R., MacDonald J.G., eds.) Academic Press, New York, 363-426
Tiefenbrunner F. (1977) Microcalorimetric investigation of aquatic biotopes In: Application of calorimetry in life sciences. (Lamprecht I., Schaarschmidt B., eds.) Walter de Gruyter, Berlin, 305-314
Wetzel R.G. (1975) Limnology. Philadelphia, Penn: Saunders. 743 pp
Wieser W., Ott J., Schiemer F., Gnaiger E. (1974) An ecophysiological study of some meiofauna species inhabiting a sandy beach at Bermuda. Mar.Biol. 26, 235-248
Woledge R.C. (1975) Use and misuse of calorimetry with special reference to muscle physiology. Pestic.Sci. 6, 305-310
Zebe E. (1975) In vivo-Untersuchungen über den Glucose-Abbau bei Arenicola marina (Annelida, Polychaeta). J.comp.Physiol.101, 133-145
Zs.-Nagy I. (1977) Cytosomes (yellow pigment granules) of molluscs as cell organelles of anoxic energy production. Internat.Rev. Cytol. 49, 331-377
deZwaan A. (1977) Anaerobic energy metabolism in bivalve molluscs. Oceanogr.Mar.Biol.Ann.Rev, 15, 103-187

PHOTODYNAMISCHER EFFEKT BEI HEFEN.

KALORIMETRISCHE UNTERSUCHUNGEN

I. Lamprecht
Institut für Biophysik, Fachbereich Biologie, Freie Universität
Berlin, D-1000 Berlin 33

B. Schaarschmidt
Centre International de Recherche Dermatologique,
Sophia Antipolis, F-06560 Valbonne

EINLEITUNG

Unter dem photodynamischen Effekt versteht man nach
der klassischen Definition (s. z.B. Lochmann und Micheler, 1973)
die Wirkung von sichtbarem oder ultraviolettem Licht auf Zellen
in Gegenwart von bestimmten, natürlicherweise nicht in den Zellen vorkommenden Farbstoffen. Streng genommen dürfen Licht alleine und Farbstoff alleine die Zelle nicht beeinflussen. Tatsächlich aber ist ein solcher Einfluß ("Dunkelwirkung"), wenn
auch stark abgeschwächt, zu beobachten.

Der photodynamische Effekt ist nicht nur für die mikrobiologische Grundlagenforschung (z.B. Strahlenwirkung, Inaktivierung, Reparaturprozesse) von großer Bedeutung, sondern wird
auch in steigendem Maße in der Dermatologie als "Photochemothe-
rapie" eingesetzt. Dabei sind die Schuppenflechte Psoriasis und
die Weißfleckenkrankheit Vitiligo besonders für die Photochemo-
therapie geeignet, die mit dem Farbstoff 8-Methoxypsoralen und
langwelligem ultraviolettem Licht (UVA) behandelt werden. Eine
klinische Anwendung von Farbstoffen und sichtbarem Licht gibt
es bislang nicht, doch wird intensiv auf diesem Gebiet gearbeitet, um mögliche negative Auswirkungen des UVA zu vermeiden.
Thiopyronin scheint ein Farbstoff zu sein, der besonders günstige molekularbiologische und optische Eigenschaften hat.

Da der photodynamische Effekt nicht nur auf der gene-
tischen Ebene, sondern auch auf der Ebene der enzymatischen
Stoffwechselregulierung eingreift, sind Messungen zum Metabolis-
mus besonders interessant. Manometrische Untersuchungen sind
schon früher durchgeführt worden (s. z.B. Nishiyama-Watanabe,
1976), hier soll über kalorimetrische Experimente berichtet
werden.

MATERIAL UND METHODEN

Instrumentierung

Zur Messung der beim Stoffwechsel der Zellen entstehenden Wärme dienten drei verschiedene Kalorimeter:

- Mikrokalorimeter E.Calvet (SETARAM/Lyon) mit 4 Kammern à 15 ml und einer Empfindlichkeit von rd. 60 μV/mW.

- Mikrokalorimeter BCP (THERMANALYSE/Grenoble) mit 2 Kammern à 15 ml und einer Empfindlichkeit von rd. 40 μV/mW. Beide Kalorimeter waren mit Hubmagneten zum mechanischen Rühren des Kammerinhalts (Lamprecht und Meggers, 1969) und Vorrichtungen zur nachträglichen Zugabe des Farbstoffes ausgerüstet.

- Flow-Kalorimeter 10 700 (LKB/Bromma) mit einem aktiven Volumen von 0.7 ml und einer Empfindlichkeit von 56.6 μV/mW. Die Suspension strömte mit einer Geschwindigkeit von 25 ml/h durch das Kalorimeter.

Alle Kalorimeter wurden isotherm auf die Vorzugstemperatur der Hefen von 30 $^{\circ}$C eingestellt, doch sind auch Versuche mit abweichenden Temperaturen geplant.

Die Rate des Gasstoffwechsels wurde zum Vergleich mit den Kalorimeterergebnissen auf zwei verschiedene Weisen gemessen:

- Sauerstoffverbrauch unter aeroben Bedingungen (Atmung) und Kohlendioxidproduktion in anaerobem Milieu (Gärung) konnten mit einem Warburg-Apparat (BRAUN/Melsungen) verfolgt werden.

- Die Abnahme der Sauerstoffkonzentration im Medium (Atmung) wurde polarographisch mit einer Sauerstoff-Elektrode (BACHOFER/Reutlingen) erfaßt.

Die Bestrahlungen im Sichtbaren wurden mit einer Radium-Parabol-Lampe 500 W durchgeführt, die in 30 cm Abstand eine Beleuchtungsstärke von 29,0 mW/cm^2 entsprechend $2,9.10^5$ erg/(s. cm^2) lieferte.

Biologisches Material

Als biologisches Material für die Untersuchungen zum photodynamischen Effekt standen ein Wildstamm ("211") und verschiedene strahlensensible und strahlenresistente Stämme der Bäckerhefe Saccharomyces cerevisiae zur Verfügung. Je nach Art des zu untersuchenden Stoffwechsels wurden die Zellen in unterschiedlichen Medien suspendiert:

- Endogener Stoffwechsel (hungernde Zellen): Kaliumhydrogenphosphat-Puffer, pH 5,6, ohne weitere Zusätze.
- Betriebsstoffwechsel (ruhende Zellen): Gleicher Puffer mit Zusatz verschiedener Mengen Glukose als Energiequelle.

- Baustoffwechsel (wachsende Zellen): Medium mit Energie-,
  Kohlenstoff- und Stickstoffquelle und wichtigen Wachstums-
  faktoren.

Der Prozentsatz der Inaktivierung (Koloniebildungsver-
mögen) wurde bestimmt, indem die Zellen nach der Behandlung auf
Petrischalen mit Wachstumsmedium ausgeplattet und bei 30 $^{\circ}$C bebrütet wurden. Nach zwei Tagen ergab die Anzahl der zu makro-
skopischen Kolonien aufgewachsenen Zellen bezogen auf die Zahl
der ursprünglich vorhandenen Zellen die Überlebensrate bzw. den
Grad der Inaktivierung. Diese Untersuchungen liefern nur ein
Endresultat, lassen aber keine Aussagen über die Kinetik oder
das tatsächliche Ausmaß der Schädigung zu. Sie sind daher für
die Analyse des Wirkungsmechanismus weniger geeignet.

Farbstoffe

Bei den vorliegenden Untersuchungen wurden zwei Farbstoffe verwendet, von denen der eine (Thiopyronin, hier TP;
$ZnCl_2$-Doppelsalz; MERCK/Darmstadt) im sichtbaren Bereich des
Spektrums mit einem Maximum bei 570 nm absorbiert, während der
andere (8-Methoxypsoralen, hier MOP; Meladinine, 0.15% und
0.75%; BASOTHERM/Biberach) sein Aktionsmaximum bei 365 nm im
nahen ultravioletten Spektralbereich (UVA) hat. Thiopyronin gehört in die Familie der Thioxanten-Farbstoffe und stellt einen
planaren Dreiring dar. Es wird stark in den Zellen akkumuliert,
wo es an plasmatische Zellstrukturen wie Membran- und Zellwand-
partikel und Ribosomen, kaum aber an DNS bindet (Lochmann et al.,
1976). Schäden durch den photodynamischen Effekt werden sogleich
manifest, können jedoch auch von der Zelle repariert werden. Ge-
wöhnlich handelt es sich um Schädigungen von Enzymsystemen, die
bei der Aufnahme von Substanzen des Stoffwechsels mitwirken.
Makroskopisch machen sie sich durch eine Verringerung der Stoffwechselaktivität oder durch eine Wachstumsverzögerung bemerkbar.

Im Gegensatz zu TP sind die Psoralene lineare trizykli-
sche Heterozyklen, die zwischen die Basenpaare der DNS interca-
lieren (sich einlagern) können. Sie bilden mit den Pyrimidin-
basen der DNS nach Absorption von UVA-Quanten kovalente Addukte.
Mit einem zweiten Monoaddukt auf dem anderen DNS-Strang können
sie nach Absorption eines weiteren UVA-Quants ein Diaddukt und
damit ein "cross-link" zwischen den beiden Strängen formen. Diese interstrand cross-links stellen lethale Schäden für die Zelle
dar, weil sie eine Separierung der Stränge verhindern und damit
die DNS-Replikation unterbrechen.

Farbstoffzugabe

Die Zugabe von TP bereitet für das kalorimetrische Experiment keine Schwierigkeiten, da TP in dem benutzten Medium
leicht gelöst und dieses vor der Zugabe auf die Temperatur der

Reaktionskammer gebracht werden kann. Die Änderungen in Thermogrammen sind also nicht physiko-chemischer, sondern rein biochemischer oder biologischer Natur.

Anders verhält es sich mit MOP. Es ist im Augenblick kommerziell nur in einer Isopropanol-Lösung erhältlich. Isopropanol mit Puffer zeigt eine Mischungswärme pro den im Experiment eingesetzten 0.25 ml von rd. 25 J, die etwa einem Viertel der insgesamt beim Wachstum freigesetzten Wärme entsprechen. Diese sehr starke Beeinflussung des biologischen Wärmeflußsignals verhindert im Augenblick eine Analyse des Verhaltens direkt nach der Zugabe. Bei Experimenten zur Hellwirkung kann mit wesentlich niedrigeren MOP-Dosen gearbeitet werden, so daß die Störungen geringer werden.

ERGEBNISSE

Koloniebildungsvermögen

In einer Reihe früherer Experimente ist das Aktionsspektrum des TP bezüglich der Inaktivierung der Koloniebildungsfähigkeit mit seinem Absorptionsspektrum verglichen worden (Anders et al., 1978). Als Lichtquelle diente ein Farbstofflaser anstelle der üblichen weißen Lampen. Es zeigte sich, daß die Maxima beider Spektren nahezu zusammenfallen. Da diese Experimente keine Aussagen über die Kinetik zulassen und ohne Kalorimeter durchgeführt wurden, sollen sie hier nicht weiter diskutiert werden.

Wachstum

Um den Einfluß photodynamisch aktiver Farbstoffe in verschiedenen Phasen des Hefewachstums zu analysieren, wurde zu verschiedenen Zeiten nach Animpfen der Kultur der Farbstoff zugesetzt. Die Abbildungen zeigen, wie unterschiedlich die beiden Farbstoffe TP (Abb. 1a-d, 2a, b) und MOP (Abb. 4a, b) wirken und welche Bedeutung dem Zeitpunkt der Zugabe zukommt. Dabei wurde zunächst nur die Dunkelwirkung betrachtet, da sie im Kalorimeter leicht zu untersuchen ist. Alle Experimente wurden so durchgeführt, daß in dem Kalorimeter mit zwei Meßsystemen (4 Kammern) eine identische Kultur unbeeinflußt mitlief. Ihre Wachstumskurve ist in allen Abbildungen zum Vergleich angegeben.

TP zeigt in höheren Konzentrationen seine Wirkung fast augenblicklich. Sie kann zu einer schwachen vorübergehenden Stimulation der Wärmeproduktion (Abb. 1c) oder aber zu einer erneuten lag-Phase führen, an die sich ein stark verzögertes Wachstum anschließt. Oft ist eine deutliche Senke in der Wärmeflußrate zu beobachten, aus der sich das späte Maximum entwickelt (Abb. 1c, 2a). Wird der Farbstoff gleich beim Beimpfen zugefügt, so

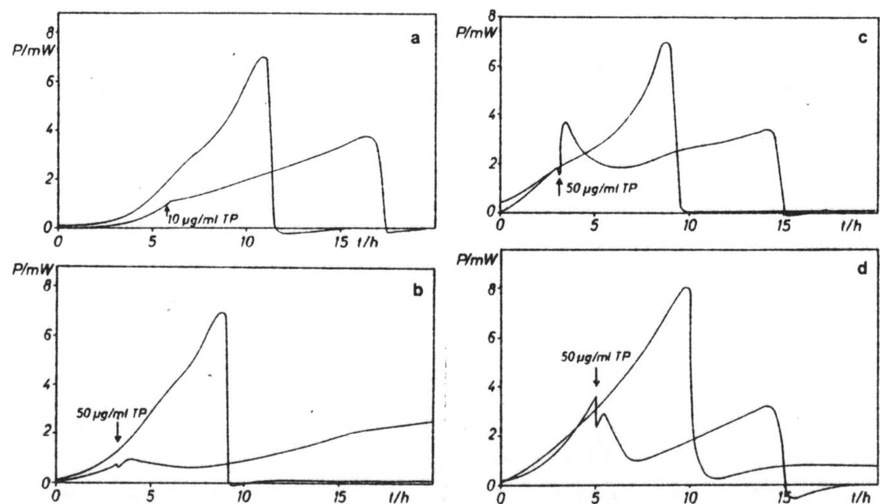

Abb.1 Wärmefluß als Funktion der Zeit beim Wachstum von Hefen
        in einem Batch-Kalorimeter. Die in allen Abbildungen
        etwa identischen Kurven stammen von unbeeinflußten Kul-
        turen. Die anderen Thermogramme stammen von Kulturen,
        denen zu einem bestimmten Zeitpunkt (Pfeil) TP in der
        angegebenen Endkonzentration zugesetzt wurde.

findet kein Wachstum statt (Abb. 2b).

        Gibt man den Zeitpunkt des TP-Zusatzes in Prozent der
Zeit an, die bis zum Auftreten des Maximums in der ungestörten
Kultur vergeht (etwa 8 bis 10 Stunden), so sieht man, daß ein
Schwellenwert bei etwa 30% existiert (Abb. 3). Wird TP vor diesem Zeitpunkt zugefügt, so sind weder eine Vermehrung (Abb. 3a)
noch ein Maximum der Wärmeflußkurve (Abb. 3b) zu beobachten.
Auch nach diesem Zeitpunkt bleiben die Maxima stets kleiner als
in der ungestörten Kultur, während die Zellzahl 100% erreichen
und bisweilen sogar überschreiten kann (Abb. 3a).

        Dieses Verhalten ist leicht zu erklären, wenn man be-
denkt, daß zwar das Wachstum, nicht aber der Betriebsstoffwechsel durch TP im Dunkeln beeinflußt wird (s.u.). Die Höhe
des Maximums hängt von der Konzentration der Energiequelle ab
(Lamprecht, Meggers, Stein, 1971), die für das Wachstum zur
Verfügung steht. Zellen, die sich nicht mehr teilen können,
verbrauchen im Betriebsstoffwechsel weiterhin Glukose, die
nicht mehr für die Vermehrung genutzt werden kann. Dieses Verhalten ist um so ausgeprägter, je früher der Schaden gesetzt
wird (Abb. 3). Der Endtiter N_{oo} kann unter TP-Einwirkung den
der ungestörten Kultur überschreiten, weil viele kleine Zellen

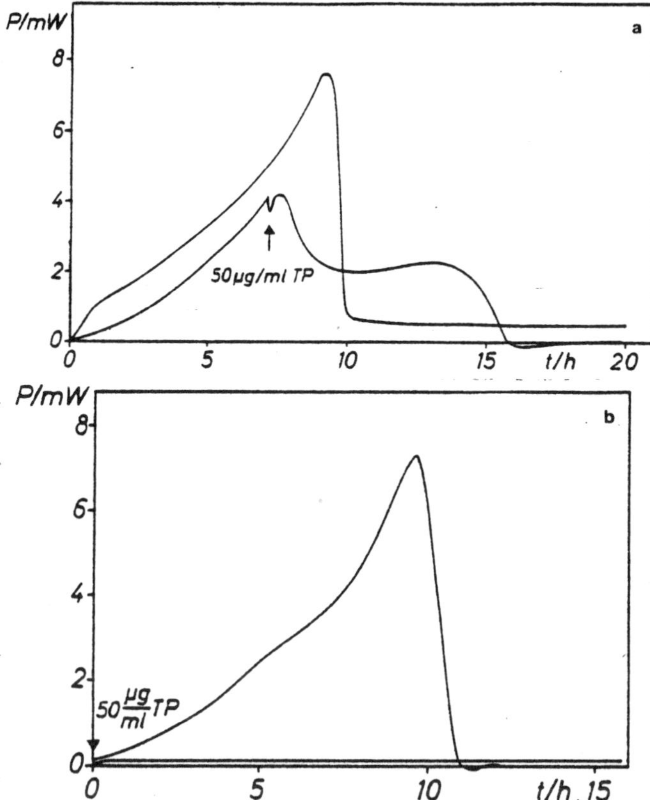

Abb.2   Text s. Abb.1. In Abb.2b entspricht die Parallele zur
         Zeitachse der Restwärmeproduktion, die nach Zugabe von
         TP bei der Beimpfung der Kultur zu beobachten ist.

gebildet werden. Erst das Trockengewicht der Kultur zeigt das
vom Maximum her bekannte Verhalten.

      Die Dunkelwirkung von MOP ist weit weniger deutlich
ausgeprägt als die von TP (Abb.4a,b). Nach Abklingen der Stö-
rung, die durch das Mischen von Isopropanol und Medium entsteht
(s.o.), und einer gelegentlichen lag-Phase setzt sich das Wachstum mit nahezu gleicher Geschwindigkeit wie vor der Zugabe fort.
Eine Depression der Wärmeproduktion und ein verringertes Maximum
wie bei TP sind nie zu beobachten.

Betriebsstoffwechsel

      Der Betriebsstoffwechsel ruhender Zellen wird weder
durch TP noch durch MOP signifikant beeinflußt (Abb.5a,b). Die
Zugabe von TP im Dunkeln bewirkt eine kurze Stimulierung der
Wärmeproduktion, nach deren Abklingen sich wieder das alte

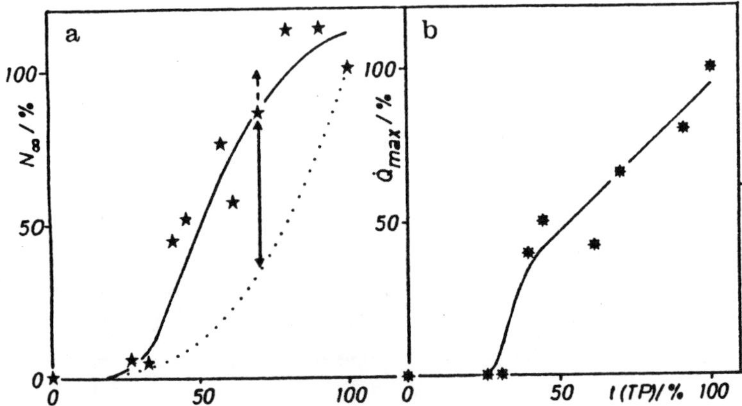

Abb.3 Endtiter N_{∞} und maximaler Wärmefluß $\dot{Q}_{max}$ (bezogen auf
       auf die Werte der unbeeinflußten Kultur) als Funktion
       des Zeitpunktes der TP-Zugabe (s. Text). Die gepunktete
       Kurve entspricht dem ungestörten Wachstum. Der ausgezo-
       gene Pfeil deutet an, um wieviel Prozent sich die Zell-
       zahl noch nach der TP-Zugabe vermehrt hat, der gestri-
       chelte Pfeil, um wieviel Prozent der Endtiter hinter dem
       der Vergleichskultur zurückbleibt.

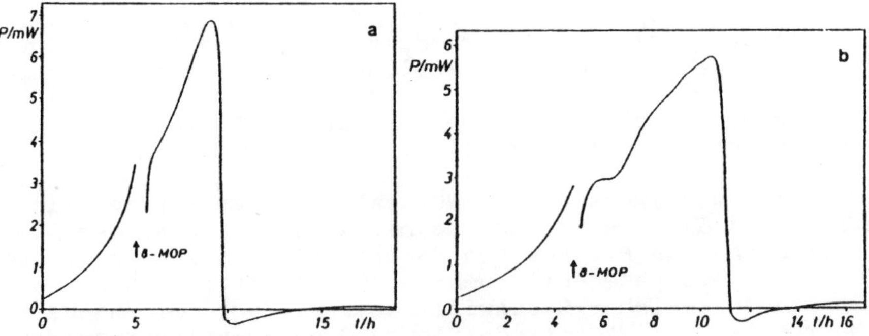

Abb.4 Wachstum von Hefen nach Zugabe von 8-MOP.

Niveau einstellt. Ähnliches gilt auch für MOP, bei dem aber die
Mischungswärme von Isopropanol und Glukose-Puffer einen mögli-
cherweise vorhandenen kurzfristigen Einfluß auf die biologische
Wärmeproduktion überdeckt.

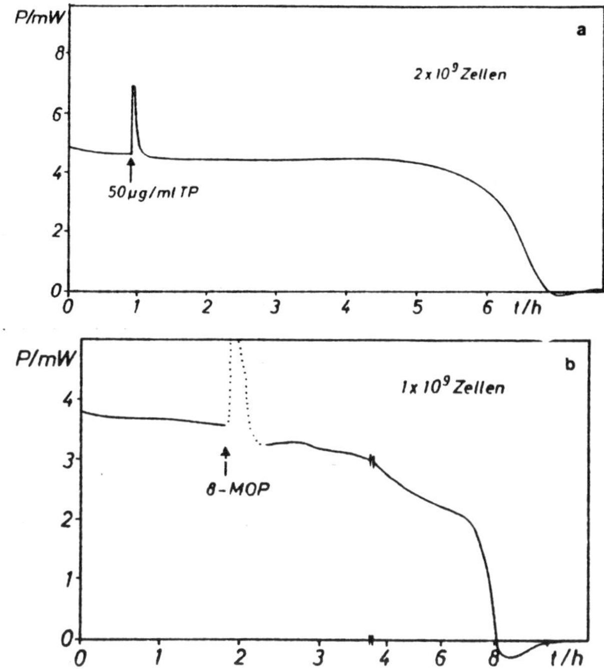

Abb. 5   Wärmefluß als Funktion der Zeit beim Betriebsstoffwechsel
         von Hefen. Der Abfall der Wärmeproduktion nach etwa 6
         Stunden ist auf die Erschöpfung der Energiequelle im Me-
         dium zurückzuführen.

In einem Puffer mit 2% Glukose und unter den in den
Kalorimeterkammern herrschenden Bedingungen beziehen die Hefen
ihre Energie überwiegend aus der Gärung, von der bekannt ist,
daß sie gegen TP unempfindlicher ist als die Atmung (Nishiyama-
Watanabe, 1976). Aerobe Bedingungen sind in einem Batch-Kalorimeter schwer herzustellen. Deshalb wurden Untersuchungen zur
Hell- und Dunkelwirkung von TP mit einem Flow-Kalorimeter durchgeführt. Allerdings mußten TP-Inkubation und Bestrahlung außerhalb des Kalorimeters erfolgen, so daß die Kinetik direkt nach
der Zugabe und während der Bestrahlung nicht erfaßt werden konnte. Abb. 6a zeigt in logarithmischer Darstellung den Einfluß,
den die Bestrahlung von TP-behandelten Zellen auf die Wärmeproduktion hat. Schon eine Bestrahlung von 60 s entsprechend
einer Dosis von 1.74 J/cm^2 reduziert die Wärmeproduktion auf 5%.
Aus Abb. 6a wird klar, daß es eine doppelte Inaktivierungskine-
tik gibt und daß nach einer anfänglichen Schädigung auf etwa
1% die weitere Schädigung wesentlich mehr Energie erfordert.

Zum Vergleich sind in Abb. 6b die Ergebnisse von Messungen mit einer Sauerstoffelektrode wiedergegeben, die der
Dunkelwirkung von TP auf die Atmung im endogenen Stoffwechsel

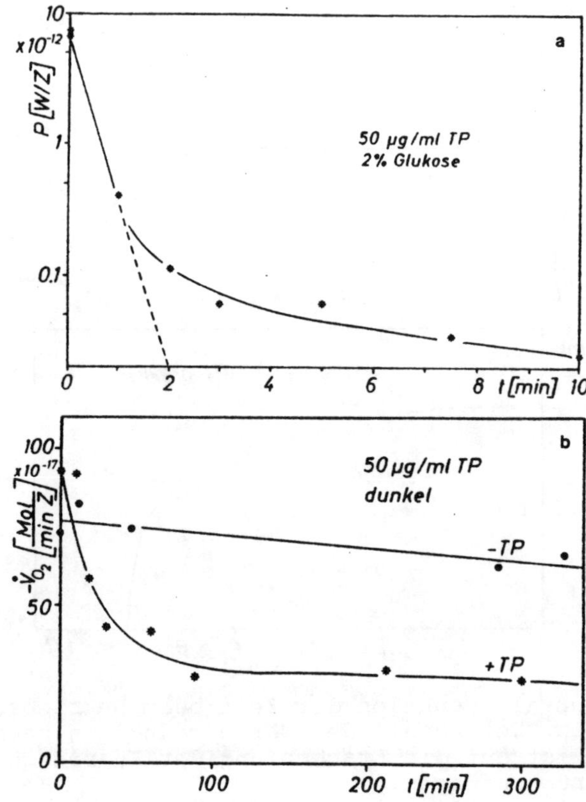

Abb.6   Wärmeproduktion pro Zelle im Betriebsstoffwechsel als
        Funktion der Bestrahlungsdauer (oben). Dunkelwirkung
        von TP auf den Sauerstoffverbrauch pro Zelle als Funktion
        der Einwirkungszeit (unten).

galten. Ohne TP nimmt die Atmungsaktivität der Zellen mit der
Zeit nur sehr langsam ab, während bei Anwesenheit von TP eine
drastische Reduzierung innerhalb der ersten Stunde zu beobachten
ist, an die sich eine auf lange Zeit konstante Aktivität anschließt. Auch hier wird sichtbar, daß eine doppelte Inaktivie-
rungskinetik vorliegt.

DISKUSSION

Bei der Untersuchung von photodynamisch aktiven Farbstoffen, die wie TP auf den Stoffwechsel wirken, bieten sich kalorimetrische Methoden an. Sie haben gegenüber der Manometrie und Polarographie den Vorteil, daß sie die momentane (differentielle) Stoffwechselaktivität und nicht eine integrale Größe wie die verbrauchte Sauerstoffmenge oder die Sauerstoffkonzentration in einer Lösung angeben. Überdies erfassen sie statt bestimmter Aspekte den gesamten Stoffwechsel, gestatten allerdings auch nicht, z.B. zwischen Atmung und Gärung zu unterscheiden.

Die orientierenden kalorimetrischen Experimente zum photodynamischen Effekt haben gezeigt, daß sinnvolle Ergebnisse zu erwarten sind, wenn eine Kombination von Kalorimeter und Bestrahlungseinrichtung eingesetzt wird. Batch-Kalorimeter werden erlauben, die energetischen Vorgänge unter quasi anaeroben Bedingungen während der Bestrahlung vom ersten Augenblick an zu verfolgen, während mit Flow-Instrumenten aerobe Zustände mit einer Verzögerung von einigen Minuten analysiert werden können. Aus der Verbindung dieser Ergebnisse - ergänzt durch polarographische Messungen - wird ein tieferer Einblick in den Mechanismus des photodynamischen Effektes möglich sein.

LITERATUR

Anders, A., Bach, B., Lamprecht, I., Schaarschmidt, B., Yasui,A., Zimny,U.: Laseruntersuchungen zum fotodynamischen Effekt in Hefen. Laser + Elektro-Optik, Nr.4, 34 - 35 (1978)

Lamprecht,I., Meggers,C.: Mikrokalorimetrische Untersuchungen zum Einfluß des Rührens auf das Wachstum von Hefen. Z.Naturforschg. 24b, 1205-1207 (1969)

Lamprecht, I., Meggers, C., Stein, W.: Mikrokalorimetrische Untersuchungen zum Stoffwechsel von Hefen. I. Wachstum in flüssigen Medien. Biophysik 8, 42-52 (1971)

Lochmann, E.R., Herrmann, C., Pietsch, I., Micheler, A.: Verteilung von ^{3}H-Thiopyronin in Hefezellen. Z.Naturforschg. 31c, 481-483 (1976)

Lochmann, E.R., Micheler, A.: Physicochemical properties of nucleic acids, Vol.I, (J.Duchesne, Hrgb.), London, Academic Press, 223-267 (1973)

Nishiyama-Watanabe, S.: Photodynamic action of thiopyronin on the respiration and fermentation in yeast. Int. J. Radiat. Biol. 30, 501-509 (1976)

Wachtl, H.: 8-Methoxypsoralen-Blacklight-Therapie bei verschiedenen Hautkrankheiten. Hautkrankh. 50, 683-693 (1975)

KALORIMETRISCHE MESSUNGEN ZUM EINFLUSS VON NYSTATIN AUF DEN
ENERGIESTOFFWECHSEL VON HEFEN

B.Schaarschmidt
Centre International de Recherche Dermatologique
Sophia Antipolis, F-06560 Valbonne

I. Lamprecht, M. Simonis
Institut für Biophysik, Fachbereich Biologie, Freie Universität
Berlin, D-1000 Berlin 33

EINLEITUNG

Die Mikrokalorimetrie wurde als analytische Meßmethode
bei verschiedenen Fragestellungen an biologischen Systemen wie
Bakterien, Hefen, Blutzellen, Zellgewebe und höheren Organismen
verwendet (Übersicht bei: Spink & Wadsö 1976, Schaarschmidt
1979). In den letzten Jahren haben zunehmend Fragen nach der
Wirkung von Pharmaka auf den Stoffwechsel an Interesse gewonnen
(Reis & Bürger, Boivinet et al. 1968, Reis 1975, Mardh et al.
1976, Beezer et al. 1977, Semenitz & Tiefenbrunner 1977, Semenitz 1977 u. 1978), wobei die kalorimetrischen Messungen auch
Aussagen für die antimikrobielle Chemotherapie liefern sollten.
Bei der Überprüfung der Wirkung von Pharmaka stellen sich folgende Fragen:
1. Ist überhaupt eine Wirkung vorhanden?
2. Ist die Wirkung konzentrationsabhängig? Bei welcher Konzentration wird das mikrobielle Wachstum gehemmt oder reduziert?
3. Wie verläuft der Wirkungsmechanismus?

In der klinischen Chemotherapie müssen die Fragen 1
und 2 zur Bestimmung der MIC (minimum inhibition concentration)
auch noch oft in zeit- und arbeitsaufwendigen Reihenverdünnungs-
oder Agardiffusionstests bestimmt werden, während die Frage
nach dem Mechanismus meist ungeklärt bleibt. Kalorimetrische
Untersuchungen an Nystatin-behandelten Hefen sind von Beezer
et al. (1977) an ruhenden Zellen und von Sayyadi (1979) an
synchron wachsenden Kulturen durchgeführt worden. Im folgenden
soll über ähnliche Messungen zur Untersuchung des Einflusses
von Nystatin auf den exogenen Stoffwechsel von Hefen berichtet
werden.

METHODEN

        Es wurde ein Flow-Mikrokalorimeter (LKB type 10 700)
mit einem Reaktionsvolumen von o.7 ml und einer Empfindlichkeit
von 100 μV/mW eingesetzt. Eine Hefesuspension von ca. 5 ml wurde mit einer Geschwindigkeit von 25 ml/h kontinuierlich über
einen Wärmeaustauscher durch das Kalorimeter gepumpt, wobei
über eine Y-Verzweigung gleichzeitig Luftblasen in das Schlauch-
system gezogen wurden, die eine ausreichende Sauerstoffversorgung der Zellen gewährleisteten. Die Hefesuspension (diploider
Wildtyp 211) wurde aus einer flüssigen Vorkultur durch Abzen-
trifugieren, zweimaliges Waschen und Wiederaufnahme in Puffer
(0,05 M Kaliumhydrogenphthalat/0,01 M Natriumhydroxid, pH 4,5)
bzw. Glucosepuffer gewonnen. Der Endtiter betrug 1.10^7 Zellen/
ml. Durch Zugabe einer entsprechenden Menge einer Nystatin-
Lösung wurde die Nystatinkonzentration eingestellt. Anschließend
wurde die Suspension geschüttelt und sofort in das Kalorimeter
gepumpt. Die Zeit bis zum Erreichen der kalorimetrischen Meß-
kammer betrug ca. 3 Minuten. Das kalorimetrische Signal gibt
die Wärmeentwicklung über der Zeit (Thermogramm) an, d.h. die
Wärmeproduktion der Hefezellen bei einer für Hefen optimalen,
konstanten Umgebungstemperatur von 30°C.

        Nystatin gehört zur Gruppe der polyenen Antibiotika.
Es bewirkt eine Permeabilitätsveränderung an sterolhaltigen
cytoplasmatischen Membranen. Durch Porenbildung in der Membran
werden so bei eukaryoten Organismen die Transportsysteme gestört, kleine Moleküle wie K^+, NH_4^+ und Phosphate treten aus,
bei längerer und stärkerer Einwirkung fließen dann auch Aminosäuren und Nukleotide aus der Zelle aus.

RESULTATE

Wärmeproduktion

        Die nach der oben beschriebenen Methode gewonnenen
Thermogramme sind in Abb.1 für verschiedene Nystatinkonzentra-
tionen und für verschiedene Energiequellen im Suspensionspuffer
dargestellt (Abb.1). Es können folgende Effekte festgestellt
werden:
  - In unbehandelten Kulturen wird eine über längere Zeit kon-
    stante Wärmeproduktion beobachtet.
  - Mit steigenden Konzentrationen von Nystatin nimmt die maxi-
    mal erreichte Wärmerate ab.
  - Der anschließende Abfall der Wärmeproduktion wird steiler.
Auffällig ist der größere Hemmeffekt von Nystatin in Kulturen
mit Glukose oder Alkohol. Während in Puffer ohne Energiequelle
eine Beeinträchtigung der Wärmeproduktion erst bei einer Konzentration von 1 μg/ml Nystatin auftritt, ergeben sich in den
anderen Puffern abfallende Thermogramme schon ab 0.25 μg/ml
Nystatin. Eine mögliche Erklärung dafür ist, daß die Hefezellen
in reinem Puffer einen endogenen Stoffwechsel durchführen und

eine Beeinträchtigung der äußeren Membran hierbei unerheblich
bleibt. Bei Anwesenheit einer äußeren Energiequelle aber wird
deren Eintransport in die Zelle durch die Membran empfindlich
gestört, wobei allerdings für geringe Nystatinkonzentrationen
eine Erhöhung der Wärmeproduktion zu verzeichnen ist.

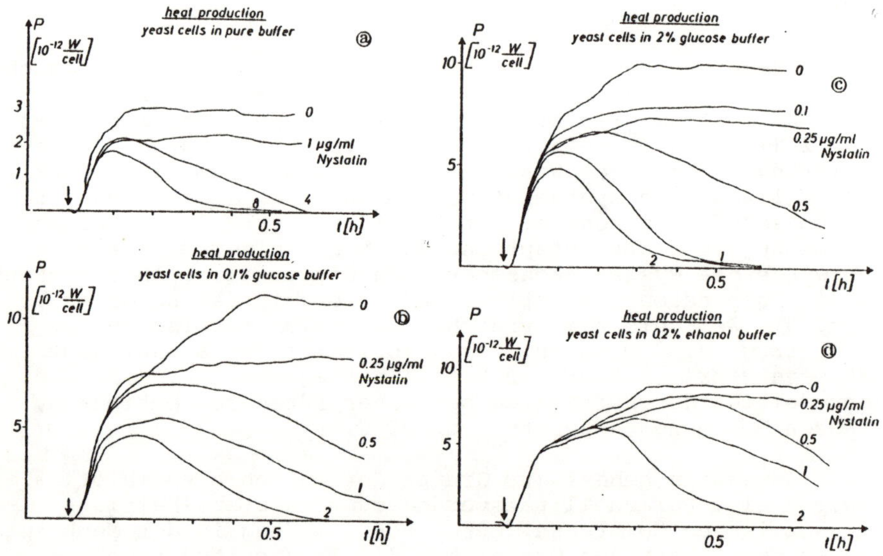

Abb.1   Thermogramme von Hefezellen unter der Einwirkung von
         Nystatin in verschiedenen Puffern. Die Zahlenangaben
         an den Kurven geben die Nystatinkonzentration in µg/ml
         Suspension an.
         a) in Puffer
         b) 0.1 % Glukosepuffer
         c) 2% Glukosepuffer
         d) 0.2% Äthanolpuffer

        Da die Veränderung der Wärmeproduktion unter der Wir-
kung von Nystatin keiner einfachen Kinetik entspricht (Beezer
et al. 1977), wurde als Vergleichsparameter der Wert der Wärmeproduktion (P_{30}) gewählt, der nach 30 minütiger Einwirkung erreicht wird (Abb.2). Aus Abb.2 erkennt man, daß die Hemmung der
Wärmeproduktion in Glukosepuffer (die Konzentrationen 0.1% und
2% ergeben keine großen Unterschiede) schneller abläuft als in
reinem Puffer. Bei 1 µg/ml Nystatin werden in Glukosepuffer und
in reinem Puffer die gleichen Werte erreicht, bei höheren Konzentrationen aber ist die Hemmung in Glukosepuffer ausgeprägter.
Bei Anwesenheit von Glukose oder Äthanol tritt also ein syner-
gistischer Effekt auf, der bislang noch ungeklärt ist.

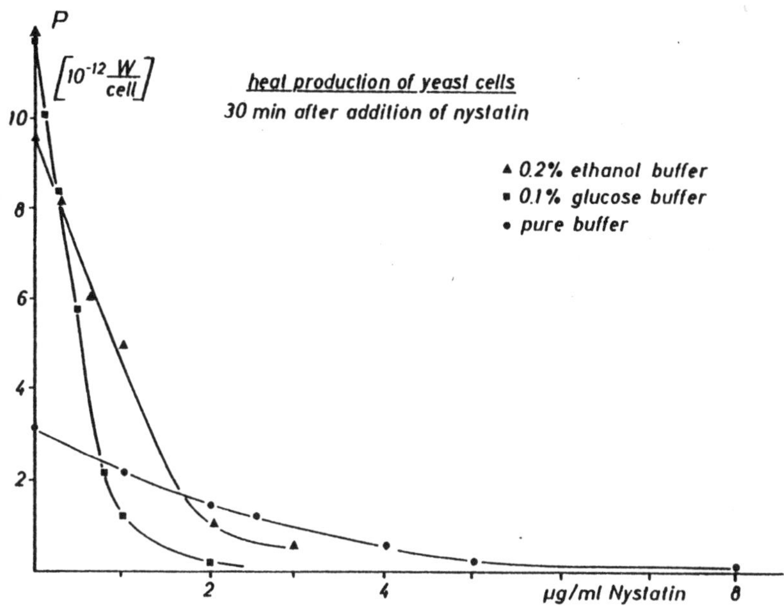

Abb.2   Auftragung des Wärmeproduktionswertes P_{30}, der 30 Minu-
         ten nach Zugabe von Nystatin erreicht würde, über der
         Nystatinkonzentration.

Sauerstoffverbrauch und Wachstumsvermögen

        Wegen der starken Abhängigkeit der Wärmeproduktion
vom aeroben Stoffwechsel wurde auch die Atmungsfähigkeit der
Zellen untersucht. In den gleichen Proben, die vorher durch das
Kalorimeter geflossen waren, wurde anschließend, d.h. also 30
Minuten nach Zugabe des Nystatins, mit einer p_{O_2}-Elektrode der
Sauerstoffverbrauch bestimmt. Das Ergebnis ist in Abb. 3b dar-
gestellt.

        Zur Ermittlung der Überlebensfähigkeit nach Nystatinzu-
gabe wurden die Zellen auf Agarnährböden ausgeplattet und 2 Tage
lang bebrütet. Dann wurden die makroskopisch sichtbaren Kolonien
gezählt und mit den unbehandelten Proben verglichen. Bei der üblichen, logarithmischen Auftragung (Abb.3c) erhält man sigmoide
Inaktivierungskurven (Schwellenverhalten), da bei geringen Konzentrationen von Nystatin keine oder kaum Wirkungen festzustellen sind. Bei mittleren Konzentrationen findet man einen linearen Teil (Eintrefferkinetik) und schließlich bei hohen Konzentrationen ein Abknicken auf einen stationären Wert, der vielleicht
auf Reparaturprozesse oder/und auf eine resistente Fraktion in
der Population zurückzuführen ist.

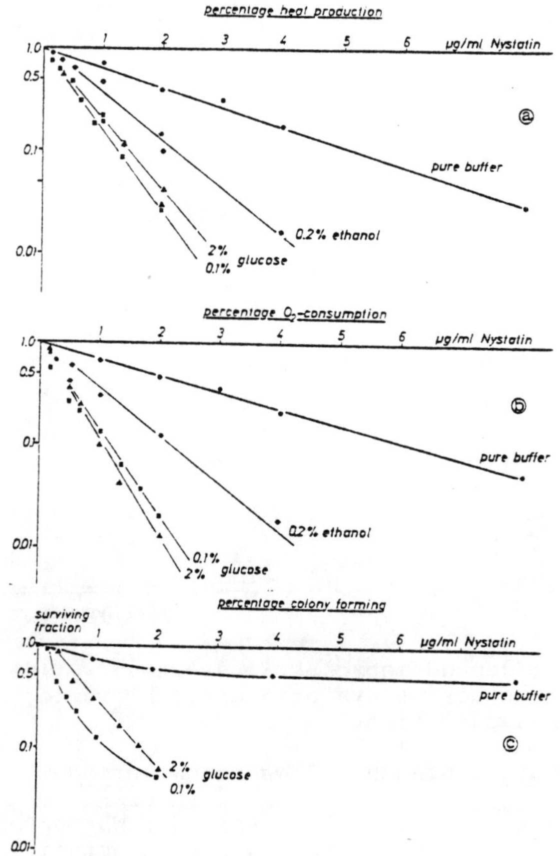

Abb.3   Logarithmische Auftragung
         a) des prozentualen Wärmeproduktionswertes
         b) der prozentualen Sauerstoffverbrauchsrate und
         c) des Koloniebildungsvermögens

VERGLEICH DER ERGEBNISSE

        Wählt man für die Wärmeproduktion P_{30} und die Sauer-
stoffverbrauchsrate $\dot{v}$ eine logarithmische Auftragung (Abb.3a,
3b), so erhält man über einen weiten Bereich der verwendeten
Nystatinkonzentrationen eine lineare Abhängigkeit, aus der man
nach $X = e^{-K D}$ ($X = P_{30}$ oder $\dot{v}$; D = Nystatinkonzentration)
die Inaktivierungsgröße K entnehmen kann (Tab.1).

	Puffer	0.1% Äthanol	Glucose 0.1%	2%
$K_{Wärmeproduktion}$	0.18	0.45	0.80	0.67
$K_{Sauerstoffverbrauch}$	0.16	0.45	0.82	0.90

Tab.1   Inaktivierungskonstanten K (ml/µg Nystatin) für die
         Wärmeproduktion P_{30} und die Sauerstoffverbrauchsrate
         $\overset{\bullet}{v}$ nach Abb.3a und 3b.

Es ergeben sich nur Unterschiede für Kulturen in 2%igem Glucosepuffer. Das ist dadurch zu erklären, daß bei dieser hohen Zucker-
konzentration der Atmungsstoffwechsel durch den Gärungsstoff-
wechsel unterdrückt wird (Crabtree-Effekt = inverser Pasteur-
Effekt), der in diesem Fall zu 26% zur Wärmeproduktion beiträgt.
Noch deutlicher wird dieses Verhalten bei einer gegenseitigen
Auftragung der Wärmeproduktion (direkte kalorimetrische Messung)
gegenüber der Sauerstoffverbrauchsrate (indirekte kalorimetrische Messung). Aus Abb.4 kann man entnehmen, daß für alle Kulturen zwei verschiedene Proportionalitätsfaktoren (oxykalorische
Koeffizienten) existieren, deren Übergänge bei 0.5 µg/ml Nystatin liegen. Im Konzentrationsbereich unterhalb dieser Größe
liegt die Wärmeproduktion stets im Bereich des theoretischen
Wertes für reinen Atmungsstoffwechsel (Tab.2), während er bei
einer 2%igen Glucosekultur dem Mischstoffwechsel unbehandelter
Zellen entspricht. Außer in reinem Puffer wird bei höheren Nysta-
tingaben mehr Wärme erzeugt, als dem Sauerstoffverbrauch entspricht. Eine genaue Analyse von Stoffwechselzwischenprodukten
könnte dieses Verhalten von der energetischen Seite her erklären.

	Nystatin-Konzentration < 0.5 µg/ml	> 0.5 µg/ml
Theoretischer Wert	21 $(kJ/l\ O_2)$	
Puffer	20.9	20.9
0.2% Äthanol	20.9	40.2
0.1% Glucose	22.5	94.0
2% Glucose	28.1	94.0

Tab.2   Oxykalorischer Koeffizient, entnommen aus Abb.4.

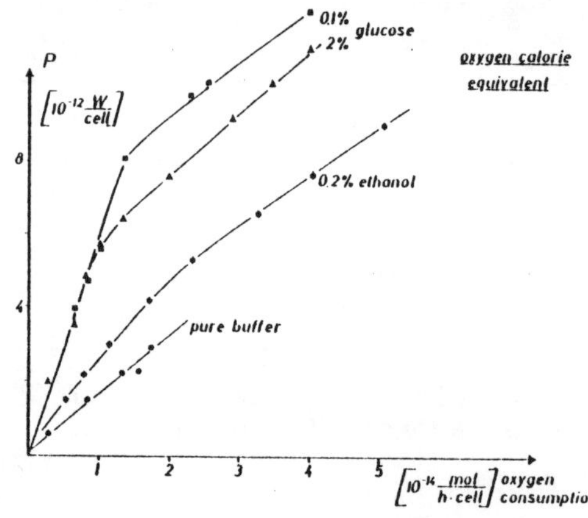

Abb.4

Auftragung des Wärmeproduktionswertes P_{30} über der zugehörigen Sauerstoffver-
brauchsrate v.

AUSBLICK

Die Messung der Wärmeproduktion von Mikroorganismen
nach Zugabe von Pharmaka bringt eine Reihe neuer Informationen,
die zur Zeit noch nicht vollständig ausgewertet werden können.
Trotzdem sind Aussagen über die minimale Hemmkonzentration und
über die Bestimmung optimaler Dosen und Dosisintervalle möglich.
Gegenüber anderen Methoden hat die kalorimetrische Messung der
Wärmeproduktion den Vorteil, daß geringere Dosen von Pharmaka
unterschieden werden können. Außerdem liegen die Meßergebnisse
schon nach 1 Stunde vor, während bei den üblichen anderen Methoden ein Tag gebraucht wird.

LITERATUR

Beezer, A.E., Newell, R.D., Tyrrell, H.J.V.: Bioassay of nysta-
          tin bulk material by flow microcalorimetry.
          Analyt.Chem. **49**, 34-37 (1977)

Boivinet, P., Garrigues, J.C., Grangetto, A.: Dosage microcalori-
          métrique de l'insuline.
          Compt.Rend.Soc.Biol. **162**, 1770-1774 (1968)

Märdh, P.A., Ripa, T., Andersson, K.E., Wadsö, I.: Kinetics of
          the action of tetracyclines on E.coli studied by
          microcalorimetry
          Antimicrobial Agents and Chemotherapy **10**, 604-609 (1976)

Reis, A., Bürger, B.: Das Sauerstoff-Kalorienäquivalent der bio-
          logischen Verbrennung und seine Beeinflussung durch
          Pharmaka.
          Elektromedizin **12**, 183-187 (1967)

Reis, A.: Bioenergetischer Toxizitätstest zum Nachweis der Wir-
          kung von Pharmaka und toxischen Substanzen auf den
          Energiestoffwechsel der Hefe.

Reis, A.: Bioenergetischer Toxizitätstest zum Nachweis der Wir-
         kung von Pharmaka und toxischen Substanzen auf den
         Energiestoffwechsel der Hefe.
         GIT-Fachzeitschrift für das Laboratorium (1975)
         758-765

Sayyadi, P.: Mikrokalorimetrische Untersuchungen an synchronen
         Kulturen von Saccharomyces cerevisiae
         Dissertation, Freie Universität Berlin, Fachbereich
         Biologie 1979

Schaarschmidt, B.: Calorimetry, in: Medical Physics, A. Kaul(Ed)
         Walter de Gruyter, Berlin-New York 1979, in press

Semenitz, E., Tiefenbrunner, F.: Mikrokalorimetrische Unter-
         suchungen zur Bestimmung der antibakteriellen Aktivi-
         tät von Chemotherapeutika
         Arzneimittelforsch./Drug Research 27, 2247-2251 (1977)

Semenitz, E.: Über die antibakterielle Wirksamkeit von Diphenyl-
         hydramin.
         Wiener klin.Wochenschrift 90, 2-6 (1978)

Semenitz, E.: The antibacterial activity of oleandomycin and
         erythromycin - a comparative investigation using
         microcalorimetry and MIC determination.
         J.antimicrob.Chemotherapy 4, 455-457 (1978)

Spink, C., Wadsö, I.: Calorimetry as an analytic tool in bio-
         chemistry and biology. In: Methods of Biochemical
         Analyses. (Ed. Glick, D.)
         Vol. 23, pp. 1-159, John Wiley, New York 1976

KALORISCHE UNTERSUCHUNGEN DES BAKTERIELLEN WACHSTUMS

E. Marti, A. Geoffroy, J. Affolter und A. Kabay
CIBA-GEIGY A.G.
4002 Basel, Schweiz

EINLEITUNG

Ziel der vorliegenden Arbeit war die Prüfung des Einsatzes kalorischer Methoden in bezug auf Fragestellungen des bakteriellen Wachstums. Dabei wurden im Rahmen von Modellversuchen die Zusammenhänge zwischen Wachstumsintensität und Wärmeproduktion untersucht. Zwei Typen von Kalorimetern wurden eingesetzt, nämlich ein Batch- und ein Flow-Kalorimeter. Die Wärmeproduktion ist mit Flow-Kalorimetern direkt zugänglich, d.h. es ist lediglich eine kalorische Kalibrierung erforderlich. Hingegen messen Batch-Kalorimeter, die nach dem Isoperibolprinzip aufgebaut sind, den zeitlichen Temperaturverlauf. Für rasch ablaufende Reaktionsvorgänge können Isoperibolkalorimeter als fast ideal adiabatisch angenommen werden. Das bakterielle Wachstum, das Messzeiten von Stunden resp. Tagen erfordert, kann mit Isoperibol-Kalorimetern nur kalorimetrisch verfolgt werden, wenn der Wärmeaustausch mit der Umgebung berücksichtigt wird. Dieses quasiadiabatische Messprinzip des Isoperibol-Kalorimeters wird mathematisch beschrieben und die entsprechenden Auswerteverfahren werden erläutert.

Der Einfluss antibakterieller Substanzen auf Klärschlammbakterien wurde mit dem Batch-Kalorimeter untersucht.

Im weiteren wurde für einen reingezüchteten Stamm von Escherichia coli das Wachstum mit mikrobiologischen und kalorischen Methoden untersucht und verglichen.

1.   METHODEN

Die Methoden, die wir für unsere Untersuchungen eingesetzt haben, werden im folgenden kurz beschrieben. Eine Ausnahme bildet das Isoperibol-Kalorimeter, auf dessen Messprinzip im Detail eingegangen wird.

1.1   Bestimmung der Gesamtkeimzahl von Bakterien

Die Bestimmung erfolgte auf Trypticase Soy Agar (BBL) nach einer Bebrütungszeit von 3-5 Tagen bei 32°C unter Anwendung des Koch'schen Plattenverfahrens [1], [2].

1.2   <u>Bestimmung der Gesamtkeimzahl von Schimmel- und
          Hefepilzen</u>

          Die Bestimmung erfolgte auf Mycophil-Agar (BBL) mit
Zugabe von 100 mcg/ml Chloramphenicol nach einer Bebrütungszeit
von 5-6 Tagen bei 26°C unter Anwendung des Koch'schen Plattenverfahrens.

1.3   <u>Differenzierung der aus Wasserproben der Labor-
          kläranlage isolierten Bakterien</u>

          In die Differenzierung wurden nur Keime einbezogen,
die auf Trypticase Soy Agar bei einer Bebrütungstemperatur von
32°C mit grösster Häufigkeit auftraten. Die Identifizierung erfolgte anhand des ANALYTAB-Systems (ANALYTAB Products, Inc.,
API, New York) mit 20 biochemischen Tests sowie Anwendung fol-
gender Selektiv-Medien: Kielwein Agar Merck, Pseudosel Agar
(BBL), E.E. Broth Mossel (BBL), Violet Red Bile Agar (BBL).

1.4   <u>Herstellung der Impfsuspension für die Vergleichs-
          versuche unter Punkt 2.2 mit E. coli ATCC 10536</u>

          Der Teststamm wurde nach 3-maliger Passage auf Anti-
biotika-Medium 1 (BBL) in Roux-Flaschen bei 37°C über Nacht bebrütet, anschliessend die Kulturfläche mit 50 ml 0,1 M Phosphat-
puffer pH 7,0, enthaltend 10 % Glyzerin, abgewaschen, in Kunst-
stoffbehälter 1,5 ml-weise abgefüllt und im Flüssigstickstoffbe-
hälter bei -180°C gelagert und für die laufenden Versuche verwendet. Die Konzentration der tiefgefrorenen Keimsuspension betrug ca. $1,5 \times 10^{10}$ Keime pro Milliliter. Für die vergleichenden
Versuche wurde diese Keimsuspension mit physiologischer NaCl-Lö-
sung 1:1000 verdünnt, 2 Liter BHIB mit 0,6 % dieser Keimsuspension beimpft, mit Magnetrührer homogenisiert und für folgende
Versuche verwendet:

    - Isoperibol-Kalorimeter-Versuch
    - Flow-Kalorimeter-Versuch
    - Keimzahlbestimmungen in Erlenmeyer-Flaschen, enthaltend
      200 ml BHIB (Brain Heart Infusion Bouillon, BBL),
      mit Magnetrührer
    - Trübungsmessungen in Biophotometer (Mod. Bonet Maury)

Die Kultivierung erfolgte in allen obigen Versuchen bei
35°C $\pm$ $0,3^{o}$C .

1.5   <u>Trübungsmessungen mit E. coli ATCC 10536, Vergleichs-
          versuche unter Punkt 2.2</u>

          Die Transmission einer Submerskultur (in BHIB) von E.
coli ATCC 10536 wurde im Biophotometer Mod. Bonet Maury bei einer Wellenlänge von 600 nm gegenüber dem Blank (unbeimpfte BHIB)
gemessen.

1.6   Kalorimetrie

Die kalorimetrischen Messungen wurden mit zwei verschiedenen Instrumententypen durchgeführt. Das Batch-Instrument ist ein LKB 8700 1 Präzisionskalorimeter mit einem Messzellenvolumen von 100 cm^3. Das Flow-Kalorimeter ist ebenfalls ein LKB Gerät, nämlich das Durchfluss-Mikrokalorimeter 2107. Als Messzelle wurde die sogenannte 'Aeratioflow vessel' benützt. Das Batch-Instrument ist nach dem Isoperibolprinzip gebaut; dieser Typ wird auch 'Isothermal Jacket Calorimeter' genannt. Das Flow-Instrument ist ein sogenanntes 'Thermopile Conduction Calorimeter'; wobei die Messgrösse der Wärmefluss zwischen der Messzelle und dem Bad ist. Dadurch wird die Wärmeproduktion energetischer Vorgänge, die in der Messzelle ablaufen, zugänglich. Durch die Kalibrierung des Flow-Instrumentes wird der Anteil des Wärmeflusses, der durch die Messanordnung nicht erfasst wird, bestimmt.

Das Batch-Kalorimeter misst hingegen Temperaturen. Zur Berechnung der Wärmeproduktion der Reaktionswärmen muss besonders im Falle von Langzeitmessungen dem quasiadiabatischen Messprinzip Rechnung getragen werden. Die Kalibrierung und die Ausverteverfahren eines Isoperibol-Kalorimeters werden im Folgenden beschrieben.

1.6.1   Auswertung der Temperaturkurven gemessen mit einem Isoperibol-Kalorimeter

Der schematische Aufbau eines Isoperibol-Kalorimeters ist in Figur 1 dargestellt.

Figur 1

Isoperibol-Kalorimeter
(schematisch)

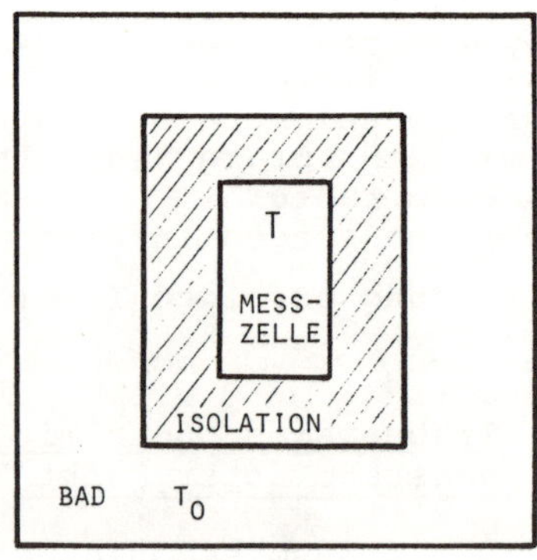

Die Badtemperatur T_O muss besonders für Langzeitmessungen möglichst exakt isotherm gehalten werden. Die Messzelle ist durch
einen Gasraum vom Bad getrennt, so dass eine quasiadiabatische
Anordnung besteht. Die Temperaturgradienten innerhalb der Messzelle sollten möglichst minim sein, eine Bedingung, die praktisch nur durch eine Rührvorrichtung erreicht werden kann. Bei
Reaktionsbeginn soll innerhalb der Messzelle ein thermisches
Gleichgewicht herrschen, so dass die Messgrösse der zeitliche
Verlauf der Temperaturdifferenz, bezogen auf die Temperatur des
thermischen Gleichgewichtes, ist. Die Auswertung der Temperaturkurven erfolgt über die aus dem Thermistor erhaltene Spannungs-
differenz ΔU, wobei die Beziehung gilt

$$\Delta T = f \cdot \Delta U \tag{1}$$

f ist ein Proportionalitätsfaktor.

Einfachheitshalber werden die nun folgenden Beziehungen zur Beschreibung eines Isoperibol-Kalorimeters als Funktion
der Temperatur und nicht als Funktion der entsprechenden Spannung dargestellt.

Je nach dem zeitlichen Ablauf der Wärmeproduktion in
der Messzelle werden unterschiedliche Auswerteverfahren für die
gemessenen Temperaturkurven benützt [3], [4], [5].

Das im folgenden entwickelte Auswerteverfahren ist unter den angenommenen Bedingungen für praktisch beliebig lange
Messzeiten anwendbar.

Die zeitliche Aenderung der Temperatur in der Messzelle eines Isoperibol-Kalorimeters wird durch die folgende
Gleichung gegeben

$$\dot{T} = K\,(T_O - T) + \dot{T}_S + \frac{\dot{Q}_R}{C_V} \tag{2}$$

K ist der Wärmeleitfaktor der Isolation zwischen
Messzelle und Bad in s^{-1}, T_O ist die Temperatur des Bades in K,

T ist die Temperatur der Messzelle in K, $\dot{T}_S$ ist die zeitliche Temperaturänderung durch Störquellen wie Rührer und Thermistor, $\dot{Q}_R$ ist die Wärmeproduktion pro Zeiteinheit durch die in der Messzelle ablaufende Reaktion in $J.s^{-1}$ und C_V ist die Wärmekapazität der Messzelle in $J.K^{-1}$. Mit den Annahmen eines thermischen Gleichgewichtes beim Reaktionsbeginn, d.h. $\dot{Q}_R = o$ für $t = o$, und einer konstanten Wärmeproduktion durch die Störquellen während der Dauer einer Messung folgt aus Gl. (2)

$$\dot{T}_S = K \ (T - T_o) = konst. \tag{3}$$

Die folgenden Bedingungen können für die Temperatur T_e des thermischen Gleichgewichtes aus Gl. (3) ermittelt werden:

$$\dot{T}_S = o \qquad\qquad T_e = T_o \tag{4.1}$$

$$\dot{T}_S \gtrless o \qquad\qquad T_e \gtrless T_o \tag{4.2}$$

Unter Berücksichtigung aller oben erwähnten Annahmen ist aus der Gl. (2) die Beziehung für die Wärmeproduktion und als Integral die Reaktionswärme zu berechnen:

$$\dot{Q}_R \ (t) = C_V \left[\dot{T} + K \ (T - T_e) \right] \tag{5}$$

$$Q_R \ (t) = C_V \ (T - T_e) + K \int_0^t \left[T \ (\tau) - T_e \right] d\tau \tag{6}$$

Diese beiden Funktionen sind aus der Messgrösse T (t) zu berechnen, falls noch die Temperatur für das thermische Gleichgewicht bei Reaktionsbeginn T_e, die Wärmekapazität der Messzelle C_V und der Wärmeleitfaktor K bekannt sind. Die beiden letzteren Grössen lassen sich aus einem Kalibriervorgang bestimmen.

Eine hohe Genauigkeit kann nur erreicht werden, falls die Kalibrierung unter Bedingungen durchgeführt wird, die mit denjenigen
der auszuwertenden Experimenten möglichst identisch sind. Die
Kalibrierung wird am einfachsten mit Hilfe einer konstanten Heizleistung, d.h. für $\dot{Q}_R = \dot{Q}_K$ = konst., durchgeführt, die nach Einstellung des thermischen Gleichgewichtes während einer geeigneten Zeitdauer der Messzelle zugeführt wird (siehe Fig. 2).

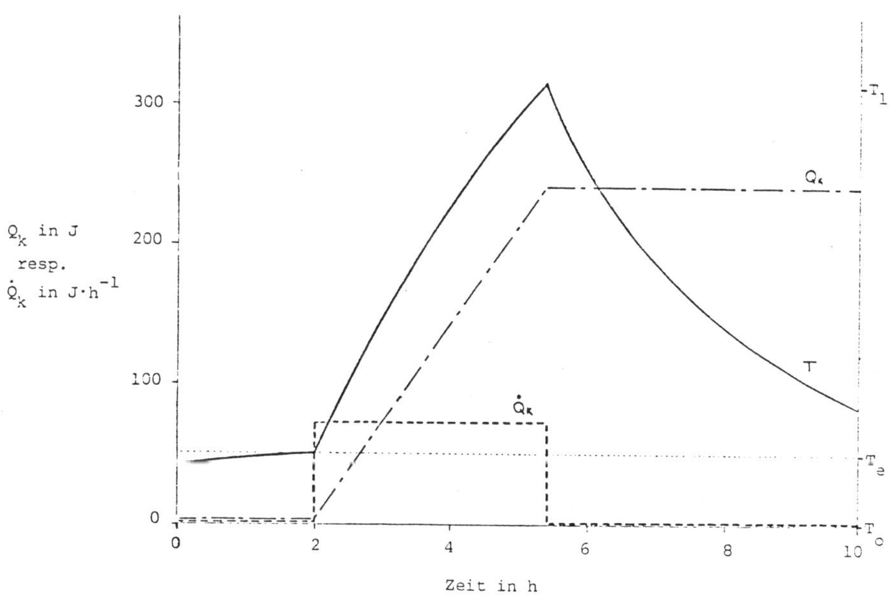

Fig. 2: Kalibrierung eines Isoperibol-Kalorimeters

Der Temperaturverlauf widerspiegelt das quasiadiabatische
Messprinzip. Die berechnete integrale Reaktionswärme Q_K entspricht dem effektiv der Messzelle zugeführten Wärmebetrag.

Die Auswertung der Temperaturkurven, die für derartige Kalibrierungen gemessen werden, erfolgt in zwei Stufen: Der Wärmeleitfaktor K wird aus der Abkühlkurve berechnet, d.h. für $\dot{Q}_K = 0$, und anschliessend der Wasserwert der Messzelle aus der Aufheizkurve für einen konstanten Wert von $\dot{Q}_K$. Aus der Gl. (2) wird für $\dot{Q}_R = \dot{Q}_K = 0$

$$\dot{T} = K (T_O - T) + \dot{T}_S \qquad (7)$$

Die Integration der Gl. (7) über die Zeit unter Berücksichtigung der Randbedingungen:

$$\text{für} \quad t = t_1 = 0 \quad \text{gilt} \quad T = T_1 \quad \text{und}$$

$$\text{für} \quad t = \infty \quad \text{ist} \quad T = T_e,$$

ergibt

$$T = (T_1 - T_O - \frac{\dot{T}_S}{K}) \, e^{-Kt} + T_O + \frac{\dot{T}_S}{K} \qquad (8)$$

Aus der Gl. (3) mit der Bedingung (4.2) kann die Gl. (8) in die Beziehung

$$T - T_e = (T_1 - T_e) \, e^{-Kt} \qquad (9)$$

umgeformt werden.

Der Wärmeleitfaktor K lässt sich aus der Gl. (9) auf zwei Arten bestimmen; erstens als Mittelwert aus Punkten der gemessenen Temperaturkurve gemäss

$$K = \frac{1}{t} \ln \left(\frac{T_1 - T_e}{T - T_e}\right) \qquad (10)$$

oder zweitens numerische Lösung aus n Flächen unter der Temperaturkurve

$$I_n(t) = \frac{1}{K} (T_1 - T_e)(1 - e^{-Kt}) \qquad (11)$$

Aus der Aufheizkurve, d.h. für $\dot{Q}_K$ = konst. > o, lässt sich mit einer analogen Ableitung aus Gl. (2) die Wärmekapazität der Messzelle bestimmen, und zwar nach den beiden Beziehungen

$$C_V = \frac{\dot{Q}_K}{K} \left[\frac{1 - e^{-Kt}}{T - T_e} \right] \qquad (12)$$

$$C_V = \frac{\dot{Q}_K}{I_m(t) \cdot K^2} \left[Kt - 1 + e^{-Kt} \right] \qquad (13)$$

$I_m(t)$ bedeutet die Fläche unter der Aufheizkurve für das Zeitintervall t = o bis t = t_m.

1.6.2   Kalibrierung des Isoperibol-Kalorimeters

        Mit Hilfe einer elektrischen Widerstandsheizung, die im Innern der Messzelle angebracht ist, kann das LKB-Präzisionskalorimeter kalibriert werden. Diese Kalibrierungen wurden unter den folgenden Bedingungen durchgeführt:

- mittlere Rührgeschwindigkeit
- Spülgas: Druckluft (für aerobe Messungen)
- Durchfluss des Spülgases $\dot{V}$ = 10 cm^3 Luft . min^{-1}
- Volumen der Messzelle V_M = 100 cm^3
- Flüssigkeitsvolumen in der Messzelle V_{M,H_2O} = 84;88;92 cm^3

- Heizleistung $\dot{Q}_K$ = 6.67 mW
- Heizdauer t_K = 7.11 . 10^3 s
- Empfindlichkeit der
  Temperaturmessung (Vollausschlag) U = 2 mV
- Badtemperatur T_O = 35.0^{O}C

Der Wärmeleitfaktor wurde nach der Gl. (11) und der Wasserwert nach der Gl. (13) berechnet. Die Resultate der Kalibrierung sind in der Tabelle 1 zusammengefasst.

Tabelle 1

Exp.	Flüssigkeits- volumen in der Messzelle	Wärmeleitfaktor	Wasserwert
	$V_{M,\,H_2O}$ in cm^3	K in s^{-1}	$f.c_V$ in $J.(\mu V)^{-1}$
1	84	$1.21.10^{-4}$	$5.47.10^{-2}$
2	88	$1.18.10^{-4}$	$5.74.10^{-2}$
3	92	$1.20.10^{-4}$	$5.90.10^{-2}$

Für den untersuchten Bereich der Flüssigkeitsvolumen in der Messzelle ist der berechnete Wärmeleitfaktor eine konstante Grösse. Der Mittelwert beträgt

$$K = (1.20 \pm 0.01) \,.\, 10^{-4} \, s^{-1}$$

Hingegen ist der Wasserwert eine Funktion des Flüssigkeitsvolumens. Die lineare Regression nach der Gleichung

$$f.C_V = a.V_{M,H_2O} + b \qquad (14)$$

ergibt für die Konstanten:

$$a = (5.4 \pm 0.8) \, 10^{-4} \, J. \, (\mu V)^{-1} \, cm^{-3}$$

und

$$b = (9.8 \pm 0.4) \, 10^{-3} \, J. \, (\mu V)^{-1}$$

Der Korrelationskoeffizient ist r = 0.990.

2.   EXPERIMENTE

2.1   <u>Einfluss von antibakteriellen Substanzen auf das bakterielle Wachstum gemessen mit einem Isoperibol-Kalorimeter.</u>

Das LKB-Präzisionskalorimeter wurde sowohl mit Dosiervorrichtungen als auch mit einer Belüftung ausgerüstet. Der schematische Aufbau des Kalorimeters ist in der Figur 3 dargestellt.

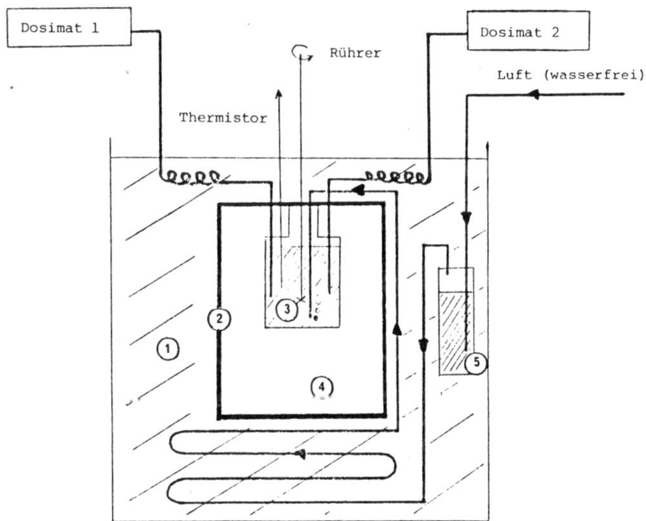

Fig. 3:   Isoperibol-Kalorimeter, schematische Messanordnung

      1   thermostatisiertes Wasserbad
      2   Metallmantel
      3   Reaktionsgefäss
      4   Luftmantel
      5   Sättigungsgefäss

Mit Hilfe der Dosiervorrichtungen können Nährlösungen und antibakterielle Substanzen den Bakteriensuspensionen zugegeben werden. Zur Vermeidung von Temperaturschwankungen in der Messzelle,
bedingt durch die Belüftung, sind zwei Massnahmen erforderlich:
(1) die zugeführte Luft muss auf eine konstante Temperatur gebracht werden, z.B. auf die Badtemperatur T_o; (2) der Partialdruck des Wassers in der zugeführten Luft muss dem Partialdruck
des Wassers in der Messzelle entsprechen.

Die Untersuchungen über den Einfluss antibakterieller
Substanzen wurden mit Bakterien aus dem Belüftungsbecken einer
Laborkläranlage durchgeführt. Die aus den Wasserproben der Klär-
anlage isolierten Bakterien waren vorwiegend Keimarten aus den
beiden Familien Enterobacteriaceae und Pseudomonadaceae. Die
Gesamtkeimzahl betrug $2.10^4 - 2.10^5$ Keime.cm^{-3}. Es wurden prak-
tisch keine Schimmel- und keine Hefepilze nachgewiesen. Für die
Messungen mit diesen Bakteriensuspensionen wurden die gleichen
Bedingungen eingehalten wie für die beschriebenen Kalibrierungen. Der Ablauf der Messungen folgte dem Schema:

- 80 cm^3 Bakteriensuspension aus dem Belüftungsbecken wurden
  im Reaktionsgefäss für eine Badtemperatur $T_o = 35.0 \pm 0.3^oC$
  äquilibriert.

- Zugabe von 4 cm^3 BHIB

- Nach Erreichen einer maximalen Wärmeproduktion wurden anti-
  bakteriell wirksame Substanzen zudosiert.

Aus den gemessenen Temperaturkurven wurde mit Hilfe der Gl.(5)
die Wärmeproduktion $\dot{Q}_R$ (t) ermittelt. Die resultierenden Kurven
der Wärmeproduktion und die Gesamtkeimzahl zu Beginn und am
Ende der Experimente sind in Figur 4 für die Zugabe von $CuSO_4$
und in Figur 5 für 2,4-Dichlorphenol Na-Salz dargestellt.

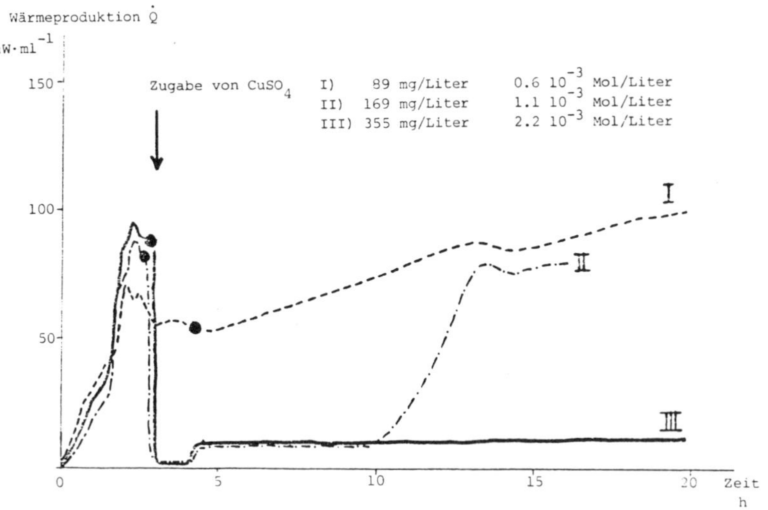

Fig. 4: Antibakterielle Wirkung von CuSO₄ auf Klärschlammbakterien
gemessen mit einem Isoperibol-Kalorimeter

GESAMTKEIMZAHLEN: Kurve I)   Start 2 · 10⁴ Keime/ml, nach 69 h 5 · 10⁷ Keime/ml
                        II)   8 · 10⁴ Keime/ml, nach 22 h 2 · 10⁷ Keime/ml
                        III)   4 · 10⁴ Keime/ml, nach 45 h 3 · 10⁵ Keime/ml

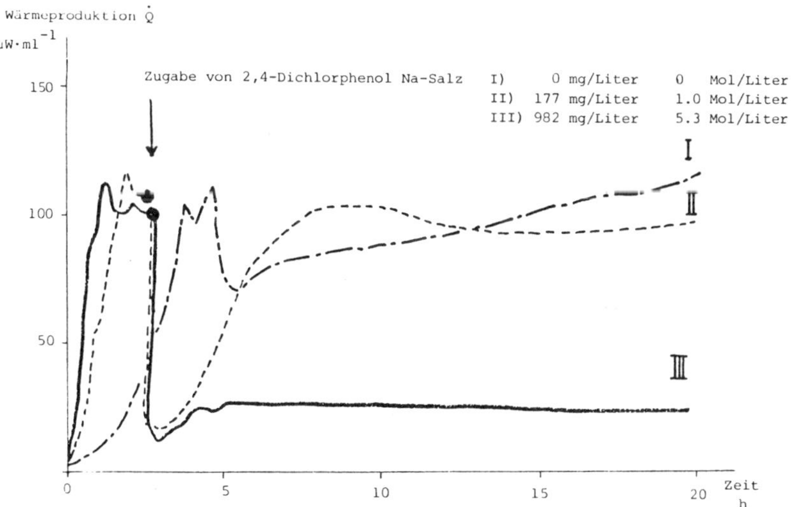

Fig 5: Antibakterielle Wirkung von 2,4-Dichlorphenol Na-Salz auf
Klärschlammbakterien gemessen mit einem Isoperibol-Kalorimeter

GESAMTKEIMZAHLEN: Kurve I)   Start 2 · 10⁴ Keime/ml, nach 69 h 5 · 10⁷ Keime/ml
                        II)   1 · 10⁵ Keime/ml, nach 20 h 2 · 10⁷ Keime/ml
                        III)   2 · 10⁵ Keime/ml, nach 69 h 5 · 10³ Keime/ml

2.2   <u>Vergleichende Wachstumsmessungen mit E. coli</u>

Unter ähnlichen Bedingungen wurde das Wachstum und
die Wärmeproduktion eines reingezüchteten Stammes von E. coli
(ATCC 10536) mit mehreren Methoden untersucht. Die eingesetzten
Methoden, die weiter oben beschrieben wurden, sind: (1) Koch'-
sches Plattenverfahren, (2) Trübungsmessung, (3) Isoperibol-
Kalorimetrie und (4) Durchfluss-Mikrokalorimetrie.

Die folgenden Bedingungen waren für die 4 eingesetzten
Methoden identisch:

- submerse Kultivierung

- Züchtungstemperatur T_o = 35.0+0.3^{o}C

- Impfkonzentration: 2.7.10^5 Keime.cm^{-3} BHIB.

Die Unterschiede in den Versuchsbedingungen der 4
Parallelversuche liegen in den Rührgeschwindigkeiten, den verwendeten Glasgefässen und den eingesetzten Volumen für die submerse Kultivierung.

In den Figuren 6-9 wird der zeitliche Verlauf des
Wachstums von E. coli auf Grund der Wärmeproduktion, der Keim-
zahlen und der optischen Transmission dargestellt.

Vergleichende Untersuchungen des Wachstums und der Wärmeproduktion von E. coli ATCC 10536 in BHIB bei 35 $^\circ$C (Impfkonzentration $2,7\cdot10^5$ Keime pro ml BHIB)

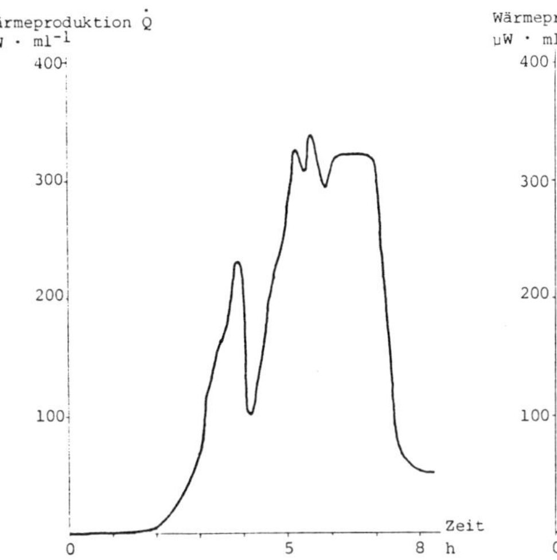

Fig.6: Flow-Kalorimeter (Thermopile Conduction Calorimeter)

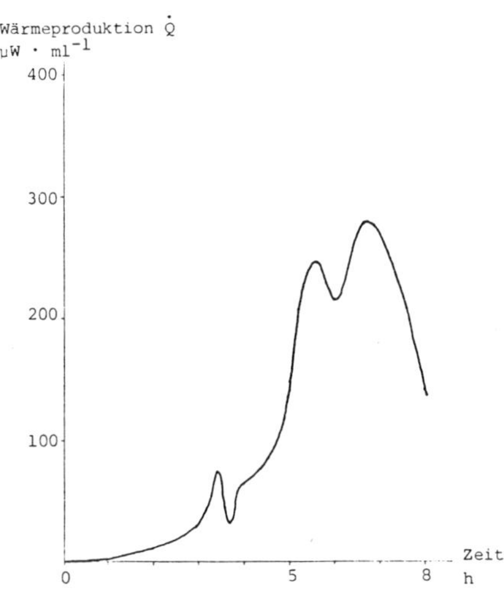

Fig.7: Batch-Kalorimeter (Isoperibol Prinzip)

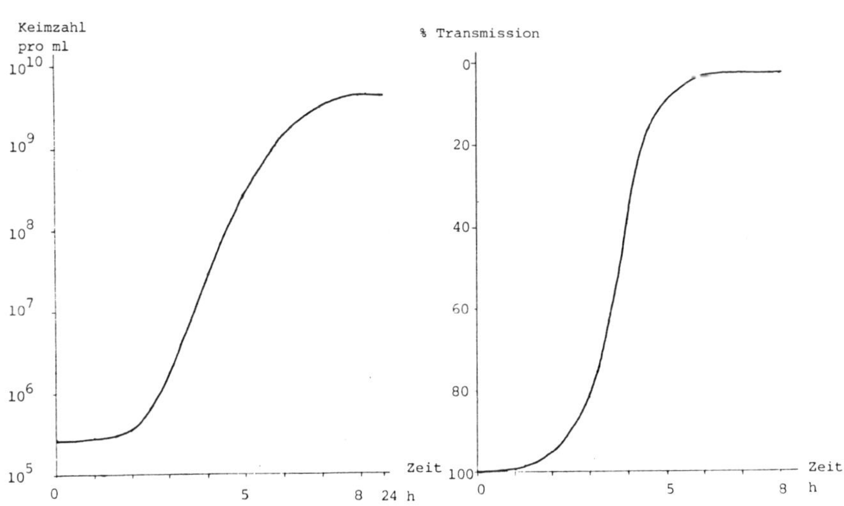

Fig. 8: Koch'sches Plattenverfahren

Fig.9: Trübungsmessung

3.   DISKUSSION

Allgemein ist festzuhalten, dass das Messprinzip des 'Thermopile Conduction Calorimeter' (Flow-Instrument) dem Isoperibol-Kalorimeter (Batch-Instrument) für Langzeitmessungen überlegen ist. Gleichwohl ist es möglich mit einer etwas aufwendigeren Kalibrierung und einer geeigneten Auswertung aus dem gemessenen Temperaturverlauf eines Isoperibol-Kalorimeters die effektive Wärmeproduktion zu berechnen und dadurch zu gleichwertigen kalorimetrischen Daten zu kommen.

Für gewisse Anwendungen - z.B. hochviskose Lösungen, Suspensionen - sind die heute kommerziell erhältlichen Flow-Instrumente nicht einsatzfähig, hingegen können mit Isoperibol-Kalorimetern solche Untersuchungen durchgeführt werden.

Es konnte gezeigt werden, dass durch die Dosiervorrichtungen und durch die Belüftung das Reaktionsgefäss des Isoperibol-Kalorimeters für vielseitige bakterielle Wachstumsversuche eingesetzt werden kann.

Die antibakterielle Wirkung von Substanzen, wie $CuSO_4$ und 2,4-Dichlorphenol Na-Salz, kann über den zeitlichen Verlauf der Wärmeproduktion getestet werden. Die gemessene zeitliche Wärmeproduktion der verwendeten Klärschlammbakterien zeigte vor der Zugabe antibakterieller Substanzen zum Teil einen unterschiedlichen Verlauf. Die Bakterien wurden zu unterschiedlichen Zeiten der Laborkläranlage entnommen. Die Vermutung liegt nahe, dass das unterschiedliche Verhalten der Bakterien durch Schwankungen in der Anzahl und der Zusammensetzung der einzelnen Keimarten und auch durch einen unterschiedlichen Ernährungszustand hervorgerufen wurde (siehe Fig. 5). Die antibaketrielle Wirkung von $CuSO_4$ und von 2,4-Dichlorphenol Na-Salz auf Klärschlammbakterien, die sich zur Zeit der Zugabe in einer stationären Wärmeproduktionsphase befanden, konnte mit einem Isoperibol-Kalorimeter genau verfolgt werden durch Registrierung des zeitlichen Verlaufs des Keimverhaltens (Wärmeproduktion/Wachstum) in Abhängigkeit der Wirkstoff-Konzentration.

Der E. coli Stamm diente als einfaches Modell für vergleichende Untersuchungen des Wachstums und der Wärmeproduktion. Die einzelnen Wachstumsphasen, die bei einer Impfkonzentration von $2.7 \cdot 10^5$ Keime pro ml BHIB bis zu einer Endkonzentration von $4 \cdot 10^9$ Keime pro ml BHIB durchlaufen werden, waren durch signifikante Aenderungen der Wärmeproduktion gekennzeichnet. Die quantitativen Unterschiede in der Wärmeproduktion zwischen Batch- und Flow-Kalorimeter sind nicht auf die Messgenauigkeit, sondern auf unterschiedliches Wachstumsverhalten der E. coli, verursacht durch die gegebenen apparatespezifischen Versuchsbedingungen, wie Volumen, Rührgeschwindigkeit, Gefässform, zurückzuführen. Auf eine Betrachtung der Zusammenhänge zwischen dem zeitlichen Verlauf der Wärmeproduktion und dem Wachstumsverhalten von E. coli soll in einer weiteren Publikation eingegangen werden.

<u>Literatur</u>

[1] W. Oberzill, Mikrobiologische Analytik, (1967), Verlag H. Carl, Nürnberg

[2] W. Burrows, Texbook of Microbiology, (1965), W.B. Saunders Comp., Philadelphia and London

[3] I. Coops, R.S. Jessup, and K. von Nes, in F.D. Rossini, Experimental Thermochemistry, Intersience, New York, (1956)

[4] I.M. Sturtevant, in A. Weissberger, Physical Methods in Organic Chemistry, Part 1, Third Ed., Interscience, New York, (1959)

[5] S. Sunner, and I. Wadsö, Acta Chem. Scand. <u>13</u>, 97 (1959)

ENERGIE AUS TIERISCHEN EXKREMENTEN

H. Bolouri, I. Lamprecht
Institut für Biophysik, Fachbereich Biologie, Freie Universität
Berlin, D-1000 Berlin 33

EINLEITUNG

Der ständig steigende Energiebedarf und das immer
knapper werdende Erdöl geben den Anlaß, neben Kohle, Kernenergie,
Sonnenenergie, Erdwärme, Energie aus Wasser und Wind nach weiteren Energiequellen zu suchen. Dabei sind bislang "biologische
Energien" wenig genutzt worden.

Alle biologischen Abbauprozesse sind mit einer starken
Wärmeproduktion verbunden. In vielen Fällen wird diese Wärme
nicht beachtet (Behandlung von Abwässern, Aufarbeitung von Müll,
Fermentierung von Silage, Zersetzung von Dung, Gülle und Kompost), oft gefürchtet (Selbsterhitzung von feuchtem Heu, Korn
oder Baumwolle) oder in großtechnischen Prozessen als störend
empfunden und durch Kühlung abgeführt (Fermentierung im Brauerei-
wesen, Erzeugung von "single cell protein"). Typische Wärmeproduktionsraten liegen bei einigen Milliwatt pro Gramm Trockensub-
stanz (s. Tab.2). Da oft Tonnen biologischen Materials umgesetzt
werden, können Wärmeflüsse in der Größenordnung von mehreren Me-
gawatt entstehen.

"Biologische Energien" können auf verschiedenen Wegen
zur Verfügung gestellt werden:
- Abwärmen bei tierischen Prozessen, z.B. Ausnutzung der Körper-
und Atemwärme in der Tierhaltung oder der bei der Kühlung
frischer Milch von 32 auf 4°C abzuführenden Wärme zum Erhitzen von Wasser;
- Verbrennung von Biogasen, die beim mikrobiellen Abbau von organischen Substanzen (Dung, Hausabfällen, Ernterückständen,
Algenernten) entstehen (Methan, Wasserstoff);
- Verbrennung biologischen Materials wie Holz, Stroh, Spreu
oder Trockendung zu Heizzwecken.

Es existieren verschiedene Vorschläge, die bislang un-
beachtet gebliebenen biologischen Abwärmen in kleinem oder in
großtechnischem Maßstab zu nutzen, ohne wie bisher biologisches

Material nur zum Heizen zu verwenden und damit kostbare Grundstoffe zu vergeuden. Kompost-, Dung- und Waldstreu-Reaktoren
können hier einen Weg weisen (s. z.B. Buvet, 1977; Bio-Energie,
1978).

In der vorliegenden Arbeit soll über kalorimetrische
Experimente zur Bestimmung der Wärmeausbeute beim mikrobiellen
Abbau verschiedener Exkremente berichtet werden. Im Gegensatz
zu den in der Mikrobiologie meist verwendeten Reinkulturen handelt es sich in diesen Untersuchungen um Mischkulturen, die den
großen Gruppen der mesophilen und thermophilen Organismen an-
gehören. In beiden Gruppen finden sich verschiedene Bakterien-,
Hefe- und Schimmelpilzarten, die hier nicht näher analysiert
worden sind. Genaue Bestimmungen sind an Mischkulturen durchgeführt worden, die bei der Selbsterhitzung und -entzündung des
Heus beobachtet wurden (Miehe, 1930; Glathe, 1959; Gregory et
al., 1963). Die Gruppe der Thermophilen ist dafür verantwortlich,
daß im Dung Temperaturen über 70 °C erreicht werden. In keinem
Fall aber konnte eine weitere, auf exotherme chemische Reaktionen zurückzuführende Temperaturerhöhung beobachtet werden, wie
sie für die Selbsterhitzung des Heus charakteristisch ist (s.
z.B. Glathe, 1959).

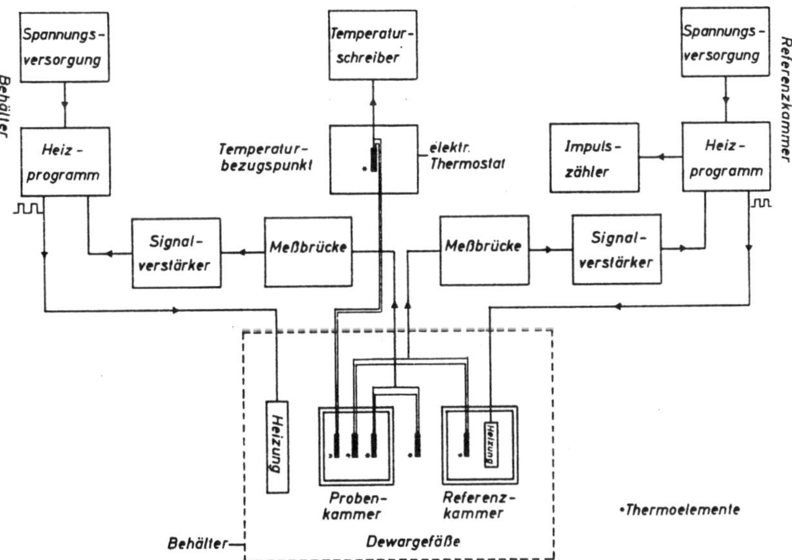

Abb.1 Schematische Darstellung des adiabatischen Kalorimeters
       und seiner Regelung

Da in der Natur in größeren Haufen von Dung, Heu oder
Kompost wachsende Temperaturen gefunden werden und die Prozesse
damit zumindest quasi-adiabatisch verlaufen müssen, fand die
Mehrzahl der Experimente in einem adiabatischen Zwillingskalorimeter statt. Für einige ausgewählte Temperaturen wurde zusätz-

lich die Wärmeproduktion isotherm in einem Mikrokalorimeter nach
E.Calvet bestimmt (s.a. Lamprecht und Schaarschmidt, 1974).

INSTRUMENTIERUNG

Es wurde ein adiabatisches Zwillingskalorimeter entwickelt, das zwei Dewar-Gefäße von 200 ml Inhalt als Reaktions-
und Referenzkammer enthält. Ein Prototyp des Gerätes ist bei
Lamprecht und Schaarschmidt (1974) wiedergegeben und besprochen.
In der Referenzkammer befindet sich ein elektrischer Widerstand,
der es gestattet, die Temperatur der Referenzkammer durch Joulesche Erwärmung der der Probenkammer anzugleichen. Um die Wärmeverluste nach außen so gering wie möglich zu halten, wird die
Temperatur des Außenraumes durch elektrische Heizung ebenfalls
der Probentemperatur angepaßt. Abb.1 gibt den gesamten Aufbau
des Kalorimeters und seiner Steuerung wieder.

Thermoelemente messen die Temperaturdifferenzen zwischen den beiden Kammern und zwischen der Probenkammer und dem
adiabatischen Mantel und steuern die Regelsysteme der elektrischen Heizer. Bei einer Auflösung besser als 2 μV können die
Temperaturdifferenzen kleiner als $0,01^{\circ}$C und Wärmeverluste damit
verschwindend klein gehalten werden.

Der Heizstrom wird diskontinuierlich in Rechteckimpul-
sen konstanter Höhe und Länge abgegeben. Ein Rechteck entspricht
einer Wärme von 40,8 mJ. Die Impulse werden gezählt und ihre
Summe zu bestimmten Zeiten abgelesen. Mit einem weiteren Thermoelement läßt sich die Temperatur der Probe gegen einen konstanten Bezugspunkt messen und mit einem Schreiber aufzeichnen. Diese Temperatur-Zeit-Kurven sind in den Abb.2 bis 5 wiedergegeben.

In allen Versuchen wurde die Probenkammer mit 25 g
Dung, die Referenzkammer mit 25 g Leitungswasser gefüllt. Damit
verbleibt ein Luftvolumen von 175 ml über der Probe, so daß eine
ausreichende Sauerstoffversorgung gewährleistet ist. Wenn nicht
anders angegeben, wurden die Versuche bei 22°C gestartet.

Zu Beginn und am Schluß jeden Versuchs wurde das Naß-
gewicht der Probe bestimmt. Anschließend wurde der Dung bei
105°C in einem Trockenofen oder unter Vakuum in einem Trocken-
pult getrocknet. Bei Verbrennungsexperimenten kam zusätzlich
lyophilisierter Dung zum Einsatz.

Die Verbrennungwärmen wurden mit einem modifizierten
Verbrennungskalorimeter (Lamprecht, 1976) nach Phillipson (1964)
ermittelt. Die Dungproben wurden gemörsert, zu Pillen von 10 -
30 mg gepreßt und unter einem Sauerstoffdruck von 30 at verbrannt. Unabhängig davon wurde der Aschegehalt der Proben bestimmt.

        Der Dung von Huhn, Elefant, Schwein, Rind und Pferd
wurde bisher gemessen; Experimente mit Exkrementen vom Nashorn
(als sehr urtümlichem Tier) und mit Stuhl von Erwachsenen und
von Säuglingen, die entweder gestillt werden oder die Flasche
bekommen, laufen. Als Ergänzung dieser Messungen sind weitere
Versuche zur Wärmeerzeugung in Kompost, in Haus- und Gartenab-
fällen und in Waldstreu geplant.

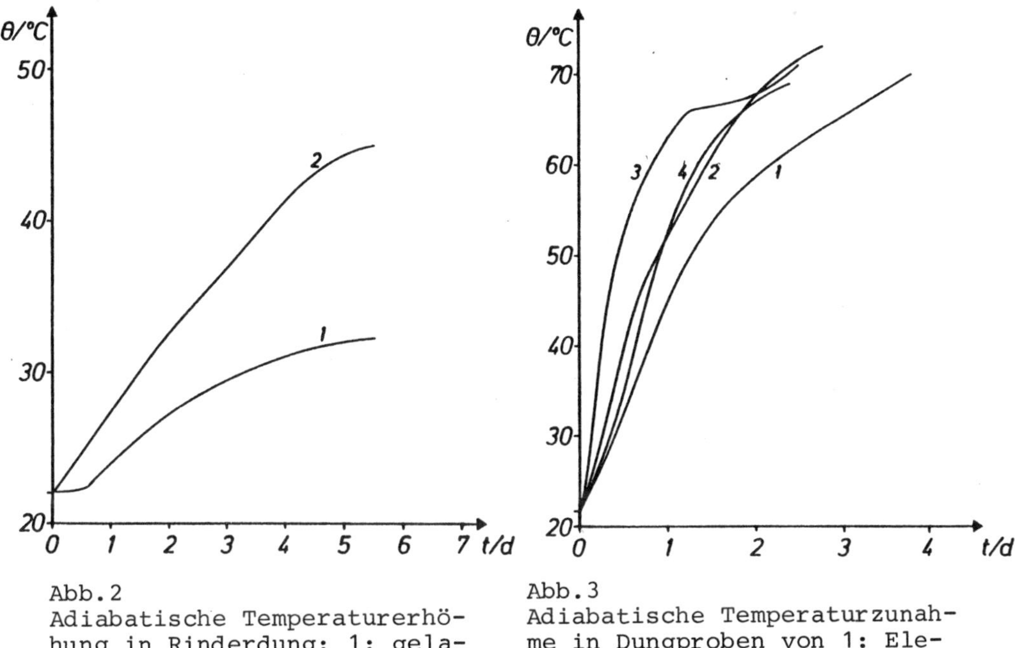

Abb.2
Adiabatische Temperaturerhöhung in Rinderdung; 1: gelagert; 2: frisch

Abb.3
Adiabatische Temperaturzunah-
me in Dungproben von 1: Ele-
fant; 2: Pferd; 3:Schwein;
4: Huhn

ERGEBNISSE UND DISKUSSION

Versuchsdauer

        Bei einer Anfangstemperatur von 22°C wird die maximale
Temperatur nach mehreren Tagen erreicht (Tab.1). Trotz der höchsten Maximaltemperaturen geht die Selbsterhitzung bei Pferde-
und Schweinedung am schnellsten, am langsamsten verläuft sie
bei gelagertem Rinderdung. Diese Zeiten entsprechen denen, die
auch andere Autoren bei Selbsterhitzungsvorgängen ohne starke
Belüftung gefunden haben (Miehe, 1930; Gregory et al., 1963;
Hussain, 1973), während Rothbaum (1963) deutlich kürzere Auf-
heizungsperioden angibt. Wird Mist sehr intensiv belüftet, so
ist die Maximaltemperatur schon nach 15 Stunden erreicht (Baader, private Mitteilung).

Tabelle 1   Versuchsdauer, Maximaltemperatur und spezifische
            Wärmeproduktion für verschiedene Dungsorten

Dungsorte	Versuchs-dauer	Temperatur-anstieg von 22 °C auf	Gesamte Wärmeproduktion pro Masse (feucht)	(trocken)
	h	°C	kJ/kg	kJ/kg
Rind (gelagert)	6,5	33	98	613
Rind (frisch)	5,5	45	225	1364
Schwein	2,5	71	538	2832
Pferd	2,8	73	495	1980
Elefant	3,8	70	541	4162
Huhn	2,4	69	493	1761

Maximal erreichte Temperatur

Die auffälligste Meßgröße ist die maximal erreichte
Temperatur in einer Dungprobe. Diese Temperaturen sind für die
einzelnen Dungarten in der Tab.1 angegeben. Werden mehrere Experimente hintereinander mit demselben Dung gefahren, so variieren die Maximaltemperaturen um weniger als 2 °C. Verschiedene
Proben der gleichen Art können aber deutliche Unterschiede zeigen (s.a. Baade, 1972). Das Alter des Dungs und die Lagerung
spielen eine entscheidende Rolle. Ein Rinderdung, der mehrere
Jahre tiefgekühlt gelagert war, erreichte nach 6,5 Tagen nur
eine Temperatur von 32 °C bei einer Wärmeproduktion von 98 kJ/kg,
während sich frischer Rinderdung bei einer Produktion von 225
kJ/kg in 5,5 Tagen auf 45 °C erwärmt (Abb.2).

Rinderdung erreicht die niedrigsten Maximaltemperaturen, während in allen anderen Fällen 70 °C oder mehr ermittelt
werden (Abb.3, Tab.1). Worauf dieser drastische Unterschied zurückzuführen ist, kann im Augenblick nicht gesagt werden.

Die Maximaltemperatur kann zu größeren Werten verschoben werden, wenn man bei etwas höheren Anfangstemperaturen beginnt. So erwärmt sich Rinderdung von 22 auf 45 °C oder von 40
auf 63 °C (Abb.4). Ein entsprechender Versuch mit Pferdedung ist
in Abb.5 wiedergegeben. Allerdings läßt sich die Endtemperatur
nicht beliebig erhöhen, eine Grenze scheint bei 75 °C erreicht
zu sein. Dieser Wert dürfte mit der physiologischen Stoffwech-
selgrenze der Thermophilen zusammenhängen.

Erzeugte Wärmemenge

Außer der Versuchsdauer und der maximal erreichten Temperatur ist in Tab.1 die insgesamt erzeugte Wärmemenge angegeben,

die aus dem Heizstrom bestimmt worden ist. Die Werte sind auf
Naß- und Trockengewicht umgerechnet worden.

Die Wärmekapazität der Probe wird wegen des hohen
Wassergehaltes des Dunges im wesentlichen durch die spezifische
Wärme des Wassers und nicht durch die des Trockenmaterials bestimmt (s.a. Rothbaum, 1963). Die Differenz zwischen der aus
der Wärmeproduktion zu errechnenden und der tatsächlich erreichten Temperaturerhöhung läßt sich aus der Wärmekapazität
des Kalorimetersystems erklären. Bei einem Wasserwert von 279
J/grd geht dieser Betrag für die Erwärmung der Probe verloren.
Wegen des Verlustes liefert nicht die Temperaturerhöhung, sondern die Heizrate ein direktes Maß für die Wärmeproduktion in
der Reaktionskammer.

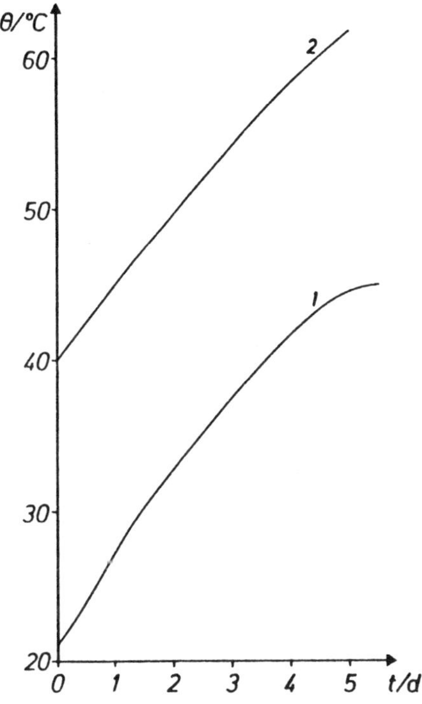
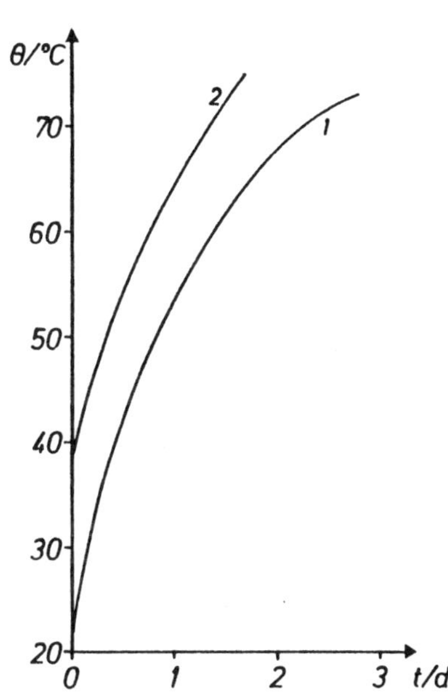

Abb.4
Adiabatische Temperaturerhöhung in Rinderdung, der bei
22 °C (1) und bei 40 °C (2)
in das Kalorimeter verbracht
wurde

Abb.5
Adiabatische Temperaturzunah-
me in Pferdedung, der bei 22
°C (1) und bei 40 °C (2) in
das Kalorimeter verbracht
wurde

In isothermen Kalorimeterexperimenten (Lamprecht und
Schaarschmidt, 1974) ging die Wärmeproduktion auf Null zurück,
wenn der Sauerstoff verbraucht war. Bei erneuter Luftzufuhr
stieg die Wärmeproduktion auf den ursprünglichen Wert. Dieses
Verhalten ließ sich viele Male wiederholen. Es könnte daher

sein, daß in den adiabatischen Experimenten eine ähnliche Limitierung vorliegt. Öffnet man das Dewargefäß und kühlt den Inhalt auf die Ausgangstemperatur ab, so ist nach erneutem Einsetzen ins Kalorimeter kaum eine Wärmeproduktion zu beobachten. Auch höhere Anfangstemperaturen ändern daran nichts, so daß dieser Effekt nicht auf eine Abtötung der mesophilen Organismen zurückgeführt werden darf, sondern tatsächlich eine Erschöpfung der Substrate für den mikrobiellen Abbau darstellt. Dafür spricht auch, daß nach dem Erreichen des Maximalwertes die Temperatur aufgrund von Verdunstungsprozessen leicht absinkt, statt auf demselben Wert zu bleiben, wie es für einen isothermen Stoffwechsel bei Maximaltemperatur zu erwarten wäre.

Die für die einzelnen Dungsorten gefundenen Wärmen unterscheiden sich deutlich. Dieses Verhalten ist aus der Konsistenz des Dungs zu erwarten und auch in der Literatur beschrieben (Baader, 1972).

Tabelle 2   Temperaturbereich Θ und Wärmeproduktionsraten in verschiedenem biologischen Material, auf Frischgewicht (P) und auf Trockengewicht (P') bezogen (Die Literaturdaten sind meist geschätzt)

Material	Θ	P	P'	Autor
	°C	mW/g	mW/g	
Hühnerdung	22-69	7,79	27,8	diese Arbeit
Schweinedung	22-71	3,43	18,1	
Pferdedung	22-73	4,26	17,0	
Elefantendung	22-70	2,15	16,5	
Rinderdung (gelag.)	22-33	1,18	7,4	
(frisch)	22-45	2,01	12,2	
Rinderdung	32	2,23	13,9	Lamprecht (1974)
Heu	20-70	3,7	13,2	Glathe (1959)
	20-70		1,7-21,8[+]	Rothbaum (1963)
	20-90	1,14	2,53	Hussain (1973)
	25-65	0,65	1,1	Gregory (1963)
Kompostierung von Fichtenrinde	45		7,8	Bagstam (1979)
Waldstreu	60	0,28		Svikovsky (1978)
Müll	25-75	1,9	3,5	Glathe (1959)

[+]) Die Wärmeproduktionsraten hängen stark von der Feuchtigkeit des Heus ab.

Wärmeproduktionsraten

Aus dem Temperaturanstieg bzw. aus der zeitlichen Aufsummierung der Heizpulse lassen sich die Wärmeproduktionsraten bestimmen. Diese Werte sind in Tab.2 wiedergegeben und Literaturdaten gegenübergestellt.

Mit einem isothermen Kalorimeter bestimmten Lamprecht und Schaarschmidt (1974) die Wärmeproduktionsraten von Rindermist. Die maximalen Raten wurden nur wenige Stunden beibehalten, dann fielen sie steil auf einen längere Zeit konstanten Wert und nach ca. 20 Stunden auf Null ab. Unter leicht erhöhtem Sauerstoffdruck erhielten die Autoren eine auf viele Tage konstante Wärmeproduktion. In Tab.2 ist der Maximalwert wiedergegeben.

Verbrennungswärmen

Wesentlich höhere Energiebeträge lassen sich aus biologischem Material durch Verbrennung gewinnen. Für drei Dungsorten sind solche Brennwertbestimmungen durchgeführt und die Ergebnisse in Tab.3 zusammengefaßt worden.

Entnimmt man Tab.1 eine mittlere biologische Wärmeproduktion von 500 kJ/kg Dung (ohne Berücksichtigung von Rinderdung) und Tab.3 einen Verbrennungswert von 17.000 kJ/kg, so sieht man, daß nur ca. 3% des Energiegehaltes des Dungs biologisch verfügbar gemacht werden. Durch stark aerobe Versuchsführung läßt sich dieser Anteil sicherlich steigern. Im Vergleich mit den Verbrennungswerten muß allerdings bedacht werden, daß nach der Kompostierung der Mist als vollwertiger Dünger zur Verfügung steht und nicht verbrannt worden ist.

Tabelle 3 Aschegehalt und spezifische Verbrennungswärmen
verschiedener Dungsorten

Dungsorte	Aschegehalt	Verbrennungswärme	aschefrei
	%	kJ/g	kJ/g
Rind	12,3	17,5	20,0
Pferd	11,5	17,1	19,3
Elefant	20,8	11,9	15,0

ZUSAMMENFASSUNG

Die Untersuchungen haben gezeigt, daß beim mikrobiellen Abbau von organischem Material beträchtliche Wärmemengen freigesetzt werden. Sie erreichen zwar nur einen Bruchteil der Wärmen, die bei einer vollständigen Verbrennung auftreten, lassen dafür aber wesentliche organische Bestandteile unverändert und erlauben damit die weitere Verwendung des kompostierten Materials.

Betrachtet man als Beispiel die Rinderhaltung, so fallen pro Tag und Stück Vieh etwa 50 kg Exkremente an. Diesen ist nach Tab.1 mindestens eine Wärme von 50 x 225 = 11 250 kJ zu entnehmen. Andererseits kann man davon ausgehen, daß eine Kuh pro Tag etwa 10 l Milch von $32^{o}C$ liefert. Die notwendige Kühlung auf $4^{o}C$ setzt Wärmen von 1170 kJ frei, eine Energie, die etwa einem Zehntel der mikrobiell aus Dung zu gewinnenden Energie entspricht. Wenn heute in Höfen mit mehr als 50 Kühen rentable Versuche laufen, die Milchwärme zum Aufheizen von Brauchwasser zu nutzen, dann sollte das erst recht mit der Abwärme des Dunges sinnvoll sein.

Die durchgeführten kalorimetrischen Messungen lassen sich sicher nicht einfach auf Dungreaktoren großen Maßstabes übertragen, sondern können nur in eine bestimmte Richtung weisen. Sie zeigen aber, daß es auch für Kalorimetristen interessant sein kann, bei der Erschließung möglicher neuer Energiequellen mitzuarbeiten.

" N O N   O L E T "

Literatur

Baader, W.: Entwicklungstendenzen bei technischen Einrichtungen zur Behandlung tierischer Exkremente. Landbauforschung Völkenrode, Sonderheft 14, 70-74 (1972)

Bagstam, G.: Population changes in microorganisms during composting of spruce-bark. II. Mesophilic and thermophilic microorganisms during controlled composting. European J.Appl.Microbiol.Biotechnol.6, 279-288 (1979)

Buvet, R. et al. (Hrgb.): Living systems as energy converters. Elsevier Publishing Co., New York (1977)

D'Ans-Lax: Taschenbuch für Chemiker und Physiker, Bd. I, 3. Auflage, Springer-Verlag, Berlin (1967)

Glathe, H.: Die Selbsterhitzungsvorgänge in der Natur. Zblt.Bakteriol. II. Abt.113, 18-31 (1959)

Gregory, P.H., Lacey, M.E., Festenstein, G.N., Skinner, F.A.: Microbial and biochemical changes during the moulding of hay. J.Gen.Microbiol. 33, 147-174 (1963)

Hussain, H.M.: Ökologische Untersuchungen über die Bedeutung thermophiler Mikroorganismen für die Selbsterhitzung von Heu. Z.Allg.Mikrobiol. 13, 323-334 (1973)

Lamprecht, I., Schaarschmidt, B.: Beiträge der Mikrokalorimetrie zu Stoffwechseluntersuchungen an Mikroorganismen und Geweben. Pressedienst der FU Berlin 4, 52-76 (1974)

Lamprecht, I.: Application of calorimetry to the evaluation of metabolic data for whole organisms. Biochem.Soc.Transactions 4, 565-569 (1976)

Miehe, H.: Die Wärmebildung von Reinkulturen im Hinblick auf die Ätiologie der Selbsterhitzung pflanzlicher Stoffe. Arch.Mikrobiol. 1, 78-117 (1930)

Phillipson, J.: A miniature bomb calorimeter for biological
          samples. Oikos 15, 130-139 (1964)
Rothbaum, H.P.: Spontaneous combustion of hay. J.Appl.Chem. 13,
          291-302 (1963)
Svikovskiy, E.: The use of microbean thermal energy. In: Bio-
          Energie. Energie aus lebenden Systemen. Duttweiler,
          Rüschlikon, 127-145 (1978)
Vespasian, T.F.: nach Sueton, "Vespasian", 23 (79): Non olet

NICHT-ISOTHERME REAKTIONSSPEKTROSKOPIE (UV/VIS) ALS DIREKTE THERMOANALYTISCHE METHODE

Erhard Koch und Berthold Stilkerieg
Institut für Strahlenchemie
Max-Planck-Institut für Kohlenforschung, Stiftstrasse 34 - 36
4330 Mülheim a.d. Ruhr 1

Isotherme kinetische Untersuchungen von UV/VIS-Spektren in Lösung werden in Hinblick auf vorhandene Transienten häufig bei verschiedenen Temperaturen durchgeführt. Durch kontinuierlich nicht-isotherme Messungen erhält man aus einem Versuch die Aktivierungsparameter einer chemischen Reaktion. Der uns ohne größeren apparativen Aufwand zugängliche Wellenlängenbereich von 200-800 nm enthält die Anregungen der Elektronen aus p- und d-Orbitalen sowie π-Orbitalen und insbesondere π-konjugierten Systemen, die zu leicht meßbaren und informativen Spektren führen.

Die Methode der nicht-isothermen Reaktionsspektroskopie gleicht ihrem Wesen nach einer vereinfachten Differentialthermoanalyse (DTA) und erhält durch einen zusätzlichen Parameter, die Wellenlänge, dreidimensionalen Charakter. Mit schnellen Spektralphotometern ist es daher möglich, Stereospektren aufzunehmen (1).

Die einfachere, hier dargelegte Meßmethode wird bei einer festen, ggf. nur von Versuch zu Versuch geänderten, Wellenlänge durchgeführt. Die analytische Bestimmung der reaktionsspezifischen Meßgrößen setzt isotherme Experimente bei verschiedenen Untersuchungstemperaturen voraus, weil sowohl die kinetischen Gesetze als auch die Arrheniusgleichung und ggf. eine Temperaturabhängigkeit der Extinktionskoeffizienten zu berücksichtigen sind.

Im isothermen Fall gilt für die Reaktionsgeschwindigkeit, die proportional zur Extinktionsänderung angesehen werden kann

$$v = - \frac{dA}{dt} = k(T)A^n = k_\infty \cdot A^n \exp - \frac{E}{RT} \qquad (1)$$

Im nicht-isothermen Fall wird die Temperatur T durch die Aufheizgeschwindigkeit $\underline{m}$ festgelegt

$$T = m \cdot t \qquad (2)$$

mit $t-t_o$ = Zeit seit Beginn des Experiments

und t_o = Zeit zu Beginn des Experiments

daraus folgt

$$v = k_\infty \cdot A^n \cdot \exp - \frac{\varepsilon}{t} \quad \text{mit } \varepsilon = \frac{E}{R \cdot m} \tag{3}$$

Integration liefert für den pseudo-unimolekularen Fall (n = 1)

$$A = A_o \cdot \exp[-k_\infty \int_o^t \exp(-\frac{\varepsilon}{t})dt] \tag{4}$$

durch Einsetzen in (3) erhält man die Reaktionsgeschwindigkeit zu

$$v = k_\infty \cdot A_o \cdot \exp(-\frac{\varepsilon}{t} - \int_o^t kdt) \cong \text{Extinktionsänderung} \tag{5}$$

und die momentane Geschwindigkeitskonstante nach (6)

$$k(t) = \frac{v}{\int_o^\infty vdt - \int_o^t vdt} \tag{6}$$

$$\text{mit } \int_o^t vdt = A_o[1-\exp(-\int_o^t kdt)]$$

EINIGE ANWENDUNGEN

Zur Erprobung der neuen Methode wählten wir eine bereits isotherm (2) untersuchte einfache Reaktion aus, die 1,3-Addition des Isobutylidenindandions an 1,1-Dimethoxyäthylen (Abb. 1)

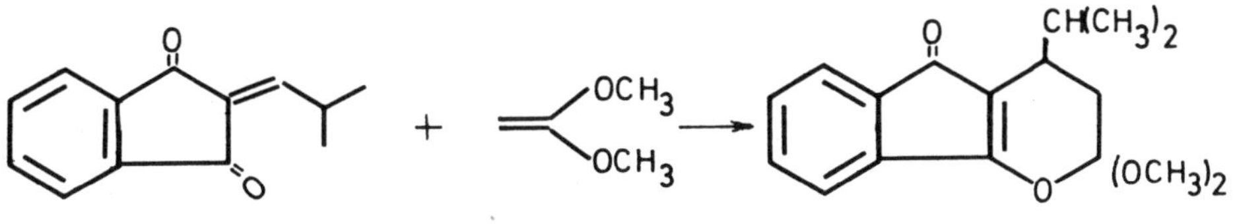

Isobutylidenindandion 1,1-Dimethoxyäthylen 1:1 Addukt

Abb. 1 Reaktion von Isobutylidenindandion mit 1,1-Dimethoxyäthylen

Die bei tiefen Temperaturen quasi eingefrorene Reaktion gelangt
während der Aufheizung in den Bereich meßbarer Reaktionsgeschwin-
digkeiten; der Reaktionsbeginn läßt sich exakt festlegen. Bei
hoher Konzentration eines Partners (0,0025: 0,25 M) beginnt die
Umsetzung merklich schon unterhalb 235 K und läuft nach pseudo-
erster Ordnung ab. Die v-Auswertung nach Gl. (6) (Abb. 2) lieferte für verschiedene Lösungsmittel ähnliche Geschwindigkeitskonstanten und Aktivierungsparameter, wie wir sie in isothermen
Versuchen (2) (Tab. 1) und DTA-Experimenten (3) bestimmt hatten.

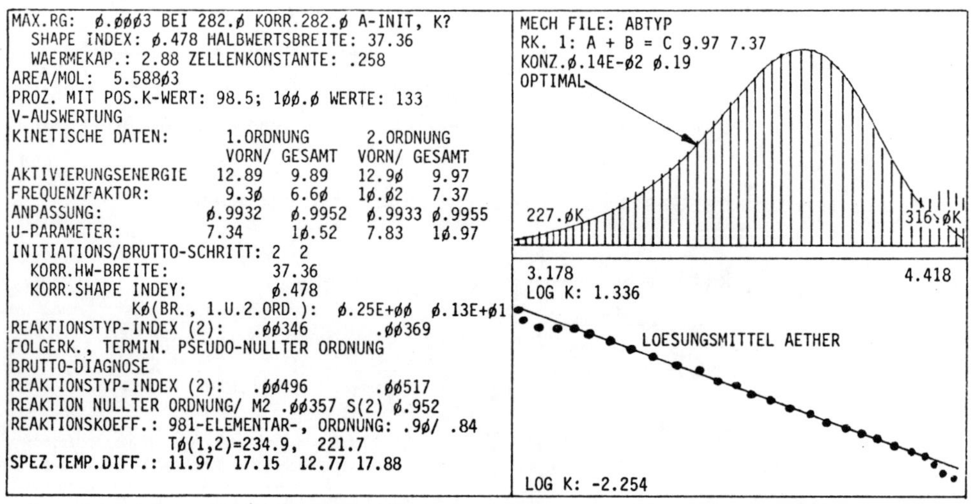

Abb. 2   v-Auswertung und Arrheniusdiagramm der Reaktion
            Isobutylidenindandion und 1.1-Dimethoxyäthylen

Im Rahmen unserer Untersuchungen komplexer Reaktionen
am Azodicarbonsäurediäthylester und Hydrazin, die gemäß

$$2 \; \underset{N-CO_2C_2H_5}{\overset{N-CO_2C_2H_5}{\|}} \; + \; N_2H_4 \; \longrightarrow \; 2 \; \underset{HN-CO_2C_2H_5}{\overset{HN-CO_2C_2H_5}{|}} \; + \; N_2$$

abreagieren sollten (4), fanden wir zunächst Unterschiede in den
Reaktionsanfangstemperaturen, welche bei steigender Hydrazinkon-
zentration zu wesentlich höheren Werten verschoben werden (Abb.3)

Tab. 1	E_A[kJ/mol]	log A[min^{-1}]	Lösungsmittel
Aktivierungsparameter	40.9	6.29	Toluol
IBI + 1.1-DMÄ	41.1	7.37	Äther
	44.9	8.26	Acetonitril

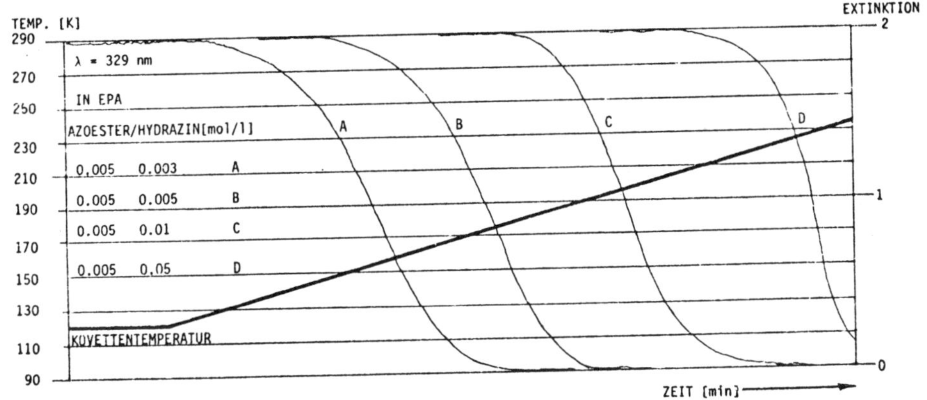

Abb. 3   Extinktionsverlauf bei verschiedenen Hydrazinkonzentrationen in der Reaktion Azodicarbonsäurediäthylester
und Hydrazin unter nicht-isothermen Bedingungen

Diese Unterschiede und das Auftreten einer neuen Bande bei 329 nm
ließen vermuten, daß in Lösung bei tiefer Temperatur mehrere
Spezies nebeneinander vorliegen, die möglicherweise im Gleichgewicht miteinander stehen.
Die Reaktionspartner wurden bei 135 K (Hydrazin im Überschuß) in
EPA zusammengegeben und durch langsame Erwärmung (1,5 K/Min) zur
Reaktion gebracht. Wir nehmen an, daß bei der Zugabe augenblicklich ein 1:2 Komplex (II) aus Azoester und Hydrazin entsteht, der
bei tiefer Temperatur weitgehend unlöslich ist und durch weitere
Hydrazinzugabe vollständig aus der Lösung ausgeschieden werden
kann. (II) steht dann im Gleichgewicht zu einem 1:1 Komplex (I)
und den Ausgangskomponenten (Abb. 4)

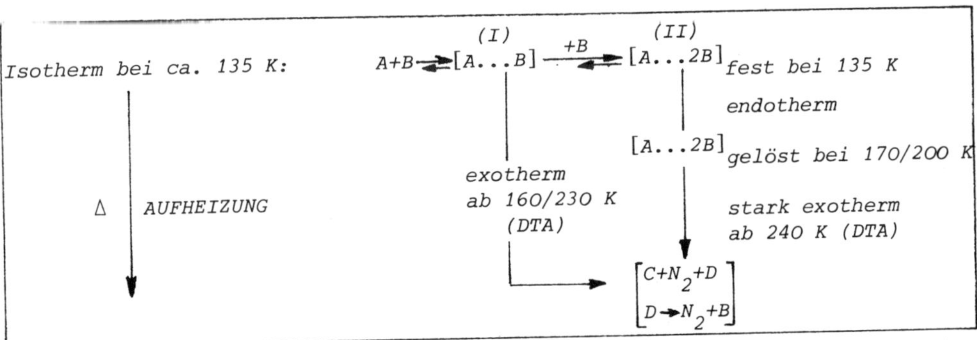

Abb. 4   Reaktion von Azodicarbonsäurediäthylester mit Hydrazin
A = Azodicarbonsäurediäthylester   B = Hydrazin
C = Hydrazidicarbonsäurediäthylester   D = Diimin (N_2H_2)

Durch Auswertung der erhaltenen Signale mit Hilfe eines Rechner-
programmes (5) erhalten wir die Aktivierungsenergie der Hydrazin-
Azoesterreaktion für den 1:1 Komplex zu ~20.5 kJ/Mole (Abb. 5)
Diese Spektrometerbefunde ließen sich eindeutig durch die DTA
Untersuchungen des gleichen Systems in Äthylalkohol belegen.

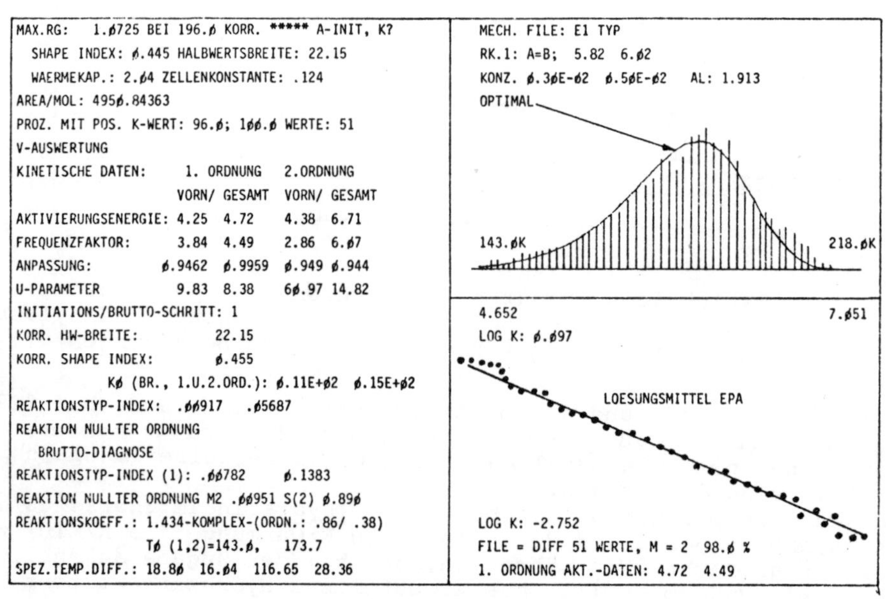

Abb. 5   v-Auswertung und Arrheniusdiagramm der Reaktion
           Azodicarbonsäurediäthylester und Hydrazin

       Die nicht-isotherme Reaktionsspektroskopie vereinigt
wegen der möglichen Variation der Wellenlänge die Vorteile des
Arbeitens in verdünnter Lösung, das die Auswertung kinetischer
Messungen erleichert, und der Indikationsmöglichkeit von Edukten
und Transienten, selbst bei sich überlappenden Absorptionen.

APPARATIVES

       Die von uns entwickelte Apparatur läßt sich leicht in
fast jedes Spektrometer integrieren. Herzstück der Meßanordnung
sind zwei vakuumisolierte Küvetten mit einem Temperiermantel
zwischen Küvette und Vakuumraum (Abb. 6).
Diese Küvetten lassen aufgrund ihrer Form sowohl eine Untersuchung miteinander reagierender Spezies in Lösung als auch Feststoffreaktionen in einer organischen Matrix (EPA , Rigisolve) zu.

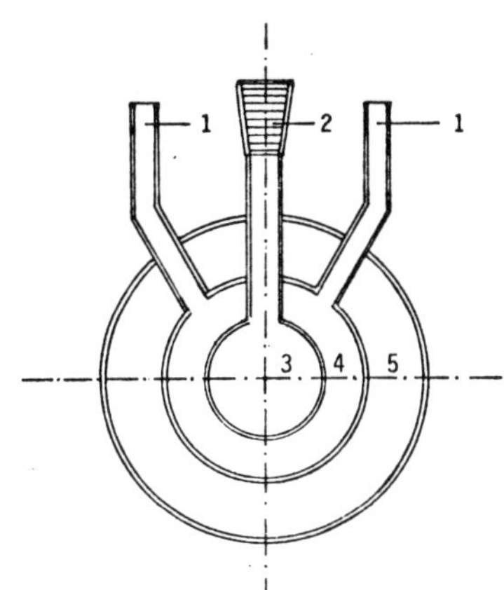

Abb. 6   Tieftemperaturküvette

Die Temperierung der Küvetten erfolgt mit N_2-Gas als Kühl- und
Heizmedium über eine Regel- und Steuereinrichtung im Bereich von
77 K bis 323 K; die unmittelbare Verwendung von N_2-Kaltgas aus
flüssigem N_2 gestattet gleichermaßen isotherme wie nicht-isotherme Meßweise mit beliebigen konstanten Aufheizraten zwischen
0,5 und 5K/Min.

<u>Literatur</u>:

(1)   R.M. Archibald, Chem. Ing. News <u>30</u>, 4474 (1952).

(2)   J. Bitter, J. Leitich, H. Partale, O.E. Polansky, W. Riemer,
      U. Ritter-Thomas, B. Schlamann und B. Stilkerieg,
      Chem. Ber., im Druck.

(3)   E. Koch, B. Stilkerieg, J. Thermal. Anal., im Druck.

(4)   Th. Curtius, K. Heidenreich, J. Prakt. Chem. [2] <u>52</u>, 454
                                                         (1895).

(5)   E. Koch, B. Stilkerieg, L. Carlsen, Ber. Bunsenges. Phys.
      Chem., im Druck.

DSC UNTERSUCHUNGEN AN PROTEIN - WASSER SYSTEMEN.

Madeleine Lüscher
Institut für Anorganische und Physikalische Chemie
Universität Bern, Freiestrasse 3   3012 Bern

Max Rüegg
Eidgenössische Forschungsanstalt   3097 Liebefeld

ZUSAMMENFASSUNG:

In der vorliegenden Arbeit wird über verschiedene Anwendungsmöglichkeiten der DSC Messtechnik zur Untersuchung der Funktion des Wassers in biochemischen Systemen berichtet.
Der Effekt der Hydratation auf die konformative Stabilität von Biopolymeren wurde am System Tropocollagen-Neutralsalze-Wasser untersucht. Im Temperaturbereich 25 bis 130°C wurden die thermalen Denaturierungsenthalpien und - Temperaturen in Funktion des Protein- Wassergehaltes gemessen.Die Ergebnisse dieser Mess Serie zeigten, dass die tripelhelicale Collagenstruktur prädominant stabilisiert wird durch das primäre Hydratwasser ($P\sim0.3$ g H_2O g^{-1}Protein) . Bei diesem Wassergehalt werden approximativ 3000 inter- und intracatenare Wasserbrücken vom Typ D...HOH...A ausgebildet, welche die helicale Struktur stabilisieren. Die beiden Neutralsalze KF und KI erhöhen, respektive reduzieren die konformative Stabilität von Tropocollagen. Diese Neutralsalzeffekte sind interpretierbar durch eine ionenspezifische Beeinflussung der Stabilität und Anzahl der helicalen Wasserbrücken.
In einer weiteren Arbeit wurden die Protein- Hydratwasserphasen durch Messungen der endothermen Eis-Schmelzprozesse im Temperaturgebiet - 50 bis 10°C untersucht. Mit dieser Messtechnik sind in Protein- Wasser Systemen allgemein drei Wasserphasen unterscheidbar:bis- 50°C unausfrierbares Wasser (P Phase), ausfrierbares Wasser,das sich in Bezug auf die Schmelzenthalpien,-Entropien und-Temperaturen von normalem Wasser signifikant unter scheidet(S Phase),und normales Wasser(B Phase).Diese Messungen wurden an Chymotrypsin und Tosylchymotrypsin ausgeführt. Durch die irreversible Enzyminhibitor Komplexbildung wird die Konformation des Enzyms beträchtlich verändert. Es konnte gezeigt werden, dass diese Konformationsänderung die Protein Hydrathüllen signifikant beeinflusst:Die Menge an P Wasser wird um 50 Mol pro Mol Chymotrypsin erhöht, die differentielle Schmelzwärme des

S Wassers steigt um 38 J g^{-1} H_2O an. Diese Veränderungen in der
Protein Hydrathülle werden interpretiert als Phasenübergänge von
Wassermolekeln, welche gekoppelt mit der Konformationsänderung
des Makromoleküls stattfinden.Die freie Energie solcher Phasenübergänge im Subsystem Wasser kann von Bedeutung sein für den
Δ G Term der biochemischen Gesamtreaktion, d.h. für die bio-
energetische Funktion des Wassers.

1.   EINLEITUNG

Wasser an anorganischen und bio- organischen Grenzflächen unterscheidet sich in Struktur und physikalischen Eigenschaften wesentlich von normalem Wasser. Nach dem heutigen Stand der Forschung
ist die Annahme berechtigt, dass dieses anomale Wasser an Bio-
polymeroberflächen Träger von wichtigen biochemischen Funktionen
ist.
Sowohl die konformative Stabilität von Biopolymeren, als auch
ihre biochemische Reaktivität werden vorwiegend durch drei Faktoren kontrolliert: 1) Wasserstoffbrücken Bildung ,2) hydrophobe
Wechselwirkungen und 3) elektrostatische Wechselwirkungen. An den
Faktoren 1) und 2) ist Wasser direkt beteiligt. Tait und Franks
(1) geben eine kurze, jedoch sehr informative Uebersichtarbeit
zu diesem Thema. Tanford diskutiert den hydrophoben Effekt in
einer gleichnamigen Monographie (2).Es wird angenommen, dass die
treibende Kraft dieser Wechselwirkung in einem Phasenübergang von
entropisch ungünstigem,"hydrophobem Hydratwasser" in die freie
Lösungsmittelphase besteht. Wasser kann also sowohl eine Bio-
polymerstruktur-stabilisierende, als auch eine bio- energetische
Funktion ausüben.In den letzten Jahren sind zahlreiche Arbeiten-
z.T. ebenfalls mit der DSC Messtechnik - über Biopolymer- Wasser
Wechselwirkungen erschienen.Kuntz und Kauzmann (3)geben über dieses umfangreiche experimentelle Material eine ausführliche Uebersicht.
In der vorliegenden Arbeit werden einige DSC Untersuchungen an
verschiedenen Protein- Wasser Systemen beschrieben. Es soll
anhand dieser Ergebnisse versucht werden, das relativ neue Arbeits-
gebiet der Biopolymer Hydratation und deren biochemische Bedeu -
tung einem weiteren Leserkreis näherzubringen. Ein Anspruch auf
Vollständigkeit kann und soll jedoch in diesem Rahmen nicht er-
hoben werden.

2.   EXPERIMENTELLES

Materialien:
Säurelösliches Tropocollagen wurde nach der Methode von Reich(4)
aus frischer Kalbshaut dargestellt.
   Chymotrypsin war ein Worthington Präparat (CDI grade, 3x cryst.
salt free) und wurde ohne weitere Reinigung verwendet.

Tosylchymotrypsin wurde nach einer von Strumeyer et al. (5) beschriebenen Methode dargestellt (AC Laboratorium Wimmis).

Kalorimetrie:
Sämtliche kalorimetrischen Messungen wurden mit einem Perkin-
Elmer DSC-2 differential scanning calorimeter der Eidgenössischen
Forschungsanstalt Liebefeld ausgeführt. Bei den Untersuchungen
im Temperaturbereich -50 bis 10 $^\circ$C wurde die Messzelle mit einem
Kryostaten (Intracooler II) gekühlt.
Für detaillierte Angaben über Messtechnik und Bestimmung der
Wassergehalte der Proteinproben sei auf eine ausführliche Be-
schreibung von Rüegg (6) verwiesen.

3.   ERGEBNISSE

3.1   Untersuchungen des Effektes der Hydratation auf die
         thermale Stabilität von Tropocollagen und deren Beein-
         flussung durch Neutralsalze (7)

         In Figur 1. sind die endothermen Denaturierungsenthal-
pien (ΔH_D) und -Temperaturen (T_D) von reinem Tropocollagen
in Funktion des Wassergehaltes (R) graphisch dargestellt.

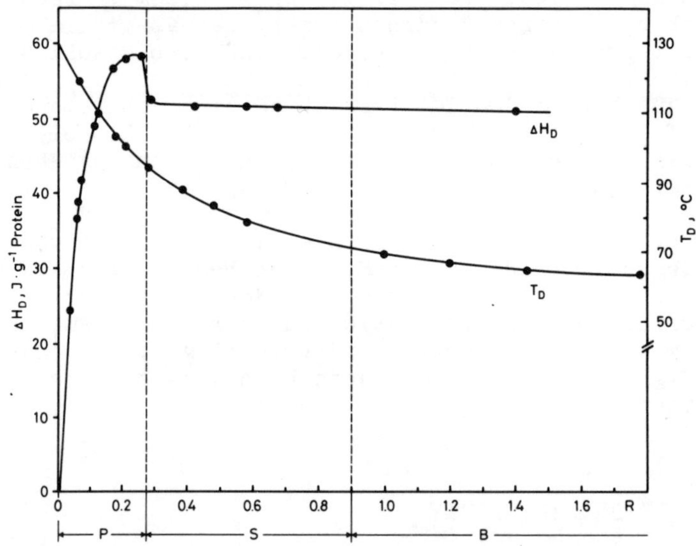

Figur 1.   Die thermalen Denaturierungsenthalpien (H_D) und
- Temperaturen (T_D) von reinem Tropocollagen in Funktion des
Wassergehaltes (R). H_D ist in J g^{-1} Protein, T_D in $^\circ$C und R in

g H_2O g^{-1} Protein angegeben. P und S bezeichnen den primären und
sekundären Hydratwasser-Bereich, B die normale oder Bulk Phase.

Die T_D vs. R Funktion zeigt den bekannten, durch die Gleichung
von Flory und Garrett mathematisch beschreibbaren Verlauf.
Aufschlussreicher ist jedoch die ΔH_D vs. R Funktion:
Im Wassergehaltsbereich P steigen die endothermen Denaturierungsenthalpien steil an, und bleiben durch weitere Erhöhung des Wassergehaltes in den Gebieten S und B praktisch unbeeinflusst.
Es ist bekannt, dass elektrostatische und hydrophobe Wechselwirkungen nur eine sehr untergeordnete Rolle spielen in der Stabilisierung der Collagenstruktur.Direkte H Brücken zwischen Proton
donor -(D) und Protonakkzeptorgruppen (A) weisen in Gegenwart
von Wasser eine Energie von approx. O auf.Die experimentellen
Denaturierungsenthalpien sind daher prädominant bestimmt durch
Anzahl und Bindungsenergie von Protein- Wasser H- Brücken:
D...HOH, A...HOH und D...HOH...A, deren Aufbrechen endotherm ist.
Bei einem Wassergehalt von approx. 0.3 g H_2O g^{-1} Protein sind
3200 Mole Wasser pro Mol Collagen gebunden. Diese Menge an P
Hydratwasser entspricht 2-3 intra- und intercatenaren Wasserbrücken pro Gly-X-Pro (Hypro) Triplet der Collagenstruktur,
ein Befund der in sehr guter Uebereinstimmung mit stereochemischen
Modellberechnungen von Ramachandran und Chandrasekharan (8)
steht.
Die von Rüegg et al. untersuchten Protein- Wassersysteme βLacto-
globulin (6) und α Lactalbumin (9) zeigen ebenfalls einen aus-
geprägten Anstieg der ΔH_D Terme im Wassergehaltsbereich P.
Bei höheren Wassergehalten verlaufen hier die ΔH_D vs. R Funktionen z.T. komplexer, als beim Tropocollagen. Möglicherweise
spielen hier auch hydrophobe Wechselwirkungen (deren Aufbrechen exotherm ist)eine Rolle in den Denaturierungsenthalpien.

In Figur 2. werden die ΔH_D und T_D vs. R Funktionen in Gegenwart
von zwei Neutralsalzen(KF und KI) gezeigt. Bei gleichem Kation
gehört das eine Anion zu den Stabilisatoren von Biopolymerstruk-
turen (F^-), das andere zu den sogenannten Strukturbrechern (I^-).
Wie Figur 2. zeigt, beeinflussen die beiden Neutralsalze den
Verlauf der ΔH_D und T_D vs. R Funktionen erst in den Wasserge-
haltsbereichen S und B.Hier treten ausgeprägte ionenspezifische
Effekte auf, indem F^- die thermale Stabilität von Tropocollagen
erhöht, I^- sie dagegen reduziert.

Der Wirkungsmechanismus dieser ionenspezifischen Effekte, nach
welchen die Anionen und Kationen sich in die bekannte Hofmeister-
Serie einordnen lassen, ist noch weitgehend unbekannt.

Eine, mit experimentellen Daten konsistente Erklärungsmöglich-
keit wurde bereits eingehend diskutiert (7) , und soll in Abschnitt 4. kurz zusammengefasst werden.

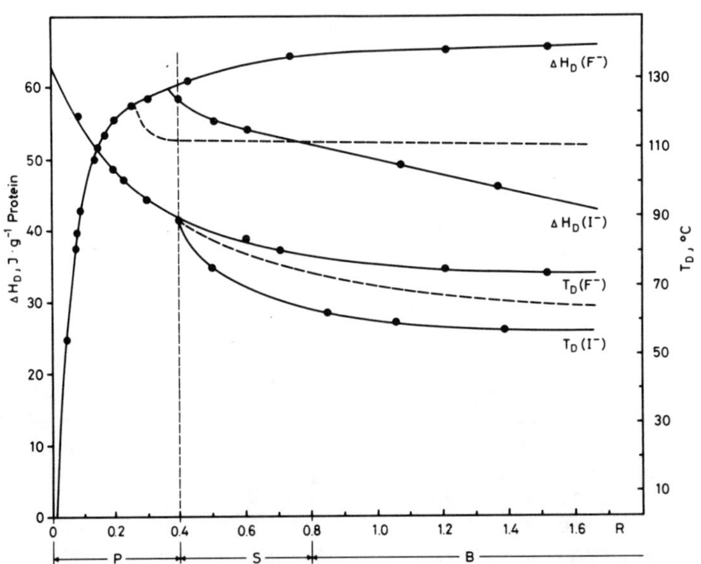

Figur 2.   Die thermalen Denaturierungsenthalpien (ΔH_D) und-
-Temperaturen (T_D) von Tropocollagen in Gegenwart von KF und KI
(30 Mol pro Mol Protein).Die Masseinheiten für ΔH_D, T_D und R
sind dieselben, wie in Figur 1., ebenso die Bedeutung von P, S
und B. Die gestrichelte Kurve entspricht Figur 1., also reinem
Tropocollagen.

3.2.   Untersuchung des Effektes von Konformationsänderungen
            auf die Biopolymer Hydrathülle.

        Diese Untersuchungen wurden an αChymotrypsin,und einem
irreversiblen Enzyminhibitorkomplex- Tosylchymotrypsin- der Serin-
protease ausgeführt.Der Uebergang von nativem in das tosylierte
Enzym ist von beträchtlichen Konformationsänderungen des Proteins
begleitet. Die Hydratphasen dieser beiden Proteine wurden durch
DSC und Wassersorptions Messungen untersucht(10). Ueber die Sorp-
tionsresultate ist bereits ausführlich berichtet worden (11)(12).
Im Folgenden sollen hier vor allem die DSC Untersuchungen
beschrieben werden.

<u>Die Thermogramme im Temperaturgebiet -50 bis 10°C.</u>

Sämtliche bisher untersuchten Protein- Wasser Systeme weisen in
diesem Temperaturbereich qualitativ vergleichbare Eis $\longrightarrow$ H_2O_{liq}

Phasenübergänge auf. Figur 3. zeigt schematisch einige charakteristische Thermogramme bei verschiedenen Wassergehalten der Pro-

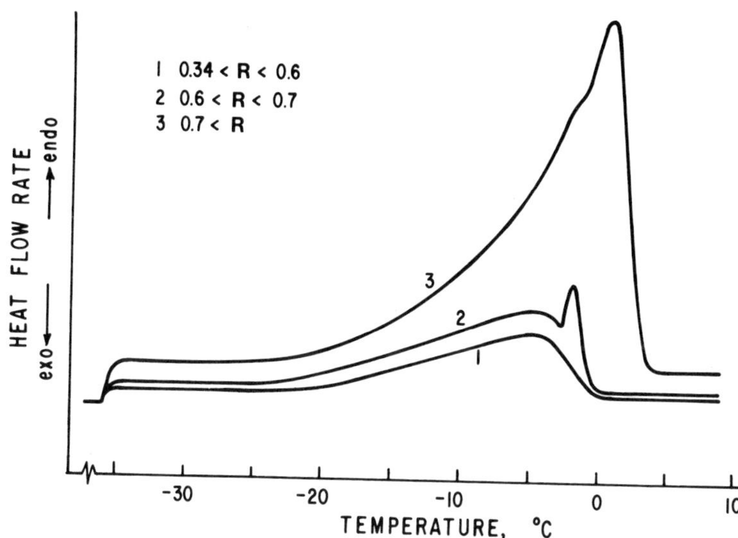

Figur 3.   DSC Thermogramme im Temperaturbereich -50 bis 10°C.
Die einzelnen Kurven entsprechen verschiedenen Wassergehalten (R)
der Proteinproben. R ist in g H_2O g^{-1}Protein angegeben.

teinproben. Bei Wassergehalten R < 0.3 sind keine Schmelzprozesse
feststellbar. Diese Wasserphase ist bis - 50°C unausfrierbar. Mit
steigendem Wassergehalt treten breite, endotherme Schmelzpeaks
bei -20 bis -10°C auf (Kurve 1. Figur 3.). Bei weiterer Erhöhung
des Wassergehaltes werden die Phasenübergänge schärfer, und die
Peakmaxima verschieben sich zu höheren Temperaturen (Kurve 2.
Figur 3.), um schliesslich die Schmelztemperatur von normalem
Wasser zu erreichen (Kurve 3. Figur 3.).

<u>Die Schmelzenthalpien,-Entropien und -Temperaturen des Wassers.</u>

Aus den Peakflächen der Thermogramme wurden die integralen Schmelzwärmen (ΔH_S) bei verschiedenen Wassergehalten berechnet. Die
ΔH_S vs. R Funktionen für die Systeme Chymotrypsin- Wasser und
Tosylchymotrypsin-Wasser sind in Figur 4. dargestellt.
Im Wassergehaltsbereich S (0.3 bis approx.0.8 g·H_2O g^{-1}Protein)
liegen die experimentellen Punkte deutlich auf zwei unterschiedli-
chen Geraden. Durch lineare Regression wurden die differentiellen
Schmelzwärmen ΔH_{S*} = Δ (ΔH_S) /ΔR ermittelt. Wie durch einen
F Test sichergestellt werden konnte, unterscheiden sich die
ΔH_{S*} Werte für das native und das tosylierte Enzym signifikant.

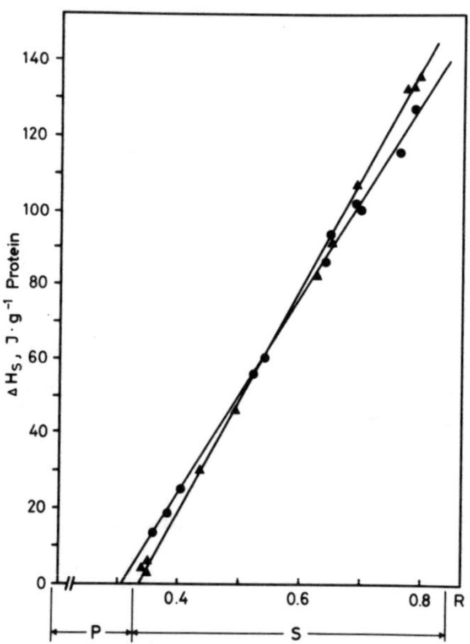

Figur 4.   Die integralen Schmelzenthalpien (ΔH_S) in Funktion
des Wassergehaltes R. ΔH_S ist in J g^{-1} Protein angegeben, R in
g H$_2$O g^{-1} Protein.Die mit ● markierten experimentellen Punkte
entsprechen dem nativen, die mit ▲ bezeichneten Punkte dem tosy-
lierten Enzym.

Im Wassergehaltsbereich R $\geq$ 1.0 (in Figur 4. nicht dargestellt)
gehen beide ΔH_S vs. R Funktionen in dieselbe Gerade über, deren
Neigung der differentiellen Schmelzwärme von normalem Wasser weitgehend entspricht.
Die Schmelztemperaturen (T_S) entsprechen den Peakmaxima der Thermogramme, In Figur 5. sind die T_S vs. R Funktionen für das native
und das modifizierte Enzym dargestellt. In Bezug auf diese Messgrösse unterscheiden sich die beiden Protein- Wasser Systeme nicht
messbar.
Die differentiellen Schmelzentropien des Wassers (ΔS_{S*}) wurden,
wie bekannt, aus ΔH_S und T_S berechnet.

Die Menge an unausfrierbarem Wasser (P)

Durch lineare Regression kann auch der x- Achsenabstand (ΔH_S= 0)
ermittelt werden. Der P Wert für das System Tosylchymotrypsin-
Wasser liegt um 50 Mol H$_2$O pro Mol Protein höher als im System
Chymotrypsin- Wasser.Wie durch einen weiteren F Test gezeigt werden kann, ist dieser Unterschied signifikant.

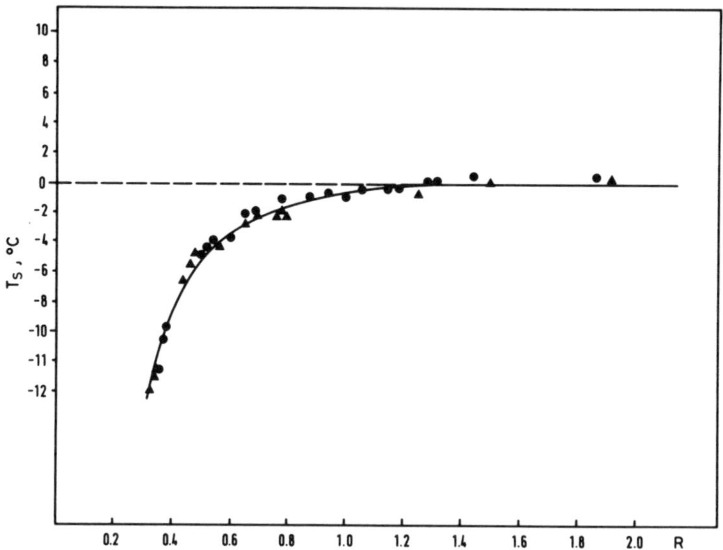

Figur 5.   Die Schmelztemperaturen (T_S) in Funktion des Protein-
Wassergehaltes R. T_S wird in ^oC , und R in g H_2O g^{-1} Protein angegeben. Die experimentellen Punkte ● und ▲ entsprechen Chymotrypsin, respektive Tosylchymotrypsin- Wassersystemen.

In Tabelle 1. sind die ΔH_{S*}, ΔS_{S*} und P Werte für die beiden
Protein- Wasser Systeme zusammengestellt.

Tabelle 1.

Protein- H_2O System	ΔH_{S*}	ΔS_{S*}	P
R = 0.3 - 0.8			
nat. Chymotrypsin	256.2 + 7.8	0.975 +0.03	405.5+12.5
Tosylchymotrypsin	294.2 + 4.8	1.096 +0.02	455.5+ 5.6
R ≳ 1.0			
nat.und Tosylchymo-	323.0 + 15.9	1.196 + 0.06	
trypsin			
normales Wasser	333.8	1.222	

Wassergehalt R in g H_2O g^{-1}Protein. ΔH_{S*} in J $g^{-1}H_2O$
        ΔS_{S*}in J $Grad^{-1}g^{-1}H_2O$ P in Mol H_2O / Mol Protein

Diese experimentellen Daten zeigen Folgendes:
Im Wassergehaltsbereich null   bis approx. 0.3 g H_2O g^{-1}Protein)
liegt eine unausfrierbare Wasserphase vor, deren Menge (P) bei
Tosylierung des nativen Enzyms signifikant erhöht wird.
Im anschliessenden Wassergehaltsgebiet S (0.3 bis approx. 0.8
g H_2O g^{-1} Protein) unterscheidet sich das Protein Hydratwasser
in Bezug auf die Schmelzenthalpien,- Entropien und - Temperaturen signifikant von normalem Wasser. Die Parameter ΔH_{S*} und
ΔS_{S*} werden durch Tosylierung signifikant erhöht.Die Eigenschaften dieser Wasserphase werden also Biopolymer-spezifisch be-
einflusst(13).
Im R Bereich > 1.0 unterscheiden sich in beiden Protein- Wasser
Systemen die thermodynamischen Parameter des Schmelzprozesses
innerhalb des Messfehlers nicht mehr von denjenigen normalen
Wassers.

4.   DISKUSSION

4.1.   Zur besseren Veranschaulichung der in dieser Arbeit
diskutierten Protein Hydrathüllen, soll auf ein stark vereinfachtes, von Guerney vorgeschlagenes Modell zurückgegriffen werden.

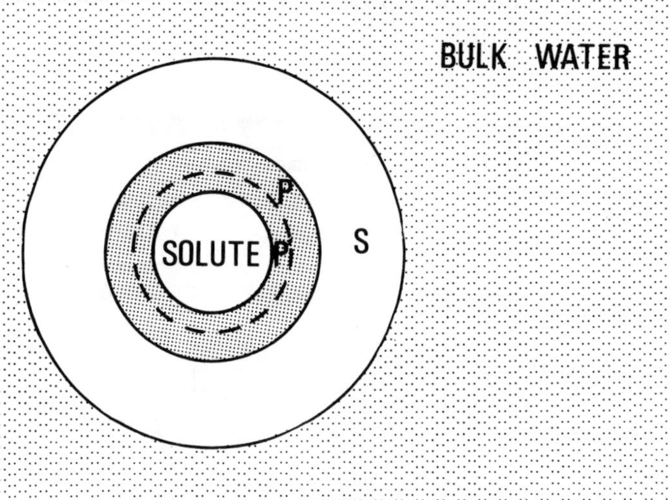

Figur 6.   Schematische Darstellung der Hydrathüllen einer ge-
lösten Partikel (Solute). Die Schalen P' und P entsprechen der
primären Hydratwasser Phase,   und S dem sekundären Hydratwasser. Normales Wasser ist als Bulk Phase   bezeichnet.

4.2.   Wie die DSC Untersuchungen am System Tropocollagen-
Wasser zeigten, ist dem primären Hydratwasser eine essentielle
Rolle in der strukturellen Stabilisierung dieses Proteins zuzuschreiben. Unter Ausbildung eines Netzwerkes von approx. 3000
intra- und intercatenaren Wasserbrücken ist diese Wasserphase
zum integrierenden Bestandteil der Proteinstruktur geworden.
Demzufolge hat das P Wasser die Fähigkeit, ein Eisgitter auszu-
bilden verloren, d.h. ist unausfrierbar geworden.
4.3.   Neutralsalze beeinflussen die konformative Stabilität
von Tropocollagen (und zahlreichen anderen Proteinen) in einer
ionenspezifischen Art und Weise. v. Hippel und Schleich (14)
geben zu diesem interessanten Problemkreis eine umfassende Ueber-
sicht.Wie erwähnt, ist der Mechanismus dieser Neutralsalzeffekte
nicht abgeklärt. Es ist jedoch durchaus denkbar, und steht mit
einer Anzahl experimenteller Daten in Uebereinstimmung, dass
dieser Mechanismus über eine Beeinflussung der strukturstabili-
sierenden primären Wasserbrücken verläuft: 1) Hydratisierte
Ionen haben Protondonor und Protonakkzeptor Eigenschaften. Somit
können sie das Protondonor- Protonakkzeptor Gleichgewicht zwischen
Protein und Wasser direkt beeinflussen.2)Es ist bekannt, dass
Ionen die Struktur von reinem Wasser ionenspezifisch verändern
(positive und negative Hydratatation).Ueber eine Veränderung der
B und S Wasserstrukturen können die primären Protein- Wasser Kontakte beeinflusst werden.
4.4.   Von besonderem Interesse scheinen die in Abschnitt 3.2.
beschriebenen Untersuchungen an Chymotrypsin und dem irreversiblen
Enzyminhibitor-Komplex Tosylchymotrypsin. Die durch kombinierte
DSC und Sorptionsmessungen erzielten Ergebnisse zeigen, dass eine
konformative Veränderung des Proteins die Eigenschaften seiner
Hydrathülle signifikant verändern kann. Die beobachteten Effekte
sind interpretierbar als Phasenübergänge von Wassermolekeln (10).
Wie die Ergebnisse der Sorptionsmessungen zeigten, sind diese
Phasenübergänge z.T. mit beträchtlichen Aenderungen der freien
Energie der Wasserphasen verknüpft.Treten sie, wie in unserem Beispiel, gekoppelt mit einer biochemischen Reaktion auf, sind sie
also durchaus in der Lage,die freie Energie der Gesamtreaktion zu
beeinflussen.Es bleibt abzuklären, ob die hier an festen Protein-
Wassersystemen beobachteten Hydratationseffekte auch bei biochemischen Reaktionen in Lösung sichergestellt werden können.

Die hier beschriebenen Arbeiten wurden z.T.durch einen Forschungs-
kredit des Schweizerischen Nationalfonds (No. 3. 235-0.77)
finanziert. Für wertvolle Mitarbeit bei den DSC Messungen sei
Fräulein U. Moor herzlicher Dank ausgesprochen.

<u>Literatur:</u>

1. Tait M.J. und Franks F. (1971) Nature <u>230</u>. 91-94
2. Tanford Ch. (1973) in "The Hydrophobic Effect", J. Wiley
          Interscience NY.
3. Kuntz I.D. und Kauzmann W. (1974) Advances in Protein Chem.
          <u>28</u>,239-345.
4. Reich G. (1966) in "Kollagen" Steinkopff Verlag Dresden
5. Strumeyer D.H. White W.N. und Koshland jr. D.E. (1963)
          Proc. Natl. Acad. Sci. (US) <u>50</u>. 931-935
6. Rüegg M. Moor U. und Blanc P.(1975) Biochimica et Biophysica
          Acta <u>400</u>, 334-342
7. Lüscher M. Rüegg M.und Schindler P. (1974) Biopolymers <u>13</u>,
          2489-2503
8. Ramachandran G.N. und Chandrasekharan R. (1968) Biopolymers
          <u>6</u>, 1649-1658
9. Rüegg M. Moor U. , Lukesch A. und Blanc P.(1977) in" Appli-
          cations of Calorimetry in Life Sciences" Walter
          de Gruyter, Berlin- NY.
10.Lüscher M., Rüegg M. , Rottenberg M. und Schindler P. (1979)
          Biopolymers (im Druck)
11.Lüscher M. und Rüegg M. (1978) Biochimica et Biophysica
          Acta <u>533</u>, 428-439
12.Lüscher M., Rüegg M. und Schindler P. (1978) Biochimica et
          Biophysica Acta <u>536</u>, 27-37
13.Mrevlishvili G.M. und Syrnikov Yu.P.(1974) Studia Biophysica
          <u>43</u>, 155-170
14.v.Hippel P.H. und Schleich T. (1969) in " Structure and Sta-
          bility of Biological Macromolecules" Timasheff S.N.und
          Fasmann G.D. eds., Marcel Dekker NY. pp. 417-569

POSSIBILITES ET LIMITES DE LA DSC POUR LA DETECTION ET L'ETUDE
DU POLYMORPHISME

Giron Danièle
Recherche et dévelopment analytique
Sandoz AG
4002 Basel

1. INTRODUCTION

L'étude du polymorphisme en pharmacie a pris, ces der-
nières années, des proportions considérables, de sorte que la
"pureté cristalline" apparaît aujourd'hui comme un critère de
qualité important.
Le polymorphisme est le potentiel d'une substance à
cristalliser en des systèmes cristallins différents.
Les polymorphes d'un composé donné ont en général des structures
et des propriétés aussi différentes que les cristaux de deux
composés différents (ex: diamant - graphite).
De ces différences de structures cristallines décou-
lent toutes les différences de propriétés de l'état solide. Or
la plus grande partie des formulations pharmaceutiques sont sous
formes solides ou semi-solides. Non seulement les mises en formes solides pourront être affectées, mais encore des réactions
secondaires gênantes pourront apparaître. Il a pu être constaté
des différences notables de stabilité et de compatibilité, et
ce qui est plus grave des différences de vitesse de dissolution
conduisant à des différences de biodisponibilités donc d'action
(tableau fig. 1).
Ce problème est très fréquent puisqu'il peut apparaître dans environ 60 % des principes actifs. Les autorités d'enregistrement exigent de plus en plus son étude, voire sa quantification.
Sous la définition polymorphes nous traitons également
des pseudo-polymorphes: hydrates ou solvates des principes
actifs, dont l'apparition provoque les mêmes problèmes que les
polymorphes.
Les méthodes d'enregistrement du polymorphisme les
plus courantes dans les laboratoires d'analyse sont la microsco-
pie, la spectroscopie infra-rouge, les diagrammes de diffraction de rayons X et l'analyse thermique différentielle.

Les polymorphes apparaissant très facilement lors des changements bénins de synthèse: température, solvant, volume, vitesse de cristallisation, pureté etc..., il est donc essentiel pour notre laboratoire:
- d'avoir une détection rapide
- de connaître les formes mises en jeu
- de préciser les conditions de solvant et de température pour la stabilité de chaque forme
- de mesurer les solubilités, stabilités, compatibilités, comportement lors de la formulation...
- de développer une méthode analytique quantitative.

2.   POSSIBILITES D'ETUDE DU POLYMORPHISME EN DSC

Le polymorphisme ou pseudo-polymorphisme est perçu en DSC lors des équilibres solide-solide ou solide-liquide par:
- transition solide-solide: ce qui fait croire à des points de fusion identiques
- fusion, recristallisation puis nouvelle fusion: substances présentant deux points de fusion
- points de fusions distincts: de 1 à 2° C à plus de 50° C
- solvates, hydrates.

2.1.   Exemple 1

Un premier avantage de la DSC sur les méthodes IR et les diagrammes de rayons X est qu'elle peut discerner un mélange, lorsqu'on a qu'un seul lot en mains, et distinguer solvates et polymorphes. La DSC donnant en plus l'information sur la pureté, on pourra éviter de fausses interprétations des diagrammes de rayons X, comme par exemple pour une substance pour laquelle quelques raies supplémentaires pouvaient être attribuées au polymorphisme alors qu'il s'agissait de 5 % d'impuretés non détectées en chromatographie.

Un lot de cette substance avait été analysé en solubilité de phases et le résultat surprenant de 5 % d'impuretés avait été calculé. En raison des analyses chromatographiques donnant un taux d'impuretés de l'ordre de 0,3 % on avait d'abord suspecté un problème de polymorphisme. L'analyse DSC a pu clairement confirmer les résultats de solubilité de phases et permettre d'attribuer les raies supplémentaires des diagrammes de poudre à ces 5 % d'impuretés.

2.2.   Exemple 2   (figure 2)

Les diagrammes de rayons X (Guinier de Wolff) des premiers lots d'un alcaloide de l'ergot étaient différents et

confus, les spectres IR étant cependant identiques.
Par DSC il a été possible de voir qu'il s'agissait de mélanges
de formes I et II et de l'hydrate de la forme II. Ayant pu isoler les formes I et II seules, on a pu mettre en évidence la
grande hygroscopicité de la forme II en constatant l'augmenta-
tion constante d'un pic de déshydratation, d'une courbe de DSC
à la suivante. La forme II anhydre était très difficile à isoler
et cette hygroscopicité était nuisible à la stabilité de la substance. Par ailleurs le solvant de recristallisation conduisant
à la forme I ne permettait pas d'éliminer des impuretés colorées
gênantes, contrairement au solvant de recristallisation conduisant à la forme II. Nos études d'équilibration des deux formes
dans différents solvants, appuyées par la DSC, permettaient la
décision de recristalliser la substance dans un premier solvant
donnant la forme II incolore et de traiter celle-ci par un deu-
xième solvant où la transition II → I est totale. Ceci décidé,
il fallait une méthode quantitative d'analyse des restes éven-
tuels de forme II, ce que permet la DSC comme le montre la
droite de calibration sur la figure 2.

2.3.   Exemple 3   (figure 3)

Il s'agit içi de la mise en évidence par DSC et TG
d'un solvate alors que l'on croyait être en présence d'un polymorphe. L'analyse donnait une teneur de 97 % parce que le solvant n'était pas déterminé dans l'essai de perte à la dessicca-
tion.

2.4.   Exemple 4   (figure 4)

Cet exemple concerne une substance en développement
dont les premiers lots étaient de forme II hygroscopique. Un
changement de cristallisation faisait apparaître la forme I
de beaucoup plus haut point de fusion et de chaleur de fusion
très supérieure. La forme I est plus stable.
La DSC permet une bonne quantification de la forme II
dans la forme I, les chaleurs des pics de fusion des deux formes
étant mesurées à des échelles différentes (voir figures 5 et 6).

2.5.   Exemple 5   (figure 7)

L'exemple présenté figure 7 concerne une substance
hygroscopique, donnant à l'état anhydre deux points de fusion.
Les échantillons stockés dans différentes conditions avaient
des diagrammes Guinier de Wolff différents et complexes. L'analyse DSC complétée par la thermogravimétrie (ou analyse de l'eau
par électrolyse avec l'appareil Dupont) permettait de conclure
à la présence de deux hydrates différents de solubilités différentes, inférieures à celles des formes anhydres, l'un redon-

nant après chauffage la forme initiale I, l'autre conduisant à
une nouvelle forme III, ce qui amène à 5 le nombre d'espèces
différentes.

3.   LIMITES DE LA TECHNIQUE

3.1.   Exemple 6

          La caractéristique de la DSC est que la méthode est
dynamique; il y a très souvent compétition entre les équilibres
transition solide-solide II ⇌ I avant la fusion de la forme II
et fusion de la forme II.
          Si le chauffage est rapide, comme on le voit figure 8
la perception de la forme instable II pourra être très bonne,
par contre un chauffage lent diminue l'effet thermique du phéno-
mène jusqu'à le rendre imperceptible (figure 9). Dans ce cas
il y a avantage à créer des conditions hors de l'équilibre de
façon à mettre en évidence la présence de la forme II.
          Par ailleurs avec ce type de courbe de double point
de fusion, une seule courbe de DSC ne peut permettre de conclure
à la présence de la forme II seule ou d'un mélange II + I.

3.2.   Exemple 7

          Il peut y avoir compétition entre vitesse de chauf-
fage et pouvoir de résolution de l'appareil comme le montre
la figure 10. Seule une vitesse de chauffage très lente à partir
de 0,6° C/min. permet de voir qu'il s'agit d'une double fusion,
grâce à l'apparition de l'exotherme de recristallisation.

          Ces cas de formes métastables se prêtent très mal ou
même pas du tout à la quantification par DSC car tout peut in-
fluencer les équilibres: taille des particules, solvant, fer-
meture des creusets, prise d'essai... Pour cette raison nous
avons dû remplacer la méthode DTA préconisée par le fournisseur
d'une substance présentant ce type de polymorphisme par une
méthode IR permettant une limite de détection de 5 % de la forme
métastable moins soluble dans le principe actif et par une
méthode de diagrammes de rayons X (Guinier de Wolff) permettant
d'abaisser à 1-2 % cette limite.

3.3.   Exemple 8

          L'exemple présenté figure 11 concerne une substance
ayant deux formes cristallines de points de fusion assez pro-
ches, d'environ 5° C d'écart, et de chaleurs de fusion très
voisines.

        Les spectres IR ne permettent pas de différentiation
et les raies des diagrammes de rayons X ne se prêtent pas non
plus à une quantification.
        En DSC on a constaté l'apparition d'un pic ou de deux,
selon la vitesse de chauffage, pics dont l'importance n'était
pas en corrélation avec les diagrammes de rayons X. Soupçonnant
une transition solide-solide II → I lors du chauffage, nous
avons étudié cette transition afin de trouver les conditions re-
productibles de chauffage nous permettant une quantification
des deux formes.
        La figure 12 donne les courbes DSC obtenues en ef-
fectuant de courts isothermes à 150°C avant la courbe de DSC.
La figure 13 montre l'influence du temps et de la température
sur la transition II → I.
        Cela nous a permis, d'une part de trouver une méthode
de quantification de la forme II dans la forme I et les droites
de calibration sont assez bonnes, d'autre part de définir le
temps de préchauffage nécessaire pour le calcul de la pureté.

3.4.   La figure 14 montre, pour le même exemple, l'importance de la pureté. Pour un lot impur la détection de la forme II est moins bonne, pour un lot encore moins pur, elle serait
nulle.

3.5.   Exemple 9

        Lorsqu'on est en présence de deux lots ayant les mêmes
courbes de DSC avec seulement 1 à 2°C (ou moins) de points de
fusion d'écart, il n'est pas évident à l'aide de la DSC seule
de savoir si l'on a affaire à un problème de pureté ou de polymorphisme. Dans le cas présenté figure 15, la DSC était tout à
fait incapable de détecter ce problème de polymorphisme.

3.6.   Exemple 10

        La figure 16 montre l'exemple d'une substance en dé-
veloppement pouvant cristalliser sous trois formes cristallines
différentes. Les seules formes II et III étaient d'abord con-
nues. La courbe de DSC du lot contenant 40 % de forme I (IR,
Guinier de Wolff) avait laissé croire à la présence de la
forme II. La forme I pure a été ensuite isolée. Par DSC aucune
mesure II/I ne peut être faite alors que la teneur en III dans
II ou I est possible (figure 17).

3.7.   Exemple 11

        Dans les exemples que nous avons montré il s'agissait
le plus souvent de quantifier la forme de plus faible point de

fusion, dans la forme cristalline désirée. Parfois l'inverse est
nécessaire et l'analyse se trouve être impossible car la dégra-
dation accompagnant la fusion falsifie les chaleurs mises en jeu
comme il l'est montré figure 18 pour une substance instable se
décomposant dès la fusion de la forme A.

4.   CONCLUSION

En conclusion, la DSC est très précieuse pour toutes
les informations diverses fournies, en particulier lors de
l'étude des équilibres des polymorphes. Elle doit être souvent
complétée par d'autres méthodes, particulièrement les diagrammes
de rayons X lorsqu'il s'agit de quantification.
Nous remerçions Madame I. Schweizer pour sa collabo-
ration technique.

Figure 1: Influence sur les formulations

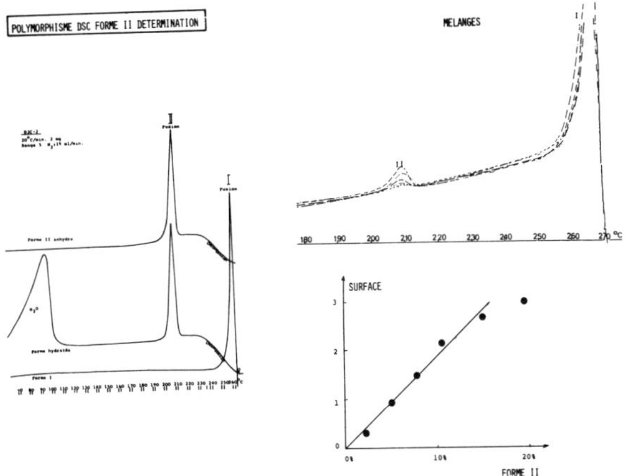

Figure 2: Détermination quantitative de la forme II hygroscopique dans la forme I. DSC-2. 20° C/minute, 5 mcal/seconde, pleine échelle.

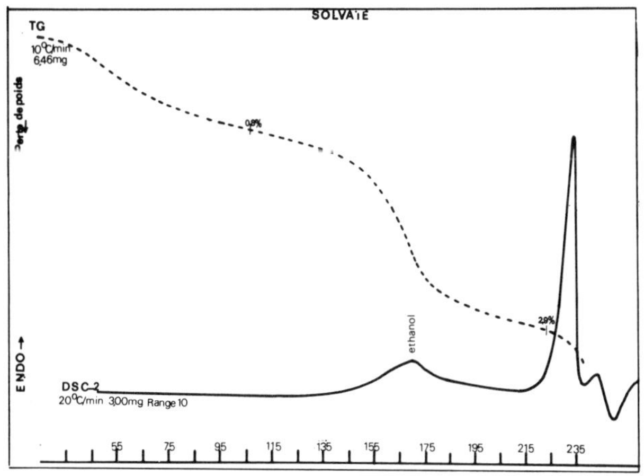

Figure 3: Mise en évidence par DSC et TG d'un solvate DSC-2. 20° C/minute. TGS-1. 10° C/minute

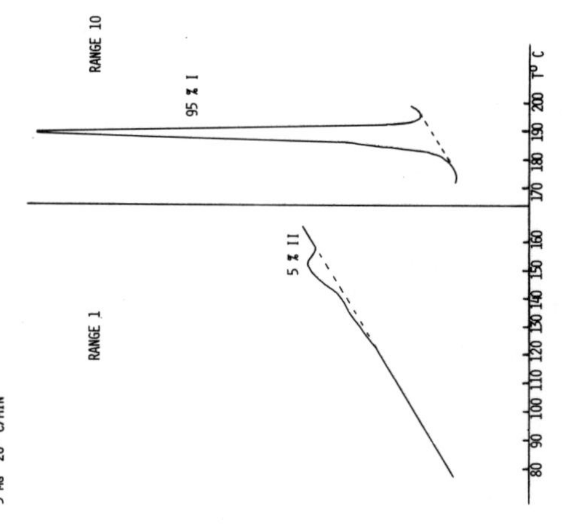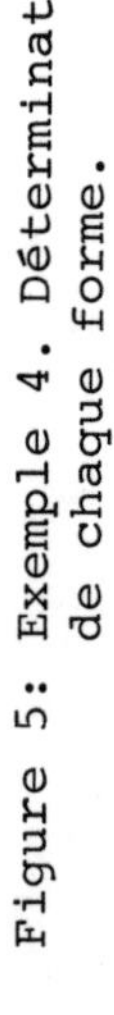

Figure 5: Exemple 4. Détermination
de chaque forme.

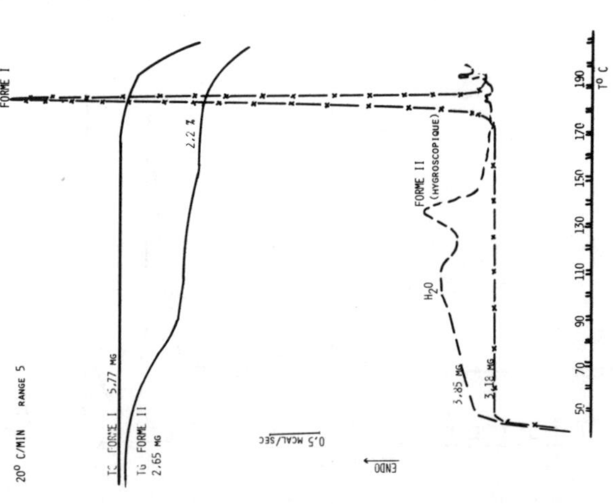

Figure 4: Exemple 4. Courbe de DSC et
TG de deux formes cristallines ayant des chaleurs de
fusion très différentes.

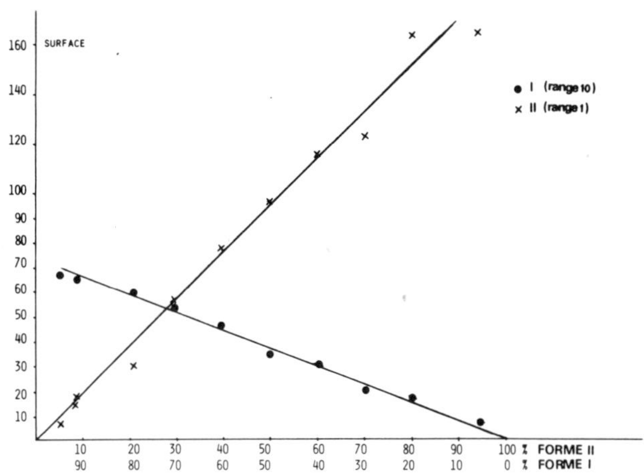

Figure 6: Exemple 4. Droites de calibration des surfaces
des pics de fusion de chaque forme
pleine échelle: forme I: 10 mcal/seconde,
forme II: 1 mcal/seconde.

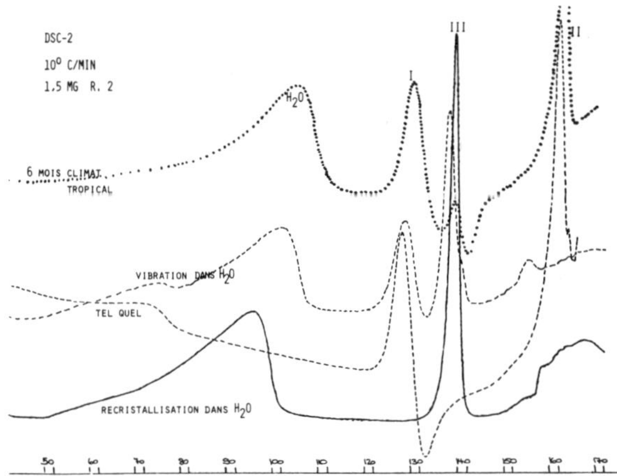

Figure 7: Courbes de DSC d'une substance hygroscopique
donnant deux monohydrates différents: l'un
conduisant à la forme I initiale, l'autre à
une forme III, après déshydratation au chauffage

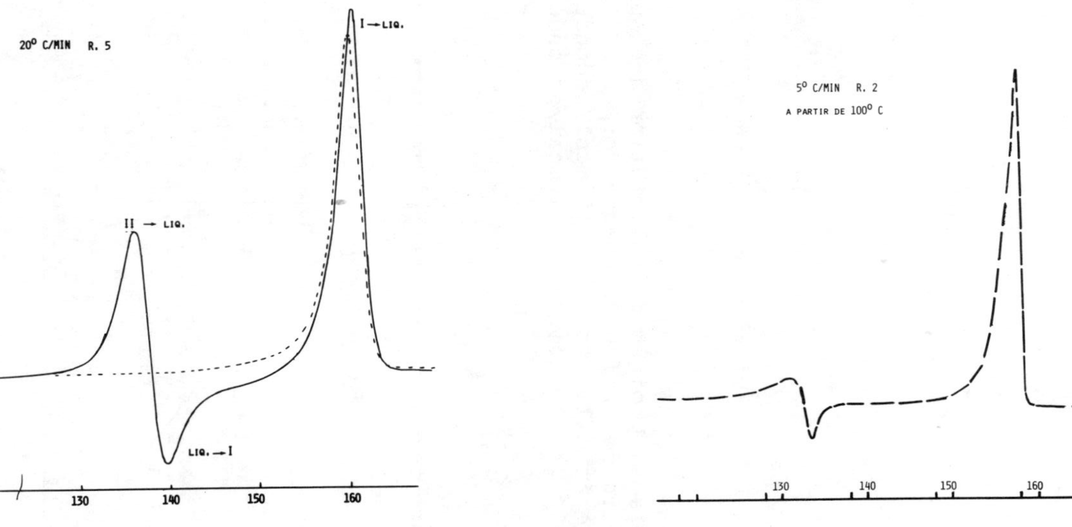

Figure 8: Exemple 6. Substance à deux points de fusion. Courbes de la forme I et de la forme II à la vitesse de chauffage de 20° C/minute.

Figure 9: Courbe de DSC de l'exemple 6 à la vitesse de chauffage de 5° C/minute. Diminution du pic de fusion de la forme II due au ralentissement de la vitesse de chauffage.

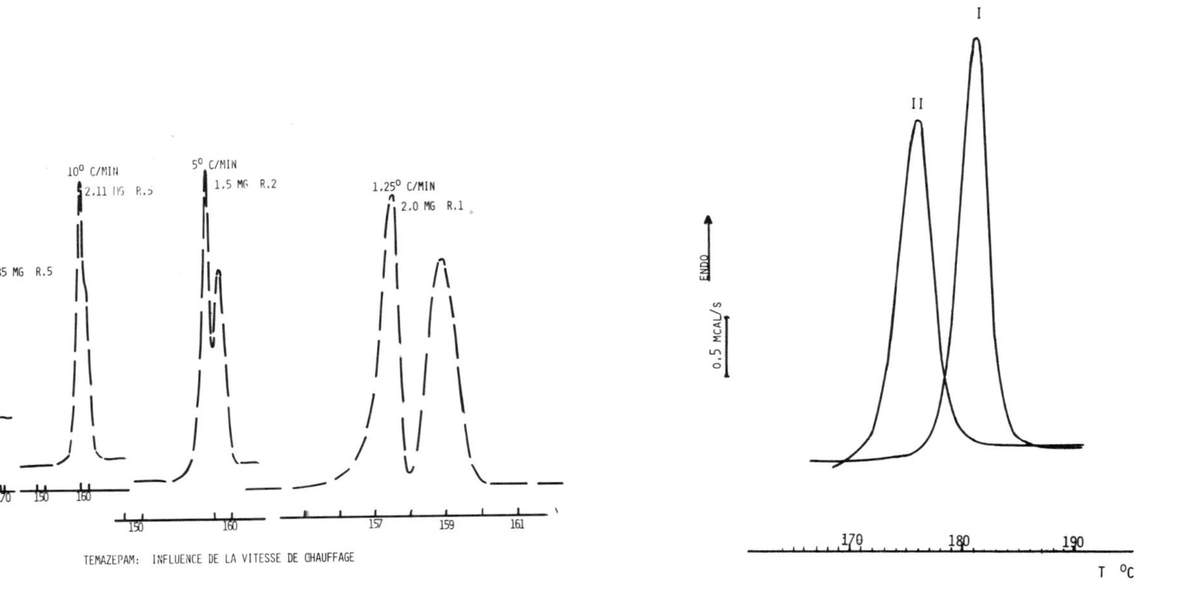

Figure 10: Témazepam: influence de la
vitesse de chauffage

Figure 11: Exemple 8. Substance
existant sous deux for-
mes cristallines de
points de fusion voisins.
DSC-2. 20° C/minute à
partir de 150° C. 1 mg

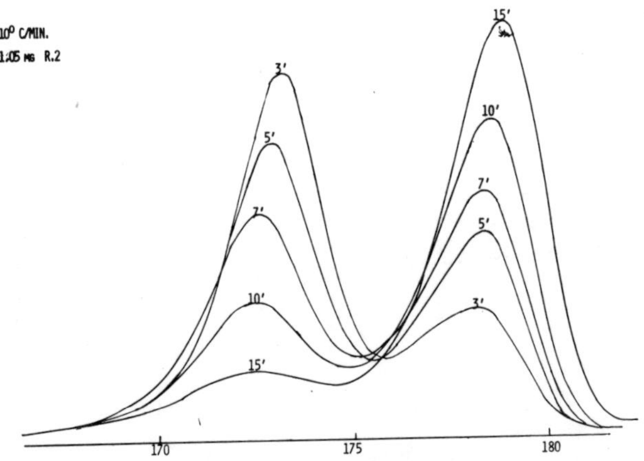

Figure 12: Exemple 8. Transformation II → I. Isothermes
à 150° C en fonction du temps, puis courbe de
DSC.

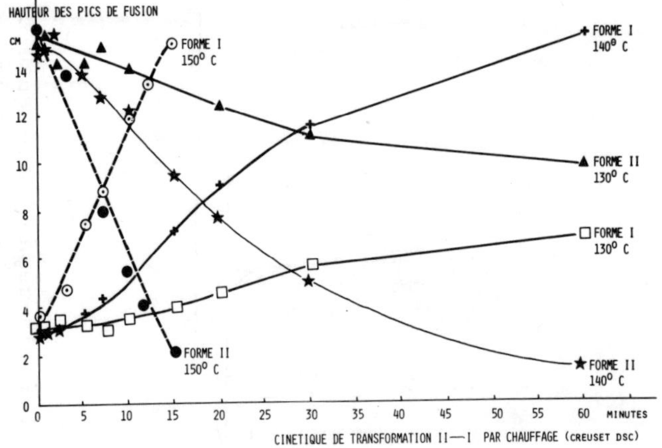

Figure 13: Exemple 8

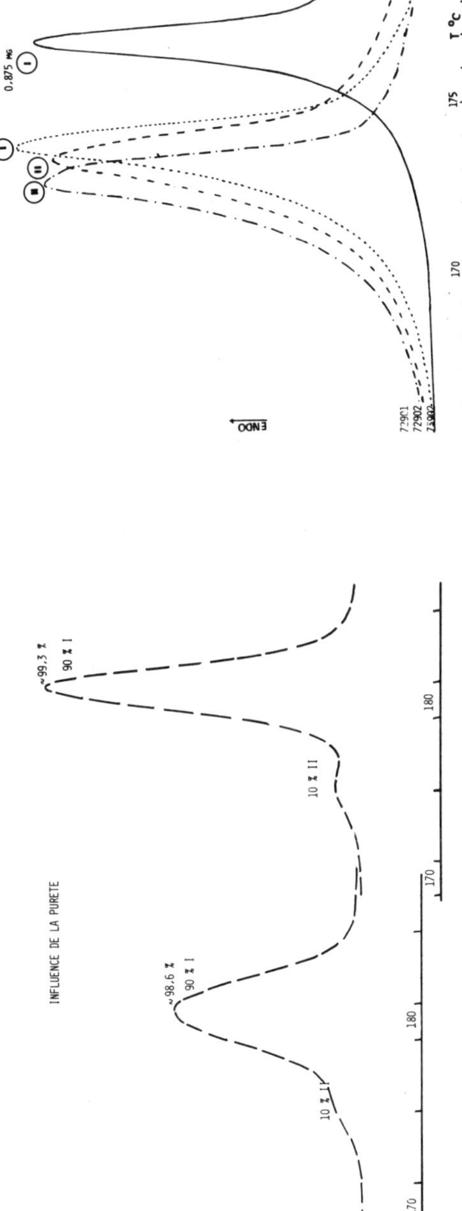

Figure 15: Exemple 9. Formes ayant
des points de fusion
très voisins.

Figure 14: Exemple 8. Influence de la pureté de la substance sur la détection de la forme II.

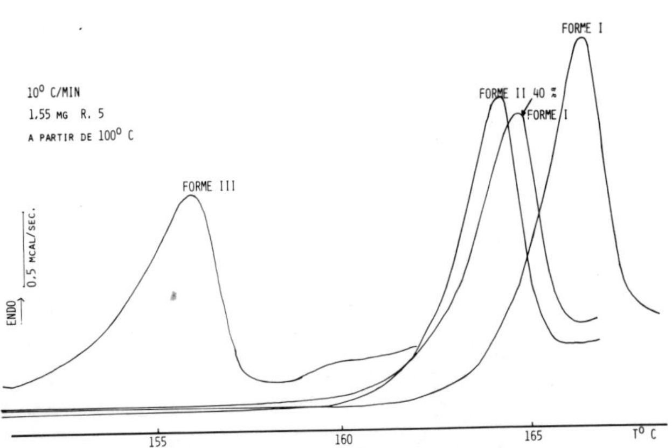

Figure 16: Exemple 10. Les mélanges de formes I et II ne
sont pas discernables en DSC. (ex.: la courbe
d'un lot contenant 40 % de forme I).

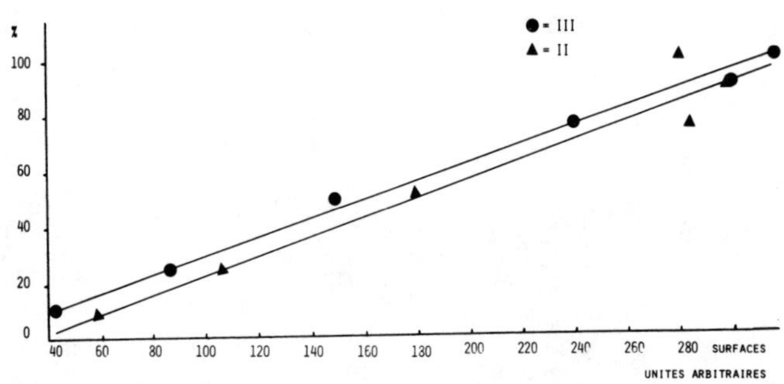

Figure 17: Exemple 10. Droites de calibration des mélanges de formes II et III.

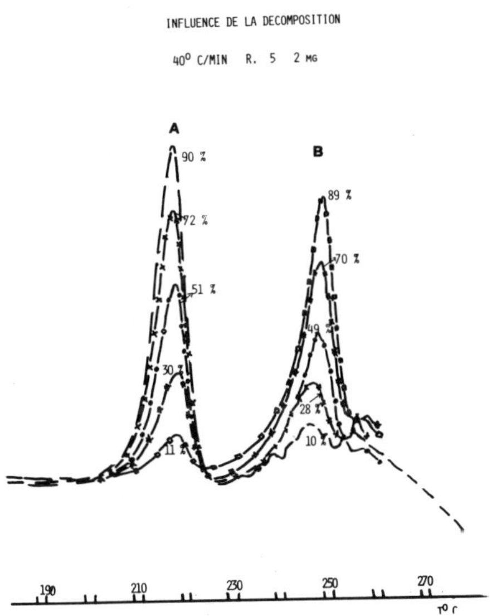

Figure 18: Exemple 11. La décomposition de la forme A
après sa fusion, falsifie les déterminations
de chaleur de fusion de la forme B.

OSTASIATISCHE PAPIERE, EINE THERMOANALYTISCHE BETRACHTUNG

Hans G. Wiedemann
Mettler Instrumente AG
CH - 8606 Greifensee ZH

EINLEITUNG

Die heute benutzte Bezeichnung Papier leitet sich bekanntlich
von dem im alten Aegypten erfundenen und später im ganzen
Mittelmeerraum sehr stark verbreiteten Beschreibstoff Papyrus
ab. Wie der Name andeutet, wurde dieses Material aus der Papy-
ruspflanze - einem schilfähnlichen Gewächs - durch spezielle
Verarbeitungstechniken hergestellt. Dieser historische Beschreibstoff wird vielfach als Vorläufer unseres heutigen Papiers angesehen, was zwar für die Ausgangsmaterialien und die
Eigenschaften, aber nicht für die Herstellung zutrifft. Bei
Papyrus handelt es sich um kreuzweise übereinandergelegte mit
Stärkekleister verklebte Pflanzenstengel. Die eigentliche Erfin-
dung des Papiers stammt dagegen aus China, wo Ts'ai Lun um 105
n.Chr. aus Rinde, Pflanzenfasern und auch aus alten Lumpen und
Fischernetzen das erste brauchbare Material herstellte. Seit
dieser Zeit wurde in China dieses Papier allgemein verwendet.
Der Bau der Seidenstrasse ermöglichte dann die Ausbreitung nach
Westen, zunächst nach Turkestan und später in die arabischen
Länder. Die Papierherstellung und ebenso auch die Seidengewin-
nung waren streng gehütete Geheimnisse, die erst nach der
Schlacht von Samarkand (751 n.Chr.) durch gefangengenommene
Chinesen den Arabern verraten wurden. In Europa selbst wurde
die Technik der Papierherstellung sicher erst nach der Zeit
der Kreuzzüge angewendet, d.h. im 12. und 13. Jahrhundert.

Das Ziel der hier beschriebenen Untersuchung war es, mit Hilfe
der Thermoanalyse alte, historische Papiere mit heutigen, modernen Papieren zu vergleichen und evtl. Unterschiede im thermischen Verhalten festzustellen und zuzuordnen.

GESCHICHTLICHES UEBER DIE HERSTELLUNG OSTASIATISCHER PAPIERE

Bevor die Kunst des Papiermachens den Weg nach Europa antrat,
verbreitete sich diese Technik im ostasiatischen Raum. In Japan
ist das Wissen über die Verfertigung von Papier aus China über
Korea im Jahre 610 durch Mönche eingeführt worden.

Zunächst benutzte man auch hier Ausgangsmaterialien wie Hanf,
alte Fischernetze und Lumpen. Auf Anregung des Kronprinzen
Shotoku (572-621) pflanzte man Maulbeerbäume (Kozo) an, deren
Rindenbast für die Papierherstellung zur Verwendung kam. Sowohl
das Material als auch das Verfahren werden bis heute noch angewendet.

Weitere geeignete Rohstofflieferanten entdeckte man später in
den Pflanzen Mitsumata und Gampi. Kozo und Mitsumata wurden
nach der Kultivierung angebaut, Gampi konnte bisher nur von wild
wachsenden Pflanzen gewonnen werden. Durch die Einführung dieser
neuen Grundstoffe und die Verbesserung des Herstellungsverfah-
rens wurden im Laufe der Zeit sehr feine Papiere erzeugt. Abb.1
zeigt in verschiedenen Phasen den Ablauf der gesamten Papierherstellung [1].

Die Ruten von 2-3 Jahre alten Maulbeerbäumen werden im Herbst
mit einer Sichel geschnitten. Nach dem Dämpfen der gebündelten
Ruten kann der Bast leicht abgezogen und an der Sonne getrocknet
werden. Für die eigentliche Papierherstellung wird der Rohbast
24^h im Fluss eingeweicht und anschliessend die dunkle Rinde
entfernt. Nach weiterem Kochen mit Holzasche erfolgt das Aufspalten der Stränge ohne die Fasern dabei wesentlich zu verkür-
zen. Durch Schlagen mit Hartholzstöcken wird diese Aufspaltung
noch vervollständigt. Der Pulpe werden pflanzenschleimartige
Extrakte aus Wurzeln zugefügt, um das Zusammenhängen der zenti-
meterlangen Fasern vor dem Gautschen des Blattes zu verhindern.
Neben der Hilfe für die Bildung eines gleichmässigen Blattes
beim Schöpfen bewirken die Pflanzenschleimstoffe auch noch,

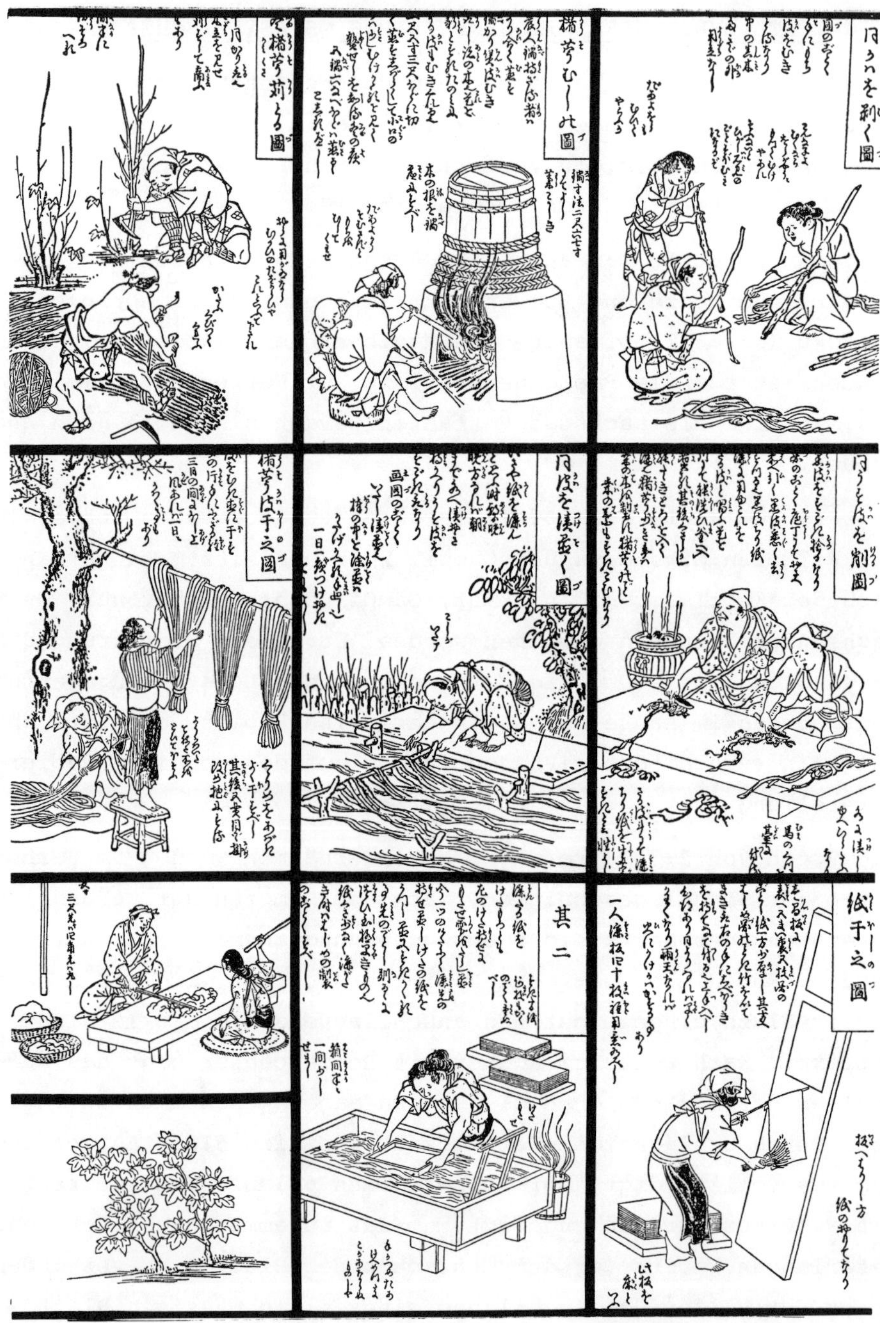

Abb. 1 Papierherstellung zur Tokugawa-Zeit [1]

dass kein Zusammenkleben der frisch geschöpften Blätter im
Stapel eintritt. Nach Abpressen des Wassers werden die Papiere
mit feuchten Pinseln auf Bretter aufgestrichen und an der Sonne
getrocknet.
In diesem Zusammenhang muss die ausführliche Reisebeschreibung
(1779) des deutschen Arztes Engelbert Kaempfer [2] erwähnt werden. Kaempfer hat in seinem zweibändigen Werk "Geschichte und
Beschreibung von Japan" neben anderem speziell der Verfertigung des Papiers ein Kapitel gewidmet. Seine Ausführungen, die
auf eigenen Beobachtungen beruhen, sind mit wesentlich älteren
Darstellungen in guter Uebereinstimmung.

DAS SEIDENPAPIER

Zahlreiche Untersuchungen [3], die sich mit der chinesischen
Erfindung des Papiers befassen, lassen vermuten, dass schon in
der Zeit vor Tsa'ai Lun ein beschreibbares Material aus Seide
und Seidenabfällen in Form von verfilzten Flächengebilden hergestellt worden ist. Später ersetzte man die teure Seide durch
billigere Materialien wie Hanf, Lumpen etc., und entwickelte ein
entsprechendes Herstellungsverfahren. Um die Zweifel an der
technischen Möglichkeit einer Herstellung von Seidenpapier zu
beseitigen, hat F. Tschudin [4] experimentell bewiesen, dass
nach der Handpapierherstellung mit den verschiedenen Schöpf-
sieben echtes Seidenpapier produziert werden kann. Abb. 2
zeigt eine SEM-Aufnahme von einem seiner Produkte und die neben-
stehende DTA-Kurve das thermische Verhalten in oxidierender
Atmosphäre. Das Seidenpapier ist nach diesem Diagramm bis 200°C
thermisch stabil, die Zersetzung ist bei 300°C beendet. Ver-
gleichsmessungen an weissen Kokons (Abb.3, oben) ergaben eine
teilweise Uebereinstimmung. Vergleicht man das Messergebnis
von der Seide des Maulbeerspinners (Bombyx mori Linné) mit der
Kurve (Abb. 3, unten) von einem grünen Kokon eines Eichenspinners, erkennt man deutliche Unterschiede. SEM-Aufnahmen

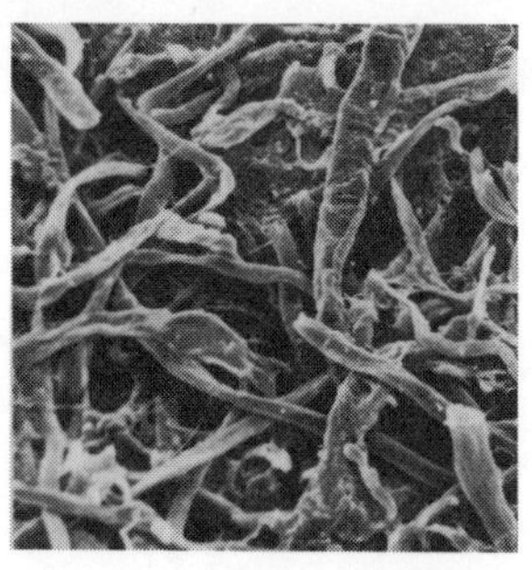
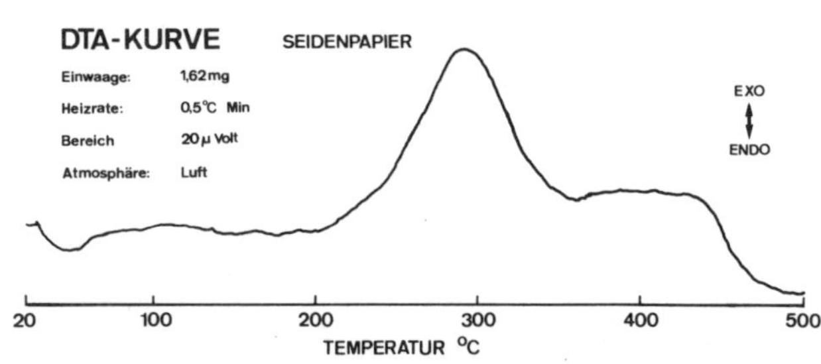

Abb.2   SEM-Aufnahme (225x) und DTA-Kurve von Seidenpapier

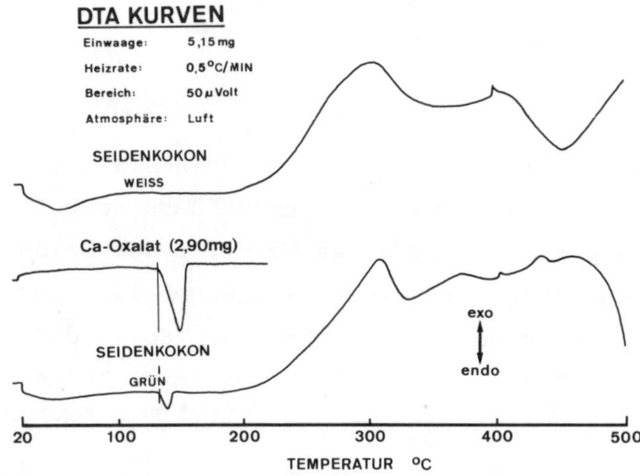

Abb.3
DTA-Kurven von
Seidenkokons

Abb.4   SEM-Aufnahmen von Seide

| Kokon vom Maul-
beerseidenspinner
(Ausschnitt) | Fäden vom Eichensei-
denspinner mit Kri-
stallauflagerungen | Seidengewebe
Ch'in-Dynastie
Freer Gallery, Wash. |

a)   450x b)   4000x c)   90x

Abb. 4 a und b) zeigen Ausschnitte aus Lepidopteren-Gespin-
sten [5]. Bei den Serofibroin-Kokons (Seidenspinner-Typ) kann man
deutlich eine Verklebung mit Sericin (Seidenleim) beobachten.
Die Fäden des Eichenseidenspinners (Antheraea pernyi) zeigen
eine gleichmässige Auflagerung von Whewellit-Kriställchen, die
als familientypische Merkmale bezeichnet werden; der endotherme
Peak (Abb. 3, untere Kurve) bei ca. 135°C kann also der Entwäs-
serung vom Whewellit zugeordnet werden. Die darüber befindliche
Vergleichskurve von Ca-Oxalat-Monohydrat zeigt die gleiche Lage
des Peaks der Wasserabgabe. Heizröntgen und IR-Aufnahmen haben
dieses Ergebnis bestätigt. Der weitere Kurvenverlauf ist im Bereich des thermischen Abbaus der Seide sehr ähnlich, bei höheren
Temperaturen treten jedoch erhebliche Unterschiede auf.

Eine Erklärung dafür ist vermutlich, dass das Seidenfibroin des
Eichenspinners aus weniger "orientierten" Polypeptidketten [6] besteht als das des Maulbeerspinners. Ausserdem haben beide Arten
einen unterschiedlichen Gehalt an Aminosäuren mit kurzen Seiten-
ketten, der die Festigkeit, Dehnbarkeit und somit auch die thermische Stabilität bestimmt.

Die Abb. 4 c) zeigt ein Stück altes Seidengewebe der Chin-Dyna-
stie (Freer Gallery, Wash. D.C.), das von beschriebenen Seiden-
bändern entnommen wurde.

CHINESISCHES PAPIER

In Abb. 5 ist der geschichtliche Weg der Papiertechnologie zu-
sammengestllt. Neben den verschiedenen Stationen des Papiers
in Asien sind auch die Daten von anderen Kontinenten bzw. Ländern angegeben. Aus der historischen Zeit Chinas standen uns
Papiere der Tang und Song Dynastie zur Verfügung. Abb. 6 zeigt
die DTA-Kurven, die in oxidierender Atmosphäre erhalten wurden.
Während das Papier der Song Dynastie, nach dem Kurvenverlauf zu
urteilen, vermutlich aus Bambus hergestellt wurde, kann das

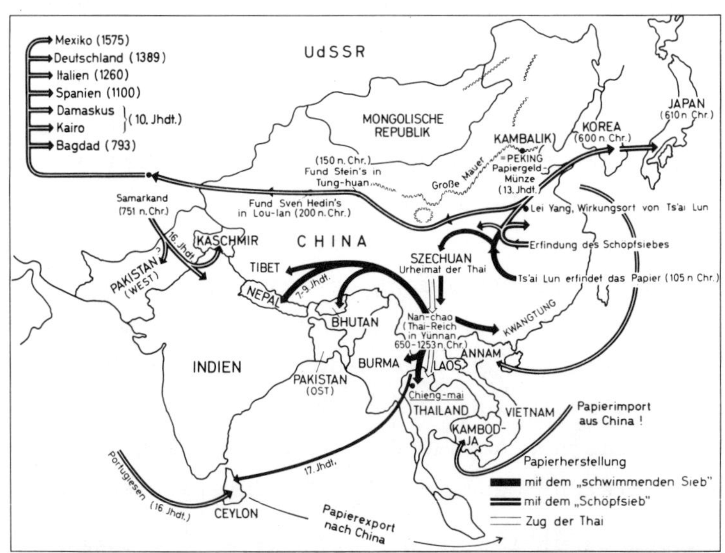

Abb.5 Verbreitung der Papiertechnologie [3]

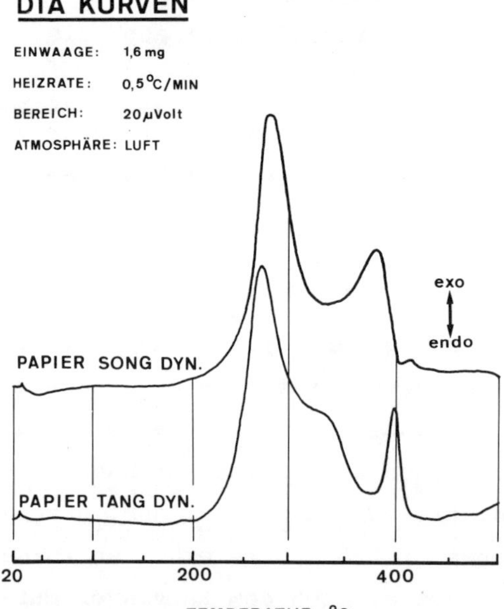

Abb.6 DTA-Kurven von alten chinesischen Papieren

老病死憂悲苦惱爲大勢力如是愛河諸世
間人亦不能度山頂諸天愛河常流與諸天
女遊戲其中受五欲樂有六園林何等爲六
一名常歡喜二名常遊戲三名白雲聚四名
普樂林五名如月林六名恒河林如是等林
嚴飾山頂遊戲其中受無量樂復向飲河所

Abb.7 Gedruckte Buchseite
(Song Dynastie)

Ausgangsmaterial der Tang Dynastie mit keinem der untersuchten
Rohstoffe identifiziert werden. Weitere Messungen an chinesischen Papieren ergaben, dass häufig Maulbeerbast als Basismate-
rial verwendet wurde.

Abb. 7 zeigt eine gedruckte Buchseite aus der Zeit der Song
Dynastie, mit dem Titel "SYOBONEN KYO". Diese Seite, nachfolgend
übersetzt, ist ein Abschnitt des 26. Bandes eines 70 bändigen,
buddhistischen Werkes: "KANTEN BON / ON HEAVENLY WORLD". Such
agonies as birth, aging, illness, death, grief, sadness are
flowing in rushing torrents. The peoples in several different
worlds cannot cross over to the other sides of the torrents.
Even in a celestial world, such agonizing flow is current so
that celestial beings are enjoying with heavenly female-beings
and receive 5 cupidities (colour, voice, smell, taste, feel).
There are 6 paradises. What are they ? First is the "dzōkanki"
(the word for enjoy and time), second "dzōyugi" (play any time),
third "hakuunsyu" (paradise within white clouds), fourth "furaku
rin" (all happiness), fifth "dzōgetsu rin" (moonlike happiness),
sixth "koga rin" (the river Indus ever lasting enjoyment), namely, they are those above. The celestial beings spend their time
in the place fully decorated at the top of the mountain and receive immeasurable joyfulness.

<u>JAPANISCHES PAPIER</u>

Abb. 8 zeigt DTA-Kurven vom Rohbast des Maulbeerbaums neben den
Zwischenprodukten und dem Feinpapier. Der Cellulose Peak liegt
beim Feinpapier im Bereich von 250 - 340°C. Im Produktionsprozess
ist die Hemicellulose entfernt worden (Schulter im Peak beim
Rohbast von 200-260°C. Der Ligninanteil (Peak 350-450°C) erfährt
bei der Papierherstellung eine Abnahme, ausserdem wird, nach der
Peakform zu urteilen, der verbleibende Anteil durch den Bearbei-
tungsprozess verändert.

Ein interessantes Detail ist die Anwendung dieses Papiers für
den Farbholzschnitt. Der Farbholzschnitt [7] in Japan ist haupt-

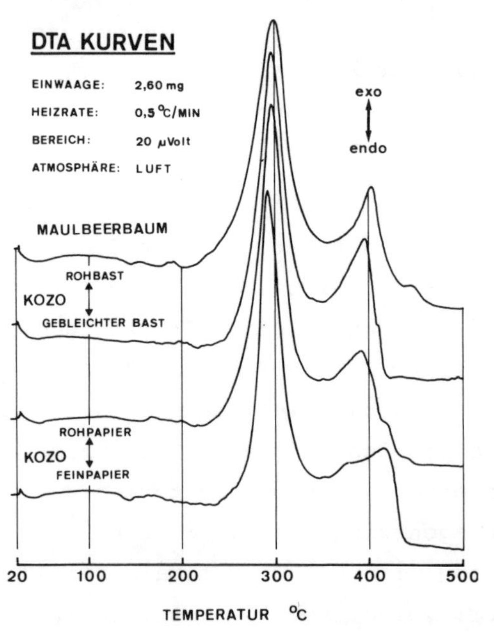

Abb.8 DTA-Kurven von Bastprodukten

Abb.9 Farbholzschnitt von Kitagawa Utamaro

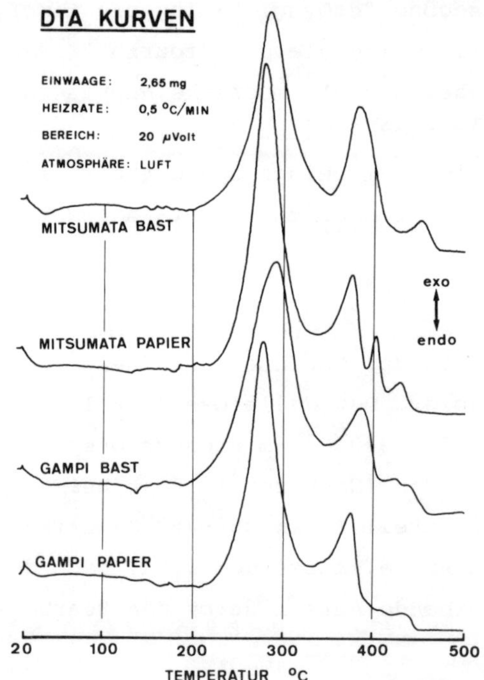

Abb.10 DTA-Kurven von Bastprodukten

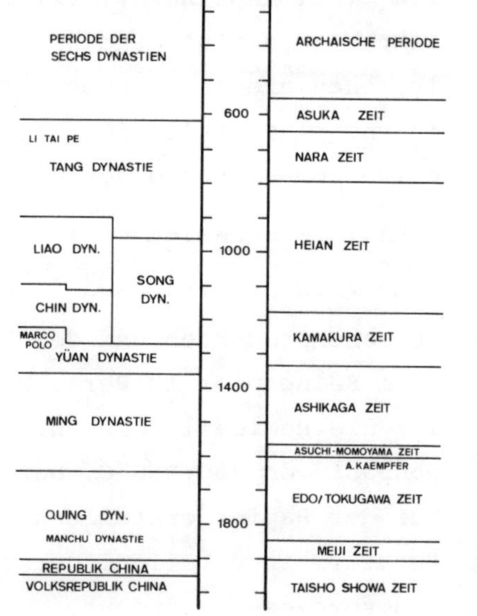

Abb.11 Zeittafel

sächlich eine Schöpfung einer bestimmten Malerschule im 17. Jahrhundert. Er erhielt deshalb gegenüber der älteren Schule den
Namen "Ukiyo-ye", was soviel wie "Bilder der fliessenden Welt"
heisst. Diese Malerei befasst sich mehr mit den kleinen Dingen
des täglichen Lebens als mit den "ewigen Wahrheiten", welche
das Sujet der älteren Schulen darstellte. Abb. 9 zeigt ein Bild
eines Meisters dieser Kunst, Kitagawa Utamaro (1753-1806).
"Naniwaya Okita" ist der Titel des Bildes, welches eine hübsche
Serviererin Okita eines berühmten Teehauses in Naniwaya darstellt.
Bei der Herstellung eines Holzschnittes wurden neben dem Maler
und Stecher auch der Papiermacher als sehr wesentlich erachtet.
Die vorzügliche Struktur wie die Oberfläche der in Handarbeit
aus Maulbeerbast gefertigten Papiere trugen zum blumenhaften,
weichen Glanz der Farbwirkung bei.

Von zwei weiteren Papieren und den Ausgangsmaterialien, Mitsu-
mata und Gampi, sind in Abb. 10 die DTA-Kurven dargestellt.
Auch hier wird bei den Rohstoffen durch den breiten Cellulose-
Peak der Gehalt von Hemicellulose angedeutet, die nach der Be-
arbeitung entfernt ist. Der Ligninanteil wird beim Mitsumata-
Papier gegenüber dem Bast stark verändert, während beim Gampi
Papier die temperaturstabileren Anteile reduziert worden sind.
Wie bereits erwähnt, wird Gampi nur von wild wachsenden Pflanzen
gewonnen. In Japan wird heute noch mit dieser Pflanzenart die
gesamte Papiergeldherstellung bewerkstelligt. Abb. 11 zeigt in
einer Zeittafel über 2000 Jahre die verschiedenen chinesischen
Dynastien und Zeitalter Japans.

Auch unter den alten japanischen Papieren zeigen verschiedene
eine gute Uebereinstimmung mit DTA-Kurvenverläufen von Bambuspapier. Die DTA-Kurve eines heute hergestellten Bambuspapiers
("tō shi") ist in Abb. 12 neben einer Kurve von frischem Bambusrohr und alten Papieren der Heian- und Kamakura Zeit zu sehen.
Der wesentlichste Unterschied ist, dass die Peaks der DTA-Kurve
vom frischen Bambusrohr sowohl gegenüber dem jungen als auch

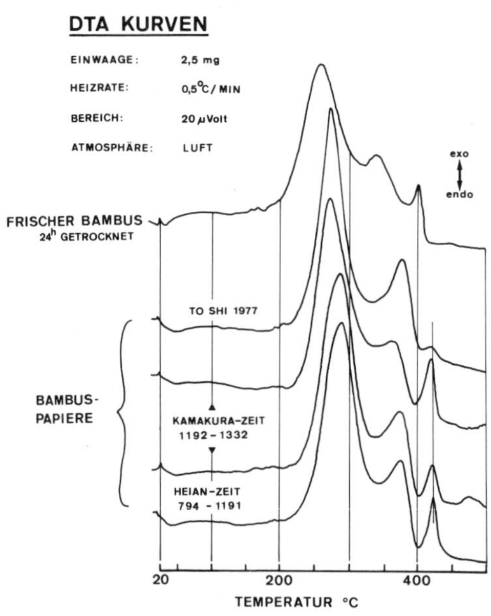

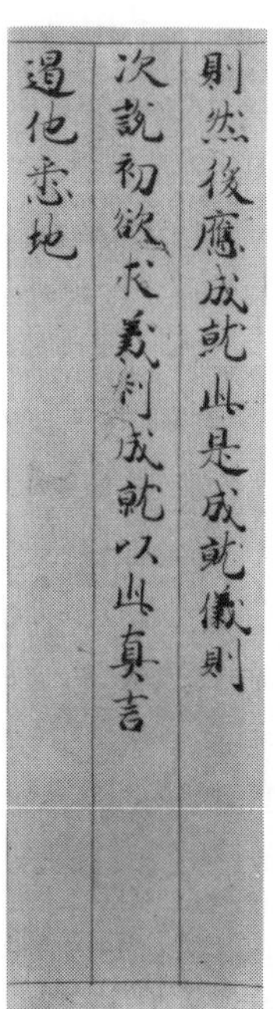

Abb.12 DTA-Kurven von Bambusrohr
       und Bambuspapieren

Abb.13 Manuskript Heian-Zeit
       (Bambuspapier)

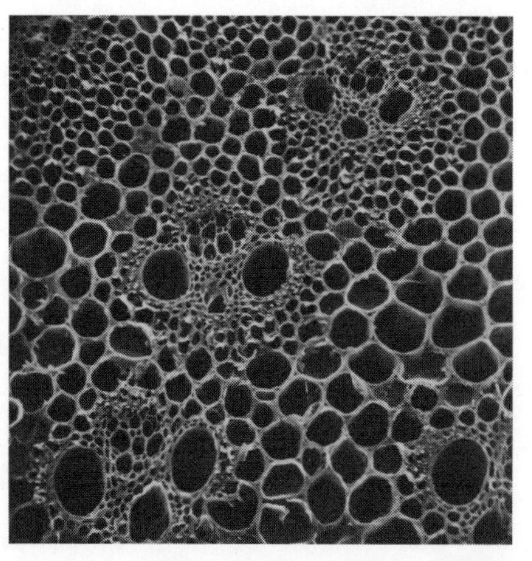

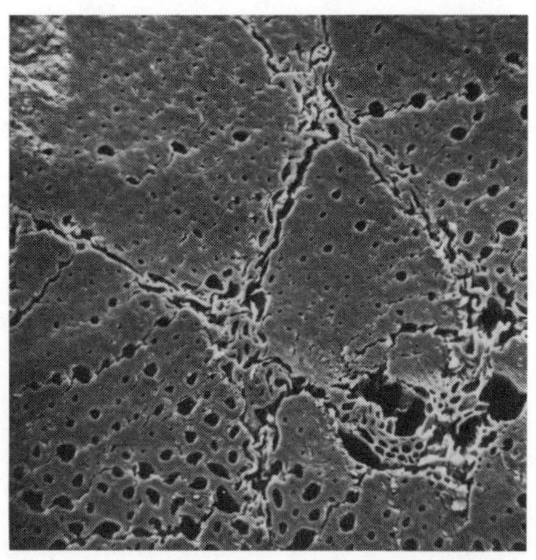

Abb.14 SEM-Aufnahmen von frischem (links) und altem (rechts)
       Bambusrohr (Querschnitt)

den alten Papieren zu tieferen Temperaturen verschoben sind.
Eine analoge Beobachtung wurde auch bei frischen Papyrusstengeln
gegenüber Papyruspapier gemacht. Typisch ist beim frischen Bambus der durch Anwesenheit von Hemicellulose verbreiterte Cellu-
lose-Peak. Im heute hergestellten Bambuspapier ist der zweite
Lignin-Peak durch den Produktionsprozess reduziert. Alle anderen
Peaks sind sowohl in der Form als auch in der Lage zur Tempera-
tur-Achse in guter Uebereinstimmung. Abb. 13 zeigt ein Original-
manuskript der Heian Zeit, das in die Untersuchungen einbezogen
wurde. SEM-Aufnahmen von Querschnitten verschieden alter Bambus-
rohre (Abb. 14) zeigen die Veränderungen der Struktur des inneren Aufbaus mit dem Trocknungsprozess.

DAS PSEUDOPAPIER POLYNESIENS [8]

Bei der Untersuchung ostasiatischer Papiere sollten auch papier-
ähnliche Produkte aus Polynesien, welche international unter
dem Namen Tapa bekannt sind, miteinbezogen werden. Da diese Papiere nicht nach den üblichen technischen Methoden hergestellt
sind, werden sie auch als Pseudopapier bezeichnet. Das Haupt-
herstellungsgebiet ist immer noch Polynesien, das sich von Neu-
seeland im Süden bis zu den Osterinseln im Osten und Hawaii im
Norden erstreckt. Auch in anderen Ländern des äquatorialen Gür-
tels wird Tapa heute noch hergestellt, so z.B. in Indonesien,
Mexiko und Ekuador. Alle diese Erzeugnisse bestehen ausschliesslich aus einer geschlagenen Rindenbastschicht. Als Lieferanten
für den Bast wurde der Papiermaulbeerbaum, der Brotfruchtbaum
und der Feigenbaum herangezogen. Die feinste Qualität wird vom
Maulbeerbaum erhalten, Brotfruchtbaum und Feigenbaum geben
grobe Papiere. Da im polynesischen Raum die Webkunst unbekannt
geblieben war, besonders weil die entsprechenden Rohstoffe fehl-
ten, war es naheliegend, dass früher aus diesem Material Beklei-
dungsstücke gefertigt wurden.

Die Herstellung ist ein langwieriger Prozess. Von ca. 2 Meter
langen, astfreien Stämmen wird die Rinde über das dünnere Ende

hinweg abgezogen. Von der feucht gehaltenen Rinde wird die
grüngraue Schicht entfernt. Die Baststreifen werden anschliessend mit Holzkeulen gegen ein gerundetes Hartholzstück geschla-
gen. Das erste Schlagen expandiert das Material bis zum Zehn-
fachen seiner Oberfläche. Die so erhaltenen Blätter entsprechen
einem sehr porösen Seidenpapier. Die feucht gehaltenen Einzel-
blätter werden später durch Schlagen zu einem tissue-ähnlichen
Blatt vereinigt. Dieses Tapa zeigt sehr textilähnliche Eigenschaften, es ist strapazierfähig und trotzdem weich. Zur Deko-
ration wurde das Material bedruckt oder bemalt. Heute finden
Tapas als Wandbehänge und Bodendecken Verwendung. Wie weit Tapa
auch als Beschreibstoff benutzt wurde, ist unbekannt.

Im DTA-Kurvenverlauf der beiden Tapaproben (Abb. 15) erkennt
man oberhalb von 140°C einen endothermen Peak, der bei vielen
Papieren aus pflanzlichen Fasern auftritt, die eine mechanische
Bearbeitung durch Schlagen erfahren haben. Eine definitive Zu-

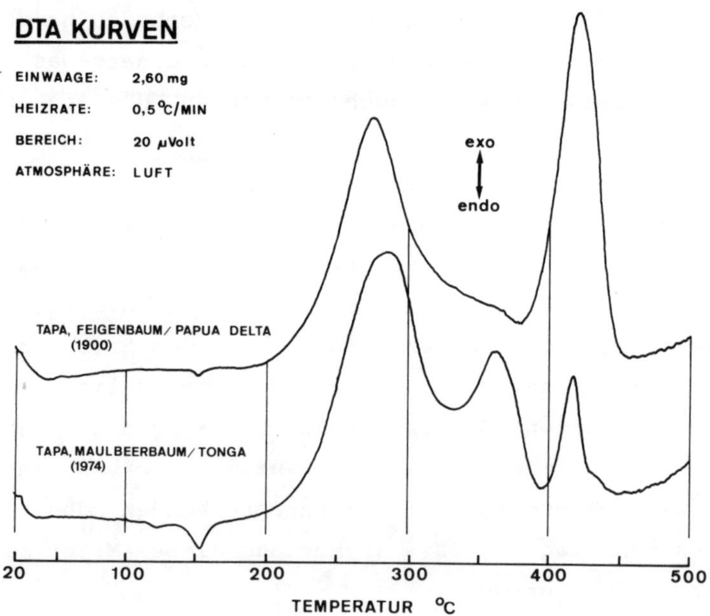

Abb. 15 DTA-Kurven polynesischer Tapas

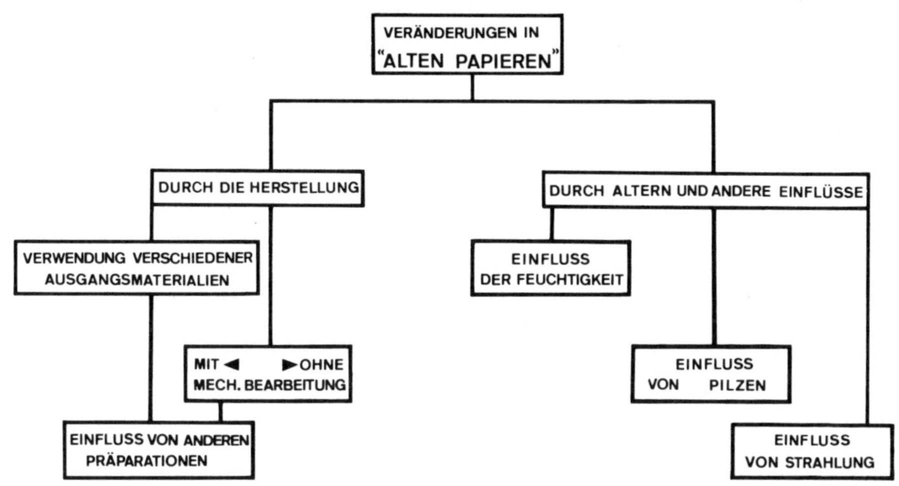

Abb. 16   Blockschema

ordnung für diese zusätzliche Phasenumwandlung bleibt weiteren
Untersuchungen vorbehalten.

Der oxidative Abbau der Cellulose findet in beiden Fällen im Bereich von 180-350°C statt. Die Hauptmenge des Ligninanteils
vom Feigen- und Maulbeerbaummaterial wird im Bereich von 380-
450°C thermisch abgebaut, während beim Papiermaulbeerbaum wahrscheinlich durch die starke mechanische Bearbeitung, d.h. durch
Dezimierung [9] der Methoxygruppen, im Lignin ein zusätzlicher,
thermisch instabilerer Ligninanteil erzeugt wird, der sich schon
im Bereich von 320-390°C zersetzt. Die bei der mechanischen Bearbeitung entstandenen Phasen und Phasenübergänge müssen noch
durch Messungen an frischen unbearbeiteten und anschliessend
bearbeiteten Proben weiter belegt werden.

ZUSAMMENFASSUNG

Thermoanalytische Untersuchungen geben verhältnismässig schnell
Resultate, die im Vergleich untereinander erkennen lassen, ob
z.B. Materialien gleichen oder verschiedenen Ursprungs sind.
Ohne den Einsatz anderer Methoden, wie Mikroskopie, Röntgenana-

lyse, IR-Spektrokopie und Massenspektrometrie wäre jedoch eine
definitive Aussage nur in wenigen Fällen möglich. Das Blockschema Abb. 16 verdeutlicht, dass die Veränderungen in alten Papieren verschiedenen Ursprungs sein können. Selbst beim Verwenden
des gleichen Ausgangsmaterials kann durch den Bearbeitsungspro-
zess das Produkt so stark verändert sein, dass es nicht mehr als
solches erkennbar ist. Beim weiteren Ausbau dieser Untersuchungs-
methoden wird es möglich sein, sowohl über die Qualität des Papiers als auch über "Papiererkrankungen" und das Alter des Papiers
Aussagen machen zu können. Die Reproduzierbarkeit der DTA Messungen ist unter den angegebenen Bedingungen sehr gut.

Der Autor ist der Freer Gallery, Washington, D.C. und der Schweizerischen Papierhistorischen Sammlung Basel, sowie Herrn E. Müller,
Zürich und Herrn F. Siegenthaler, Muttenz, für die Ueberlassung
von Probenmaterial zu Dank verpflichtet. Herrn Prof. Dr. M.
Yoshimura, Mie University, Japan, danke ich für die Uebersetzung
des Song-Schriftstückes, Herrn Dr. H. Hegnauer, Universität Zürich,
Botanischer Garten, für die Präparation und Aufnahme des Bambus-
rohrs und Herrn Sturzenegger für die Ausführung der thermoanalytischen Untersuchungen.

LITERATURVERZEICHNIS

1) K. Narita, "A Life of Ts'ai Lun and Japanese Paper Making",
   Tokyo, Paper Museum, 1976

2) E. Kaempfer, "Geschichte und Beschreibung von Japan",
   Stuttgart, F.A. Brockhaus, 1974, Band II, S. 385

3) W. Sandermann, Papiergeschichte, 18 (1968) 29

4) F. Tschudin, Papiergeschichte, 2 (1952) 2

5) C.M. Naumann, Mit. Münch. Ent. Ges. 67 (1977) 27

6) H. G. Elias, Makromoleküle, Hüthig & Wepf Verlag, Basel 1971

7) J. Hiller, "Japanische Farbholzschnitte, Pawlak Verlag,
   Herrsching, Ammersee, 1972

8) F. Siegenthaler, "Herstellung und Verwendung von polynesi-
   schem Pseudopapier, Binningen, 1973

9) H. Hatakeyama, Private Mitteilung, Kyoto 1977

3
Instrumentation

RECHNERNETZWERK

Erich Scholl und Ernst Schumacher
Institut für Anorganische Chemie
der Universität Bern, Freiestrasse 3
3012 Bern

Auf die allgemeine Theorie der Rechnernetzwerke soll im folgenden nicht eingegangen werden, da dies den Rahmen dieser Arbeit sprengen würde. Wir wollen nur eine konkrete Anwendung zeigen, der dieses Konzept zugrunde liegt.

Einführung

Die Entwicklung der digitalen Elektronik kann seit der Inbetriebnahme der ersten Rechenanlage grob durch 4 Meilensteine charakterisiert werden, die im zeitlichen Abstand von etwa 10 Jahren aufeinanderfolgen.

1950 ermöglichte der damalige Stand der Röhrentechnologie, Rechenanlagen zum Bewältigen von immer wiederkehrenden Berechnungen und Sortierarbeiten einzusetzen.

1960 führten die diskreten Halbleiterbausteine wie Dioden und Transistoren zum Bau von Minicomputern.

Seit 1970 verfügen wir dank hochintegrierter Schaltungen über den Mikrocomputer, der aufgrund seiner kleinen Abmessungen in andere Geräte eingebaut wird, um vornehmlich Steueraufgaben zu übernehmen. Programmierbare Tischrechner tragen weiter dazu bei, die Rechenkapazität zu verteilen und so näher an die Stelle zu bringen, wo die Daten anfallen.

Heute gewinnt das Rechennetzwerk an Bedeutung, als Folge der Entwicklung von Laser und Glasfaser [1], die zusammen hohe Uebertragungsraten bei geringer Störanfälligkeit ermöglichen. Durch das Verknüpfen der Rechner wird auch einer Verzettelung der Rechenkapazität, wie sie durch ihre Verteilung eingeleitet wurde, entgegengewirkt.

Rechnerinfrastruktur

Wie bereits in der Einleitung bemerkt wurde, hat die Einführung des Mikrocomputers nicht nur zu einer Verteilung, sondern auch zu einer Verzettelung der Rechenkapazität geführt und nun machen sich die Nachteile der stürmischen Entwicklung bemerk-

bar. Dies äussert sich besonders in der mangelnden Standardisierung von Soft- und Hardware, insbesondere der Schnittstellen [2].
Es genügt nicht, die Daten anzunehmen, sondern man muss sie auch
ablegen und auswerten. Die für die Langzeitspeicherung vorgesehenen Peripheriegeräte wie Floppy-Disks und Magnetbandkassetten
haben häufig den Nachteil, dass sie nur von dem Gerät gelesen
werden können, das sie beschrieben hat und sich so im allgemeinen
nicht als Datenaustauschmedium zwischen verschiedenen Rechnern
eignen. Dadurch ist man gezwungen, die unter Umständen langwierigen Auswertungen auf dem Erfassungsrechner durchzuführen, mit beschränkter Rechengeschwindigkeit und minimalem Speicherplatz. Dazu kommt, dass sophistizierte Auswerteprogramme meist für grössere Rechner geschrieben wurden und nur mühsam adaptiert werden
können, wobei meist die ausgeklügelte Architektur des Programms
zerstört wird und an Wirksamkeit einbüsst.

Die Erhebung der Rechenbedürfnisse an unserem Institut
hat wie erwartet gezeigt, dass diese von quantenchemischen Problemen, die Grosscomputer benötigen, bis zu Labordatenerfassung
auf Mikroprozessoren praktisch alle Gebiete der EDV umfassen. Von
den Benützern wurde von einer Neuerung vor allem ein besserer Zugriff zu spezieller Peripherie wie graphischen Datenendgeräten,
Zeichengeräten und schnellen Zeilendruckern, sowie grösseren
Hauptspeichern erwartet.

Aus diesem Grunde entschlossen wir uns, ein hierarchisches (point-to-point [3]) Netzwerk nach Figur 1 aufzubauen. Dieses besteht von oben nach unten aus den folgenden 4 Stufen:

- Grossrechenanlage mit vornehmlich Stapelbetrieb,
  in dessen Betriebsablauf wir kaum eingreifen
  können.
- Eigener Minicomputer der Mittelklasse, als Bindeglied, wo die Information aus den Labors zusammenläuft.
- Kleinstrechner in den Labors für die Datenerfassung
  und Kommunikation.
- Eventuell vorverarbeitende Messinstrumente mit eingebautem Mikroprozessor.

Besondere Anforderungen werden an die 2. Stufe gestellt,
da hier alle Datenflüsse zusammenlaufen und dies die höchste
Stufe ist, wo wir noch organisatorisch eingreifen können. Wie aus
Figur 1 ersichtlich ist, muss es nebeneinander 3 Funktionen erfüllen. Da zudem die einzelnen Kanäle zu den Laborrechnern vorteilhaft von untereinander abhängigen Prozessen unterschiedlicher
Priorität kontrolliert werden, muss hier ein Mehrprozess-Echtzeit-
Betriebssystem (multitasking/multiprogramming realtime OS) implementiert sein. Dies auf Kosten der Programmentwicklung, für die
ein echtes Mehrbenützersystem (timesharing OS) mit optimaler Aufteilung der CPU-Zeit kleinere mittlere Antwortzeiten bieten würde.

Grossrechner IBM 370-158

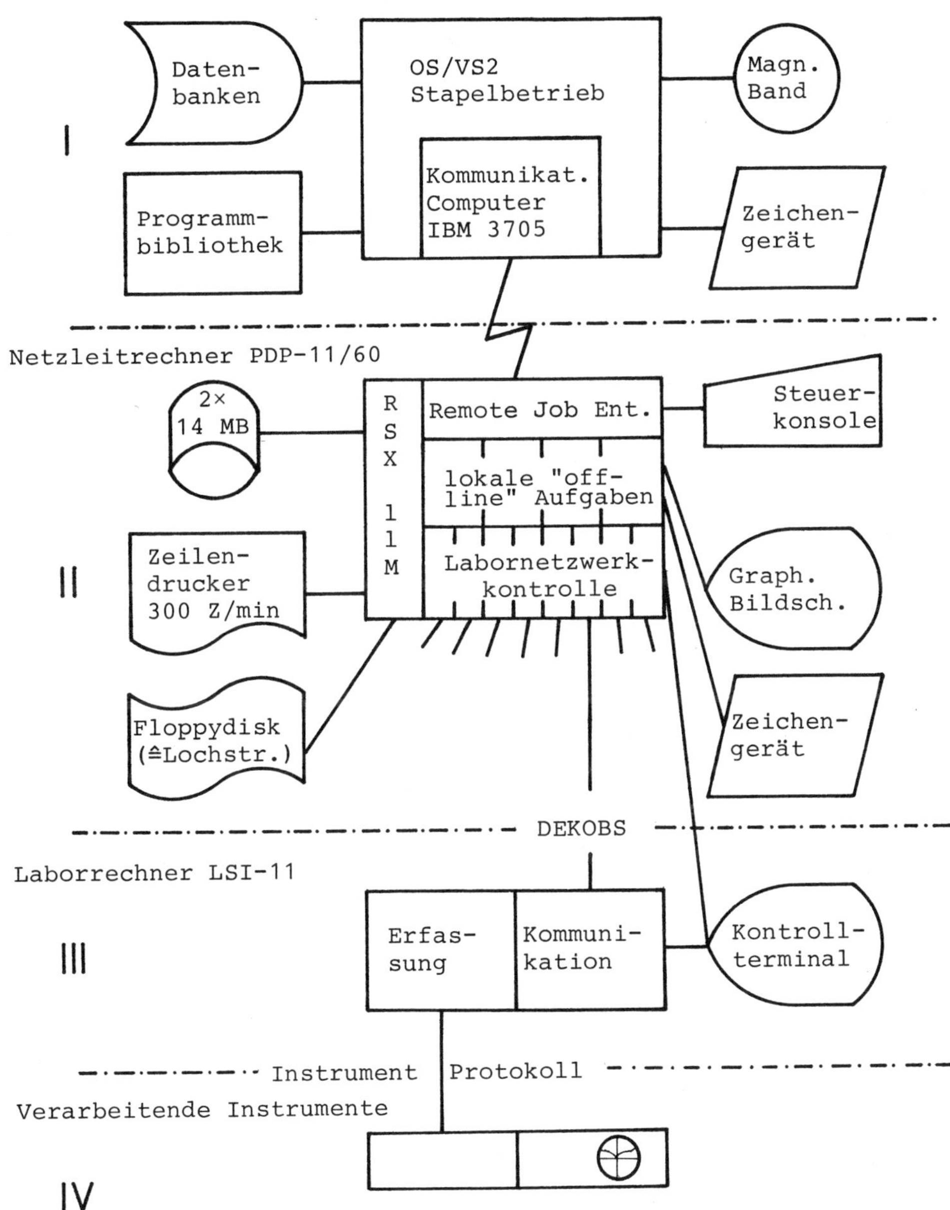

1   Uebersicht über das Netzwerk

Netzwerkkontrollprogramme

Die Art der Verbindung zum Grossrechner ist durch dessen Typ schon vorgegeben. Wegen organisatorischen Randbedingungen haben wir uns für eine Verbindung vom Typ IBM 2780 entschieden, obschon heute auf dem Markt für diesen Rechnertyp leistungsvollere Protokolle (HASP Workstation, 3272) erhältlich sind.

Unsere ganze Aufmerksamkeit hingegen galt dem Verbindungsteil Minicomputer-Laborrechner. Da wir uns nicht auf eine bestimmte Rechnerfamilie festlegen wollten, implementierten wir nicht eine käufliche Netzwerksoftware, sondern legten lediglich das Hardwareprotokoll [4],[5] fest (CCITT V24).

Konkret wurde eine solche Verbindung im Pilotprojekt DEKOBS realisiert, einem Betriebssystem für einen 4k×16Bit Mikrocomputer, bestehend aus Kommunikations-, Erfassungs- und Verwaltungsteil.

DEKOBS (Daten-Erfassungs- und Kommunikations-Betriebs-System)

Der auf der Laborstufe (3. Stufe) eingesetzte Mikrocomputer ist ein 16-Bit-Rechner der gleichen Familie wie der lokale Netzleitrechner (2. Stufe). Die Hardwarekonfiguration ist in Tabelle 1 festgehalten. Er hat die Aufgabe, die von verschiedenen Messgeräten gelieferten analogen und digitalen Daten zu erfassen und an den Netzleitrechner weiterzugeben, wo sie auf einem Massenspeicher abgelegt werden. Die Erfassungsrate soll im Bereich um 16Bit/ms liegen.

Tabelle 1: Hardwarekonfiguration des Laborrechners

- Digital Equipment Corp. LSI-11
- 8k×16Bit MOS-Hauptspeicher
- programmierbare Echtzeituhr
- multiplexierter 16-Kanal 12Bit A/D-Wandler
  ($\pm$5.12V)
- 2 serielle Schnittstellen nach CCITT V24
  (9600 Baud)
- 4-Kanal D/A-Wandler
- 2 16Bit Parallelschnittstellen je eine Eingabe und Ausgabe

Wie im Netzleitrechner erwies sich auch hier das logische Trennen der einzelnen Prozesse wegen der dadurch erzielten Uebersichtlichkeit und Entkoppelung der asynchron laufenden Aufgaben als beste Lösung [6]. Dem Netzleitrechner erscheint der Mikrocomputer als Terminal, so dass das dortige Kontrollprogramm die Daten mit normalen "Lese vom Terminal" und "Schreibe auf das Terminal" zu empfangen und zu senden hat.

Aufbau von DEKOBS

Das Betriebssystem besteht aus Planer (Scheduler), verschiedenen Hilfsroutinen, vornehmlich zum Formatieren und Konvertieren und den eigentlichen Prozessen zur Steuerung der Peripherie und Verwaltung des Datenspeichers.

Planer (Scheduler)

Dies ist eine kleine Schlaufe, die die Liste der Prozesskontrollblöcke, in denen Statusinformation über die Prozesse enthalten ist, untersucht. Ist ein Prozess bereit, so wird ihm die Kontrolle über das Rechenwerk übergeben.

Der Planer selbst erhält diese Kontrolle nach jedem "wesentlichen Ereignis", im allgemeinen falls ein Prozess endet oder blockiert wird, weil die benötigten Ressourcen fehlen. Zusätzlich erzwingt alle 20 ms der Unterbruch durch eine Uhr einen Eintritt in den Planer.

Prozesskontrollblock

In der Prozessliste besitzt jeder Prozess einen Kontrollblock. Die Reihenfolge der Blöcke bestimmt die Priorität der Programme: hochprioritäre Programme stehen zuoberst auf der Liste. Als Richtlinie gilt, dass Prozesse, die anfallende Daten aus dem System ausgeben (Senken), höhere Prioritäten haben sollten als solche, die Daten produzieren (Quellen), damit das System nicht überläuft.

Prozesse

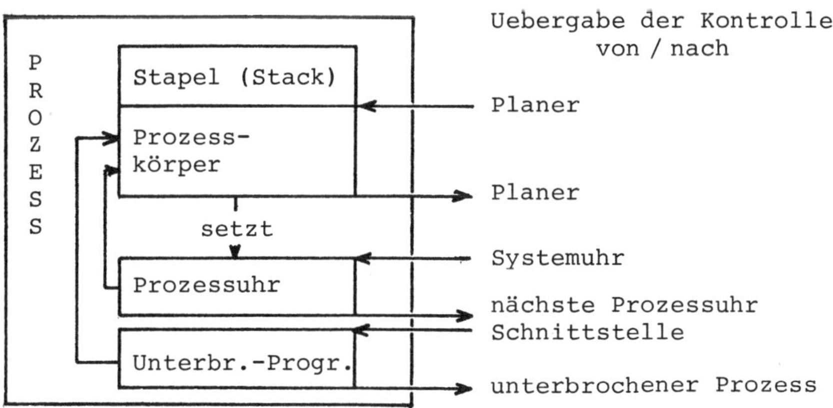

2   Prozesskomponenten

Die allgemeine Struktur eines Prozesses wird in Figur 2 dargestellt. Jeder Prozess besteht mindestens aus Prozesskörper, wo nicht-echtzeitabhängige Aufgaben gelöst werden und Stapel (Stack), wo wichtige Information gesichert wird, wenn es zu einem Unterbruch kommt. Falls der Prozess einen Ein-/Ausgabekanal steuert, kommt das Unterbruchprogramm hinzu. Hier werden zeitkritische Operationen durchgeführt und eventuelle Weiterverarbeitungen im Prozesskörper angestossen. Eine ähnliche Funktion hat die Prozessuhr, die ermöglicht, periodisch wiederkehrende Arbeiten und Tests (z.B. Auszählen einer Verbindung) durchzuführen.

Betrieb

Wie das System die gestellte Aufgabe löst, kann am besten eingesehen werden, wenn man den Datenfluss im vereinfachten Blockdiagramm (Figur 3) von der Quelle (A/D-Wandler) zur Senke (serielle Schnittstelle) verfolgt.

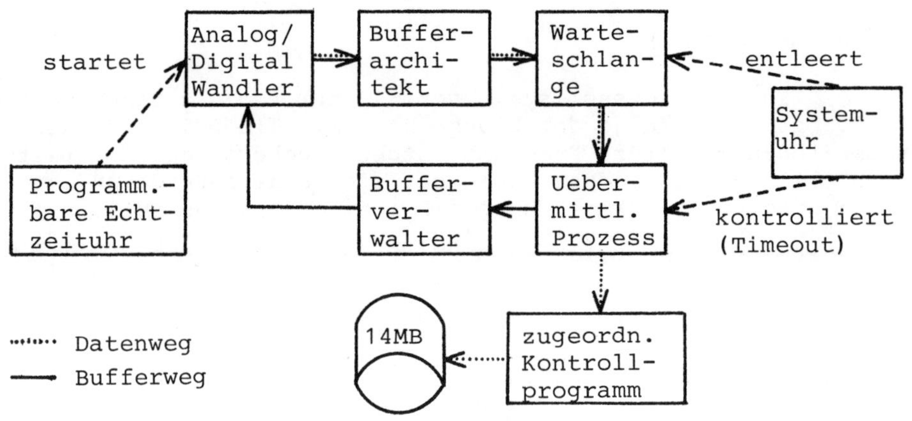

3   Vereinfachtes Blockdiagramm

Der Bufferverwalter führt Buch über den Buffervorrat. Ein Buffer ist hier ein reserviertes Datenfeld von 138 Bytes, wovon 128 vorgesehen sind, um die Daten des A/D-Wandlers aufzunehmen. Die restlichen 10 Bytes sind reserviert für betriebstechnische Information.
Der A/D-Prozess verlangt vom Bufferverwalter einen leeren Buffer, füllt ihn mit Daten und übergibt ihn dem Bufferarchitekten. Dieser ergänzt die technische Information (Datensatzendmarke, allgemeine Systemmeldungen), berechnet die longitudinale Kontrollsumme und fügt sie dem Buffer hinten an. Um eine zusätzliche Entkoppelung von Quelle und Senke zu erreichen, wird der Datenbuffer nicht direkt übermittelt, sondern in eine Warte-

schlange eingereiht. Dies ermöglicht, Belastungsschwankungen des
Netzleitrechners aufzufangen.

Periodisch wird die Warteschlange auf ihren Inhalt geprüft. Erst jetzt wird der Buffer dem Uebermittlungsprozess übergeben. Ist die Uebermittlung erfolgreich abgeschlossen, was durch
eine positive Quittung durch den Netzleitrechner angezeigt wird,
wird der entleerte Buffer dem Bufferverwalter zurückgegeben. Aus-
serhalb dieses Kreislaufs können beliebig viele Prozesse laufen,
um beispielsweise Statusinformation auf der Bedienungskonsole
auszugeben oder um interaktives Verändern der Systemparameter zu
ermöglichen.

Diskussion

In der nun dreimonatigen Betriebszeit der Anlage hat
sich besonders der modulare Aufbau als wartungsfreundlich erwiesen. Dies hat sich vor allem bei der Implementierung von weiteren
Prozessen gezeigt. Ebenfalls zur vollsten Befriedigung läuft die
Datenübertragung mit 9600 Baud über eine abgeschirmte 4-Drahtlei-
tung in elektrisch "lärmiger" Umgebung (Hochspannungs-Versorgungs-
anlagen). Ebenfalls geschätzt wird die Möglichkeit, bei der Auswertung von verschiedener Hardware (Speicherplatten hoher Kapazität,
graphische Konsolen, Zeilendrucker und Zeichengeräte) und Software
Gebrauch zu machen, da die Daten auf einem grossen Minicomputer
zugriffsbereit liegen.

Weniger benützerfreundlich ist die Ladeprozedur (down-
line loading). Würde man hingegen den Halbleiterspeicher durch
Kernspeicher ersetzen, so könnte man das Betriebssystem dauernd
im Hauptspeicher belassen, selbst beim Ausschalten der Anlage.
Vom Speichern in Festwertspeichern ((P)ROM) würden wir abraten,
da dies die Flexibilität einer solchen Mehrzweckanlage wesentlich
vermindern würde.

Die Abhängigkeit von der Verfügbarkeit des Netzleitrechners hat sich bis jetzt noch nicht bemerkbar gemacht, da das entsprechende Programm in einem eigens dazu reservierten Hauptspei-
cherbereich (Partition) läuft, dessen Grösse zirka $1k \times 16 Bit$ beträgt. Bei einer wesentlichen Erweiterung des Labornetzwerkes kann
das nicht mehr gewährleistet werden, so dass die Kontrollprogram-
me langsamer Leitungen (bis etwa 10 Messwerte pro Sekunde) zeit-
weise auf Plattenspeicher ausgelagert werden müssten. Es ist aber
gerade eine Eigenheit der Rechnernetzwerke, dass die einzelnen
Knoten durch Hinzufügen weiterer Hardware zunehmend autark gemacht werden können, ohne dass am Gesamtkonzept etwas geändert
werden muss und ohne dass bereits gemachte Investitionen verloren
gehen, da es sich um aufwärtskompatible Systeme handelt.

Diese Arbeit wurde vom Schweizerischen Nationalfonds
zur Förderung der wissenschaftlichen Forschung (Projekt 2.919-0.77)
unterstützt.

Literatur:

[1] J.-F. ZÜRCHER, Optische Kabel, Elektroniker $\underline{5}$, EL36 (1979).
[2] K. SONNENFELS, Mikroprozessoren in der medizinischen Labor-
     datenverarbeitung, Siemens Forsch. und Entwickl. Ber. $\underline{7}$,
     371 (1978).
[3] R.E. DESSY, Computer Networking, Analytical Chemistry $\underline{49}$,
     1100A (1977).
[4] R.E. DESSY, J. TITUS, Instant Interfacing, Analytical
     Chemistry $\underline{46}$, 294A (1974).
[5] W.F. SWITZER, Asynchronous Serial Computer Interfaces,
     Analytical Chemistry $\underline{48}$, 1003A (1976).
[6] F. HUGUENIN, Entwicklung von Regelalgorithmen für Mikro-
     rechner, Elektroniker $\underline{11}$, EL11 (1978).

THEORETICAL BLANK AND AUTOMATIC BLANK CORRECTION IN SINGLE FURNACE THERMOGRAVIMETRY

F. Kools, P. Bongaerts, B. Jansen
Philips Research Laboratories, Eindhoven, The Netherlands

ABSTRACT

Factors governing the blank in single furnace thermo-gravimetry are briefly discussed. The main factors, viz. buoyancy and drag effect, are described theoretically and composed to a theoretical expression for the blank.
Automatic blank correction is performed by subtracting the theoretical blank from experimental TG curves, using a table computer (HP 9825 A). Applying this procedure to an experimental blank, the output as a function of temperature is constant within the experimental error of 0.01 mg. This holds for different operational parameters (gas flow, sample volume) and the same geometrical conditions.

1. INTRODUCTION

In thermogravimetry (TG) [1,2] the signal is affected by apparent mass changes resulting from several temperature-dependent forces acting on the sample holder and its suspension. The integral effect as a function of temperature -the blank-can be determined experimentally by using a thermally inactive sample.
For precision TG measurements blank correction of the TG curves is necessary, the accuracy of the final result mainly depending on the correction method used. Normally, correction is done afterwards by using an experimental blank. However this is time-consuming and tedious work. Moreover, correction is only accurate when a <u>specific</u> blank is used, i.e. when the conditions for experimental run and blank run are <u>exactly</u> the same, which is hardly feasible. Furthermore, in the ideal case a blank run is needed for every TG-run. For that reason, a kind of "<u>general</u>" experimental blank is mostly used, i.e. the conditions of experimental and blank run are <u>roughly</u> the same. In that case errors are introduced since the specific conditions, such as the sample volume and the nature of the gas, are not properly taken into account.
There are two approaches to this problem: theoretical

correction and twin furnace TG. In twin furnace TG blank
correction is done simultaneously by using the experimental
blank of the second furnace. This is an easy correction
method which is also accurate, provided that the conditions
in both furnaces are indeed kept identical [3,4]. The first
method is based on a theoretical description of the blank,
which is calculated and subtracted from the experimental curve
by means of a table computer. This method is the subject of
this study. The aim was twofold: to develop a correction
method for single furnace TG, that would be both easy and
accurate, and to gain more insight into the errors involved.

The main subject of this paper is a theoretical
description of the blank. In section (2) a brief description
of our equipment is given. In section (3) the main factors
governing the blank are discussed. In sections (4) and (5) the
most important blank effects, viz. buoyancy and drag force
are derived theoretically. In section (6) the complete
theoretical blank is composed and discussed. In the final
section (7) some concluding remarks are made about the proposed
correction method.

2. EQUIPMENT

The thermobalance under study is a Setaram one,
type G-70. The maximum load of the balance is 10 g. Normally,
a sample of about 1 g is used. According to the specifications
the stability is at least 0.1 mg, but in general we reach
0.01 mg [5,6]. The furnace is home-made. It has a SiC heating
element (700 Watt) and is equiped with a water-cooled mantle.
The maximum temperature is about 1500°C. The atmosphere is
controlled with respect to the oxygen partial pressure (PO_2)
and to the gas flow (ϕ). The total pressure is equal to the
atmospheric pressure [7] . The oxygen partial pressure is
adjusted by mixing nitrogen and oxygen and is measured with
a ZrO_2 cell. The gas flow through the sample tube can be adjusted between 0 and 100 sccm/min and is in the upward direction.
An extra flow of 45 sccm/min of the same gas is applied through
the balance chamber in the downward direction. The main in-
fluences of the environment, viz. humidity and room temperature are kept constant at 55% and 22°C respectively.

Recently our equipment has been extended with a
data acquisition system (HP 3052 A with the well known
HP 9825 A table computer). At the moment it is only used for
temperature programming and data processing [8]. The interior
of the sample tube, as schematically shown in fig. 1, is
also home-made. All parts are made of dense alumina in order
to allow operating temperatures up to 1500°C. The sample
holder is made of single crystalline alumina, which proved to
be much more constant in mass at high temperature than poly-
crystalline alumina. Radiation shields are mounted to enlarge
the hot zone and to reduce convection [9,10] . The inner tube
supports the upper radiation shields and reduces aerodynamic
forces [7,11,12] .

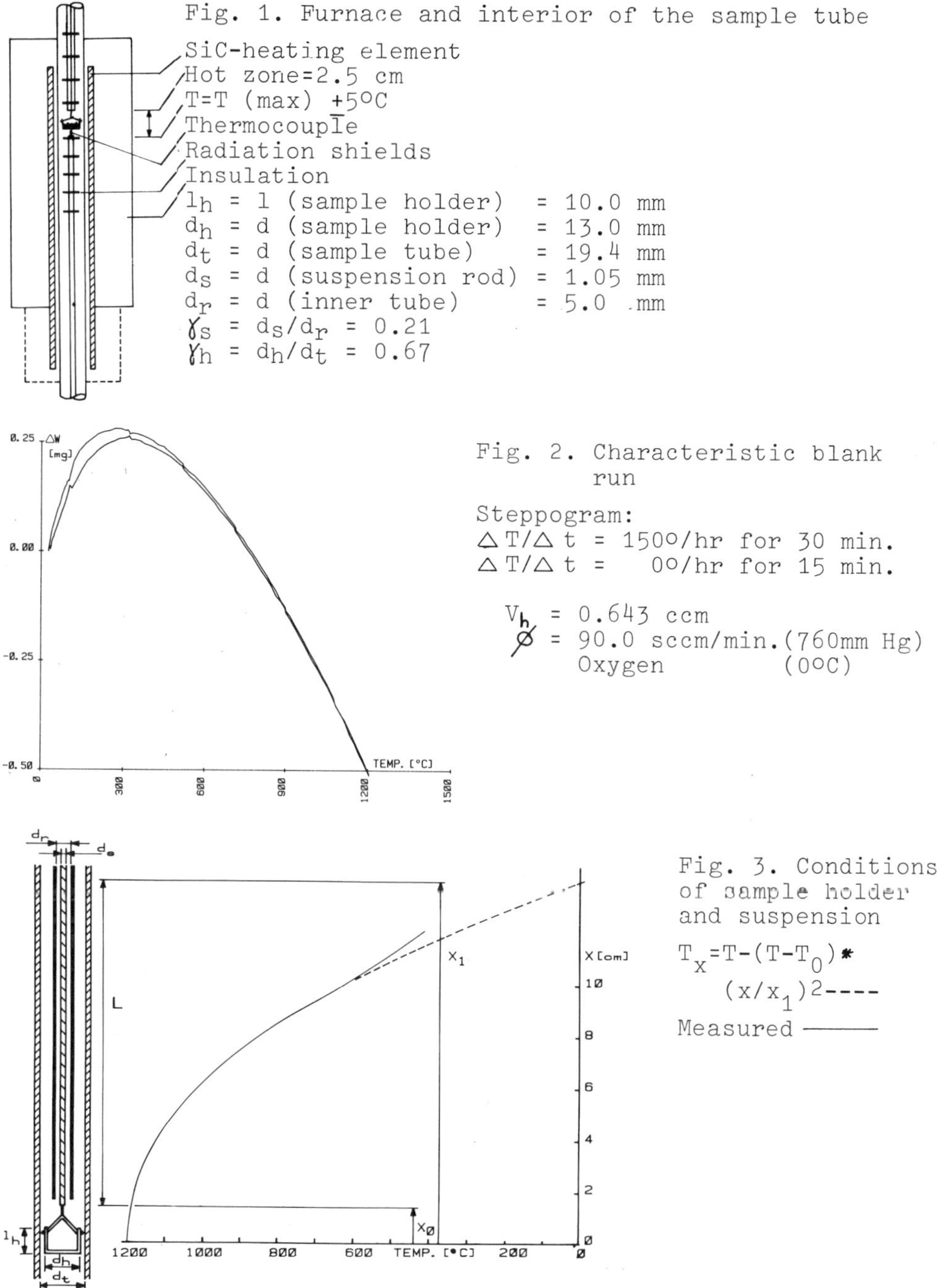

Fig. 1. Furnace and interior of the sample tube
SiC-heating element
Hot zone=2.5 cm
T=T (max) +5°C
Thermocouple
Radiation shields
Insulation
lh = l (sample holder)   = 10.0 mm
dh = d (sample holder)   = 13.0 mm
dt = d (sample tube)   = 19.4 mm
ds = d (suspension rod)   = 1.05 mm
dr = d (inner tube)   = 5.0 mm
γs = ds/dr = 0.21
γh = dh/dt = 0.67
0.25
ΔW
[mg]
0.00
-0.25
-0.50
TEMP. [°C]
0   300   600   900   1200   1500
Fig. 2. Characteristic blank
       run
Steppogram:
ΔT/Δt = 150°/hr for 30 min.
ΔT/Δt =   0°/hr for 15 min.
Vh = 0.643 ccm
Ø = 90.0 sccm/min.(760mm Hg)
   Oxygen   (0°C)
dr   de
L
x1
X[cm]
10
8
6
4
2
0
x0
1200 1000 800 600 TEMP. [°C] 200   0
lh
dh
dt
Fig. 3. Conditions
of sample holder
and suspension
Tx=T-(T-T0) *
   (x/x1)2 ----
Measured ———

3. FACTORS GOVERNING THE BLANK

Causes of apparent mass changes have been discussed in literature several times [9,13] . We have distinguished accidental and systematic blank effects. <u>Accidental</u> effects originate from fluctuations in the relevant environmental factors such as room temperature, humidity and vibrations of the building. In addition there is aerodynamic noise, which is strongly depending on the geometrical situation in the sample tube [7,11,12] . Our control of the environmental factors and our design of the interior of the sample tube is rather adequate since the actual stability is much better than the corresponding specification. In order to investigate the stability, noise measurements during a period of 24 h were performed under different conditions (temperature, gas flow). Standard deviations were calculated and proved to be 0.003 mg or less. On this basis we have taken the experimental error as 0.01 mg.

Important <u>systematic</u> effects result from Knudsen forces [13,14] , convection [9,11,13] , buoyancy [9,15] for sample holder and suspension, and drag force [9,13] for sample holder and suspension when flowing gases are used. The order of magnitude of the different effects at 1200°C is successively: < 0.01, < 0.01, 0.5, 0.05, 0.8 and 0.4 mg. The temperature of 1200°C is chosen because we are primarily interested in the high temperature region. In addition, all effects, except that from convection, increase with increasing temperature. The magnitude of the Knudsen forces has been estimated from literature data. It is negligibly small in our case, because the Knudsen number is rather high: $K_n \approx 5.10^{-5}$. The other figures are based on observations on our specific system. The convection effect is also within the experimental error, but this needs more elucidation [10]. Fig. 2 shows a characteristic blank curve with a moderate heating/cooling rate $(\Delta T/\Delta t)$. The heating curve lies somewhat above the cooling curve. This effect is attributed mainly to convection as a consequence of a thermal lag between sample holder and the wall of the sample tube [9]. The effect appears to be dependent on $\Delta T/\Delta t$ and T, being only within the experimental error at high temperature and not too large $\Delta T/\Delta t$. We take as "blank curve" the average of heating and cooling curve. In that case the convection effect is practically eliminated, in particular at high temperature and when using step programming. For that reason neither Knudsen forces nor convection are taken into account in the theoretical description of the blank.

Therefore, our theoretical blank $(\Delta W_{(T)})$ consists only of buoyancy and drag effects both for sample holder and suspension $(\Delta B_h, \Delta B_s, \Delta D_h, \Delta D_s$ respectively). These effects have to be described as a function of <u>temperature</u>. In addition we would like to account for the <u>operational</u> parameters such as gas flow (ϕ) and sample volume (V). The same holds to some extent for the <u>geometrical</u> parameters such as the diameters for sample holder and sample tube. However, in this case we are content for the present with a rough first

approximation. In order to describe the effects more pre-
cisely for one and the same geometrical situation, an
empirical correction factor has been introduced for each
separate effect (f_{Bh}, f_{Bs}, f_{Dh}, f_{Ds} respectively). In symbols
the theoretical blank reads:

$$\Delta W_{(T)} = W_{(T)} - W_{(T_O)} = \Delta B_{h(T)} + \Delta B_{s(T)} + \Delta D_{h(T)} + \Delta D_{s(T)} \tag{1}$$

where $W_{(T_o)}$ stands for the initial mass when using a thermally
inactive sample or no sample.

In the next sections, the different effects will be
derived theoretically. Confrontation with the corresponding
experimentally found effects leads to the different f values.
These are in turn verified by varying the operational parameters.

4. BUOYANCY EFFECT

Sample holder and suspension are surrounded by a
gas, and therefore undergo buoyancy, which causes an apparent
deviation (B) from their mass. This deviation (B) is temperature-dependent, thus causing a blank effect:

$$\Delta B_{(T)} = f_B \cdot (B_{(T)} - B_{(T_O)}) \cdot \tag{2}$$

Since B is negative and becomes less negative with increasing
temperature (subsection 4a), $\Delta B_{(T)}$ is positive and increases
with increasing temperature. The buoyancy effect consists of
two parts one for the sample holder and one for the suspension
rod. These will be discussed separately in subsections 4a
and 4b. In the final subsection (4c) the combined buoyancy
effect is discussed.

4a. <u>Buoyancy effect for the sample holder</u>

This effect is rather simple to describe and has
already been mentioned more than once in the literature [9,15].
The sample holder is completely within the hot zone (fig.1).
This means that we may count on a homogeneous sample holder
temperature. According to Archimedes the deviation (B_h) from
the mass of the sample holder with volume (V_h) is given by:

$$B_h = -\rho \cdot V_h \cdot \tag{3}$$

The density (ρ) of the surrounding gas with molecular weight
M is temperature-dependent according to the ideal gas law:

$$\rho = MP/_{RT} \cdot \tag{4}$$

This temperature dependence causes the blank effect for
the sample holder and is found by combining equations (2)(3)
and (4):

$$\Delta B_{(T)} \doteq f_{Bh} \cdot \overline{\Delta B_{(\theta)}} \cdot V_h \cdot \tag{5}$$

With

$$\overline{\Delta B_{(\theta)}} = \alpha_B \cdot \rho_o \left(\frac{\theta - 1}{\theta}\right) \tag{6}$$

where $\alpha_B = 10^6$ (SI-units, only ΔB in mg)
ρ_o, Po, To = initial density, pressure, temperature of the gas
              surrounding the sample holder

   $\theta = T/To$

(According to expression (4) variation in pressure can also be taken into account by substituting $\theta/\bar{p}$ for θ where $\bar{p}=P/P_o$). It will be shown in subsection 4c that $f_{Bh}=1$ for the empirical correction factor is found. This means that no important idealizations are made.

4b. Buoyancy effect for the suspension

This effect is somewhat more difficult to describe, because the suspension rod is situated in a temperature gradient (fig. 3). The measured axial temperature gradient has been approximated by a parabolic function $T(x)$. The latter implies that only the part of the suspension rod up to x_1 (fig. 3) is considered to be heated and thus to be responsible for the buoyancy effect $(\Delta B_{s(T)})$. This part of the suspension rod is idealized as a homogeneous cylinder, the lower end being at x_o. The buoyancy effect can be found by integrating the buoyancy effect for volume element dV_x at temperature $\theta_{(x)} = T_{(x)}/T_o$ over the whole heated volume $(V_s = A_s L)$ of the suspension rod:

$$\Delta B_{s(T)} = f_{Bs} \cdot \int_0^{V_s} \overline{\Delta B_{(\theta(x))}} \cdot dV_x \ . \tag{7}$$

Elaboration of this integral (appendix I) leads to the following expression:

$$\Delta B_{s(T)} = f_{Bs} \cdot \overline{\Delta B_{(\theta)}} \cdot V_s \cdot F_{B(\theta)} \tag{8}$$

The function $F_{B(\theta)}$ means that the fraction $F_B(\theta)$ of the heated volume V_s, if completely at top temperature (T), should have the same effect as the volume V_s in the temperature gradient $T_{(x)}$. For $x_o = 1.4$ cm,, $F_{B(\theta)}$ is about 0.75, being more or less independent of the temperature and the value for $\xi_o = x_o/x_1$ (fig. 4). The agreement of $\Delta B_s(T)$ with the corresponding experimental blank curve is shown in fig. 5. It is seen that the difference between the observed and the calculated curve is always within the experimental error. The empirical correction factor is found to be $f_{Bs}=0.53$. Apparently, the idealizations made result in a too big effect, but do not significantly affect the temperature dependency of the buoyancy effect.

4c. Buoyancy effect for the sample holder and suspension

The buoyancy effect for sample holder and suspension together is given by

$$\Delta B_{(T)} = \Delta B_{h(T)} + \Delta B_{s(T)} = \overline{\Delta B_{(\theta)}} \cdot V_B \tag{9}$$

where V_B can be considered as an equivalent volume for the combination of sample holder and suspension, given by:

$$V_B = f_{Bh} \cdot V_h + f_{Bs} \cdot V_s \cdot F_{B(\theta)} \ . \tag{10}$$

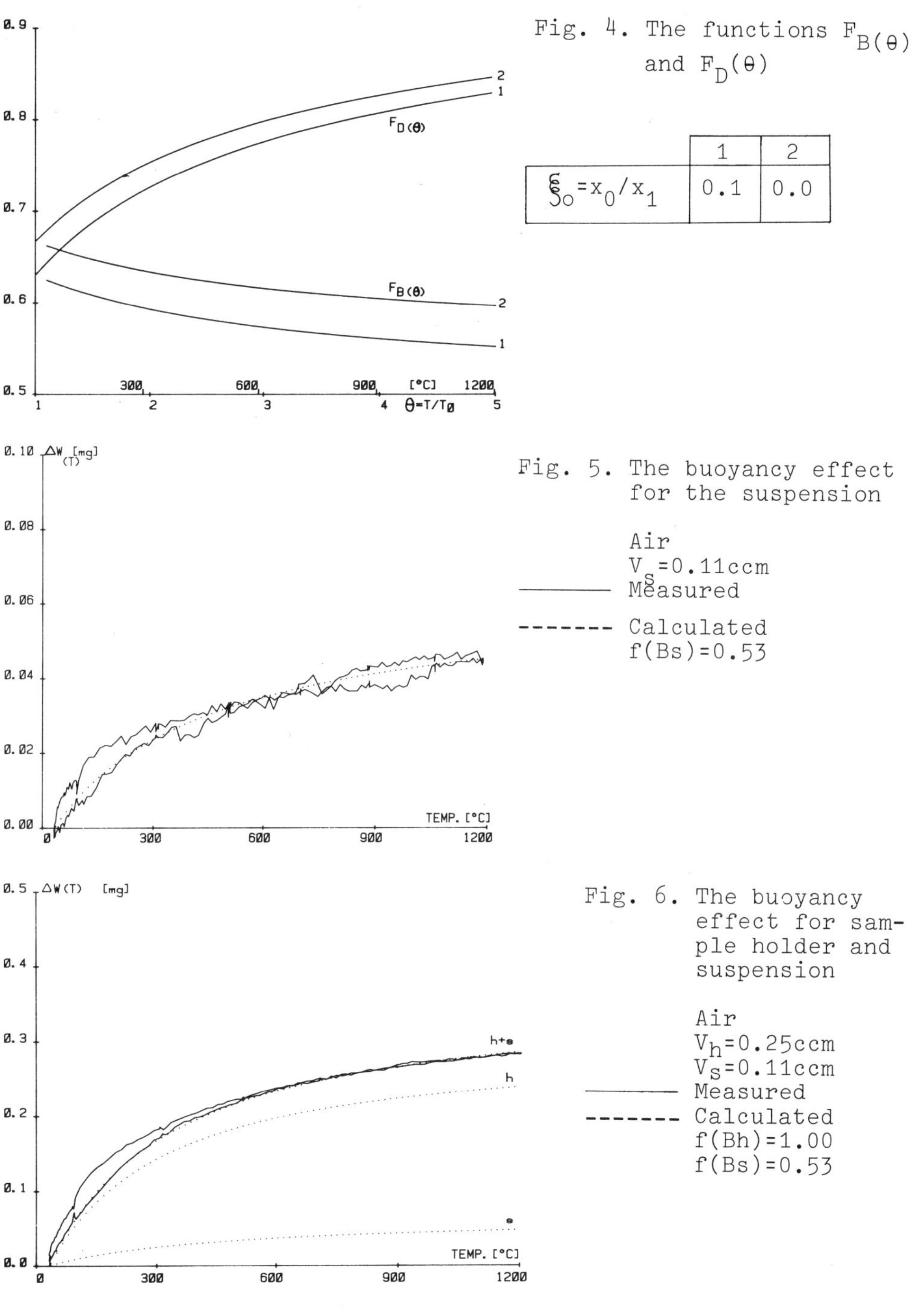

Fig. 4. The functions $F_{B(\theta)}$ and $F_D(\theta)$

$\xi_0 = x_0/x_1$	1	2
	0.1	0.0

Fig. 5. The buoyancy effect for the suspension

Air
$V_S = 0.11$ccm
———— Measured

------ Calculated
$f(Bs) = 0.53$

Fig. 6. The buoyancy effect for sample holder and suspension

Air
$V_h = 0.25$ccm
$V_S = 0.11$ccm
———— Measured
------ Calculated
$f(Bh) = 1.00$
$f(Bs) = 0.53$

Expressions (9) and (10) show which parameters are important. The operational parameters are Po, To, ρ_0 and V_h, the most important being V_h. The geometrical parameters are d_s, x_0 and x_1 (fig. 3). These determine V_s and also to some extent f_{Bh}, f_{Bs} and $F_{B(\theta)}$. The experimental verification is shown in fig. 6. The difference between the average of the observed heating and cooling curve and the calculated curve is always found to be within the experimental error. The figure also shows the separate effect for sample holder and suspension. The suspension effect appears to be about 6% of the sample holder effect.

5. DRAG EFFECT

The gas flow in the upward direction through the sample tube exerts a force on the sample holder and suspension, resulting in an apparent mass change (D). The latter is temperature-dependent, thus causing a blank effect

$$\Delta D_{(T)} = f_D \cdot \left(D_{(T)} - D_{(To)} \right) . \tag{11}$$

Since D is negative and becomes more negative with increasing temperature (subsection 5a), $\Delta D_{(T)}$ is negative and becomes more negative with increasing temperature.

It will be shown later on that <u>viscous</u> forces are predominant, hence the name "<u>drag</u> effect". The effects for sample holder and suspension will be discussed separately in the first two subsections. In the final subsection the combined effect will be presented.

5a. <u>Drag effect for the sample holder</u>

The apparent mass change of the sample holder (D_h) was measured as a function of the gas flow (ϕ) at different constant temperatures. A linear relationship was found between D_h and ϕ (fig. 7) indicating viscous forces to be predominant. This is indeed to be expected [16] , because in our situation the Reynolds number (based on object or tube diameter) is rather small, varying from 0.1 to 5. Consequently, we may write

$$D_h = -K_h \cdot \eta \cdot \phi_v \cdot {}^1/_g \tag{12}$$

where η stands for the viscosity of the gas, K_h is a constant, depending on the geometrical conditions (fig. 3) and g is the acceleration of gravity (9.8 m/sec^2). The dependence of K_h on the different geometrical parameters is difficult to describe exactly. After considerable idealizations and simplifications we find

$$K_h = \frac{1}{A_t} \left\{ d_h \cdot H_{(\gamma_h)} + \ell_h \cdot G_{(\gamma_h)} \right\} . \tag{13}$$

A_t is the cross-section area of the sample tube. The functions $H_{(\gamma)}$ and $G_{(\gamma)}$ are shown in fig. 8 and derived in

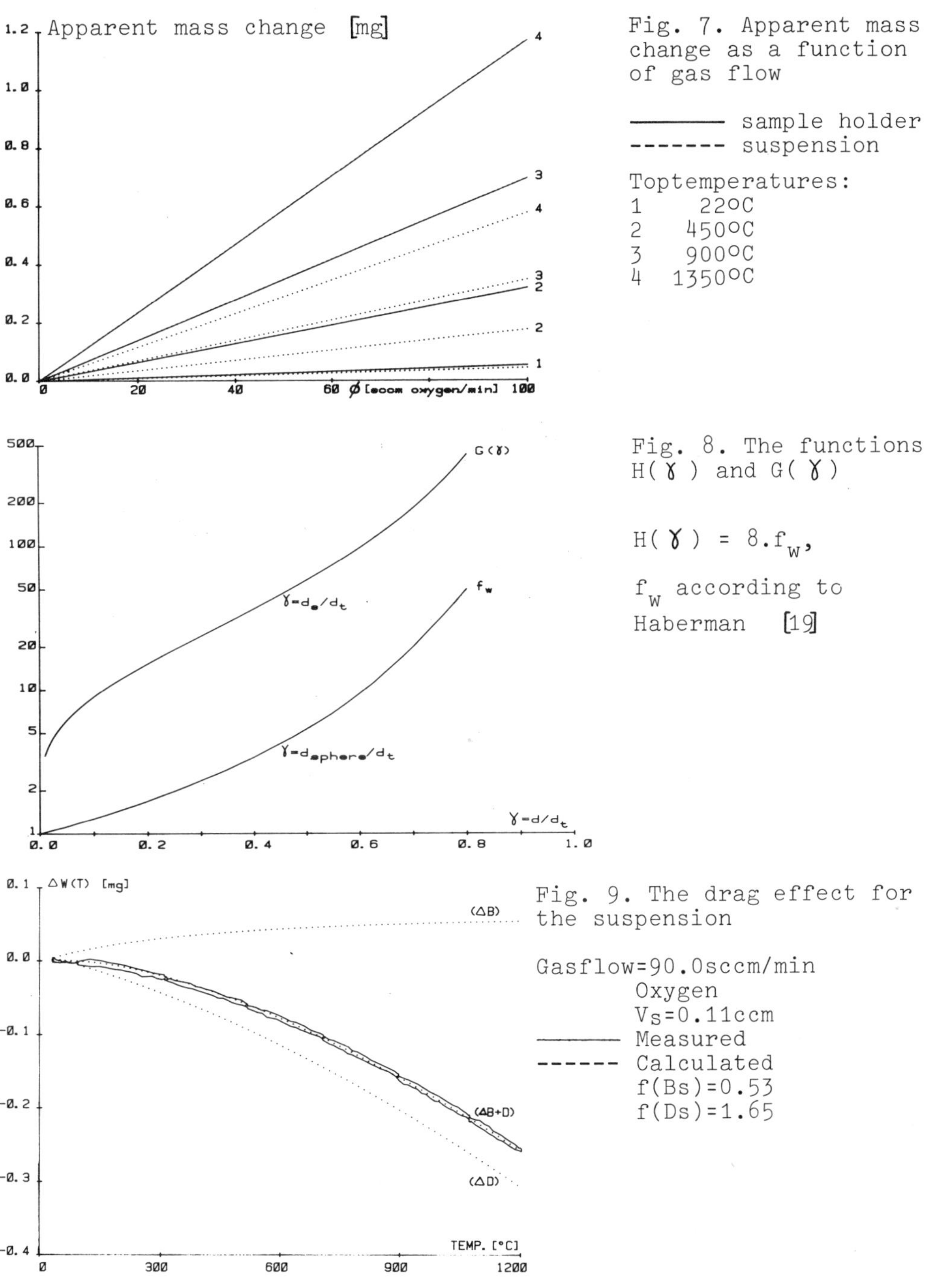

Fig. 7. Apparent mass change as a function of gas flow

——————— sample holder
------- suspension

Toptemperatures:
1   22°C
2   450°C
3   900°C
4   1350°C

Fig. 8. The functions H($γ$) and G($γ$)

H($γ$) = $8.f_w$,

f_w according to Haberman [19]

Fig. 9. The drag effect for the suspension

Gasflow=90.0sccm/min
      Oxygen
      V_S=0.11ccm
——————— Measured
------- Calculated
      f(Bs)=0.53
      f(Ds)=1.65

appendix II. Equation (13) gives an estimate of the influence
of the different geometrical parameters. The deviation from
the actual value will be taken into account by the empirical
correction factor (f_{Dh}).

The drag effect for the sample holder ($\Delta D_{(T)}$) can
be found by considering the temperature dependence of D_h. The
temperature dependence of η can be described by the known
empirical relation:

$$\eta = \eta_o \cdot \theta^b \tag{14}$$

where b is a constant, depending only on the nature of the
gas and $\eta_o = \eta(T_o)$ [17,18]. At a constant gas __mass__ flow (ϕ_m)
the gas __volume__ flow (ϕ_v) in the vicinity of the sample
holder at a temperature T is found in approximation by applying the ideal gas law:

$$\phi_v = \phi_m \cdot {}^{RT}/_{MP} \tag{15}$$

Applying relations (14) and (15) to the data of fig. 7 we
find indeed a nearly constant K value as a function of
temperature. Combining relations (11) – (14) we find:

$$\Delta D_{h(T)} = f_{Dh} \cdot \overline{\Delta D_{(\theta)}} \cdot \phi_m \cdot K_h \cdot {}^1/_g \tag{16}$$

with

$$\overline{\Delta D_{(\theta)}} = \alpha_D \cdot \frac{\eta_o}{\rho_o} \cdot (1 - \theta^{1+b}) \tag{17}$$

where $\alpha_D = 10^6$ (SI units, only ΔD in mg). Relations (12),
(14) and (15) show that D becomes more negative with tempera-
ture as stated at the beginning of this section. (According
to equation (15) variations in pressure can also be taken into
account by substituting $\theta^{1+b}/_{\overline{p}}$ for θ^{1+b}). In subsection 5c it is shown that the empirical correction factor
is $f_{Dh} = 1.82$.

5b. __Drag effect for the suspension__

Obviously, in this case too, viscous forces are
predominant. As argued before (section 4b) only the heated
part (L) of the suspension rod between x_o and x_1 (fig. 3)
is considered to be responsible for the effect ($\Delta D_{s(T)}$).
If this part of the suspension rod were completely
at a homogeneous temperature (T), the drag effect would be:
(appendix II)

$$\widehat{\Delta D}_{s(T)} = \widehat{f}_{Ds} \cdot \overline{\Delta D_{(\theta)}} \cdot \phi_m \cdot K_s \cdot {}^1/_g \tag{18}$$

with $K_s = \dfrac{1}{A_t} \cdot L \cdot G(\gamma_s)$.   (19)

The corresponding drag effect when the suspension
rod is situated in a temperature gradient is found by integrating the drag effect for length element dx at temperature
T(x) according to equation (18)

$$\Delta D_{s(T)} = \frac{1}{L} \cdot \int_{x_0}^{x_1} \widehat{\Delta D}\,(T(x))\,dx =$$

$$f_{Ds} \cdot \phi_m \cdot \overline{\Delta D_{(\theta)}} \cdot K_s \cdot F_{D(\theta)} \cdot {}^1/g \cdot \qquad\qquad (20)$$

Elaboration of the integral (appendix I) leads to the following expression:

$$\Delta D_{s(T)} = f_{Ds} \cdot \phi_m \cdot \overline{\Delta D_{(\theta)}} \cdot K_s \cdot F_{D(\theta)} \cdot {}^1/g \cdot \qquad\qquad (21)$$

The function $F_{D(\theta)}$ means that the fraction $F_{D(\theta)}$ of the length L, if completely at the top temperature (T), should have the same effect as the length L in the temperature gradient $(T_{(x)})$. Fig. 4 shows that $F_{D(\theta)}$ is about 0.6, being rather independent of the temperature and the value for $\xi_0 = x_0/x_1$
        The experimental verification is shown in fig. 9. The corresponding buoyancy effect has been taken into account in accordance with expression (8). The difference between the observed and the calculated curve is always within the experimental error. The empirical correction factor f_{Ds} was found to be 1.65.

5c. Drag effect for sample holder and suspension

The drag effect for sample holder and suspension together is given by:

$$\Delta D_{(T)} = \Delta D_{h(T)} + \Delta D_{s(T)} = \overline{\Delta D_{(\theta)}} \cdot \phi_m \cdot K_D \cdot {}^1/g \qquad\qquad (22)$$

where K_D can be considered as an equivalent K value for the combination of sample holder and suspension, given by

$$K_D = \frac{1}{A_t} \left\{ d_h \cdot H_{(\gamma_h)} + \ell_h \cdot G_{(\gamma_h)} + L \cdot F_{D(\theta)} \cdot G_{(\gamma_s)} \right\} \cdot \qquad\qquad (23)$$

        Relations (22) and (23) show the relevant parameters. The operational parameters are: the nature of the gas (ρ_0, b), Po, To and ϕ_m, the most important one being ϕ_m. The geometrical parameters are: d_t, d_r, d_h, l_h, x_0, x_1. They determine K_D and also to some extent f_{Dh}, f_{Ds} and $F_{D(\theta)}$.
        The agreement with experimental blank curves is shown in fig. 10. The corresponding buoyancy effect is taken into account by using equation (9). The difference between the observed and the calculated curve is again always within the experimental error. The separate effects of sample holder and suspension are also shown. The suspension effect is seen to be rather large, being about half of the sample holder effect.

6. THE THEORETICAL BLANK

        As argued in section 3, our theoretical blank $(\Delta W_{(T)})$ is only composed of buyancy and drag force effect. Combining equations (9) and (22) we then find:

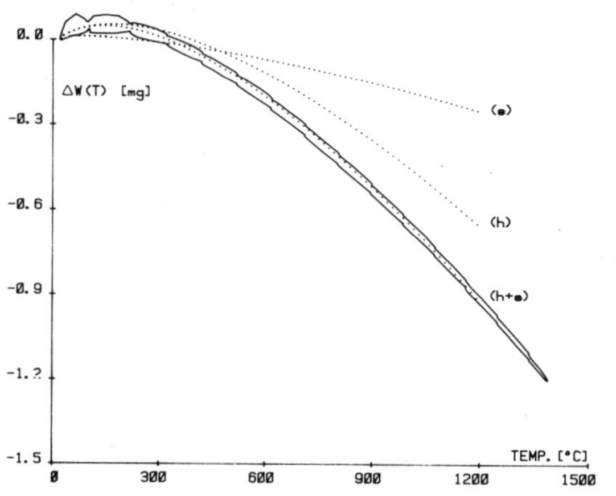

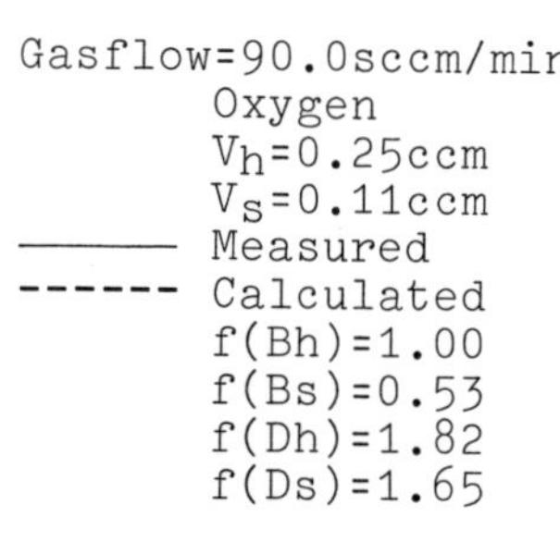

Fig. 10. The drag effect for sample holder and suspension

Gasflow=90.0sccm/min
       Oxygen
       V_h=0.25ccm
       V_s=0.11ccm
       ——— Measured
       — — — Calculated
       f(Bh)=1.00
       f(Bs)=0.53
       f(Dh)=1.82
       f(Ds)=1.65

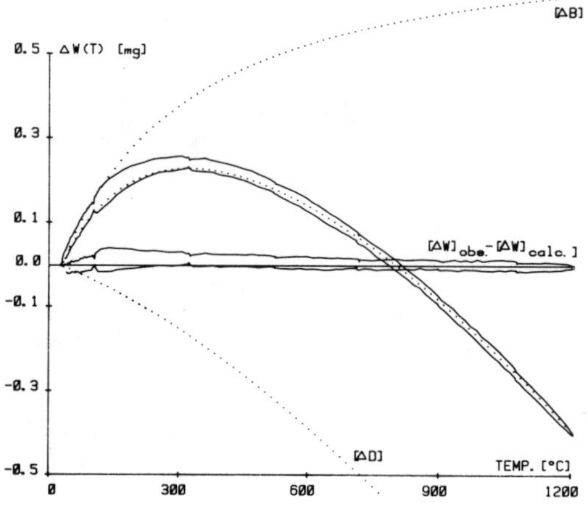

Fig. 11. The theoretical blank

Ø=90.0sccm/min V_h=0.64ccm
                    V_s=0.11ccm
                    N_2
                    ———————— Measured
                    — — — — — Calculated
                    f(Bh)=1.00
                    f(Bs)=0.53
                    f(Dh)=1.82
                    f(Ds)=1.65

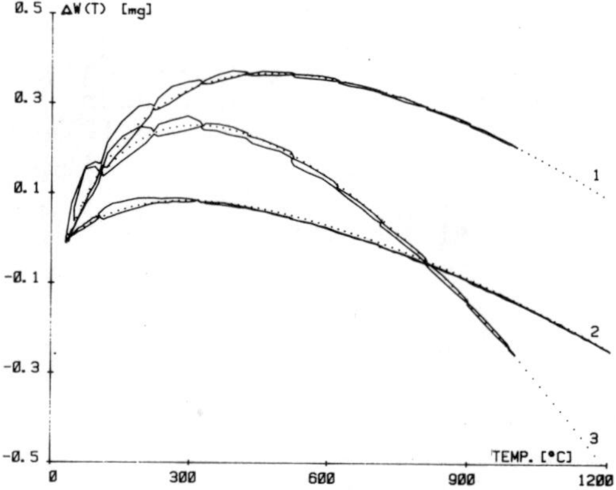

Fig. 12. The theoretical blank for different operational conditions

    Measured   ———
    Calculated - - - - - -
1   V_h=0.64 ccm Ø=45.0
    sccm/min Oxygen
2   V_h=0.25 ccm Ø=45.0
    sccm/min Nitrogen
3   V_h=0.64 ccm Ø=90.0
    sccm/min Oxygen
1/3 V_s=0.11 ccm

$$\overline{\Delta W}_{(T)} = \Delta B_{(T)} + \Delta D_{(T)} = \overline{\Delta B_{(\theta)}} \cdot V_B + \overline{\Delta D_{(\theta)}} \cdot \phi_m \cdot K_D \cdot {}^1/g \qquad (24)$$

where $\overline{\Delta B(\theta)}$, V_B, $\overline{\Delta D(\theta)}$ and K_D are given by equations (6), (10), (17) and (23) respectively.

The main operational parameters are besides the nature of the gas especially V_h and ϕ_m. The influence of these parameters has been verified experimentally (fig. 11 and 12) with the same result as before. The separate effects of buoyancy and drag are also shown (fig. 11). It appears that both effects show the same order of magnitude, opposite sign and rather different shape. We have also plotted the difference between experimental and theoretical blank. In this way, the reproducibility of experimental blanks can easily be visualized.

The influence of the geometrical parameters comes out especially in the values for V_s and K_D. It should be emphasized that the influence of the geometrical parameters has been described only to a first approximation and has not been verified experimentally. Adaptation to the experimental blank curves has been made by means of the empirical correction factors. It has been shown that these factors are indeed the same for different operational parameters (figs. 10,11 and 12). When the geometry is changed significantly, they have to be determined again by running some new experimental blanks.

7. CONCLUDING REMARKS
- In spite of several major simplifications and idealizations made in the theoretical description of the blank, the agreement between the theoretical and the experimental blank curve is quite satisfactory, being always within the experimental error of 0.01 mg.
- Automatic blank correction on this basis, using a table computer, can easily be introduced and effects an easy as well as an accurate correction procedure.
- The present approach to blank correction provides a better insight into possible and actual errors. Possible errors are found by differentiating the theoretical expression for the blank to the relevant parameters. Actual errors can easily be determined and processed further; e.g. the reproducibility (of experimental blanks) can be studied by plotting the difference between experimental and theoretical blank.
- The presented theoretical blank and its experimental verification are still provisional. Further extension and refining can easily be done.

ACKNOWLEDGEMENT
The authors wish to thank T.H.B. Raes for his contribution to this study in earlier days.

REFERENCES
1 ICTA International confederation for thermal analysis. For better thermal analysis. G. Lombardi, p 17, Instituto Mineralogia e Petrografia, Città Universitaria, 00100 Rome, Italy
2 R.C. Mackenzie, J. Thermal Anal. 13 (1978)
3 Instrument Manual of the Setaram MTB 10-8 microbalance Setaram 101-103, rue de Sèze 69451 Lyon Cedex 3 France
4 P. Reynen, P. Roksnoer, Thermal Analysis, Vol. I, Academic Press Inc., New York (1969)
5 Instrument. Manual of the Setaram G70 microbalance Setaram 101-103, rue de Sèze 69451 Lyon Cedex 3 France
6 T. Gast, J. of Physics E 7(11) 865, 873 (1974)
7 L. Cahn, N.C. Peterson, Anal. Chem. 39, 403-404 (1967)
8 Hewlett-Packard P.O. Box 301, Loveland, Colorado U.S.A. 80537, 3052A data acquisition system, plotter 9872A, timing generator 59308A
9 P.D. Garn, Thermo analytical methods of investigation p 146, 316, 529, Academic Press New York, London (1965)
10 W. Kuhn, E. Robens, G. Sandstede and G. Walter, Vac. microbalance techn. Vol. 7, 161-172, New York Plenum Press (1970)
11 L. Cahn, H. Schulz, Anal. Chem. 35, 1729-31 (1963)
12 R. Sappok, H.P. Boehm, Chemie-Ing.-Techn. 41, nr. 14 (1969)
13 E. Robens, Vac. microbalance Techn. Vol. 8, 73-95, New York Plenum Press (1971)
14 J.A. Poulis, J.M. Thomas, J. Sci. Instrum. 40, 95 (1963)
15 C.J. Keattch, D. Dollimore, An introduction to thermo-gravimetry, Heyden, London
16 R.B. Bird, W.E. Stewart, E.N. Lightfoot, Transport Phenomena, Wiley & Sons, New York
17 59th Ed. of Handbook of Chemistry and Physics, Robert C. Weast, Editor
18 J.O. Hirschfelder, C.F. Curtiss, R.B. Bird "Molecular theory of gases and liquids", Wiley, New York (1954)
19 J. Happel, H. Brenner, Low Reynolds number hydrodynamics, Noordhoff International Publishing Leyden, Leiden.

APPENDIX I: DEDUCTION OF THE FUNCTIONS $F_{B(\theta)}$ and $F_{D(\theta)}$

Using equation (6) and substituting $\xi = x/x_1$, $dVx = A_s\,dx$ and $V_s = A_s(x_1-x_0)$ we find with reference to equation (7) and fig. 3:

$$\int_0^{V_s} \Delta B_{(\theta(x))}\, dV_x = \alpha_B \cdot \rho_0 \cdot A_s \cdot \int_{x_0}^{x_1}\left(1-\frac{1}{\theta(x)}\right) dx = \frac{\alpha_B \cdot \rho_0 \cdot V_s}{(1-\xi_0)} \cdot \int_{\xi_0}^{1}\left(1-\frac{1}{\theta(\xi)}\right) d\xi \qquad (25)$$

The temperature gradient (fig. 3) reads in terms of θ and ξ:

$$\theta(\xi) = \theta - (\theta - 1)\,\xi^2 \qquad (26)$$

The integral $\int d\xi / \theta(\xi)$ can be solved analytically:

$$\int_{\xi_0}^{1}\frac{d\xi}{\theta(\xi)} = \frac{1}{2\sqrt{\theta(\theta-1)}}\left(\log \frac{\sqrt{\theta}+\sqrt{\theta-1}}{\sqrt{\theta}-\sqrt{\theta-1}} - \log \frac{\sqrt{\theta}+\xi_0\sqrt{\theta-1}}{\sqrt{\theta}-\xi_0\sqrt{\theta-1}}\right) \qquad (27)$$

Combining equations (7), (8), (25), (26) and (27) we find

$$F_{B(\theta)} = \frac{\theta}{\theta-1}\left\{1-\frac{1}{2(1-\xi_0)\sqrt{\theta(\theta-1)}}\left(\log \frac{\sqrt{\theta}+\sqrt{\theta-1}}{\sqrt{\theta}-\sqrt{\theta-1}} - \log\frac{\sqrt{\theta}+\xi_0\sqrt{\theta-1}}{\sqrt{\theta}-\xi_0\sqrt{\theta-1}}\right)\right\} \qquad (28)$$

Using equation (17) and substituting $\xi = x/x_1$ and $L = x_1-x_0$ we find with reference to equation (20) and fig. 3

$$\int_{x_0}^{x_1}\frac{1}{\Delta D_{(\theta(x))}}\, dx - \frac{\alpha_D \cdot \eta_0}{\rho_0}\int_{x_0}^{x_1}\left(1-\theta_{(x)}^{1+b}\right) dx = \frac{\alpha_D \cdot \eta_0 \cdot L}{(1-\xi_0)\rho_0}\int_{\xi_0}^{1}\left(1-\theta_{(\xi)}^{1+b}\right) d\xi \qquad (29)$$

Using equation (26) and by expanding $\theta_{(\xi)}^{1+b}$ into a MacLaurin series, we find

$$\int_{\xi_0}^{1}\theta_{(\xi)}^{1+b}d\xi \cong \int_{\xi_0}^{1}\theta^m\left[1+mp\,\xi^2 + \frac{m(m-1)}{2}p^2\xi^4\right] d\xi \cong \theta^m\left\{(1-\xi_0) + \frac{mp}{3} + \frac{m(m-1)}{10}p^2\right\} \qquad (30)$$

where $m = 1+b$ and $p = \dfrac{-(\theta-1)}{\theta}$ \qquad (31)

Combining equations (20), (21), (29), (30) and (31) we find

$$F_{D(\theta)} = 1 - \frac{(1+b)}{(1-\xi_0)}\cdot\left(\frac{1}{3} - \frac{b}{10}\frac{(\theta-1)}{\theta}\right)\left(\frac{\theta^{1+b}-\theta^b}{\theta^{1+b}-1}\right) \cdot \qquad (32)$$

APPENDIX II: DEDUCTION OF THE FUNCTIONS H(γ) AND G(γ)

The apparent mass change for the sample holder as a consequence of the drag exerted by the upward streaming gas (D_h) is considered to be composed of two parts, one being associated with the bottom plate of the sample holder ($D_{h(1)}$) and the other with the wall of the sample holder ($D_{h(2)}$).

In the case of an infinite extended fluid with velocity v streaming normal to an infinite thin disk with diameter (d) we find [19]

$$D_{h(1)} = -8 \, d\eta \, v \cdot \frac{1}{g} \, . \tag{33}$$

In our case we have taken for v the superficial velocity (ϕ_v/A_t). The presence of a wall in the vicinity of the disk is taken into account by means of a wall correction factor (f_w)

$$D_{h(1)} = -f_w \cdot 8 . d . \eta \cdot \phi_v / {A_t \cdot g} \, . \tag{34}$$

The wall correction factor is governed by the diameter ratio d/d_t. For a rigid sphere in a Poiseuille flow, f_w is known as a function of γ [19] (fig. 8). Assuming that these values for f_w will also be valid in approximation for our case of a thin disk, we find with reference to equations (12), (13) and (34)

$$K_{h(1)} = \frac{8 \, f_w \cdot d_h}{A_t} \qquad \text{and} \qquad H(\gamma) = 8 \, f_w \tag{35}$$

The contribution of the wall of the sample holder $D_{h(2)}$ can be found by considering the gas flow between the tube wall and the wall of the sample holder as a flow through an annulus. In that case the drag effect on a length l_h of the inner cylinder wall is given by

$$D_{h(2)} = \frac{\pi \, d_t^2}{4} \cdot \frac{\Delta P}{g} \left[\gamma^2 - \frac{1-\gamma^2}{2\ln(1/\gamma)} \right] \tag{36}$$

The pressure difference (ΔP) over the length (l_h) is given by

$$\Delta P = \frac{128 . \phi_v \cdot \eta . l_h}{\pi . d_t^4} \cdot \left\{ \frac{1}{(1-\gamma^4) - \dfrac{(1-\gamma^2)^2}{\ln 1/\gamma}} \right\} \tag{37}$$

Combining equations (36) and (37) we find

$$D_{h(2)} = -8\pi \, C_{(\gamma)} \cdot l_h \cdot \eta \cdot \phi_v / {A_t \cdot g} \tag{38}$$

with

$$C(\gamma) = \frac{\left[0,5 - \dfrac{\gamma^2}{1-\gamma^2} \ln {}^1/\gamma \right]}{(1+\gamma^2) \ln {}^1/\gamma - (1-\gamma^2)} \tag{39}$$

Using equations (38) and (39) with reference to equations (12) and (13) we find

$$K_{h(2)} = \frac{8\pi\, C_{(\gamma h)} \cdot l_h}{A_t} \qquad \text{and}\qquad G(\gamma) = 8\pi.C(\gamma) \tag{40}$$

The deduction of the apparent change in mass as a consequence of the drag force acting on the suspension rod (D_s) is analogous to that for $D_{h(2)}$. However, a complication is that an inner tube is present with diameter d_r (fig. 3). For that reason we have taken for the corresponding diameter ratio $\gamma_s = d_s/d_r$. The division of the flow inside and outside the inner tube is difficult to calculate, the more so as radiation shields are present (fig. 1). We have assumed that the average velocity inside the inner tube is equal to the superficial velocity ϕ_v/A_t. Using equations (38) and (39) with reference to equations 12 and 19, equation 12 applied for the suspension rod, we then find

$$K_s = \frac{8\pi.C_{(\gamma s)}.L}{A_t} \qquad \text{and}\qquad G_{(\gamma)} = 8\pi.C_{(\gamma)} \quad .$$

AUTOMATISIERTE AUSWERTUNG VON DTA-MESSKURVEN

B. Andrejs, R. Klemm und V. Nestler
W.C. Heraeus GmbH, Heraeusstr. 12-16
6450 Hanau/Main 1, BRD

Die quantitative Auswertung von DTA-Meßkurven per Hand
ist zeitintensiv und ungenau.

Eine automatisierte Auswertung vermeidet diese Nachteile
und stellt darüberhinaus einen wesentlichen Schritt in
Richtung auf eine automatische Interpretation von DTA-
Meßkurven im Sinne einer Ja/Nein-Entscheidung in der Qua-
litätskontrolle dar.

Hard- und Software eines neuen Auswertesystems für DTA-
Meßkurven werden anhand von Meßbeispielen erläutert. Insbesondere werden Programme zur Meßzellenkalibrierung, zur
Bestimmung von spezifischen Wärmen, Übergangswärmen und
Reaktionsenthalpien und zur Reinheitsbestimmung vorgestellt. Abschließend werden geeignete Kriterien für den
automatischen Vergleich von Ist- und Sollkurven formuliert
und mögliche quantitative Bewertungsmaßstäbe für Abweichungen angegeben.

AUTOMATISCHE MESSUNG SPEZIFISCHER WÄRMEN AMORPHER
SUBSTANZEN BEI TIEFEN TEMPERATUREN (0.4 < T < 10 K)

Herbert Grundel und Eberhard Gmelin
Max-Planck-Institut für Festkörperforschung
Heisenbergstr.1, D-7000 Stuttgart 80

Zusammenfassung [1]

Ein rechnergesteuerter Meßstand (Hewlett Packard 9825A, IEC-Bus) zur Messung
der spezifischen Wärme von Festkörpern mit der nichtadiabatischen Relaxa-
tionszeitmethode [2] wird vorgestellt. Das Messprinzip, der Aufbau des Pro-
benhalters, die Hardware und die diversen in der Software enthaltenen Mess-
zyklen werden skizziert. Auflösung, Genauigkeit und die speziellen Probleme
der Messungen bei tiefsten Temperaturen werden an Experimenten an amorphen
Phosphor und dem Ionenleiter Li_3N diskutiert.

Obwohl die Tieftemperaturanomalien der amorphen Substanzen in der spezifischen Wärme schon seit langem bekannt sind [3], und auch eine theoretische
Beschreibung dieser Anomalien mit Zwei-Niveau-Systeme existiert [4], ist das
mikroskopische Modell für diese Zwei-Niveau-Systeme noch völlig unklar.
Ionenleiter haben in jüngster Zeit ähnliche Eigenschaften gezeigt. Die ato-
mare Deutung erscheint hierbei leichter und kann eventuell wesentlich zum
Verständnis der mikroskopischen Natur der Zwei-Niveau-Systeme beitragen.

Literatur:

[1] wird in "Cryogenics" veröffentlicht.
[2] Bachmann, R. et.al., Rev. Sci. Inst. 43, 205 (1972)
[3] Zeller, R.C. and Pohl, R.O. Phys. Rev. B4, 2029 (1971)
[4] [a] Anderson, P.W., Halperin, B.I. and Varma, C.M.,Phil.Mag.25,1,(1972)
    [b] Phillips, W.A., J. Low Temp. Phys. 7, 351 (1972)

KINETISCHE AUSWERTUNG VON TG-MESSUNGEN MIT HILFE DER MULTIPLEN REGRESSION

Horst Wyden, Georg Widmann
Mettler Instrumente AG, CH-8606 Greifensee (Schweiz)

EINLEITUNG

Kinetische Untersuchungen in der Thermoanalyse, sei es durch DSC- oder TG-Messung stossen auf zunehmendes Interesse. Dabei geht es um die mathematische Beschreibung des Reaktionsverlaufes mit Hilfe der bekannten kinetischen Grössen wie Reaktionsordnung n, Aktivierungsenergie E_A, Frequenzfaktor k_o.
Die bis jetzt bekannten Lösungsverfahren für TG-Kinetik haben den Nachteil, dass entweder mit angenommener Reaktionsordnung E_A und k_o bestimmt wird (Coats, Redfern[1] und andere[2,3,6]), oder aber nach Freeman und Caroll[4] und anderen[5,6] direkt n und E_A ermittelt wird, jedoch k_o separat berechnet werden muss.
Erst in jüngster Zeit sind Verfahren beschrieben worden, die die Bestimmung aller drei Grössen erlauben, wie z.B. die Auswertung nach Altdorfer[7] mit Hilfe der nichtlinearen Regression sowie das modifizierte Differenzverfahren (MD) von Boy und Böhme[8], basierend auf Freeman und Caroll, allerdings wurden keine k_o -Werte angegeben.
Die Auswertung mit Hilfe der <u>multiplen linearen Regression</u> (MLR) erlaubt es nun, alle drei Grössen (n, E_A und k_o) direkt und auf eine mathematisch transparente Art zu bestimmen. (Bild 2 sowie Gleichung (4 a).

EXPERIMENTELLE BEDINGUNGEN

Um die MLR-Methode zu testen, werden die nachfolgenden Substanzen untersucht, von denen hinreichende kinetische Daten vorliegen (Tabelle 1 und 2).

-$CaCO_3$	p.a. (Merck)	CO_2-Abspaltung
-$CaC_2O_4 \cdot H_2O$	chem. rein,	Kristallwasserabspaltung
-Polystyrol,	Standardpolystyrol	Pyrolyse in N_2-Atmosphäre

Alle Messungen wurden mit dem Mettler TA2000C Thermoanalyzer (simultan TG-DSC) in Kombination mit einem HP9815 Tischrechner im "online-Betrieb" durchgeführt.
Die entsprechende TG-Kinetik "software", welche kommerziell nicht erhältlich ist, entstand auf Grund langjähriger Erfahrung kinetischer Auswertungen von DSC-Experimenten. Der Aufbau des TG-Kinetik-Programmes lässt sich folgendermassen darstellen (Bild 1).

Bild (1)   Aufbau des TG-Kinetik-Programmes

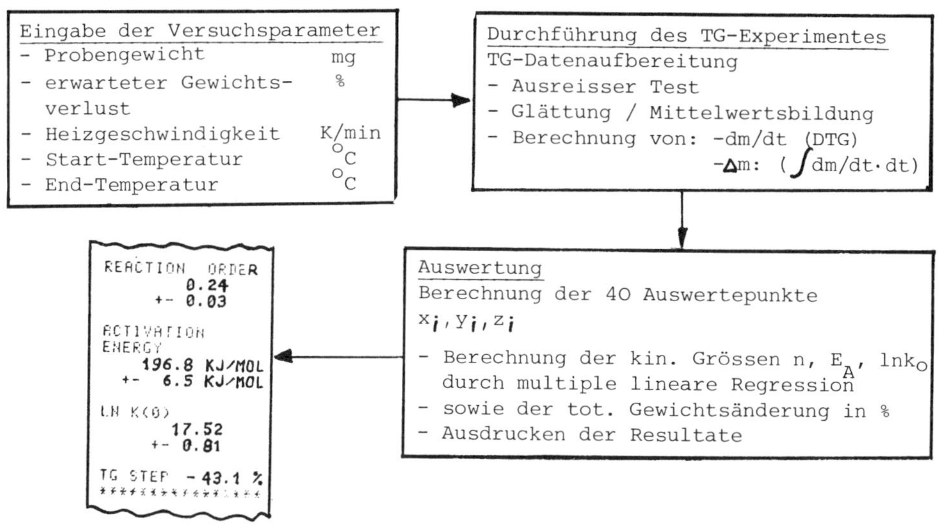

GRUNDLAGEN DER TG-KINETIK UND ANWENDUNG DER MLR

Ausgehend von der Wilhelmy-Gleichung (1)

$$(1) \quad d\alpha/dt = k(1-\alpha)^n$$

sowie der Arrhenius-Gleichung (2) (Beschreibung der Temperaturabhängigkeit von k)

$$(2) \quad k = k_0 \cdot e^{-\frac{E_A}{RT}}$$

erhält man durch Substitution,

$$d\alpha/dt = k_0 \cdot e^{-\frac{E_A}{RT}} \cdot (1-\alpha)^n$$

respektive in der logarithmierten Form dargestellt die allgemein gültige Gleichung (3)

$$(3) \quad \ln(d\alpha/dt) = \ln k_0 - \frac{E_A}{RT} + n \cdot \ln(1-\alpha)$$

Dabei sind $d\alpha/dt$: Reaktionsgeschwindigkeit in s^{-1}, k_0: Frequenzfaktor in s^{-1}, E_A: Aktivierungsenergie in J/Mol, R: Gaskonstante 8,32 J/K·Mol, n: Reaktionsordnung, Temperatur in K und α der Reaktionsumsatz.

Die Gleichung (3) mit den drei Unbekannten ($\ln k_o$, E_A und n)
kann als dreidimensionales (räumliches) Gleichungssystem,
Bild 2, mit den Koordinaten x, y und z aufgefasst werden und
entspricht der allgemeinen Schreibweise, Gleichung (4b):

$$(4a) \quad \ln(d\alpha/dt)_i = \ln k_o - n \cdot \ln(1-\alpha)_i + E_A \cdot (\frac{1}{-RT})_i$$

$$(4b) \quad z_i = a + b \cdot x_i + c \cdot y_i$$

Dabei werden die Koordinaten folgendermassen substituiert:

$$x = \ln(1-\alpha)$$
$$y = 1/-RT$$
$$z = \ln(d\alpha/dt)$$

x und y sind dabei die unabhängigen
Koordinaten, z die abhängige.

Alle Variablen sind fehlerbehaftet, die unabhängigen können
aber wesentlich genauer bestimmt werden, als die abhängigen;
typische Ungenauigkeit für die Temperaturmessung $\pm$ 0,5 °C, für
den Umsatz α $\pm$ 0,2 %. Die unbekannten Koeffizienten a, b und
c (Gleichung 4b) lassen sich somit durch multiple lineare
Regression aus einer Messerie bestimmen. Das Verfahren der
MLR optimiert nun, mit Hilfe der kleinsten Fehlerquadrate in
z-Richtung, die Lage der Regressionsfläche. Sehr anschaulich
dokumentiert Bild (2) die graphische Lösung. n berechnet sich
aus der Steigung der Schnittgeraden zwischen der Koordinatenfläche x, z und der Regressionsfläche, E_A aus der Steigung
der Schnittgeraden zwischen Koordinatenfläche y, z und der
Regressionsfläche, $\ln k_o$ ist der Koordinatenabschnitt der
z-Achse bei x, y = o! Die Lage der Regressionsfläche wird
durch max. 40 Auswertepunkte (x_i, y_i, z_i) bestimmt.

Bild (2) graphische Lösung der multiplen linearen Regression

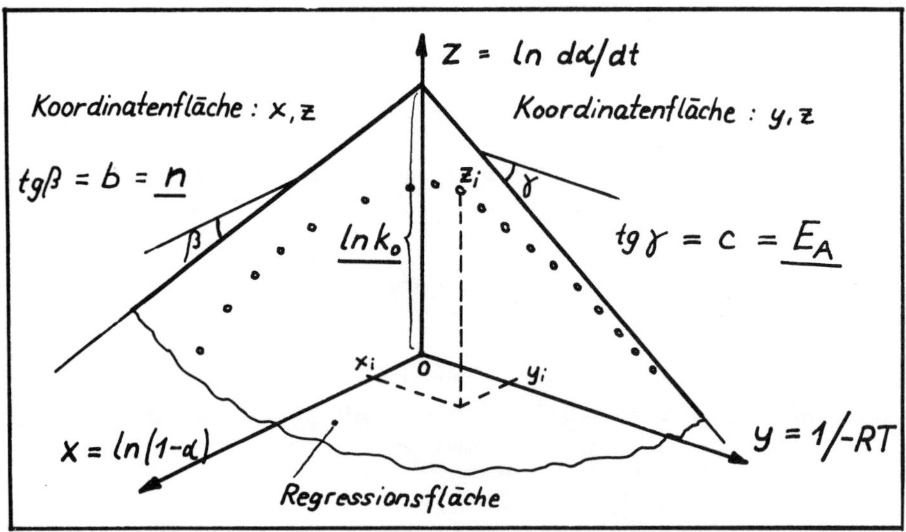

ERMITTLUNG DER AUSWERTEPUNKTE AUS DEM TG-EXPERIMENT

Aus dem TG-Experiment (Bild 3) werden entsprechend den Formeln
(5-7) die Auswertepunkte (AP) berechnet und mit Hilfe der MLR
weiterverarbeitet:

$$(5) \qquad x_i = \ln(1-\alpha_i) = \ln \frac{\Delta m_{tot} - \Delta m_i}{\Delta m_{tot}}$$

$$(6) \qquad y_i = 1/-RT_i$$

$$(7) \qquad z_i = \ln(d\alpha/dt)_i = \ln \frac{(dm/dt)_i}{\Delta m_{tot}}$$

Bild (3)   TG-Experiment

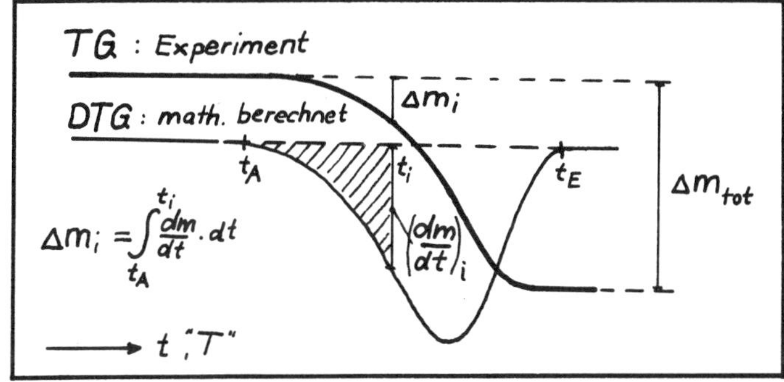

DISKUSSION DER MESSERGEBNISSE

CaCO₃

Geradezu als die Testsubstanz für kinetische Bestimmungen hat
sich $CaCO_3$ eingeführt, liegen doch "genügend" Vergleichsdaten
vor. Was immer wieder betont werden muss, ist dass die kinetischen Daten für Festkörperreaktionen mehr oder weniger stark
von verschiedenen Faktoren wie Atmospäre, Druck, Korngrösse/
Oberfläche, Schichtdicke der Substanz im Probetiegel/Tiegel-
form, Probemenge, Heizgeschwindigkeit und nicht zuletzt auch
von der Auswertmethode abhängen, weshalb ein Vergleich der
kinetischen Grössen erschwert ist. Im vorliegenden Falle werden
die folgenden Versuchsbedingungen eingehalten:

-Substanzmenge: 17 mg $CaCO_3$ p.a.   -Druck: ~960 mbar
-Heizgeschwindigkeit: 1,2,5 und 10 K/min -offener zylindrischer Pt-Tiegel
-Atmosphäre: synth. Luft,strö-   mit Ø 5 mm
                          mend, 30 ml/min   -Substanzfüllhöhe: ~2 mm

Bild (4) zeigt den typischen Verlauf der TG-Kurve (endotherme
Reaktion) für $CaCO_3$. Daneben ist der HP9815 "print out" einer
Einzelmessung angegeben.
In der nachfolgenden Tabelle (1) ist der arithm. Mittelwert
aus 15 Einzelmessungen mit unterschiedlicher Heizgeschwindigkeit im Vergleich mit neueren Literaturangaben aufgeführt.
Es zeigt sich dabei, dass eine Bewertung der kinetischen Daten
recht schwierig ist, ohne Berücksichtigung der erwähnten Einflüsse. Als statistisch genügend gesichert kann n zwischen

<u>Tabelle (1)</u>   Vergleich Literaturangaben für $CaCO_3$

Autoren	Methode	n	Kinetische Daten	
			E_A kJ/Mol	$\ln k_O$
S. Boy, K. Böhme [2]	basierend auf Coats, Redfern lineare Regres- sion	1/3 Grenzflächen- reaktion	$194{,}0 \pm 1{,}7$	18,89
K. Heide, W. Höland [5]	basierend auf DFC	0,3	159	16,1
R. Alt- dorfer [7]	pseudo homo- gene Kinetik nicht lineare Regression	$0{,}21 \pm 0{,}02$	$234{,}4 \pm 8{,}3$	22,3
H. Wyden, G. Widmann	MLR	$0{,}23 \pm 0{,}03$	$197{,}2 \pm 7{,}5$	$17{,}6 \pm 0{,}97$

0,2-0,25 sowie E_A zwischen 190-200 kJ/Mol angenommen werden.
Letzteres im Vergleich mit der für E_A sehr zuverlässigen Inte-
gralmethode nach Coats und Redfern. Ungenügend abgesichert
sind noch die ln k_o Werte von $CaCO_3$ die jedoch einen "Schwer-
punkt" zwischen 17-18 aufzeigen.
Wie schon von Boy and Böhme[6] aber auch von Heide[5] erwähnt
wurde, sind kinetische Auswertungen im Bereich des Reaktions-
umsatzes $0{,}04 > \alpha > 0{,}92$ unzuverlässig. Ja, werden Auswertepunkte (AP) in diesem Bereich genommen, können die kinetischen
Daten verfälscht werden!
Unser TG-Kinetikprogramm hat nun den Vorteil, dass die 40 AP
äquidistante Gewichtsmesspunkte darstellen, d.h. der 1. AP
liegt bei α = 0,025, der letzte bei 0,975. Diese sowie weitere
AP können am Ende des Versuches nach Belieben ignoriert werden.
Im vorliegenden Fall wurde jeweils der erste sowie letzte AP
weggelassen, was zu kin. Daten mit kleinerer Fehlerspanne
führt. Ein weiterer Vorteil ist die Möglichkeit der segment-
weisen Auswertung von TG-Kurven; d.h. es kann die Kinetik verschiedener α -Bereiche untersucht werden. Im weiteren lassen
sich die 40 AP auch auf einen Bereich von α = o bis α = x verteilen, definiert durch die frei wählbare Gewichtsstufe. Im
Beispiel von $CaCO_3$, Gewichtsverlust von 44 %, kann z.B. 22%
eingegeben werden, wobei die 40 AP von α = o bis α = 0,5 verteilt werden.

<u>$CaC_2O_4 \cdot H_2O$</u>
Bild (5) zeigt die Kristallwasserabgabe von $CaC_2O_4 \cdot H_2O$ mit
Angabe der Versuchsbedingungen sowie den HP9815 "print out"
mit den kinetischen Daten. Der arithm. Mittelwert aus fünf
Messungen mit unterschiedlicher Heizgeschwindigkeit von 2,5
und 10 K/min ist im Vergleich mit einigen Literaturangaben
in Tabelle (2) aufgeführt.

<u>Tabelle (2)</u>   Vergleich Literaturangaben für $CaC_2O_4 \cdot H_2O$

Autoren	Methode	n	Kinetische Daten E_A kJ/Mol	lnk_0
E.S. Freeman, B. Caroll[4]	Differenzverfahren (DFC)	1,0	92,0	---
S. Boy, K. Böhme[2]	basierend auf DFC	1/2 Grenzflächenreaktion	$39,8 \pm 1,3$	6,04
S. Boy, K. Böhme[6]	MDFC ICR	0,6 0,5	92,4 84,1	--- ---
H. Wyden, G. Widmann	MLR	$0,42 \pm 0,04$	$89,7 \pm 3,4$	$18,1 \pm 0,8$

Auch für $CaC_2O_4 \cdot H_2O$ sind ausreichende Literaturangaben (Tabelle
2) vorhanden. Doch treten im einzelnen grosse Abweichungen
auf, die einerseits auf die Versuchsbedingungen zurückzuführen
sind, andererseits, wie sehr anschaulich durch die Arbeit von
Boy und Böhme[6] aufgezeigt wurde, auch stark vom Auswerteverfahren abhängen.

<u>Polystyrol</u>

Wie Bild (6) zeigt, verläuft die thermische Zersetzung (Pyrolyse) von Polystyrol in einer Inertatmosphäre harmonisch
in einer Gewichtsstufe (endotherme Reaktion). Die Versuchsbedingungen sowie der HP9815 "print out" der Einzelmessung sind
angegeben. Der Mittelwert der kinetischen Daten aus fünf Messungen mit einer Heizgeschwindigkeit von 10 K/min gefahren,
beträgt für ein Standard-Polystyrol:

Reaktionsordnung: $0,95 \pm 0,03$
Aktivierungsenergie: $315,0 \pm 7,0$ kJ/Mol
Frequenzfaktor: $51,0 \pm 1,2$

Aus Mangel an geeigneten Quellen können keine Literaturangaben
über Polystyrol gemacht werden!

Bild (4) Thermogramm von $CaCO_3$ Bild (5) Thermogramm von $CaC_2O_4 \cdot H_2O$

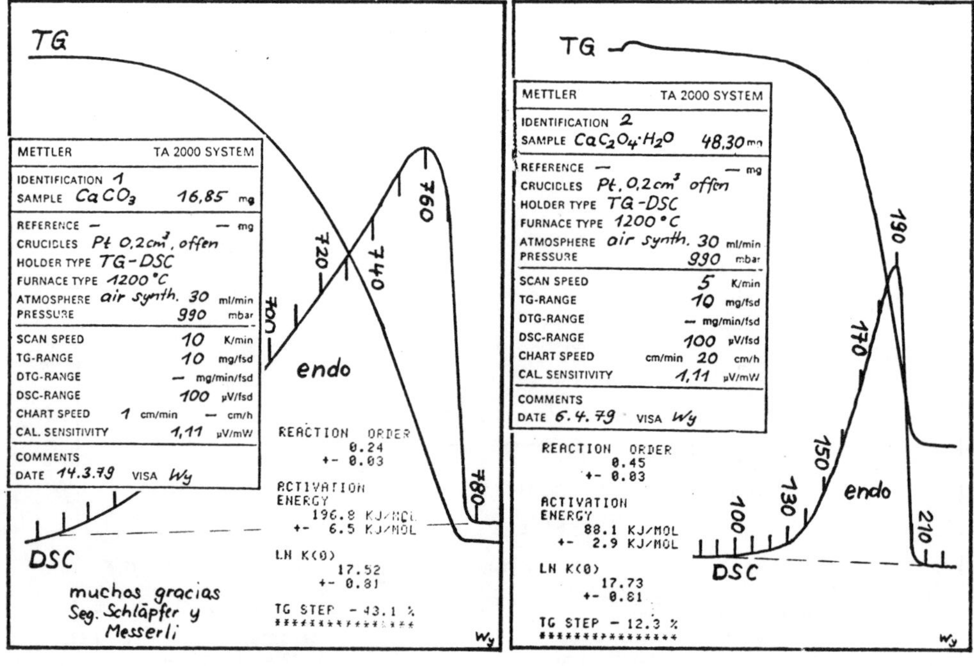

Bild (6) Thermogramm von Polystyrol

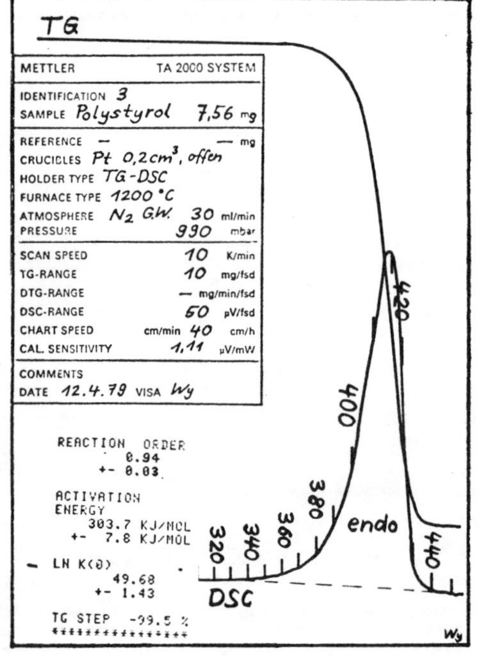

LITERATUR

1. A.W. Coats und J.P. Redfern, Nature, 201,(1964)68
2. S. Boy und K. Böhme, Thermochimica Acta, 20(1977)195
3. J.M. Criado, J. Morales und V. Rives, Journal of Thermal Analysis Vo. 14(1978)221
4. E.S. Freeman und B. Caroll, J. Phys. Chem. 63(1958)394
5. K. Heide, W. Höland und andere, Thermochimica Acta, 13(1975)365
6. S. Boy und K. Böhme, Thermochimica Acta, 28(1979)249
7. R. Altorfer, Thermochimica Acta 24(1978)17
8. S. Boy und K. Böhme, Thermochimica Acta, 27(1978)390
9. HP65 hand book, Stat 1-27A, 61, basierend auf Mood and Graybill Mc Graw Hill, Introduction to the Theory of Statistics (1963)

A MICROPROCESSOR BASED DTA-- SOME CONSIDERATIONS AND COMMENTS

R.L. Fyans
Perkin-Elmer Corporation,
Norwalk, USA, CT 06856

In 1960, two engineers working at the Perkin-Elmer Corporation were convinced that convential Differential Thermal Analyzers worked in the wrong way to give reliable quantitative results in that they required a lack of equilibrium in order to operate. In their minds, the right way to do DTA would be to hold the sample and reference temperature the same and measure the difference in power required to do this.

As most of you are undoubtedly aware, their development project led to the introduction of the Perkin-Elmer Differential Scanning Calorimeter, which embodies the patented power compensation principle. With the introduction of the Model DSC-1 in 1963, truly quantitative differential thermal analysis had its start. We would also like to believe that it has played a significant role in the everincreasing popularity of thermal analysis itself as a standard analytical method in every area of chemical analysis. Recent surveys show that the growth of thermal analysis is second only to liquid chromatography.

Unfortunately, the technique of convential DTA has not kept pace with the recent advancement of the other major thermal methods. While Differential Scanning Calorimeters, Thermogravimetric Analyzers, and Thermomechanical Analyzers utilize the latest microcomputer technology for instrument calibration and control, conventional DTA's do not. Clearly, this is not for the lack of need, as any text book on the subject will list its errors and limitations. Consequently, at Perkin-Elmer we have been involved in designing an experimental high temperature DTA, which we hope will take full advantage of the available microcomputer technology and greatly help the advance of this important technique.

The cell of the system under evaluation is shown schematically in Fig. 1. The experimental cell consists first of a ceramic support base with three V-grooves. Two of these V-grooves hold the sample and reference cup support tubes, which are hollow, and also made of ceramic. These tubes not only support the platinum sample cups but also contain the platinum-platinum 10 percent rhodium thermocouples. These

tubes not only support the platinum sample cups but also contain the platinum-platinum 10 percent rhodium thermocouples. These thermocouples are in good contact with the sample and reference cup liners. The third V-groove holds the purge gas tube. The cell is covered by a cylindical, closed top sample tube, which is surrounded by, and well coupled to, the furnace.

In the normal mode of operation, the purge gas enters at the bottom of the purge tube and is, therefore, preheated before entering the sample area. This purge system will minimize vertical temperature gradients, which would result in thermal assymetry in the system. Since the microcomputer can only correct behavior that is predictable or repeatable, it is absolutely essential that those factors which influence the DTA curve be minimized and controlled. With this purge system, we have been able to vary the purge rate from 30 to 300 cc/min as well as change the flow gas from nitrogen to helium without noticeably affecting baseline performance.

Fig. 1 shows the support tube at the right to be higher than the other. Actually, in this experimental design, the support tubes are individually adjustable in the vertical direction. This too is to improve thermal symetry and optimize baseline performance. This adjustment, made externally to the cell for operator convenience, has a greater effect in the low temperature region where convective coupling is important.

The furnace itself is demountable and provided with horizontal adjustments, again for baseline optimization. As expected, this adjustment which moves the furnace closer to one thermocouple or the other, has the greatest effect at the higher temperatures where radiative coupling is dominant. The furnace mandrel is symmetrically wound with a platinum-40 percent rhodium wire and sealed to provide good thermal coupling. Exchanging one for another has little effect on the baseline. These furnaces have been routinely operated between 1500°C and 1600°C.

The cell design has provision for an auxiliary purge to facilitate furnace cool down. Cooling from 1500°C back to 100°C is achieved in less than 30 minutes.

Fig. 2 shows the melting of pure gold made at a heating rate of 10°C/min and a sensitivity of 0.2°C per cm. The microcomputer linearizes the thermocouple outputs so that neither the displayed sample termperature nor the ΔT signal are dependent on the temperature of operation. Consequently, although the X-axis was driven as a function of time, and not sample temperature, the correct melting point of 1063°C was measured.

This feature permits any temperature scale to be linearly displayed as full scale, in this case, 150°C.

Having designed the cell with detail to baseline repeatability, the microcomputer is capable of storing and optimizing baseline performance. In addition, the microcomputer will make automatic slope and ordinate zero adjustments at a predetermined time to correct for sample heat capacity contributions when desired. Thus, flat predictable baselines over broad temperature ranges can be achieved with minimal operator attention. At the conclusion of the scan, the microcomputer will automatically raise the recorder pen and activate the auxiliary furnace cooling purge.

Although not intended as a calorimeter, the quantitative capabilities of the cell appear reasonably good. A more than 60 percent change in the weight of gold caused only a 4 percent change in the energy per unit weight ratio. If the temperature dependence of the limiting thermal resistance can be determined and made to be repeatable, microcomputer optimization could be achieved.

The experimental DTA is programmed from the System 4 microprocessor programmer. For initialization an automatic set-up routine leads the operator through a complete set of the essential parameters. Modification of parameters can be accomplished at any time before, during, or after the analysis. The program parameters are those necessary to direct a complete thermal analysis temperature program from a simple heat-cool program to a multi-step program consisting of several user-selected rates, temperatures and isothermal equalibration times. The next set of keys are those for the commands; for example, 'heat', 'hold', 'cool', 'go to the loading temperature', and 'start the program'. The 'modify' function is noteworthy in that any of the program parameters can be changed at any time during the program without disrupting the progress of the program. Hence, scanning rates, equilibration times and temperatures, etc. can be modified even while that segment of the program is being executed.

The black keys at the left allow the user to select from among the operating modes of the microprocessor. These modes are:

First, a manual mode for simple heat-hold or heat-autocool methods. In this mode the control of the analyzer is the same as it would be if using the DSC-2, with the only program parameters being the scanning rates and the turn-around temperature.

Second, we have a program mode for more elaborate methods involving equilibration times, program cooling or multistep programs. This mode provides for total automation from start to finish of a wide variety of programs.

Third, a cycle mode for continuous cycling of any designated program.

Next in this grouping of keys in a function whereby a complete set of values for the program parameters is transferred from the active registers of the microprocessor into one of the method files. Once this set of values has been stored in the microprocessor memory, it is safe from erasure even if the instrument is turned off or there is a power outage. This set of values for the parameters can be recalled into the active registers by simple keystrokes such as 'RECALL-METHOD, 1, ENTER'. Moreover, this method can be protected from alteration even when in use by activating a hidden keyboard-inhibit switch.

Before we discuss the final mode of operation, let's consider what aspects of an analysis can be stored in a System 4 'method'. First and foremost, is the temperature program which can be a simple heat-cool program or a series of different heating or cooling ramps, as we shall see shortly. All of the parameters which define the temperature program, from two to fifteen, are stored in a method.

Second, parameters relating to the recorder presentation of the data are part of the method. For example, for a DTA analysis between 500 and $1500\,^{\circ}C$ these values could be selected as the 0 and 100 division positions on the X-Y chart paper. In other words, the System 4 automatically scales the X-axis using the linearized sample thermocouple output. The result is optimized scale expansion using the actual sample temperature with event-marking and pen-lift control directed by the microprocessor. The event marking, every degree or every ten degrees, is also triggered by by the microprocessor, depending on the span selected.

One final function included in the System 4 method is the switchover time from purge gas A to purge gas B. This provides the capability of including inert-to-active gas-switching as part of a completely automated thermal analysis method. A separate gas selector accessory provides the switching valve gas indicator lights and a manual switching capability.

A variety of methods can be stored in the memory-protected archive of the System 4. First, there are four user-definable, complete methods consisting of up to 15 parameters, for use in the program or cycle mode. Second, there are four user-

definable simple methods consisting of five parameters, for use
in the manual mode. Third, there are user-callable, built-in
programs defined by Perkin-Elmer. When the System 4 is first
turned on or when it is switched from one analyzer to another,
the appropriate set of 'default' parameters is automatically
transferred to the active registers of the microprocessor. This
short-cuts the steps in setting up a new method and assures
that a program is in memory at all times. Finally, there is a
self-contained temperature calibration method which can be
called at any time with its own dedicated key.

During the running of a thermal analysis program, the
display panel provides the operator with the relevant information on the status of the program. Indicator lights show when
the temperature is equilibrated at the loading temperature, and
allow the operator to follow each step of the program by illi-
minating the appropriate segment on a visual representation of
the program ramp. There is also a four-place digital display of
the actual sample temperature as monitored by the linearized
thermocouple. This same display is used during the set-up routine and during parameter modification to display the parameter
being entered. Any number between 0.1 and 2000 may be entered
as a parameter (heating rate, temperature, etc.). If the value
selected is outside the safety limits of the analyzer, an error
light will appear and the value will not be accepted. This allows the flexibility of allowing a wide choice of values for
the parameters; but with instrument-specific safeguards against
selection of values that would damage the particular analyzer
in use.

The temperature calibration lamp indicates whether
the analyzer has been temperature calibrated. If not, this can
be readily done using the self-calibration function of the mi-
croproccosor. That is, by depressing the 'calibration' key the
System 4 goes into a completely automated multistep calibration
routine, which checks and 'trims-up' the program voltage to as-
sure that the temperature called for will be accurately obtained.
This routine, which takes only a few minutes, assures temperature and heating-rate accuracy without requiring any time or
care on the part of the operator. After calibration, the temperature is calibrated in both the scanning and isothermal modes
of the instrument.

In conclusion, microprocessor technology has provided
an unprecedented opportunity to incorporate highly sophisticated
means of instrument control and signal conditioning into modern
thermal analyzers. The incorporation of this technology along
with an improved DTA cell design should greatly enhance the use-
fulenss of high temperature Differential Thermal Analysis.

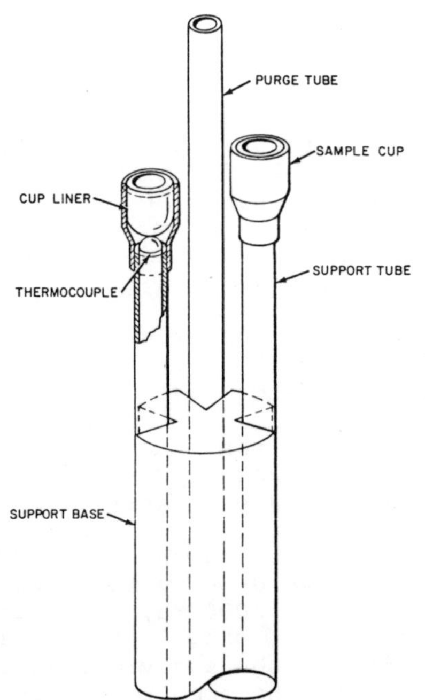

Fig. 1   DTA cell schematically

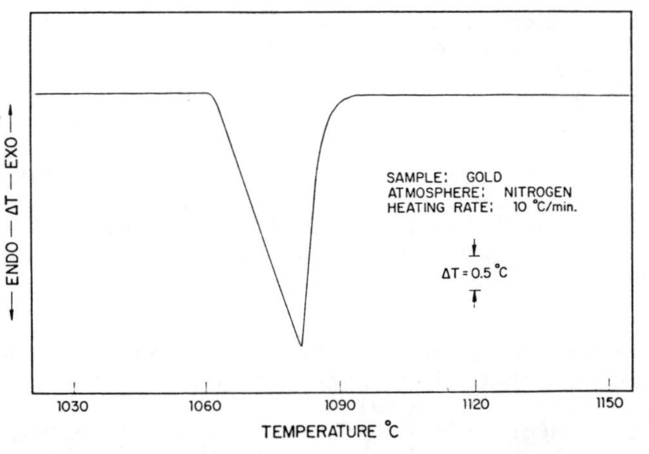

Fig. 2   Melting of pure gold

A NEW APPARATUS FOR SIMULTANEOUS TG-DTA BASED ON AN
ELECTRONIC MICROBALANCE

E. L. Charsley, M. V. Collins, J. Joannou, A. C. F. Kamp,
J. P. Redfern and N. Virji
Stanton Redcroft, Copper Mill Lane, London SW17 OBN, England.

A technical description will be given of the new Stanton Redcroft
STA-780 series simultaneous TG-DTA unit.

The unit is based on an electronic microbalance with a capacity of
5 grams, controlled via a microprocessor enabling any range
between 2 - 200mg full scale deflection to be selected, with full
taring and multiple inject facilities.

The TG-DTA head assembly uses plate-type precious metal thermocouples, enabling calorimetric performance to be obtained. The
samples are heated by a water-cooled non-inductively wound
furnace using either nichrome or platinum-rhodium wire giving a
maximum temperature of 1000°C and 1500°C respectively. The
temperature programme is controlled from either the head or the
furnace by a solid-state programmer with a range of heating rates
from 1 - 50°C/minute.

The performance of the unit will be discussed and the advantages
of the simultaneous TG-DTA approach will be illustrated by
reference to some complex decomposition processes.

TG-DSC: EIN INSTRUMENT ZUR SIMULTANEN MESSUNG

Kurt Meier

METTLER INSTRUMENTE AG, CH-8606 Greifensee

Einleitung

Der grosse analytische Wert von DSC-Untersuchungen ruft nach einer Ausdehnung des instrumentell zugänglichen Temperaturbereichs.

Allerdings verlaufen die bei höheren Temperaturen auftretenden Reaktionen so komplex, dass sie nicht mehr alleine aufgrund der DSC-Kurven interpretiert werden können. Die simultane Messung des Gewichts (TG) bringt dann die notwendige Zusatzinformation in idealer Weise. Auch wird der Verlauf der Reaktionen wesentlich von der die Probe umgebenden Gasatmosphäre geprägt, die damit zu einem wichtigen Versuchsparameter wird.

Der METTLER TA2000C Thermoanalyzer (Abb. 1) ist für die exakte und simultane Messung von DSC und TG im Temperaturbereich von 20°C - 1200°C konzipiert. Einfachste Handhabung macht ihn zum Routinegerät, die hohen Spezifikationen zum Forschungsinstrument. Temperatursteuerung, Vakuumsystem und Waage werden mit Drucktasten bedient, und bei der Messwertaufbereitung muss lediglich die Empfindlichkeit gewählt werden.

Aufbau des Instrumentes

Der Thermoanalyzer besteht aus den vier Funktionsblöcken für Gewichtsmessung, kalorische Messung, Temperaturerzeugung und Umweltkontrollsystem.

Die TG-Funktion wird mit einer oberschaligen Balkenwaage mit elektromagnetischer Kraftkompensation gemessen. Die Waage selbst befindet sich in einem thermostatierten, vakuumdichten Gehäuse. Die oberschalige Anordnung wurde aus Gründen des Bedienungskomforts und der Verringerung thermischer Störungen gewählt.

Der Regelkreis der Kraftkompensation liefert ein gewichtsproportionales Signal, das mit der digitalen Tarierlogik, durch Tastendruck gesteuert, auf Null gesetzt werden kann. Im nachfolgenden Verstärker wird die gewünschte Empfindlichkeit gewählt, und eine weitere Stufe versieht das Signal mit Gegen-

Abb. 1   Der METTLER TA2000C Thermoanalyzer für simultane TG-DSC
         im Temperaturbereich von 20°C bis 1200°C besteht aus dem
         Messmodul mit Ofen, der Elektronik und dem Mehrlinien-
         schreiber.

spannungen, so dass das Ausgangssignal immer im Arbeitsbereich
des angeschlossenen Schreibers bleibt. Die Arretierung der Waage
wird motorgesteuert.

Die Reproduzierbarkeit der Gewichtsmessung ist besser
als 10 µg bei Messbereichen von 1 mg bis 1 g Vollausschlag und
einer maximalen Probenlast bis zu 6 g.

Der Messkopf für die kalorische Messung bestimmt den
Wärmefluss zur Probe als Differenz der Wärmeflüsse zum Proben-
tiegel und zum Referenztiegel. Diese Differenz wird als Temperaturunterschied mit einem Mehrfachthermoelement gemessen, die
Thermospannung verstärkt und auf dem Schreiber aufgezeichnet.

Die Fläche unter der aufgezeichneten Kurve, die Integration des Wärmeflusses zur Probe über die Zeit, stellt die
Enthalpieänderung der Probe dar.

Dieses Messprinzip wird als "Heat flow differential
scanning calorimetry" bezeichnet (ICTA Definition von 1977).

Die Empfindlichkeit dieses DSC-Messfühlers ist genau
bekannt und liegt in der Grössenordnung 1 µV/mW bei mittleren
Temperaturen in Luft. Heizrate und Probenmenge haben keinen

Einfluss auf die Empfindlichkeit. Die Zeitkonstante liegt unter
20 sec.

Der DSC-Messfühler dient als Simultanmesskopf oder als
TG-Messkopf mit einer auf 150 µl begrenzten Probenkapazität. Für
reine TG-Messungen steht ein TG-Messkopf zur Verfügung, der Tiegel mit 1 ml Volumen aufnehmen kann. Die Messköpfe sind leicht
austauschbar und weitestgehend korrosionsfest, da sie nur aus
Alox und Platinlegierungen bestehen. Sie erzeugen einen Auftrieb
von weniger als 200 µg.

Das <u>Temperatursystem</u> besteht aus einem Programmer, dem
Regler, Leistungsverstärker, Ofen und dem Thermoelement, die in
einem Gegenkopplungskreis zusammengeschlossen sind. Das Thermoelement misst die Temperatur der Referenzseite des DSC-Messkopfs,
die damit auch geregelt wird.

Die Heiz- oder Kühlraten können bis zu 30 ^{O}/min in
Inkrementen von 0.1 ^{O}/min gewählt werden. Zyklisches Fahren zwischen zwei frei wählbaren Grenzen, Konstanthalten der Temperatur
auf einem beliebigen Wert und rasches Heizen oder Kühlen sind
weitere Programme.

Die dem benutzten Pt-Pt10%Rh-Thermoelement eigene
Nichtlinearität zwischen Temperatur und Thermospannung wird in
einem Mikroprozessorsystem kompensiert. Damit ergeben sich über
den ganzen Temperaturbereich extrem lineare Heiz- und Kühlraten,
sowie eine ausgezeichnete Temperaturgenauigkeit von ±2^{O}C bei tieferen und ±4°C bei höheren Temperaturen. Die Reproduzierbarkeit
ist ±0.2^{O}C.

Diese Genauigkeit ist jedoch auch eine Folge der ein-
gebauten elektronischen Kaltlötstellenkompensation und des aus-
geklügelten PID-Reglers.

Der normalerweise benützte Ofen ist von oben beschick-
bar (Abb. 2) und kann bei Temperaturen bis zu 500°C beladen werden. Sehr rasches Arbeiten, auch bei hohen Temperaturen, ist dadurch gewährleistet. Mit diesem Ofen kann in allen nicht korrosiven und nicht kondensierbaren Atmosphären wie Wasserstoff,
Sauerstoff oder Kohlendioxyd sowie in Vakuum gearbeitet werden.

Der Ofen besteht aus einem Alox-Rohr mit aufgebrachter,
bifilarer Bewicklung aus Edelmetall und ist durch den äusseren
Reflektor vakuumdicht abgeschlossen. Ein spezieller Ofen, bei
dem die Atmosphäre nur mit Aluminiumoxyd in Kontakt kommt, erlaubt das Arbeiten mit korrosiven und feuchten Gasen praktisch
beliebiger Zusammensetzung.

Das Kontroll- und Steuersystem für <u>die Umwelt</u> (Gaszu-
sammensetzung und Druck) ist beim METTLER TA2000C als Automat
mit Drucktastensteuerung ausgebildet. Alle Pumpen und Ventile
werden durch eine elektronische Steuerung automatisch betätigt.
Die wählbaren Betriebszustände sind "Feinvakuum", "Hochvakuum",
"Fluten", "Inertgasfluss" und "Neutral". Ueber Wasser- und Druck-
wächter ist der Automat gegen Fehlbedienung und Defekte gesichert.

Im Betriebszustand "Feinvakuum" wird nach etwa 2 Minuten ein Druck von 10^{-2} mbar erreicht. Als Hochvakuum, das mit
einer Oeldiffusionspumpe erzeugt wird, gilt ein Druck von etwa
10^{-5} mbar. Da aber nicht nur die Druckerzeugung relevant ist,

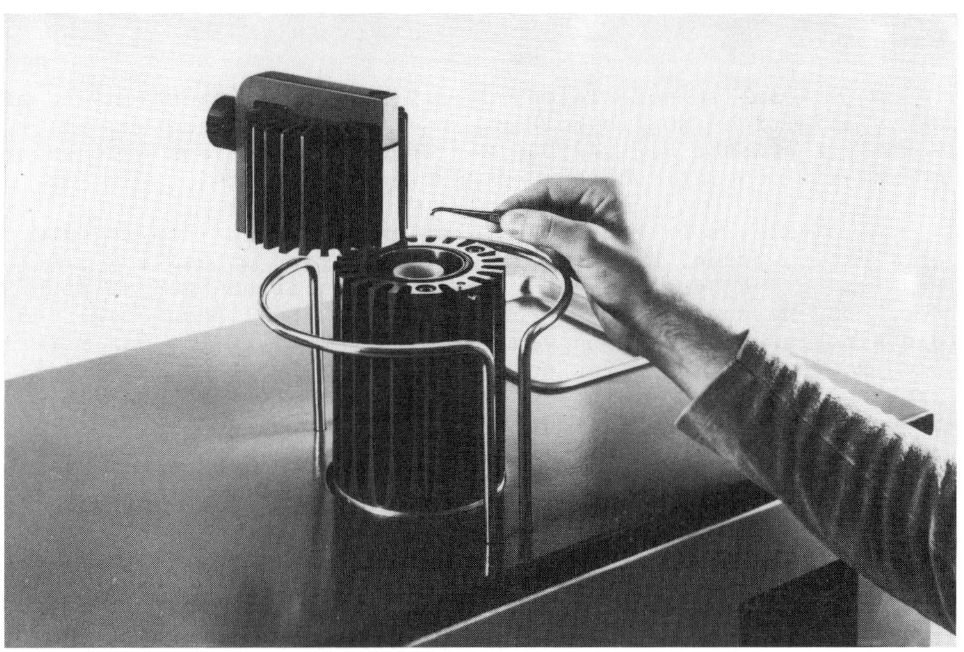

Abb. 2   Der Normalgasofen kann oben geöffnet werden und erlaubt
         damit eine problemlose, rasche Probenzuführung.

sondern auch die Druckmessung, sind die erforderlichen Druck-
sonden im Gerät eingebaut.
        Um eine saubere, definierte Atmosphäre im Gerät zu
erzeugen, wird nach der Beschickung des Ofens mit der Probe die
Taste "ROUGH VAC" gedrückt, und damit die Messzelle evakuiert.
Dann kann die Gasbombe mit dem gewünschten Gas angeschlossen
werden, und mit "GAS REFILL" wird die Messzelle bis zum Atmosphärendruck mit dem neuen Gas gefüllt. Das ganze Prozedere,
Einsetzen der Probe und Gaswechsel auf z.B. Wasserstoff, dauert
10 Minuten.
        Die Registrierung der Messwerte geschieht über einen
2-Kanal Linienschreiber, der bis zu 4 Kanälen ausbaubar ist.
Die Temperaturzuordnung erfolgt über dem DSC-Signal überlagerte
Temperaturmarken. Jeder Funktionsblock hat daneben Datenausgänge
zur Messwertübertragung via Datentransfersystem an einen Tischrechner oder Computer, der seinerseits die meisten Funktionen
des METTLER TA2000C fernbedienen kann.

Schluss

Dank seiner klaren, übersichtlichen Konzeption und mit
den vielfältigen Möglichkeiten zur definierten Steuerung aller
Parameter erlaubt der TA2000C Messungen in praktisch allen thermoanalytischen Disziplinen und Anwendungsgebieten.

Zwei spezifische Applikationen, die auf dem TA2000C
entwickelt wurden, sind in dieser Publikation enthalten: die
Bestimmung des Gehaltes an Quarz in mineralischen Rohstoffen
durch DSC-Messung der $\alpha \rightleftharpoons \beta$ Umwandlung (V. Schlichenmaier) und
die kinetische Auswertung von TG-Messungen mit Hilfe der multi-
plen Regression (H. Wyden und G. Widmann). Letztere Veröffentlichung zeigt auch die automatische Datenauswertung und die
Steuerung des Gerätes durch einen Tischrechner.

GEDANKEN ZUR GLEICHZEITIGEN BEOBACHTUNG VON MASSE - UND ENTHALPIEÄNDERUNGEN
MIT HILFE VON SCHWINGUNGEN

Th.Gast, H.Jakobs
Institut für Mess- und Regelungstechnik
Technische Universität Berlin, Kurfürstendamm 195
1000 Berlin 15

1.   EINLEITUNG

Bei der Thermoanalyse ist es vielfach erwünscht, Änderungen von Masse und
Wärmekapazität einer Probe in Abhängigkeit von der Temperatur gleichzeitig
zu beobachten und möglichst auch die auftretende Enthalpieänderung zu erfassen.

Das nachstehend beschriebene hierzu geeignete Meßverfahren ist für
sehr kleine Probenmengen gedacht. Es verwendet als wesentliches Hilfsmittel
ein elektrisch leitendes schwingungsfähiges Band, auf das die Probe homogen
aufgetragen wird. Ihre Masse folgt mittelbar aus der Änderung der Eigenfrequenz des Bandes, die dieses durch die Belegung erfährt und die in autonomer
Dauerschwingung gemessen wird.

Gleichzeitig stellt das Band eine Wärmequelle dar, die durch Joulesche Wärme aus einem pulsierenden Heizstrom eine sinusförmig veränderliche
Temperatur erzeugt. Zwischen der dem Band zugeführten elektrischen Leistung,
die ebenfalls sinusförmig schwanken muß, und der Bandtemperatur besteht
durch die Wärmekapazitäten von Band und Probe eine Phasenverschiebung. Aus
dieser ist die Wärmekapazität der Probe bestimmbar.

Durch eine zusätzliche entsprechend dosierte Leistung wird die
mittlere Temperatur des Bandes zeitlinear angehoben. Somit gelingt die
gleichzeitige Messung von Wärmekapazität und Masse als Funktion der Temperatur. Über die zugeführte Leistung sind auch Enthalpieänderungen in den Um-
wandlungspunkten meßbar.

2.   BESTIMMUNG DER MASSENÄNDERUNG

Zur Bestimmung der Massenänderung wird die metallische Folie mit einer Vor-
spannung S beidseitig eingespannt und mittels elektromechanischer Rückkopplung zu transversalen autonomen Schwingungen angeregt (Bild 1). Die Fre-
quenz der autonomen Schwingung entspricht bei optimaler Rückkopplung der
Eigenfrequenz des Bandes. Sie hängt von der Länge L, der Massenbelegung m^{*}
und der Spannkraft S ab. Es gilt,mit m als Masse der Probe,

$$f_o = \frac{1}{2L}\sqrt{\frac{S}{m^{*}}} = \frac{1}{2L}\sqrt{\frac{S}{m_o+m}} \qquad , \qquad (1)$$

in der m_0 die Massenbelegung des unbelegten Bandes ist. Die Masse der Stoff-
probe wird also mittelbar über die Änderung der Eigenfrequenz des Bandes bestimmt, die dieses durch Belegung mit der zu untersuchenden Substanz erfährt.
Dabei wird eine homogene Verteilung der Probe auf dem Band vorausgesetzt.

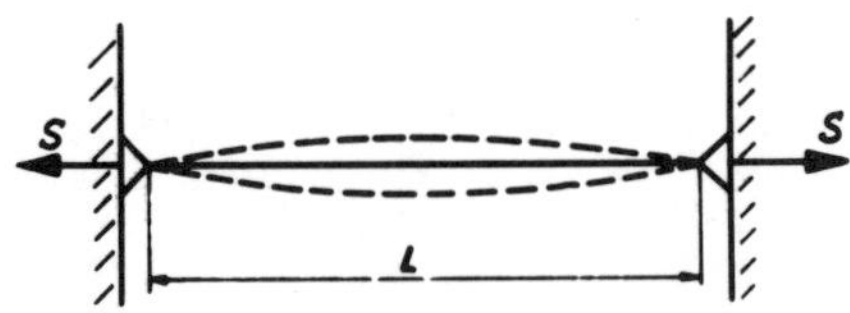

Bild 1
Transversal schwingendes Band

3.   BESTIMMUNG DER WÄRMEKAPAZITÄT

3.1   Theorie

Die Wärmekapazität soll mittels Wärmeschwingungen ermittelt werden.
Ausgangspunkt der folgenden Ableitung ist die allgemeine Wärmeleitungsglei-
chung, die sich aus der Wärmebilanz eines Volumenelementes des belegten
Bandes entwickeln läßt (Bild 2). Das Volumenelement besitzt in einer Umgebung

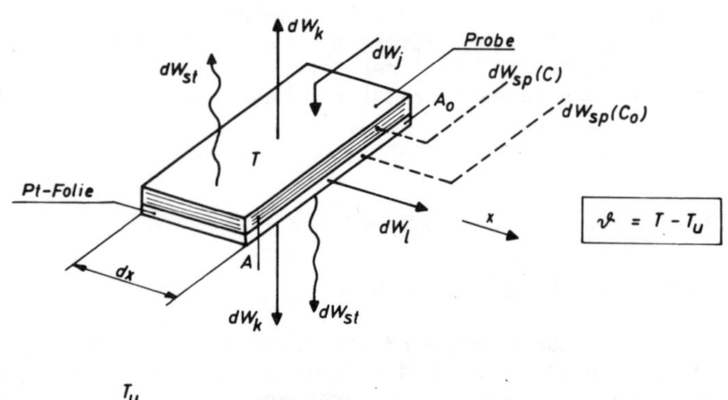

Bild 2   Wärmebilanz eines Volumenelementes

mit der Temperatur T_u die Temperatur T. Durch den das Band durchfließenden
elektrischen Strom wird in dem Volumenelement die Joulesche Wärme dW_j er-

zeugt, die teils durch Wärmeleitung, Konvektion und Wärmestrahlung abgegeben, teils durch die Kapazität des Bandes und der Probe gespeichert wird (Gl.2).

$$dW_j + dW_l + dW_K + dW_{st} + dW_{sp}(c_o) + dW_{sp}(c) = 0 \quad ; \quad (2)$$

Formulieren wir die Terme dieser Wärmebilanz und setzen dabei voraus, daß Band und Probe die gleiche Temperatur besitzen, so gelangen wir zu der allgemeinen Wärmeleitungsgleichung (Gl.3).

$$wA_o\,dx = -\lambda_o\,\Delta(T-T_u)A_o\,dx + \alpha(T-T_u)b\,dx +$$
$$+ C_o\,S_o\,\frac{\partial(T-T_u)}{\partial t}A_o\,dx + c\,S\,\frac{\partial(T-T_u)}{\partial t}A\,dx + \quad (3)$$
$$+ \varepsilon\,\sigma_s\,(T^4-T_u^4)\,b\,dx \quad ;$$

Die Wärmestrahlung kann vernachlässigt werden, wenn die Temperaturdifferenz $T - T_u$ klein und die Bandtemperatur nicht zu hoch ist. Dann gilt:

$$\varepsilon\,\sigma_s\,(T^4-T_u^4) \ll \alpha(T-T_u) - \lambda_o\,\Delta(T-T_u)d_o \quad ;$$

Weiterhin wird angenommen, daß die Querschnittsabmessungen des Bandes klein gegenüber dessen Länge sind. Es folgt:

$$\Delta(T-T_u) \approx \frac{\partial^2(T-T_u)}{\partial x^2} \quad ;$$

Mit der zusätzlichen Vereinfachung

$$\vartheta = T - T_u \quad ;$$

und den Gleichungen

$$P = w\,V_o \quad ; \quad V_o = d_o\,b\,l \quad ; \quad V = d\,b\,l \quad ;$$

$$C_o = S_o\,V_o\,c_o \quad ; \quad C = S\,V\,c \quad ;$$

geht die allgemeine Wärmeleitungsgleichung (Gl.3) in eine partielle Dgl. über, die nur noch eine Ortskoordinate und die Zeit als unabhängige Veränderliche enthält (Gl.4).

$$\frac{\partial^2\vartheta}{\partial x^2} - \frac{\alpha}{\lambda_o\,d_o}\,\vartheta - \frac{C_o+C}{\lambda_o\,V_o}\,\frac{\partial\vartheta}{\partial t} = -\frac{P}{\lambda_o\,V_o} \quad ; \quad (4)$$

Da wir Wärmeschwingungen beschreiben wollen, ist es sinnvoll, die Gl.4 mit dem komplexen Ansatz

$$P = \hat{P}\,e^{j\omega t} \quad ; \quad \vartheta = \hat{\vartheta}\,e^{j\omega t} \quad ; \quad \omega = 2\pi f \quad ; \quad \hat{P}, \hat{\vartheta} \in \mathbb{C} \quad (5)$$

in den Frequenzbereich zu transformieren. Wir erhalten dann eine Dgl. 2. Ordnung (Gl.6).

$$\frac{\partial^2\hat{\vartheta}}{\partial x^2} - \left[\frac{\alpha}{\lambda_o\,d_o} + j\omega\,\frac{C_o+C}{\lambda_o\,V_o}\right]\hat{\vartheta} = -\frac{\hat{P}}{\lambda_o\,V_o} \quad ; \qquad (6)$$

Mit Berücksichtigung der Randbedingungen

$$\hat{\vartheta}(x)\Big|_{x=l} = 0 \quad ; \quad \frac{\partial \hat{\vartheta}(x)}{\partial x}\Big|_{x=0} = 0 \quad ;$$

folgt für die Temperaturverteilung im Intervall $[0,l]$:

$$\frac{\hat{\vartheta}(x)}{\hat{P}} = \frac{1}{\alpha\,b\,l + j\omega(C_0+C)}\left(1 - \frac{\cosh(sx)}{\cosh(sl)}\right) \quad ; \quad s = \sqrt{\frac{\alpha}{\lambda_0 d_0} + j\omega\frac{C_0+C}{\lambda_0 V_0}}\,;(7)$$

Das resultierende Temperaturprofil ist in Bild 3 als Kurve B dargestellt.

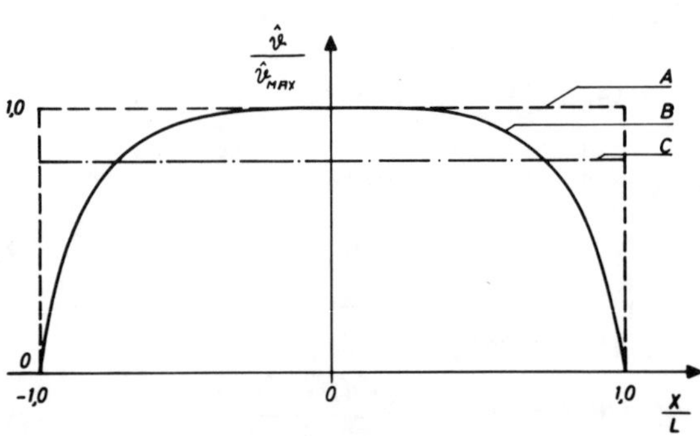

Bild 3   Temperaturprofil

Da die Temperatur des Bandes über die Änderung des elektrischen Widerstandes gemessen werden soll, ist nur der Mittelwert der Temperatur über die Bandlänge interessant (Bild 3 Kurve C)

$$\frac{\bar{\vartheta}}{\hat{P}} = \frac{1}{l}\int_0^l \frac{\hat{\vartheta}(x)}{\hat{P}}\,dx = \frac{1}{\alpha\,b\cdot l + j\omega(C_0+C)}\left(1 - \frac{\tanh(sl)}{sl}\right) \quad ; (8)$$

Der Term

$$\frac{\tanh(sl)}{sl}$$

ist bedingt durch die Wärmeleitfähigkeit des Bandes und den dadurch bewirkten Wärmefluß zur Einspannung. Gerätetechnisch muß also dafür gesorgt werden, daß

$$\left|\frac{\tanh(sl)}{sl}\right| \ll 1 \qquad \text{bzw.} \qquad |sl| \gg 1 \quad ;$$

ist, denn dann erhalten wir in guter Näherung die einfache Beziehung :

$$\frac{\bar{\vartheta}}{\hat{P}} \approx \frac{1}{\alpha\,bl + j\omega(C_0+C)} = K\frac{1}{1 + j\omega T_0} \quad ; \qquad (9)$$

Der Frequenzgang des betrachteten Systems wird in Bild 4 gezeigt. In der Sprache der elektrischen Nachrichtentechnik würde das System Band + Einspannung + Umgebung als Tiefpaß 1.Ordnung bezeichnet (Bild 5).

$$K = \frac{1}{\alpha\,bl} \quad ; \quad T_0 = \frac{C_0+C}{\alpha\,b\,l} \quad ;$$

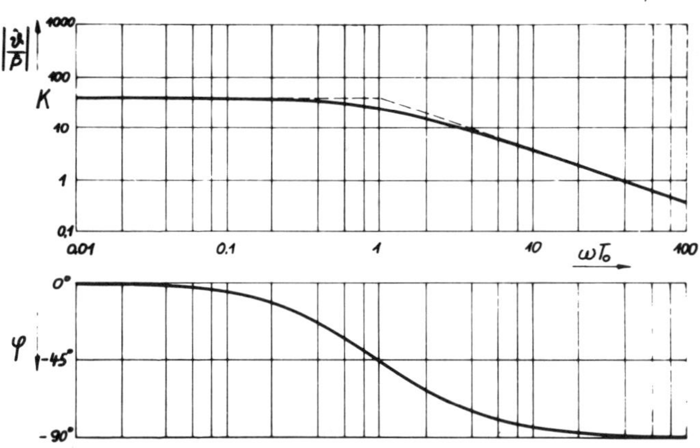

Bild 4   Frequenzgang des Bandes bei Wärmeschwingungen

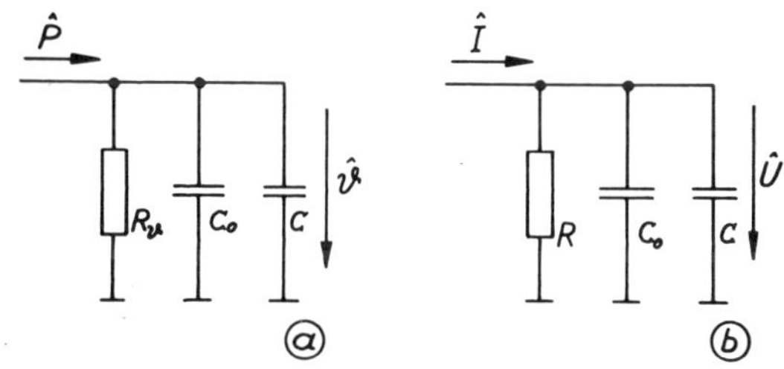

Bild 5   Ersatzschaltbild

3.2   Meßprinzip

Ausgehend von der Gleichung des thermischen Tiefpasses (9) beschreiben wir nun ein Meßprinzip, bei dem die Wärmekapazität des aufgelegten Stoffes unabhängig von der Konvektion, die sich ja durch die Belegung ändert, gemessen werden kann. Durch eine Regelung (Bild 6) wird die der Folie zugeführte Leistung so gesteuert, daß sich die mittlere Temperatur zeitlich sinusförmig ändert.

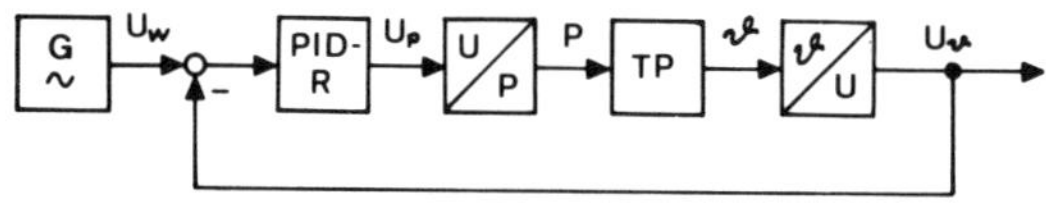

Bild 6   Temperatur - Regelung

Zwischen elektrischer Leistung und erzeugter Temperaturdifferenz besteht die
Beziehung:

$$\hat{P} = P_{Re} + j\,P_{Im} = \left[\alpha\,b\,l + j\,\omega(C_o + C)\right]\hat{\vartheta} \qquad ; \qquad (10)$$

Der Realteil dieses komplexen Faktors wird durch Leitung und Konvektion, der
Imaginärteil durch die gesamte Wärmekapazität hervorgerufen. Für die Bestim-
mung der Wärmekapazität ist nur der Imaginärteil der Leistung von Bedeutung.
Durch Subtraktion einer Leistung

$$\hat{P}_K = j\,\omega\,K\,\hat{\vartheta} \qquad , \qquad (11)$$

die wir durch Differentiation des zeitlichen Verlaufes der Temperatur erhalten, ergibt sich:

$$\Delta\hat{P} = \hat{P} - \hat{P}_K = \left[\alpha\,b\,l + j\,\omega(C_o + C - K)\right]\hat{\vartheta} \qquad ; \qquad (12)$$

Nun wird der Phasenwinkel zwischen der Temperatur $\hat{\vartheta}$ und Differenzleistung $\Delta\hat{P}$
mittelbar über den Faktor K auf Null geregelt, d.h.

$$\varphi(\Delta\hat{P}, \hat{\vartheta}) \overset{!}{=} 0 \qquad ;$$

Dann gilt:

$$K = C_o + C \qquad ;$$

Die Größe K ist ein direktes Maß für die Wärmekapazität. Bild 7 zeigt das
Blockschaltbild dieses Meßprinzips.

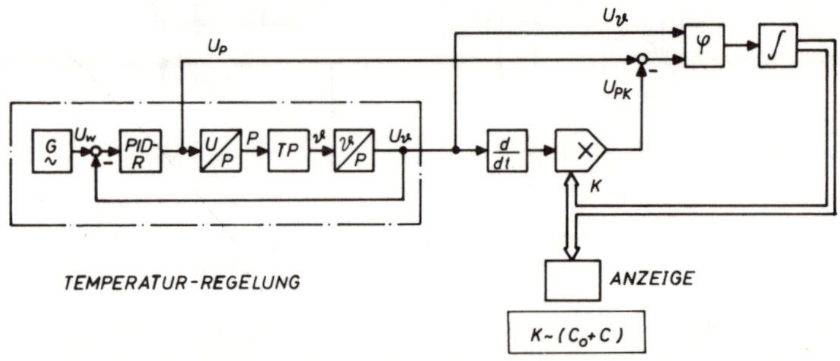

Bild 7   Blockschaltbild der Wärmekapazitätsmessung

Eine Kalibrierung der Größe K ist möglich, wenn die Wärmekapazität des Bandes
bekannt ist. Durch monotones, z.B. zeitlineares Verändern der Umgebungstemperatur, läßt sich die Wärmekapazität als Funktion der Temperatur aufzeichnen.

3.3   Meßeinrichtung und erste Versuchsergebnisse

Bild 8 zeigt als wichtigen Teil der Meßeinrichtung die Schaltung zur Messung der Folientemperatur über den Widerstand bei gleichzeitiger Leistungszufuhr.

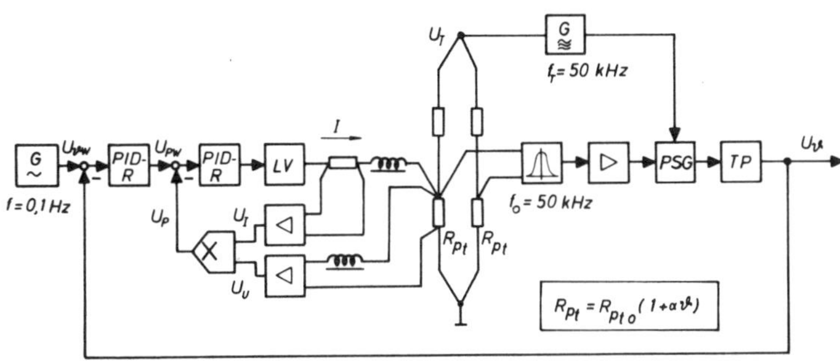

Bild 8   Temperaturmessung

Kern der Einrichtung sind zwei Platin-Folien, in Bild 8 als Widerstände R_{Pt} eingezeichnet, von denen eine mit der Probe beschichtet wird und die andere als Referenz dient. Die belegte Folie wird vom Strom I durchflossen und entsprechend erwärmt. Dabei wird die erzeugte Leistung durch Messen von Strom und Spannung und deren analoge Multiplikation ermittelt.
Da die Folien gleichzeitig in eine Wheatstone' sche Brücke eingegliedert sind, die mit einer hochfrequenten Spannung gespeist wird, ist die ebenfalls hochfrequente Spannung an deren waagerechter Diagonale proportional der Widerstandsänderung der Folie und damit ein Maß für die Temperatur. Es gilt:

$$U_d \sim \Delta R_{Pt} = R_{Pt_o}\,\alpha^*\,\vartheta \qquad ; \qquad (13)$$

Nach Verstärkung, phasenselektiver Gleichrichtung und Filterung entsteht eine Gleichspannung, die ein Maß für die Temperatur ist. Diese Spannung wird, zusammen mit der sinusförmigen Wechselspannung eines Generator auf den Eingang eines PID-Reglers gegeben, der seinerseits die Leistung so bemißt, daß ein sinusförmiger Temperaturverlauf erzeugt wird. Da Differentiation, Multiplikation, Subtraktion und Phasenmessung relativ einfach durchzuführen sind, werden sie hier nicht erläutert.
Nach dem durch Vorversuche die Richtigkeit der angestellten Überlegungen nachgewiesen war, wurden erste Messungen zur Bestimmung der Wärmekapazität mit Kochsalz als Modellsubstanz durchgeführt. Das Salz wurde, aufgelöst in destilliertem Wasser, in Masseninkrementen von jeweils 0,4 mg auf die Folie aufgebracht. Nach der Verdunstung des Wassers wurde K ermittelt. Die Meßkurve ist in Bild 9 dargestellt.
Auf der Ordinatenachse ist K/K_0 aufgetragen, wobei K_0 der Wärmekapazität des unbelegten Bandes entspricht. Auf der Abszissenachse ist m/m_0 aufgetragen. Dabei ist m die gesamte Masse, m_0 die Masse des Bandes selbst. Die Meßkurve läßt erkennen, daß die Wärmekapazität der Probe proportional zu deren Masse ist. Die Steigung der Geraden ist ein Maß für die spezifische Wärme der

Probe. Sie stimmt mit Literaturangaben überein.

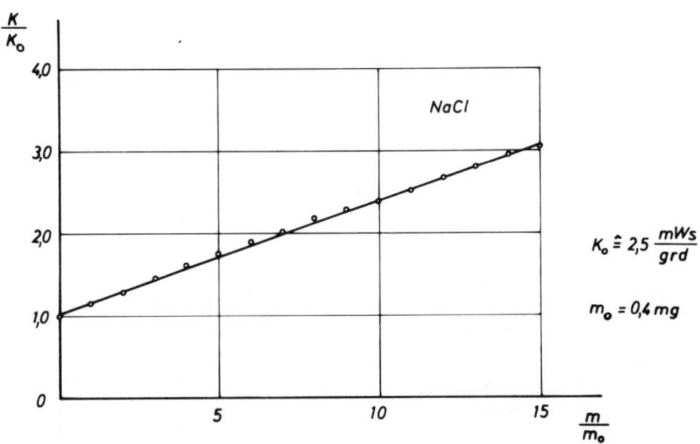

Bild 9   Meßkurve

4.   AUSBLICK

Durch die gleichzeitige Bestimmung von Masse und Wärmekapazität kann nicht nur die spezifische Wärme durch Division errechnet werden, sondern es wird auch möglich sein, z.B. Phasenübergänge und chemische Reaktionen in der Probe zu untersuchen. Durch Integration der zugeführten Leistung dürfte auch die Enthalpie meßbar sein.

5.   FORMELZEICHEN

L	Länge des eingespannten Bandes	dW_j	Joulesche Wärme
S	Spannkraft	dW_l	Wärmeverlust d. Leitung
T	Temperatur des Bandes und der Probe	dW_k	Wärmeverlust d. Konvektion
T_u	Umgebungstemperatur	dW_{St}	Wärmeverlust d. Strahlung
ϑ	Temperaturdifferenz	dW_{Sp}	gespeicherte Wärme
w	Leistungsdichte	m_0	Massenbelegung d. Bandes
λ_0	Wärmeleitfähigkeit des Bandes	m	Massenbelegung d. Probe
α	Wärmeübergangszahl	A_0	Querschnitt des Bandes
ε	Emissionsgrad	A	Querschnitt der Probe
σ_s	Strahlungskonstante	C_0	Wärmekapazität d. Bandes
b	Breite des Bandes	C	Wärmekapazität d. Probe
dx	Längenelement	ϱ_0	Dichte des Bandes
P	Leistung	ϱ	Dichte der Probe
f_0	Eigenfrequenz des Bandes	V_0	Volumen des Bandes
d_0	Dicke des Bandes	V	Volumen der Probe
d	Dicke der Probe	φ	Phasenwinkel
f	Frequenz der Wärmeschwingung		

HOT STAGE MICROSCOPY AS AN AID IN THE INTERPRETATION OF
THERMAL ANALYSIS DATA

E. L. Charsley
Consultancy Service, Stanton Redcroft,
London SW17 0BN, England.

The Stanton Redcroft HSM-5 hot stage microscope unit operates over
the range from ambient to 1000°C and allows direct observation of
a sample by reflected light under conditions of controlled
heating rate and atmosphere.

Some examples of the way in which the unit can be used to aid the
interpretation of data from TG, DTA and other thermal techniques
will be discussed under the headings below, together with a
description of the instrumental techniques involved:-

Direct Observation by Stereomicroscopy

Reflected Light Intensity Measurements at Low and
High Sensitivities.

35mm Photomicrography

Time Lapse Cine Photography

High Speed Cine Photography

A cine film will be presented.

PROBLEME DER DILATOMETEREICHUNG MIT METALLPROBEN

Wolfgang Krajewski
Institut für Metallhüttenwesen und Elektrometallurgie der
RWTH Aachen, Intzestraße 3, 5100 Aachen

ZUSAMMENFASSUNG
Die Benutzung unterschiedlicher Metalle als Eichproben
für Dilatometer führt zu stark unterschiedlichen Korrekturfak-
toren für die Messung von thermischen Ausdehnungskoeffizienten.
Diese bereits bei oder über der zulässigen Fehlergrenze liegenden
Abweichungen sind auf ungenaue Schrifttumsangaben der Ausdehnungswerte des Eichmaterials zurückzuführen. Ausdehnungsmessungen im
Temperaturbereich der Rekristallisation können zu merklichen Veränderungen der Probenabmessungen und damit ungenauen Meßergebnisser
führen. Als allgemeiner Standard sollte als Metall-Eichprobe entsprechend der DIN 51 045 Platin (99,999 %) eingesetzt werden, um
reproduzier- und vergleichbare Meßergebnisse zu erzielen.

1.   EINLEITUNG

Zur möglichst exakten Bestimmung der thermischen Ausdehnungskoeffizienten mit derzeit vielfach üblichen Dilatometern
mit mechanischer Kopplung (meist ein Quarz- oder ein Tonerde-Stab)
zwischen Probe und Meßsystem (1) sind Geräteeichungen anhand von
Eichproben mit "bekannten" Wärmeausdehnungskoeffizienten notwendig,
um die sog. "Korrekturfunktion des Gerätes" (1) zu ermitteln.
Neben der selbstverständlich notwendigen Einhaltung
stets gleichbleibender Untersuchungsparameter, wie z. B. Probenabmessungen, Temperaturänderungsgeschwindigkeit, Beginn und Ende
der Temperaturzyklen, Gasatmosphäre im Probenraum des Gerätes
etc., ist zu beachten, daß metallische Eichproben in Abhängigkeit
vom Ausgangszustand und der Höhe der Versuchstemperatur sowie
Dauer und Anzahl der Versuchszyklen Gefügeänderungen unterliegen
können, die die Werkstoffeigenschaften (Tabelle 1) und auch die
Probenabmessungen verändern und somit unterschiedliche Eichwerte
erbringen können.

Tabelle 1: Ermittelte Härtewerte nach Vickers (H_{V5}) von ver-
            wendeten Eichproben vor und nach den Eichversuchen

Material	Vickers-Härte H_{V5} (N/mm^2)	
	Ausgangszustand	nach 10 Messungen
Hütten-Al (>99,8 %)	174	164
Rein-Al (>99,99 %)	209	129
Elektrolyt-Cu (>99,99%)	702	390
Rein-Ni (>99,85 %)	773	664
Rein-Ti (>99,96 %)	1 717	1 589

2.   PROBLEMSTELLUNG

        Auf die Einflußnahme der Rekristallisation auf die
thermische Ausdehnung von Metallproben, also der Gefügeneubil-
dung während einer Wärmebehandlung bei Temperaturen oberhalb der
jeweils werkstoff- und werkstoffzustand-spezifischen Rekristal-
lisationsschwelle (2-4), wird bereits im Schrifttum (5) wie auch
in der "Dilatometer-Norm" (DIN 51 045) (1) hingewiesen. Problem-
spezifisch zielweisend führt die oben genannte Norm zur Dilatometereichung vor allem Platin (99,999% Pt) bis zu Temperaturen
von 1 000°C unter tabellarischer Auflistung der Ausdehnungs-Meß-
werte als geeignete Metall-Eichprobe an (1).
        Nachfolgend soll nun an Beispielen von Eichproben aus
Aluminium (99,8% und 99,99 % Al), Elektrolyt-Kupfer (99,99 %),
Nickel (99,85 %), Elektrolyt-Eisen, vakuumgeschmolzen,(99,9 %),
Titan (99,96 %) und Platin (99,999 %) (Tabelle 2) unter Benutzung
eines Netzsch-Vakuum-Hochtemperatur-Dilatometers, Typ 402 E
(Abb. 1), aufgezeigt werden, welche probenspezifischen Eichpro-
bleme auftreten können.

Tabelle 2: Reinheitsgrad und Hauptverunreinigungen der verwen-
            deten Eichmetalle

eingesetztes Metall	Reinheitsgrad	Hauptverunreinigungen (%) (Anlieferungszustand)
Hütten-Al	>99,8 %	0,1 Fe; 0,06 Si
Rein-Al	>99,99 %	je 0,001 Cu, Fe, Sn
Elektrolyt-Cu (Kathoden-Cu)	>99,99 %	0,0011; 0,0009 Zn; 0,0005 Ag; 0,0002 Sb; 0,0001 Pb;0,00006 Mn; 0,00005 Al
Mond-Ni (vak.-geschmolzen)	>99,85 %	0,1 Fe; 0,003 Cu; 0,01-0,04 C
Elektrolyt-Fe (vak.-geschmolzen)	>99,9 %	0,01 Mn; 0,003 P; 0,004 S; 0,002 Cu; 0,0025 O
Reinst-Ti	>99,96 %	0,005 Fe; 0,0015 Al; 0,0005 Sn; 0,0005 Mo; 0,0001 V; 0,0063 O; 0,0006 N; 0,0004 H
Rein-Pt	>99,999%	o. A.

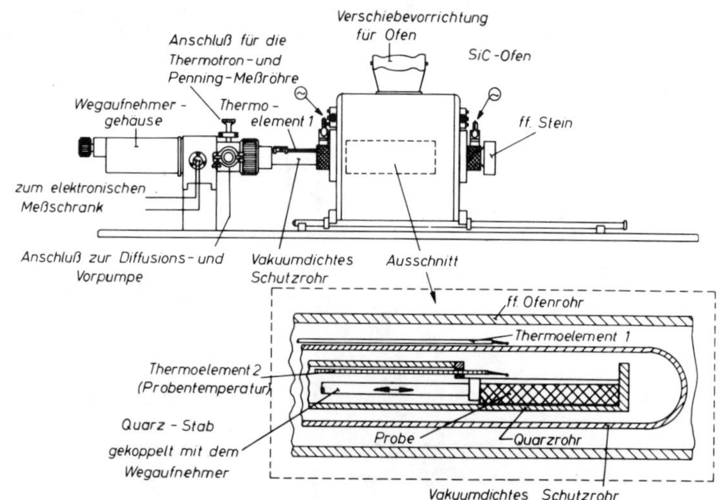

Abb. 1:   Apparaturschema des NETZSCH-Vakuum-Hochtemperatur-Dilatometers

3.   VERSUCHSERGEBNISSE

3.1   Probenmaterialien

Die Ausdehnungskurven der verwendeten Metall-Proben zeigt Abb. 2. Da der thermische Ausdehnungskoeffizient von Metallen zwischen dem absoluten Nullpunkt (-273°C) und der Schmelztemperatur etwa 7 % beträgt, steigt der mittlere lineare thermische Ausdehnungskoeffizient, $\bar{\alpha}_{T_1}^{T_2}$, in gleichen Temperaturbereichen im festen Zustand mit Abnahme der Schmelztemperatur von Platin bis zum Aluminium an (Tabelle 3 und Abb. 2).

Tabelle 3:   Schmelztemperaturen und mittlere lineare thermische Ausdehnungskoeffizienten (5,6) der verwendeten Eich-metalle

Metall	Schmelztemperatur (°C)	$\bar{\alpha}_{100}^{400}$ (°C^{-1}) $\cdot 10^6$
Al	660	26,41
Cu	1 083	18,16
Ni	1 453	15,7
Fe	1 536	14,27
Ti	1 665	9,7
Pt	1 769	9,54

Metalle mit temperaturabhängiger reversibler Kristall-gitterumwandlung (Fe, Ti) sollte man für Eichzwecke nur unterhalb der Umwandlungstemperaturen einsetzen.

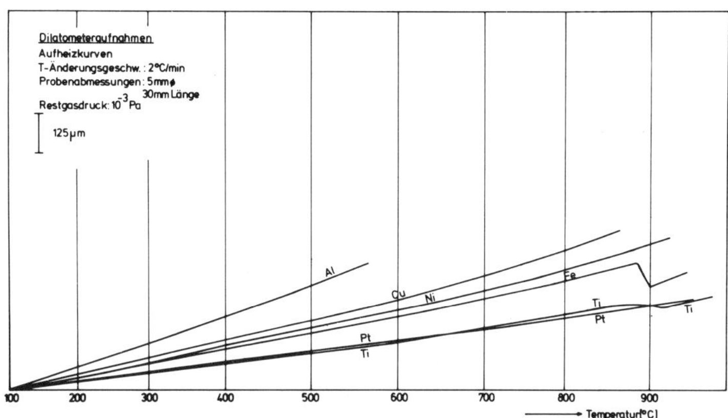

Abb. 2: Ausdehnungskurven der verwendeten Metall-Eichproben

3.2 Ermittlung der "Korrekturfunktion des Gerätes"

3.2.1 Einfluß des Eichproben-Materials

Ermittelt man die Korrekturfunktion des Dilatometers (1) anhand unterschiedlicher Metall-Eichproben, so erhält man stark unterschiedliche Ergebnisse (Abb. 3).

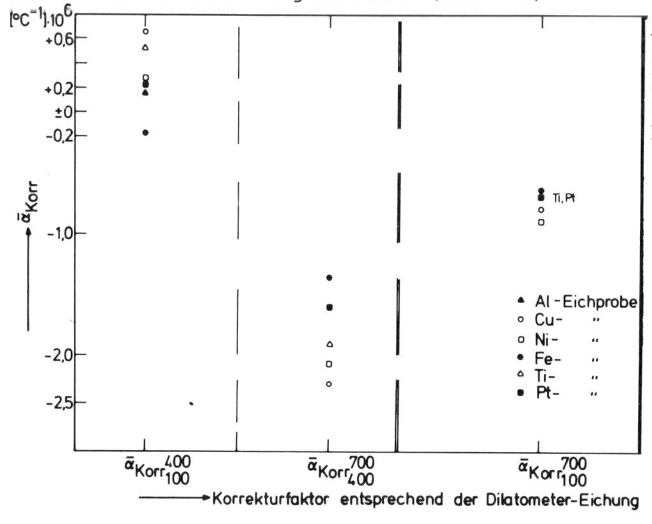

Abb.3: Ergebnisse der Dilatometer-Eichung bei Nutzung unterschiedlicher Eich-Metall-Proben

        Zwar kann die Reinheit des verwendeten Probenmaterials
von Einfluß sein (5), doch kann als Begründung für den erheblichen
Abweichungsgrad vor allem herangezogen werden, daß die vorliegenden Schrifttumsangaben zu den thermischen Ausdehnungskoeffizienten
(hier entnommen "Gmelins Handbuch der anorganischen Chemie"(5,6))
ungenau sind, so daß ein erheblicher Fehler über die Eichproben
in die "quantitativen" Messungen eingeschleppt werden kann, der
bereits die erforderlichen Fehlergrenzen der DIN 51 045 (1)
(Längenänderungsablesegenauigkeit : $\Delta(\Delta l) = 4 \cdot 10^{-5} \cdot l_0$) trotz
exakter Versuchsdurchführung bereits erreicht bzw. überschreitet.
        Obwohl für niedrige Temperaturbereiche niedrigschmel-
zende Metalle (z. B. Aluminium) höhere Meßwerte ergeben und damit
genauere Auswertung zulassen würden und damit zu exakteren Eich-
werten führen sollten, kann bei Nutzung von Metallproben allein
der allgemeinübliche Einsatz reinen Platins (99,999 % Pt) unter
Zugrundelegung der in DIN 51 045 angeführten thermischen Aus-
dehnungsdaten zu vergleichbaren und reproduzierbaren Meßergeb-
nissen bis zu 1 000°C führen und sollte allgemeiner Standard sein.

3.2.2   Einfluß der Rekristallisation

        Rekristallisation, die bei metallischen Proben in Ab-
hängigkeit vom Material sowie auch des Materialzustandes bei
unterschiedlich hohen Temperaturen einsetzt (2-4), kann die Werk-
stoffabmessungen infolge Kornneubildung bzw. vor allem Kornwachs-
tum (Großkornbildung) im Bereich der sekundären Rekristallisation
merklich beeinflussen (Abb. 4), wobei die kaum reproduzierbare
Längenänderung, Ausdehnung oder Schrumpfung, oft ungleichmäßig
über den Materialquerschnitt bis zu Zehntel mm bei einer 30 mm
langen Probe betragen kann.

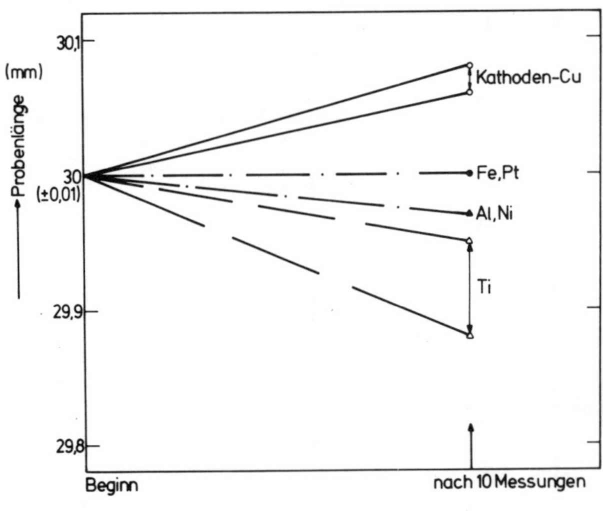

Abb.4:   Ermittelte Änderung der Probenlänge bei unterschiedlichen Metallen nach 10 Dilatometer-Messungen (Wärmebehandlungen)

Bei Aluminium bleibt bei geringer Rekristallisation der Probe das Gefüge nach 10 Temperaturzyklen (1°C/min) bis zu 450°C im Vergleich zum Ausgangszustand nahezu gleich, und es tritt kaum eine Probenlängenänderung (Abb. 5) auf. Elektrolytkupfer mit bevorzugt orientierter und stark ungleichmäßiger Gefügeausbildung weist nach 10 Temperaturzyklen bis zu 900°C erhebliche Rekristallisation auf mit, entsprechend dem Ausgangsgefüge, stark ungleichmäßiger Korngröße (Abb. 6), was nicht unerhebliche Änderungen der Probenabmessungen und damit der ermittelten thermischen Ausdehnungswerte zur Folge hat (Abb. 4 und 8).

Bei Titan, das starke Rekristallisationsneigung aufweist, sind die Probenveränderungen durch Rekristallisation bereits augenscheinlich (Abb. 7).

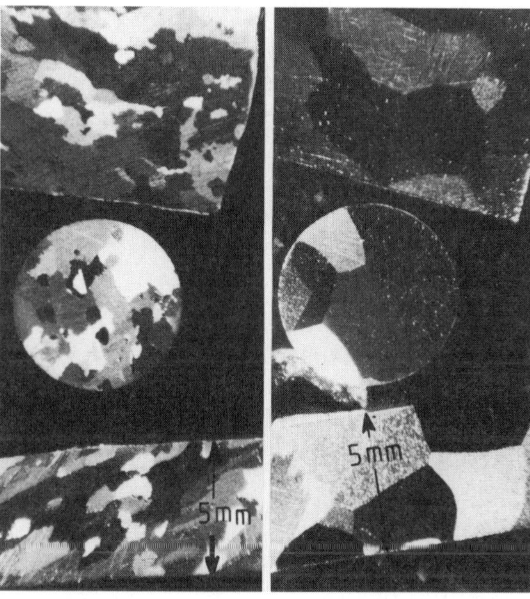

Abb. 5: Gefüge der verwendeten
Al-Eichproben:
links: Al (99,8 %)
rechts:Al (99,99 %)

oben: Ausgangszustand
darunter: Quer- und Längs-
schliff der Probe nach 10
Temperaturzyklen ($\leqq$ 450°C)

Die vormals glatte und polierte Probe ist nach 10 Temperaturzyklen bis zu 900°C stark wellig geworden, die Probenabmessungen weisen erhebliche Änderungen auf, und die ermittelten thermischen Ausdehungswerte sind uneinheitlich.

3.2.3   Einfluß des Proben-Bearbeitungszustandes

Vor allem spanabhebend bzw. unter Aufwand von Druck- oder Zugkräften hergestellte Proben weisen nicht reproduzierbare innere Spannungszustände auf. Dies kann zu Meßfehlern bei der ersten Dilatometermessung führen (1) (Abb. 8), was durch Gasgehalte im Ungleichgewicht noch verstärkt werden kann (5).

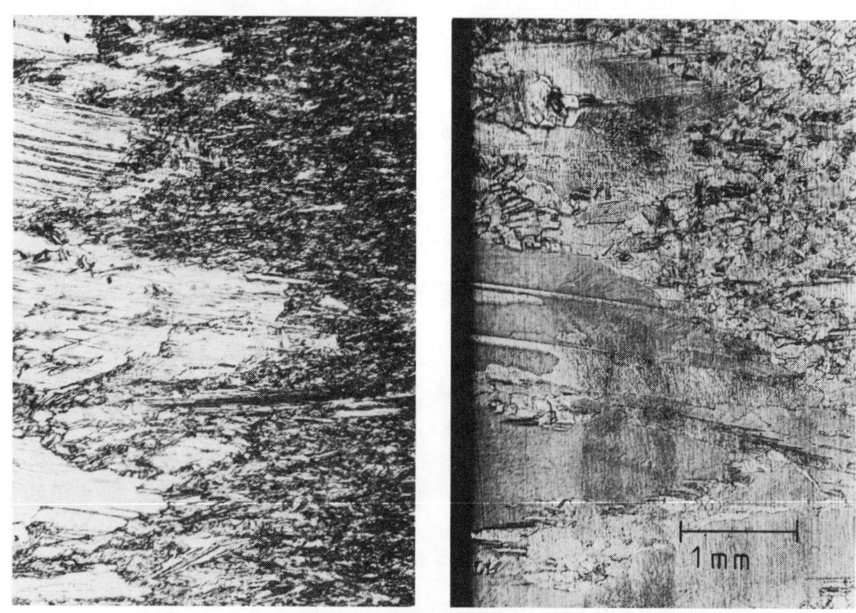

Abb. 6: Gefügezustand der Elektrolytkupfer-Probe

links: Ausgangszustand
rechts:nach 10 Temperaturzyklen ($\leqq$ 900°C)

TITAN
>99,96 % Ti

DILATOMETER - UNTERSUCHUNGEN: R.T. bis 900°C

A)vor den Versuchen: B)nach je 10 Temperaturzyklen (1°C/min)

30mm   29,88 bis   29,93 bis
            29,95 mm   29,96 mm

Abb.7: Erschei-
nungsbild der
Titan-Eichproben

links:Ausgangs-
        zustand

rechts: zwei
Proben nach je-
weils 10 Tempe-
raturzyklen
($\leqq$ 9oo°C)

Eine vorgeschaltete Wärmebehandlung im Bereich des Spannungsfrei-
glühens (7), was auch im Dilatometer selbst bei entsprechendem
Temperaturprogramm erfolgen kann, beseitigt diese Fehleinflüsse.

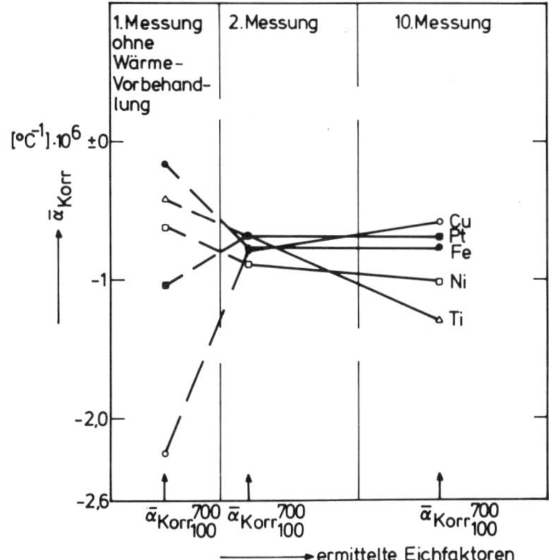

Abb. 8: Einfluß der Wärmevor-
behandlung sowie Anzahl der
Versuche (evtl. Rekristal-
lisationsvorgänge) auf die
ermittelten Geräte-Eichwerte
bei unterschiedlichen Eich-
Materialien

4.   SCHLUSSFOLGERUNG

        Als Eichproben sollten möglichst reine Metallproben
eines weitgehend "inerten", texturfreien, rekristallisations-re-
sistenten Materials von möglichst kubischer Kristallstruktur
(Isotropie) im zuvor spannungsfrei geglühten Zustand eingesetzt
werden. Um die Probleme der Exaktheit der im Schrifttum angeführten thermischen Ausdehnungskoeffizienten für die Eichproben
zu umgehen, sollte als Metall-Eich-Probe, dem Vorschlag der DIN
51 045 entsprechend, allgemeinüblich eine massive vergossene,
spannungsfrei geglühte Platin-Probe im Temperaturbereich bis zu
1 000°C Anwendung finden.

5.   SCHRIFTTUMSVERZEICHNIS

1. Deutsche Norm DIN 51 045
   "Bestimmung der Längenänderung fester Körper unter Wärme-
   einwirkung" (Oktober 1976)

2. "Verformung und Rekristallisation"
   Ed.: Deutsche Gesellschaft für Metallkunde, Oberursel 1973

3. Haessner, F.;
   "Recrystallization of Metallic Materials"
   Ed.: Dr. Riederer-Verlag GmbH, Stuttgart 1978

4. Lücke, K.;
   Material Science and Engineering 25 (1976), S. 152 - 158
   "Recrystallization"

5. Gmelins Handbuch der anorganischen Chemie, 8. Auflage
   Nickel, Teil A II, Lieferung 1, System-Nr. 57
   Ed.: Verlag Chemie GmbH, Weinheim (1967), S. 297 - 300

6. Gmelins Handbuch der anorganischen Chemie, 8. Auflage

   a) Eisen, Teil A II, System-Nr. 59
      Ed.: Verlag Chemie GmbH, Berlin (1934 - 1939),
      S. 1646 - 1649

   b) Aluminium, Teil A, Lieferung 1, System-Nr. 35
      Ed.: Verlag Chemie GmbH, Berlin (1934), S. 221 - 225

   c) Platin, Teil B, System-Nr. 68
      Ed.: Verlag Chemie GmbH, Berlin (1942) S. 29 - 34

   d) Titan, System-Nr.: 41
      Ed.: Verlag Chemie GmbH, Weinheim (1951) S. 156 - 158

   e) Kupfer, Teil A, System-Nr. 60
      Ed.: Verlag Chemie GmbH, Weinheim (1955), S. 937 - 941

7. "Wärmebehandlung"
   Ed.: Deutsche Gesellschaft für Metallkunde, Oberursel 1973

4
Industrielle Anwendungen

A STUDY OF PARTICULATES OF ENVIRONMENTAL INTEREST BY DIFFERENTIAL THERMAL ANALYSIS

Oscar Menis and J. A. Mackey
National Bureau of Standards
Washington, D.C.   20234

and

P. D. Garn
University of Akron
Akron, Ohio   44325

In this presentation we describe our current progress using thermoanalytical methods to study particulates of interest in environmental problems. The topics included are: (1) differential thermal analysis (DTA) of current NBS Standard Reference Material (SRM) 1645, River Sediment and NBS SRM 1648, Urban Particulate Matter [1]; (2) studies of a suitable crystalline silica (α-quartz and cristobalite) as a potential SRM; (3) preparation of mixtures of chrysotile asbestos and quartz in a suitable matrix, and (4) a modified DTA apparatus including a design of a DTA cell for rapid sample changing and operation under regulated steam pressure.

Prior to the report on the development in the thermoanalytical studies of particulates as potential standard reference materials, a current update of the modifications in our DTA apparatus will be presented. In the block diagram shown in Figure 1, the arrangement of the various components is presented. The new additions to the previously described parts [2] include: (1) a steam pressure regulator described by Garn [3]; (2) a newly designed DTA cell; (3) digital readouts for ΔT and T thermocouples; (4) a microcomputer system.

The DTA cell whose diagram is shown in Figure 2 was designed to have easily demountable ΔT thermocouples. The demountable thermocouples can be loaded with a sample outside the cell by means of a small die-press so that good contact between the sample and the thermocouple can be attained. The sample and reference ΔT thermocouples are inside a nickel cylindrical cavity topped by a cover. A smooth flow of steam is assured via the pinholes around the circumference of the cover. In addition, a capillary exit tube at the base of the cell with a <0.1 mm orifice prevents a buildup of pressure in the cell by leaking it to the outside system. The cell is enclosed in a quartz cover. Once the furnace is brought up to a temperature above the boiling point of water, water is introduced under controlled nitrogen pressure with the aid of regulators and gauges; steam is generated from the water entering at the bottom of the cell.

Another area of environmental interest which needs further study, in order to provide appropriate SRM's, is the respirable fraction of industrial dust, such as crystaline silica (α-quartz and cristobalite) and asbestos fibers (chrysotile). In the case of crystaline silica, in the respirable size range (1-3 μ), appropriate standards are needed to resolve the differences between methods commonly used for these determinations, namely: optical, chemical, x-ray, and DTA. References from the literature point out the controversial nature of the effect of particle size on peak area value [5]. Commercial preparations of particles of α-quartz below 5 μ may have become amorphous during the grinding process. Previously we have shown [6] that under steam at temperatures above 1000 °C some of the crystallinity could be restored. Current studies at 600-700 °C are summarized in Table 1. It is evident that in the case of particles <5 μ no observable change is noted. This may be due to the excessive grinding. In this case, DTA measurement of the α-β transition is not changed even after treatment and elevated steam temperature. With larger particles, 30 μ, some crystallinity is restored as shown in the table. Future efforts need to be concentrated in preparing 1-3 μ particles without loss of α-quartz chrystallinity.

We have also continued our DTA studies in the area of chrysotile asbestos fibers, another well recognized health hazard. The current methods of measurement of asbestos fibers, i.e., optical microscopy, transmission electron microscopy in conjunction with electron diffraction and x-rays have certain advantages as well as limitations. It is beyond the scope of this presentation to discuss the relative merits of the various methods. We have concentrated our efforts in two areas of interest. First, in the development of sensitive DTA <u>survey</u> instrument and second, in the development of potential standards in appropriate matrices.

We are continuing to report on the progress [2] with two techniques; one involving dry mixing in a ball mill and the other mixing with a magnetic stirrer in a liquid medium. In the ball mill mixing studies α-quartz was added to serve as an internal standard. This provided the means of correcting any deviations in the peak area factors for chrysotile due to the variations in the positioning of the sample cups in the differential ring type thermocouples.

Two types of diluents were tested, an inert barium carbonate (NBS-ICTA GM 760) and "active" flint clay (NBS SRM 97a). The first one was added to test the homogeneity of the preparation by dry mixing. Various dilutions with inert materials were tested both by chemical analyses and

The other new component, the digital ΔT and T readouts are interfaced to the microcomputer. Our microcomputer, containing a microprocessor, has 48K bytes of memory which can be expanded to 64K. The Basic language storage occupies 12K. The computer utilizes a floppy disk system. Each disk is capable of storing 80K bytes of information. It is also connected to a CRT display. Its x and y scales provide 256x256 dots. The software provides for data acquisition in which several ΔT values are averaged for a given single T point. In the graphic and calculation programs one has a choice in selecting the area of interest in the general curve, and then expanding it. To achieve optimum precision we selected the best value of the baseline by using up to 10 points on each side of the peak. The net area is then computed from the derived data.

In the area of Standard Reference Materials, two NBS certified particulate materials, River Sediment-SRM 1645 and Urban Particulate Matter SRM 1648 are intended for use in the calibration of instruments designed to analyze materials with matrices similar to these SRM's. We examined these SRM's by DTA to explore their potentialities as reference materials for thermal methods. These are real samples, as compared to synthetic mixtures and therefore should be more useful. Dr. H. L. Rook supervised the collection, freeze-drying and homogenizing of this SRM which was dredged from a harbor canal. The urban particulate matter, from an industrial area, was collected over a period of 12 months and sieved and bottled under Mr. J. W. Matwey's supervision. Only elements which have been analyzed by independent or reference methods have been certified. The "oil wax" fraction value analyzed by a single procedure (4) is given for "information purposes" only. As shown in our DTA study in Figure 3a there is the exothermic maximum at 349 °C. There are also small exothermic peaks at higher temperatures from the decomposition of inorganic carbonates and sulfates. One can note also the presence of α-quartz from its transition peak at 568°C. In Figure 3b is shown the residue background after the initial run. Figure 3c shows the thermal curve of "oil", the freon extracted fraction, recombined with the sediment which went through thermal pyrolysis. In Figure 4 the sample is shown after extraction by the Freon method (4) and it still exhibits a residual exothermic peak, which may indicate incomplete extraction.

Similar results were obtained with urban particulate dust as shown in Figure 5. The endothermic peaks at $\sim$80, 135, and 162 °C can provide clues of potential sources of organic contaminants. (Extraction with Freon also confirmed an organic fraction). Based on such indications more specific gas effluent analyses could be used to identify the chemical composition of these environmental pollutants.

DTA. The data are presented in Tables II-IV. In Table II are shown the results of a homogeneity study of the BaCO$_3$ mixture based on an independent chemical analysis of magnesium. Thus an overall precision of 1-9% was established with an average error of less than 4% relative standard deviation. In Table III the data with DTA are given and one can note the average peak area factor of quartz which can be used in other tests to provide normalized values for chrysotile. In Table IV as little as 3 µg of chrysotile is incorporated with a 20,000 to 1 ratio of BaCO$_3$ with less than 30% relative standard deviation. These are actual PAF values rather than extrapolated values and reflect the true sensitivity and precision of the method. In Table V data are presented for a matrix using the second diluent, which releases hydroxyl ions and provides the additional over-pressure to accentuate the dehydroxylation endotherm of chrysotile. As predicted, the chrysotile peak is enhanced [5]. One can take advantage of this effect by adding an excess amount of clay to the sample to produce a "buffering" effect on the actual sample composition variation of a real environmental sample.

The second approach of preparing a suitable material for certification of SRM chrysotile asbestos involved the preparation of standard samples by dispersion of the fibers in aqueous media. Aliquots of this suspension were then filtered through 13 mm silver filters with 0.8 µ porosity. These filters presented an appropriate filtering media for both DTA and x-ray diffraction measurements. For example, in DTA they provide good thermal conductivity and relatively low heat capacity. The data for studies of dispersion involving 4 hours of wet mixing by magnetic stirrers followed by pipetting of 1.0 and 0.1 mL aliquots respectively are shown in Table VI. In current preliminary studies with <10 µg samples, indications are that similar precision can be attained.

Finally tests were carried out to evaluate the operation of the new DTA cell under controlled steam pressure. In Figure 6 we show quartz and chrysotile peaks without water vapor externally supplied.

The curve in Figure 7 shows the sharpened chrysotile peak under one atmosphere of steam after some correction of transients in ΔT. Modifications are in progress to eliminate these transients.

In conclusion, in our presentation we tried to indicate the usefulness of the DTA approach as a means of surveying samples of particulates which may indicate hazardous health conditions. Also we have described the progress being made in preparing needed SRM's in the area of environmental interest.

References

1. Available through the NBS Office of Standard
    Reference Materials, Washington, D. C. 20234.

2. O. Menis, J. Mackey, and P. D. Garn, Conference
    Proceedings, 4th Joint Conference of Sensing
    Environmental Pollutants, 1977, p. 899, ACS, 1155
    Sixteenth St., N. W., Washington, D. C. 20036.

3. P. D. Garn, Rev. of Sci. Inst. 44, 231 (1973).

4. Standard Methods for the Examination of Water
    and Waste Water, 14th Edition (1953) Sect. 502,
    p. 516, American Public Health Association,
    Washington, D. C. 20036.

5. "Differential Thermal Analysis" Ed. by
    R. C. MacKenzie, Academic Press, 1970, p. 485.

6. O. Menis, P. D. Garn, and B. I. Diamondstone,
    Proceedings of the Fourth International Conference
    on Thermal Analysis, Ed. by I. Buzas, Akademia
    KIADO, Budapest, 1975, pps. 127-139.

Table I

Effect of Steam Treatment (at 700 °C) on the DTA Measurement

of the α-β Transition of a Commercial Quartz

Product[a] (μ)	Wt. (mg)	Steam[b]	Baseline[c] (°C)	$1/mg\Sigma\Delta T$[d] (x10³)	Percent Difference from Standard[e]
ICTA-NBS GM759	0.138	No	563-568	6.10	---
ICTA-NBS GM759	0.138	No	563-568	6.26	---
5[f]	0.128	No	563-572	3.37	-45
5[f]	0.129	Yes	563-572	3.14	-49
30[f]	0.135	No	565-572	3.87	-37
30[f]	0.134	Yes	563-572	4.92	-20
BQ <40[g]	0.112	No	563-572	5.66	- 8

[a]Type of crystalline silica, no other impurities by x-ray diffraction.

[b]Treatment of sample in steam at ~700 °C for 72 hrs.

[c]Temperature spread of baseline over which the endotherm is integrated.

[d]Area of endotherm as a sum of all the ΔT values over the baseline range divided by weight of sample.

[e]Percent difference in area/mg from the SRM ICTA-NBS-GM 759.

[f]Commercial source of given particle size of SiO_2.

[g]Brazilian quartz wet ground to <40 μ size.

Table II

Homogeneity Study by Spectrophotometric Analysis for Magnesium

Sample (mg)	Absorbancy	Asbestos Present (μg)	Asbestos Found (μg)	Difference	Percent Difference
5.13	0.196	112	111	1.14	1
5.05	0.195	111	111	0.02	0.0
4.82	0.169	106	96	10.06	9.5
5.42	0.200	119	114	5.28	4.4

Overall % Difference: 3.7%

Table III

Homogeneity Study: Ball Mill Mixture in $BaCO_3$

DTA Measurements

Mixture (mg)	Materials (mg) Chrysotile	Quartz	P.A.F.[a] $(cm^2/mg)(x10^3)$ Chrysotile	Quartz	Ratio Chrysotile/Quartz
5.6	0.123	0.589	1269	32	40
5.2	0.114	0.548	1225	36	34
5.0	0.109	0.523	1304	33	40
5.8	0.127	0.607	1005	34	30
4.9	0.108	0.518	1117	33	34
5.7	0.125	0.600	1236	36	34
Average			1193	34	35
Standard Deviation			111	2	4
% Relative Standard Deviation			9	5	11

[a]P.A.F. is Peak Area Factor. 1 cm^2 = 0.33 degree seconds.

Table IV

Sensitivity Study: Dilution with 20 mg of $BaCO_3$

Sample No.	Materials (mg) Chrysotile	Quartz	P.A.F.[a] $(cm^2/mg)(x10^3)$ Chrysotile	Quartz	Ratio Chrysotile/Quartz
I	0.022	0.107	873	31	28
II	0.012	0.057	699	45	16
III	0.011	0.054	1012	37	27
IV	0.006	0.027	469	35	13
V	0.003	0.014	652	24	28
Average			740	35	22
Standard Deviation			208	8	7
% Relative Deviation			28	23	33

[a]P.A.F. is Peak Area Factor. Sensitivity 2.5 µV; 1 cm^2 = 0.033 degree seconds.

Table V

Effect of Self-Generated Atmosphere from Decompositon of Flint Clay

(NBS SRM 97a)

Flint Clay (mg)	Materials (mg) Chrysotile	Quartz	P.A.F.[a] $(cm^2/mg)(x10^3)$ Chrysotile	Quartz	Ratio Chrysotile/Quartz
0.360	0.004	0.115	2800	36	77
0.273	0.005	0.139	1746	39	45
0.398	0.005	0.150	2780	35	79
0.196	0.008	0.113	1617	38	43
Average			2236	37	61
Standard Deviation			642	2	20
% Relative Standard Deviation			29	4	32

[a]Components weighed and mixed individually.

[b]P.A.F. is Peak Area Factor. Sensitivity 2.5 μV; 1 cm^2 = 0.033 degree seconds.

Table VI

Dispersion Studies: ∿1 mg/mL Chrysotile in H_2O

(Filtered through Silver Membrane Filters)

Sample No.	Aliquot, mL	P.A.F. $(x10^3)$	$\overline{X}$, Std. Dev., % RSD
1	1	12.79	12.41
2	1	12.71	0.6
3	1	11.73	4.8
	Average	12.41	
4	0.1	8.17	8.0
5	0.1	7.83	0.2
6	0.1	7.99	2.1
	Average	8.0	
% Relative Standard Deviation		2.1	

PAF ≅ Peak Area Factor ≅ $\dfrac{\text{Area of Peak}}{Wt}$

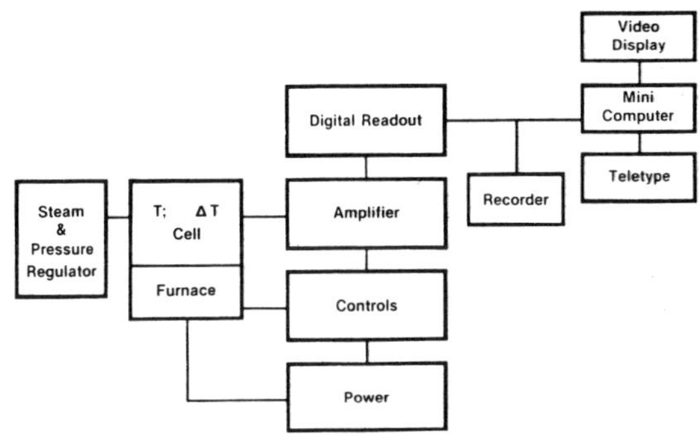

Fig. 1   Block diagram of the DTA apparatus with its auxiliaries.

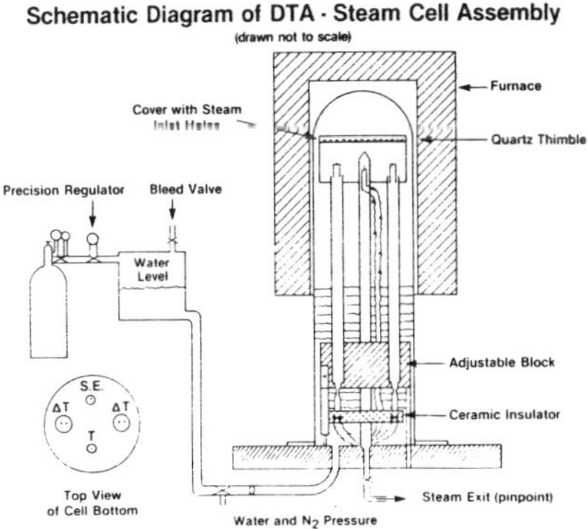

Fig. 2   DTA Cell with demountable thermocouples and for operation under

steam pressure.

Fig. 3a   DTA curve of River Sediment.

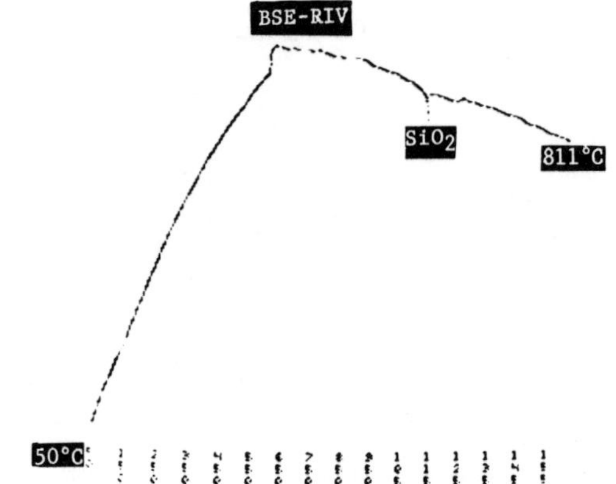

Fig. 3b   Background after the thermal run.

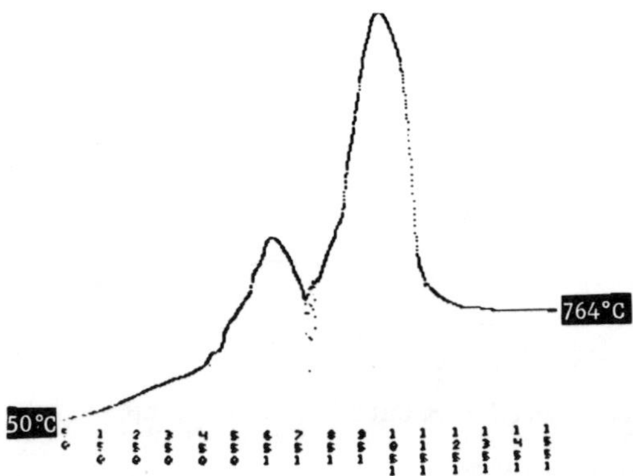

Fig. 3c   Exothermic peaks from "oil" residue in River Sediment.

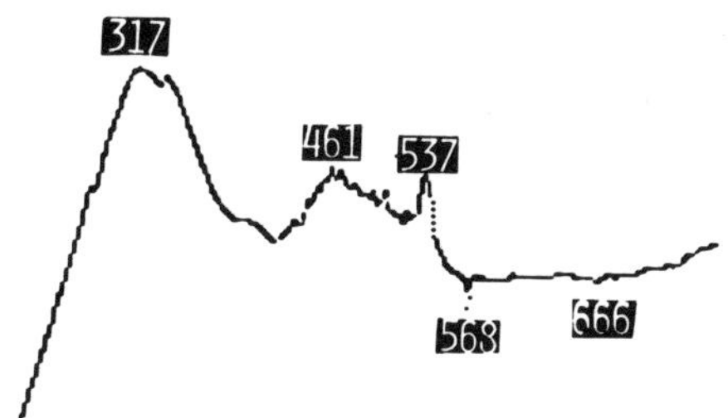

Fig. 4   Residual exothermic peak in River Sediment after extraction
with freon.

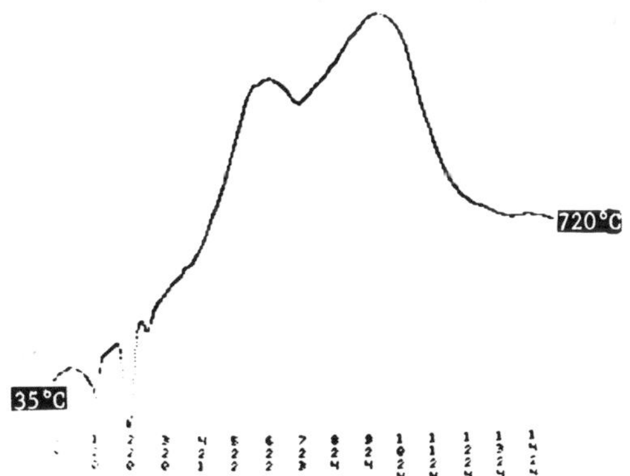

Fig. 5   Endothermic and exothermic peaks from organic matter and oil from
urban particulate dust.

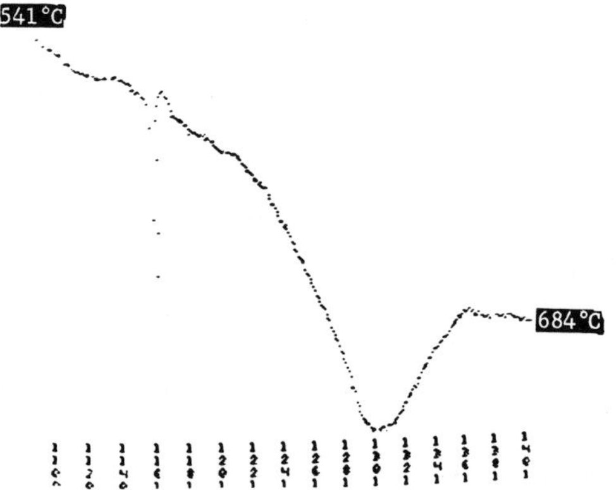

Fig. 6   The α-β transition of quartz and chrysotile asbestos without steam.

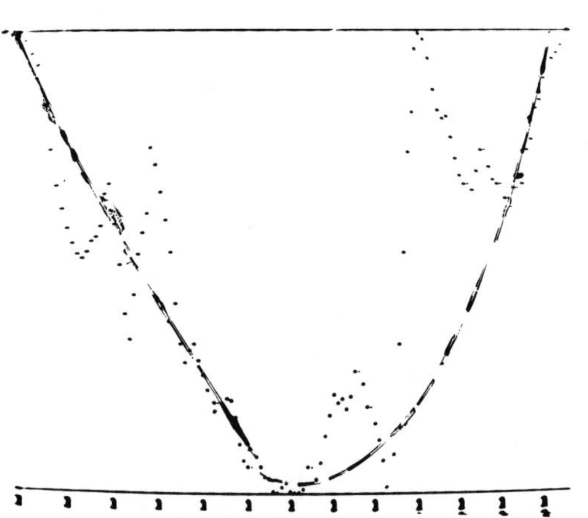

Fig. 7   The dehydroxylation endotherm after correction from the fluctuation
of steam pressure producing the "noise" effect.

SICHERHEITSTECHNISCHE UNTERSUCHUNGEN MIT DER DTA

Günter Hentze
IN AP VT 5, Bayer AG, Leverkusen

Mit Hilfe der Differenzthermoanalyse, in Verbindung mit der Temperung
von Proben der zu untersuchenden Produkte, können sicherheitstechnisch
verwendbare Untersuchungen durchgeführt werden. Mit einer solchen
Methode kann, durch Vergleich von Untersuchungen an getemperten Proben
mit Messungen an ungetemperten Proben eines Produktes, festgestellt
werden, ob bei einer definierten thermischen Belastung durch ein bestimmtes Verfahren bei der Herstellung eines Produktes in der chemischen Industrie, wenn nötig unter Beimischung von Katalysatoren oder
eventuell katalytisch wirkenden Behältermaterialien, Zersetzungser-
scheinungen auftreten.

Weiterhin ist es möglich, allgemeinere reaktionskinetische Untersuchungen ebenfalls durch Temperungen bei verschiedenen Temperaturen
oder Zeiten durchzuführen, um die Zersetzungsrate eines Produktes
oder seine autokatalytische Empfindlichkeit zu bestimmen und danach
ein Herstellungsverfahren einzurichten.

Im allgemeinsten Fall wird die für die Sicherheitstechnik interessierende tiefste Temperatur des Zersetzungsbeginns durch die Langzeit-
Differenzthermoanalyse mit Heizraten bis herunter zu $0,01\,^{\circ}\mathrm{C}\cdot\mathrm{min}^{-1}$
bestimmt. Die bei diesen Untersuchungen erzielten Ergebnisse wurden
mit den bisher angewendeten Methoden verglichen und dabei die Brauch-
barkeit der mit Temperungen verknüpften DTA und der Langzeit-DTA für
sicherheitstechnische Prüfungen nachgewiesen.

Literatur:

G. Hentze, Thermochimica Acta 20 (1977) 27-30

TECHNISCHES REAKTIONSKALORIMETER

Tomas Kupr, Ludwig Hub
Sandoz AG
Chemische Entwicklung Pharma, Lichtstrasse 35
4002 Basel

Für das Beherrschen der chemischen Reaktionen muss unter betriebsähnlichen Bedingungen die Reaktionswärme und deren zeitlicher Ablauf bekannt sein. Weiter müssen genügend Angaben über die Leistung der Kühlsysteme vorhanden sein, inkl. die Wärmeübertragungskoeffizienten für das spezifische Reaktionstemisch, oft auch als Funktion der Zusammensetzung und der Temperatur. Diese Informationen können teilweise aus verschiedenen Quellen beschafft werden.

Die üblichen Informationsquellen sind:
- Literaturangaben über Reaktionswärmen oder Verbrennungswärmen von Ausgangsstoffen und Endprodukten
- Differential Scanning Calorimeter oder Differential Thermoanalysis
- Adiabatische Kalorimeter
- Durchflusskalorimeter.

Die aufgezählten Messmethoden haben eine gemeinsame Eigenschaft:
Die Durchführung der Reaktion muss dem Apparat mehr oder weniger angepasst werden. Bei manchen Geräten werden sogar die Messbedingungen durch die Methode definiert (z.B. DSC, DTA).

Für eine zuverlässige Messung komplizierterer chemischer Prozesse ist es notwendig, so eine Apparatur zu haben, bei welcher die Messmethode für die Durchführung der Reaktion keine Einschränkung verlangt. Das technische Reaktionskalorimeter wurde deshalb so konzipiert, dass alle Funktionen der gewöhnlichen Labor- oder Betriebsapparatur auch im Kalorimeter erfüllt werden können.

Im besonderen müssen folgende Merkmale vorhanden sein:
- Möglichkeit der Zugabe von weiteren Komponenten auch während der Reaktion
- Intensives Rühren mit allen üblichen Rührtypen
- Genaue Temperaturregelung bei isothermen Messungen oder bei programmierter Temperaturregelung
- Durchführung der Reaktionen unter Rückflusskochen, wobei die thermischen Prozesse im Rückflusskühler berücksichtigt werden
- Probenahme und Kontrolle von verschiedenen Reaktionsparametern (z.B. pH, Leitfähigkeit).

Die gewonnenen Resultate stellen eine Summe von thermischen Auswirkungen aller chemischen und physikalischen Vorgänge dar, die sich im Reaktionskolben abspielen. Das Kalorimeter liefert also die totale freigegebene, bzw. verbrauchte Wärmemenge und deren zeitliche Entwicklung. Dank den ausgearbeiteten Korrekturen ist die dynamische Wiedergabe in einem breiten Bereich sehr gut. Es ist deshalb möglich die Resultate direkt z.B. für thermokinetische Studien zu verwenden.

Messprinzip: Die Berechnung der Wärmeentwicklung erfolgt nach der Gleichung:

$$\dot{Q} = -G_b C_b \, (T_{be}-T_{ba}) \; -G_k C_k \, (T_{ke}-T_{ka}) \; + \; V_i \varrho_i C_i \, \frac{dT_i}{dt} \; +$$

$$V_b \varrho_b C_b \, \frac{dT_{ba}}{dt}$$

Für die Genauigkeit, die bei den Messungen für Engineering-Zwecke verlangt wird, ist es ausreichend, nur die Temperaturen zu messen und die restlichen Parameter als Konstante zu betrachten.

Die Widerstandsthermometer, die in den Vor- und Rücklaufleitungen der Kühlkreisläufe eingebaut sind, wurden jeweils in Serie geschaltet. Also T_{be} mit T_{ke} und T_{ba} mit T_{ka}. Der Durchfluss im Kühler wird so eingestellt, dass das Produkt $G_b C_b$ gleich $G_k C_k$ ist:

$$G_b C_b = G_k C_k$$

Die Wärmebilanzgleichung reduziert sich dann auf:

$$\dot{Q} = -G_b C_b ((T_{be} + T_{ke}) - (T_{ba} + T_{ka})) + V_i \varrho_i C_i \, \frac{dT_i}{dt} \; +$$

$$V_b \varrho_b C_b \, \frac{dT_{ba}}{dt}$$

Bild 1 zeigt das Blockdiagramm des elektronischen Teils.

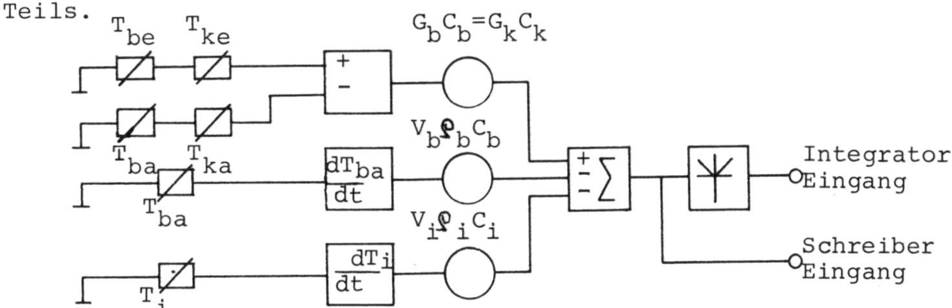

Am Ausgang der Elektronik steht das der Reaktionswärme proportionale Signal zur Verfügung. Das Signal wird mit einem Schreiber registriert. Die total freigegebene Wärme wird durch Integrieren der Wärmeleistung über entsprechende Zeit erhalten.

AUFBAU DES KALORIMETERS

Apparativer Teil

Als Reaktionsgefäss wird ein Glaskolben mit 1 1-Inhalt verwendet. Der Reaktionskolben ist mit zwei Mänteln versehen. Der innere Mantel wird mit einem Heiz-/Kühlmedium durchströmt. Der äussere Mantel ist evakuiert und dient als Wärmeisolation. Das Bodenauslassventil ermöglicht ein bequemes Entleeren des Reaktionskolbens. Auf dem Deckel befinden sich mehrere Stutzen. Es ist also möglich mehrere Reaktionspartner gleichzeitig zuzugeben und noch verschiedene Reaktionsparameter (z.B. pH, Leitfähigkeit usw.) zu messen. Das Auswechseln von Rührern ist einfach. Es können verschiedene Rührertypen (z.B. Anker-, Impeller-, Propellerrührer) verwendet werden.
Das Reaktionsgefäss ist an ein Heiz-/Kühlsystem angeschlossen (Bild 2)

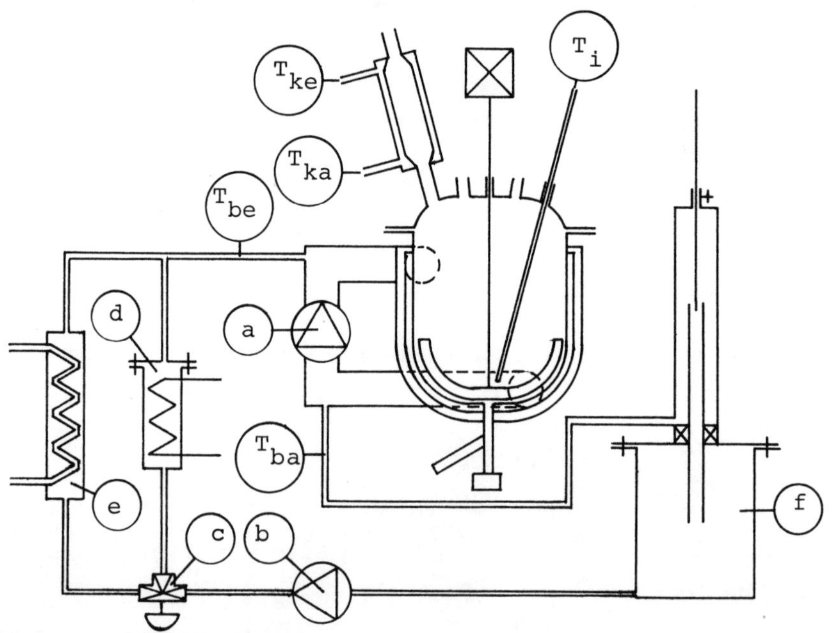

Bild 2: a- Zentrifugalpumpe, b- Zahnradpumpe, c- Regelventil,
d- Durchflussheizung, e- Wärmeaustauscher,
f- Ueberlaufgefäss

Als Wärmeträger dient Silikonöl. Die Zentrifugalpumpe dient dem
schnellen Umwälzen des Wärmeträgers im Mantel des Reaktionsgefässes und hilft damit einen besseren Wärmeübergangskoeffi-
zienten zu erreichen. Die Präzisionszahnradpumpe sorgt für den
konstanten Durchfluss des Wärmeträgers.
        Das Regelventil und die Durchflussheizung mit sehr
kleinen Zeitkonstanten sind an einen Kaskadentemperaturregler
angeschlossen. Das Wärmeträgeröl wird vom Ventil durch die
Durchflussheizung oder durch den Wärmeaustauscher geschickt.
Dieses System ermöglicht eine sehr schnelle Temperaturregelung
und dadurch das Erreichen eines praktisch isothermen Ablaufes
auch bei schnellen Reaktionen. Alle Temperaturen werden mit
Widerstandsthermometern gemessen.

Elektronischer Teil

Temperaturregelung

        Ein Kaskadenregler mit einem Ausgang für die Regelung
des Ventils und einem Phasenanschnittstellglied für die Ansteue-
rung der Durchflussheizung.

Auswertung

        Die Temperaturen werden in den Vor- und Rücklauflei-
tungen des Heiz-/Kühlsystems und des Rückflusskühlers gemessen.
Die Korrekturen für die Wärmekapazität des Reaktionsgefässes
und des Inhaltes wurden digital eingegeben. Die Berechnung der
Wärmeentwicklung erfolgt nach der oben beschriebenen Gleichung.
Die berechnete Wärmeleistung, die Innentemperatur und die Man-
teltemperatur werden mit einem Mehrkanalschreiber registriert.
Das Wärmeleistungssignal wird auch noch integriert und das Integral ausgedruckt.
        Für die Eichung des Gerätes steht ein Leistungsregler
zur Verfügung.

Beispiele des Kalorimetereinsatzes

Reaktion eines Ketons mit Natriumborhydrid

        Nach der Vorschrift wird das Keton vorgelegt und Na-
triumborhydrid in fester Form auf einmal zugegeben. Die Reaktion setzt sofort ein und verläuft exotherm. Abzuklären ist:
        Wie gross ist die Reaktionswärme, welche maximale mo-
mentane Wärmeentwicklung ist bei isothermer Arbeitsweise zu erwarten, wie lange ist die Reaktionsdauer. Um die Reaktion in
einem Betriebsreaktor unter isothermen Bedingungen durchführen
zu können, muss die Kühlkapazität des Reaktors bei der Reak-

tionstemperatur höher liegen als die maximale Wärmeleistung der
Reaktion. Die Reaktion wurde bei 50° C und 60° C ausgemessen.
Die Resultate der kalorimetrischen Messungen sind im Bild 3
wiedergegeben. Die Kurven a und b stellen den Verlauf der Reaktion bei zwei verschiedenen Temperaturen, 50° C und 60° C dar.
Die freigegebene Wärmemenge ist bei beiden Versuchen gleich.
Die Reaktionsgeschwindigkeit ist relativ hoch, dementsprechend
ist auch die maximale Wärmeleistung beträchtlich. Das Beurteilen der Durchführbarkeit dieser Reaktion im Produktionsmass-
stab kann durch einen einfachen Vergleich der Kesselkühllei-
stungen angestellt werden. In Bild 3 ist auch die Kühlkapazität
des gewählten Reaktors eingetragen. In der ausgewählten Anlage
könnte also die Reaktion bei 50° C isotherm durchgeführt werden. Bei 60° C würde die Kühlkapazität des Reaktors überfordert und eine isotherme Reaktionsführung wäre nicht möglich.

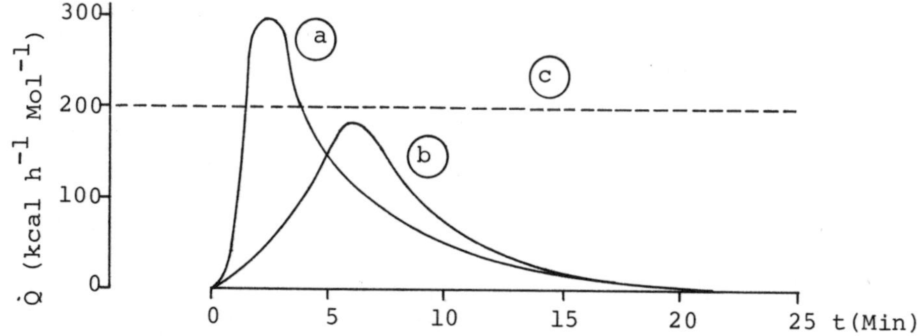

Bild 3: a- Reaktionsleistung bei 60° C, b- bei 50° C,
         c- Kühlleistung des Reaktors (kcal h^{-1} Mol^{-1})

Bestimmung des Zugabeprofils des Nitrits bei einer Diazotierung

        Bei einer Diazotierung, die bei 0° C in einem Gross-
reaktor vorgenommen wird, ist die Kühlleistung ein begrenzen-
der Faktor. Die Reaktion selbst kann zwar durch die Zugabe des
Nitrits gut gesteuert werden, je nach der freigegebenen Wärmeleistung und dem Wärmedurchgangskoeffizienten kann aber die
Kühlfähigkeit des Kessels überfordert werden. Der zeitliche
Verlauf der Wärmefreigabe ist im Bild 4 sichtbar. Die Reaktion ist schnell und hört nach dem Beenden der Nitrit-Zugabe
sofort auf. Das entstehende Produkt fällt in fester Form aus
und damit wird sukzessive der Wärmedurchgangskoeffizient ver-
schlechtert. Am Anfang der Reaktion entspricht die Wärmedurch-
gangszahl einem Wert für wässrige Lösungen. Gegen Ende der
Reaktion sinkt die Wärmedurchlässigkeit bis auf die Hälfte
(Bild 5). Aus den Messresultaten und der bekannten Kühlleistung
des Reaktionskessels für wässrige Lösungen kann das Zugabe-
Zeitprofil berechnet werden.

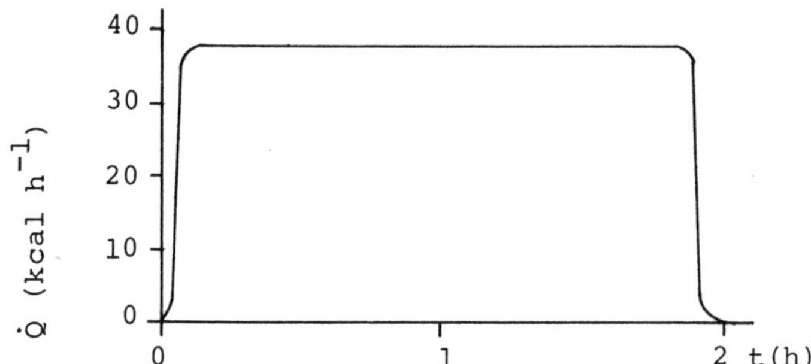

Bild 4: Reaktionsleistung bei 0° C in kcal h^{-1}

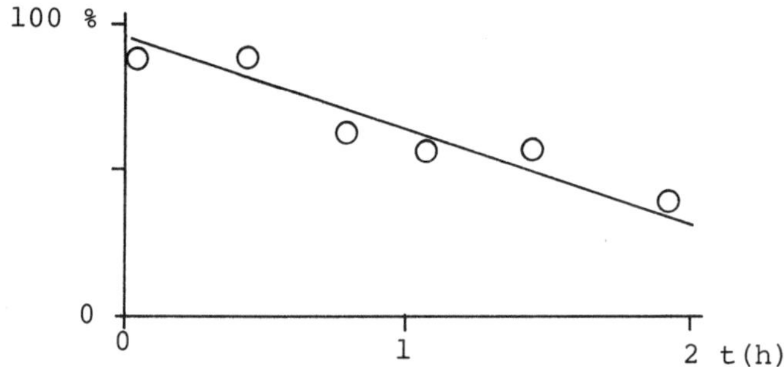

Bild 5: Abhängigkeit des Wärmedurchgangskoeffizienten von
        Zeit, bzw. vom Umsatz

Modellapparatur

        Das Scale-Up der chemischen Prozesse wird normaler-
weise nur als reine Vergrösserung der Molansätze durchgeführt.
Veränderte physikalische Bedingungen werden nur teilweise berücksichtigt. Für ein konsequentes Scale-Up müsste auch die
Kinetik bekannt sein, sogar soweit, dass auch die Extrapolation
gültig wäre. Wären z.B. Kinetik inkl. Reaktionswärme und Temperaturabhängigkeit einer Reaktion bekannt, so könnte der Verlauf
dieser Reaktion im Grossreaktor modelliert und berechnet werden.
        Ein solches Scale-Up ist wegen der aufwendigen kine-
tischen Studien zu teuer. Zum Umgehen dieser Tatsache wurde
eine Scale-Down-Methode entwickelt. Dabei werden die wärmetech-
nischen Merkmale der Grossapparaturen im kleinen Masstab simu-
liert, und so die chemischen Prozesse experimentell ausgewertet.

Anstelle einer theoretischen Berechnung der Reaktionsabläufe
wird in einer Kleinapparatur die Wärmezufuhr so limitiert, dass
die Bedingungen des Grossreaktors nachgeahnt werden. Das Tempe-
ratur-Zeit-Profil wird dann für das Reaktionsgemisch gleich
sein wie im Betrieb. So werden auch gleiche Resultate erzielt.
Damit lässt sich der Betrieb ohne Kenntnis der Kinetik simulieren. In der Modellapparatur wollen wir folgende Kriterien
simulieren:
- Wärmeaustausch
- Rühren
- Wandtemperatur.
         Die Apparatur muss also folgende Anforderungen er-
füllen:
1. Im Labor können Reaktionen unter den Bedingungen, welche im
   Betriebsreaktor herrschen, durchgeführt werden (z.B. begenz-
   te Kühlkapazität)
2. Die Apparatur soll eine einfache Kalorimetrie im chemischen
   Labor ermöglichen
3. Eine Prüfung der Gefährlichkeit soll im Labormasstab möglich
   sein (z.B. zu schnelle Zugabe - Ueberschäumen aus dem Gefäss)
4. Die Reaktionen sollen schon im Labor unter realistischen Bedingungen durchgeführt werden (Zugabe-, Aufheiz- Abkühlzei-
   ten, Rührintensität usw.).

         Die Anforderungen können nicht mit gewöhnlichen La-
borapparaturen erfüllt werden. Beim wärmemässigen Simulieren
eines Grossreaktors muss das Verhältnis:
         Wärmedurchgangskoeffizient (K-Wert) mal Wärmeaustausch-
fläche pro Arbeitsvolumen in Laborapparatur und Betriebsanlage
gleich sein. Die Modellapparatur ist so konzipiert, dass sich
das gewünschte Verhältnis einstellen lässt.

Apparativer Teil

         Für die Scale-Down-Versuche wird die gleiche Appara-
tur verwendet wie für die Kalorimetrie. Die Kühlkapazität wird
durch Beeinflussung des Wärmedurchgangskoeffizienten (durch
Abschalten der Zentrifugalpumpe, Position a, Bild 2) oder durch
Verminderung der Wärmeaustauschfläche im Mantel des Reaktors
eingestellt. Mit Hilfe des beweglichen Rohrs im Ueberlaufgefäss
(Position f, Bild 2) wird das Wärmeträgerniveau im Mantel des
Reaktionsgefässes auf die gewünschte Höhe eingestellt. Damit
wird die verlangte Kühlkapazität erreicht.
         Die Apparatur ermöglicht uns Stahl und Emailreaktoren
der Grösse zwischen 160 l und 16000 l zu simulieren.

Beispiel des Einsatzes der Modellapparatur

         Eine Methyllierung soll in einem Grossreaktor bei
30° C durchgeführt werden. Die Methyllierungskomponente soll
nach Laborvorschrift innerhalb einer Stunde zum vorgelegten

Reaktionsgemisch zugegeben werden. Die freigewordene Wärmemenge
ist aber bei der vorgeschriebenen Zugabegeschwindigkeit so hoch,
dass die Kühlkapazität der Anlage überfordert würde. Es ist also
nicht möglich die Reaktion in der Grossanlage unter den vorgeschriebenen Bedingungen isotherm durchzuführen. Höhere Temperaturen begünstigen aber die Bildung polymerer Nebenprodukte, was
eine Ausbeuteverminderung bewirkt. Um unter isothermen Bedingungen arbeiten zu können, müssen die Zugabezeiten verlängert werden. Längere Zugabezeiten verursachen Verschlechterung der Pro-
duktqualität. Es wurde eine Serie von Versuchen mit verschiedenen Zugabezeiten durchgeführt (Bild 6).

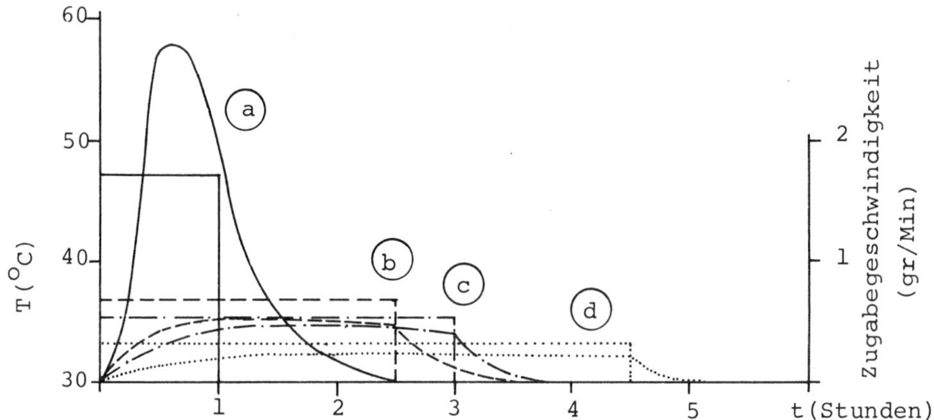

Bild 6: Temperaturverlauf bei Zugabezeiten von a- 1 Std.,
        b- 2,5 Std., c- 3 Std., d- 4,5 Std.

Als Resultat erhält man Temperaturprofile, welche die Ausbeu-
te und die Qualität des Produktes beeinflussen. Es wurde ein
Zugabeprofil gewählt, welches ohne all zu grosse Ausbeuteein-
bussen eine ausreichende Qualität des Produktes ermöglicht.

Technische Daten des Reaktionskalorimeters

Reaktionsgefässvolumen	1 1
Temperaturbereich	$- 20^{\circ}$ C bis 180° C
Kleinster messbarer Wärmestrom	1,5 kcal/h
Kleinste messbare Wärmemenge	50 cal

Symbole

C	Spezifische Wärme	$kcal\ kg^{-1}\ °K^{-1}$
G	Durchfluss	$kg\ h^{-1}$
$\dot{Q}$	Wärmestrom	$kcal\ h^{-1}$
ϱ	Spezifisches Gewicht	$kg\ m^{-3}$
T	Temperatur	$°K$
t	Zeit	h
V	Volumen	m^3

Indizien

a	Austritt
b	Bad
e	Eintritt
i	Inhalt
k	Rückflusskühler

ANWENDUNGEN DER DIFFERENTIALTHERMOANALYSE IN DER KRIMINAL-TECHNIK

Günter Hellmiß
Bundeskriminalamt, Thaerstrasse 11
6200 Wiesbaden

Die Differentialthermoanalyse hat erst in jüngster Zeit Eingang in die Kriminaltechnik gefunden. Zwar gibt es an einigen Stellen bereits seit mehreren Jahren DTA-Geräte, doch wurden diese bisher für einen relativ begrenzten Bereich eingesetzt. Im wesentlichen handelt es sich dabei um die Untersuchung von Bodenproben, d. h. insbesondere um deren anorganischen Bestandteile.

Für die Untersuchung von organisch-chemischen Stoffen wurde die Differentialthermoanalyse dagegen bisher kaum angewandt. Das mag zum einen daran liegen, daß für kriminaltechnische Untersuchungen häufig nur Mikromengen zur Verfügung stehen. Man denke z. B. an geringe Anhaftungen von Fremdlack an einem Unfallfahrzeug, an Textilfasern vom Tatort oder vom Opfer, die mit Kleidungsstücken eines Tatverdächtigen verglichen werden sollen, oder an Spuren eines flüssigen Brandlegungsmittels, die aus Brandschutt isoliert werden konnten. Für Untersuchungen mittels der Differentialthermoanalyse waren aber gerade in früherer Zeit noch relativ große Mengen von Untersuchungsmaterial erforderlich.

Die Tatsache, daß die Differentialthermoanalyse für die Untersuchung von organisch-chemischen Stoffen bisher kaum angewandt worden ist, liegt zum anderen wohl auch daran, daß sie, zumindest bei Anwendung für einen größeren Temperaturbereich, hier eine materialzerstörende Methode ist. Aus dem obengenannten Grund wird man aber in der Kriminaltechnik bestrebt sein, nach Möglichkeit solche Methoden zu verwenden, bei denen das Material erhalten bleibt. Andererseits ist in der Kriminaltechnik auch eine Vielzahl von Methoden in Anwendung, bei denen das untersuchte Material zerstört wird.

Im Bundeskriminalamt wurde vor etwa zweieinhalb Jahren ein DTA-Gerät beschafft, und zwar ein Gerät DSC-2 der Firma Perkin-Elmer. In der Zwischenzeit hat sich bereits gezeigt, daß die Differentialthermoanalyse für viele kriminaltechnische Fragestellungen eine nützliche Untersuchungsmethode ist. Die Untersuchungen im Bundeskriminalamt gehen dabei in zwei Richtungen:

1.) Analytische Probleme: Untersuchung von Wachsen, Lacken, Fasern, Mineralölprodukten;
2.) Studium von Selbsterhitzungs- bzw. Selbstentzündungsvorgängen.

1.   Analytische Probleme

Als ein Beispiel für diesen Bereich soll näher auf

die Untersuchung von Lacken eingegangen werden, da hier bereits
die meisten Erfahrungen vorliegen [1] .

Für die Untersuchung von Lacken gibt es heute eine
Vielzahl von Methoden: mikrochemische Untersuchungen des Verhaltens gegenüber Lösungsmitteln, Säuren und Laugen; Untersuchung des Schichtaufbaus; Analyse der Pigmente und der organischen Matrix mit unterschiedlichsten Methoden wie Emissions-
spektralanalyse, Röntgenfluoreszenzanalyse, Röntgenbeugung,
Transmissions- und Rasterelektronenmikroskopie, Infrarotspek-
troskopie. Man wird sich hiernach zu Recht fragen, welche
Nutzen eine weitere Methode bringen kann. Im allgemeinen werden
tatsächlich die vorhandenen Methoden ausreichend sein. In bestimmten Fällen bringt aber die Differentialthermoanalyse zusätzliche Erkenntnisse, die mit anderen Methoden nicht oder nur
bedingt erhalten werden.

Dies soll an einigen Beispielen erläutert werden:

Das erste Bild zeigt die DSC-Diagramme einiger Lacke
auf unterschiedlicher Kunstharzbasis. Diese unterscheiden sich
naturgemäß recht deutlich, wobei diese Unterscheidung hier

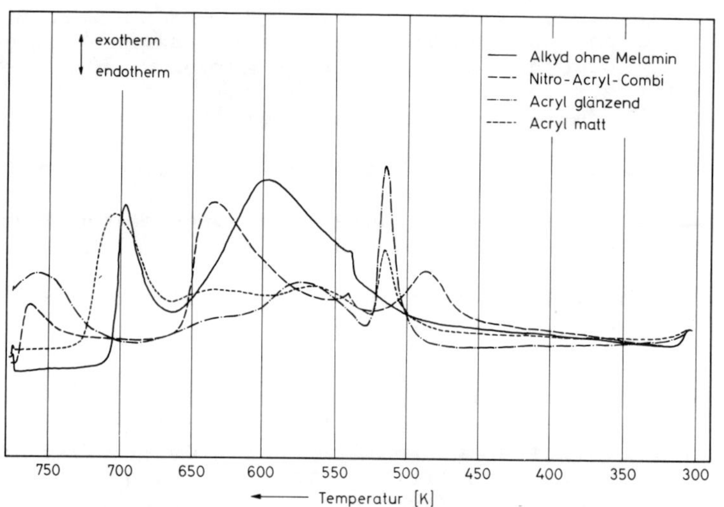

Bild 1

qualitativ gemeint ist, da die bei den einzelnen Lacken verwendeten Mengen nicht gleich waren. Ein solches Ergebnis kann man
aber auch mit anderen Methoden, beispielsweise mit einer Infra-
rotabsorptionsanalyse erhalten. Etwas aufschlußreicher ist dagegen schon die Tatsache, daß die DSC-Diagramme der beiden
schwarzen Acryllacke sich unterscheiden, von denen der eine
matt und der andere glänzend ist.

Im folgenden Beispiel (Bild 2) handelt es sich um
einen Lack eines bestimmten Farbtones, der von der betreffenden
Automobilfirma in verschiedenen Zweigwerken verwendet und als

Folge hiervon von vier verschiedenen Herstellern bezogen wird.
Das Diagramm zeigt hier deutliche Differenzierungsmöglichkeiten
zwischen den einzelnen Lacken. Zwar bringt hier auch eine In-
frarotabsorptionsanalyse geringe Unterschiede zwischen den einzelnen Proben, doch reichen sie für eine einigermaßen sichere
Unterscheidung kaum aus.

Die Unterschiede können durch geringfügige Änderungen in der Zusammensetzung des Lackes bedingt sein, es treten aber offensichtlich auch Unterschiede infolge eines unterschiedlichen Aushärtungsgrades auf. Dies wird im folgenden Bild
3 für einen der eben gezeigten Lacke sehr deutlich. Die Mes-

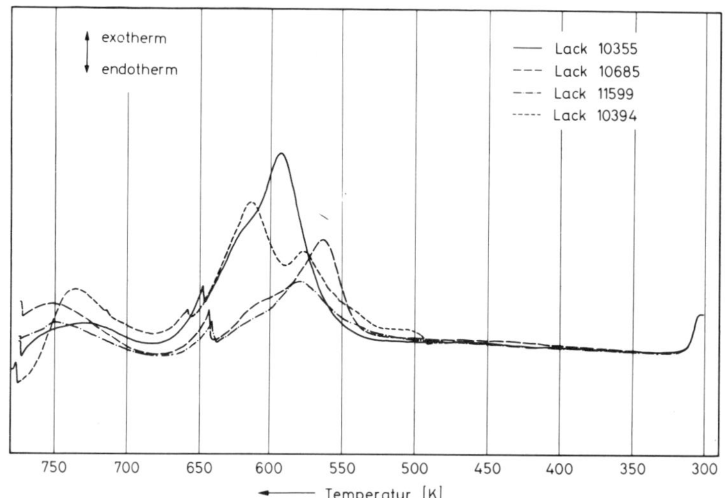

Bild 2

sungen 1 und 2 wurden zum gleichen Zeitpunkt aufgenommen, ebenso die Messungen 3 und 4, diese letzteren aber einige Monate
später. Man sieht deutlich, daß die zu verschiedenen Zeiten gemessenen Kurven sich unterscheiden. Ähnliche Ergebnisse wurden
auch mit anderen Lacken erhalten. Gleichzeitig zeigen diese
vier Kurven die recht gute Reproduzierbarkeit der einzelnen
Messungen.

Bei den geschilderten Messungen wurden Mengen von
etwa 50 bis 300 µg verwendet, was keine besonderen Schwierigkeiten bereitete. Man kann davon ausgehen, daß man den Meßbe-
reich bis zum Mikrogrammbereich erweitern kann. Allerdings wird
der Aufwand dann beträchtlich, so daß man die Methode hier nur
in Sonderfällen anwenden wird.

Weitere Differenzierungsmöglichkeiten wird die An-
schaffung eines Gerätes für die Thermogravimetrie bringen.
Weiterhin soll später ein Quadrupolmassenspektrometer an die
Thermowaage angeschlossen werden. Bei sehr kleinen Probemengen,

z.B. auch bei den hier nur erwähnten Fasern, wäre allerdings
noch zu untersuchen, ob evtl. die Pyrolyse-Massenspektrometrie
bessere Ergebnisse bringt.

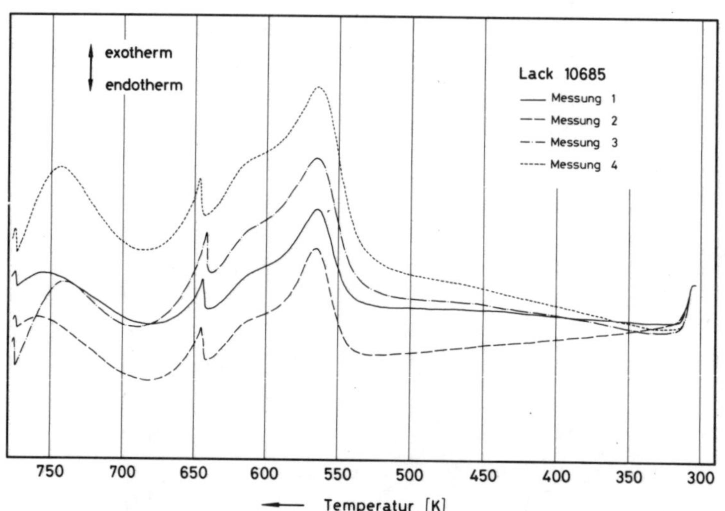

Bild 3

2. Unterschung von Selbsterhitzungsvorgängen

Bei der Brandursachenermittlung spielt die Möglichkeit einer Selbsterhitzung und u. U. einer Selbstentzündung oft
eine wesentliche Rolle. Vielfach wird eine solche Möglichkeit
gegenüber den ermittelnden Kriminalbeamten nur vorgeschoben.
Doch gibt es Fälle, in denen zumindest grundsätzlich die Möglichkeit einer Selbstentzündung gegeben ist.

Es handelt sich bei diesem Problemkreis um exotherme chemische Reaktionen. Bei solchen Reaktionen erhitzt sich der
oder die Stoffe und u. U. kommt es zu einer Entzündung, falls der
Stoff brennbar ist. Weiterhin besteht aber auch die Möglichkeit,
daß durch diesen Vorgang andere, leichter entflammbare Stoffe
entzündet werden.

Die bisher verwendeten Methoden zur Untersuchung solcher Vorgänge, etwa der in der Brandursachenermittlung häufig
verwendete Mackey-Test, brachten hier nur ein qualitatives
oder bestenfalls halbquantitatives Ergebnis. Mit der Differentialthermoanalyse ist es nun möglich, Wärmetönungen quantitativ
zu bestimmen. Weiterhin ergibt sich die spezifische Wärme unmittelbar aus einer DTA-Messung. Aus beiden Messungen läßt sich
die Grenztemperatur bestimmen, bis zu der sich das System im
Extremfall, nämlich wenn keine Wärme an die Umgebung abgegeben
wird, aufheizen kann. Da man andererseits die Zündtemperatur
der betroffenen Stoffe kennt oder sie mit anderen Verfahren bestimmen kann, ist eine quantitative Aussage darüber möglich,

welche Gefährdung von bestimmten Stoffen ausgeht.
    Zwei Stoffgruppen, die bei der Brandursachenermitt-
lung häufiger eine Rolle im Hinblick auf eine mögliche Selbsterhitzung bzw. -entzündung spielen, seien im folgenden kurz
angeführt. Die eine ist diejenige der trocknenden Öle wie etwa
Leinöl, Mohnöl, Hanföl, Holzöl usw. Bild 4 gibt die DSC-Diagramme von Ölsäure und Leinöl wieder, die jeweils zur Schaffung

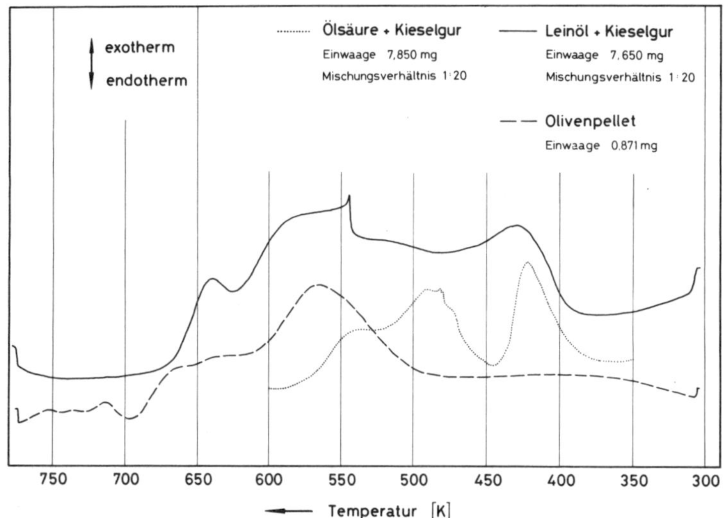

Bild 4

einer großen Oberfläche auf Kieselgur aufgetragen wurden, sowie
das Diagramm von sogenannten Olivenpellets, d. h. von kleinen
Preßlingen von Oliven.
    In diesen Kurven geben die Flächen unter den ein
zelnen Peaks bei dem hier verwendeten DSC-Gerät unmittelbar die
Wärmetönung wieder. Dabei entspricht der erste Peak dem Aut-
oxidationsvorgang, d. h. dem zu untersuchenden Selbsterhitzungs-
vorgang, während der bzw. die folgenden Peaks der Verbrennungs-
reaktion zuzuschreiben sind. Beim Leinöl sind diese beiden Vorgänge nicht deutlich getrennt. Bei den Olivenpellets, die aus
einem aktuellen Brandfall stammen, wurde kein Autoxidations-
vorgang festgestellt. Dies stand in Übereinstimmung mit einer
Bestimmung des Fettgehaltes, der ergeben hat, daß kaum Öl in
den Olivenpellets enhalten war.
    Die zweite Stoffgruppe, die hier vorgestellt werden
soll, ist diejenige der ungesättigten Polyesterharze. Derartige
Stoffe werden heute vielfach eingesetzt, z. B. im Fahrzeugbau,
beim Bau von Sportbooten , bei der Herstellung von Möbeln, Si-
los, Heizölbehältern und auf vielen anderen Gebieten.
    Bei der Fertigung tritt eine Aushärtung des Poly-
esterharzes, d. h. eine Polymerisation, nach Zugabe eines Härters und eines Beschleunigers ein. Man hat also hier eine exo-

therme chemische Reaktion. Bei einem Brand in einem Polyesterharz verarbeitenden Betrieb ergibt sich daher häufig die Frage,
ob dieser möglicherweise auf eine Selbsterhitzung bzw. -entzün-
dung der aushärtenden Masse zurückzuführen ist. Das Bundeskriminalamt hatte in den letzten Jahren mehrere derartige Brände zu
untersuchen. Die Möglichkeiten, die die DTA bietet, sollen daher hieran demonstriert werden.
        Bild 5 zeigt den Aushärtungsvorgang eines Polyester-
harzes, dem unterschiedliche Mengen eines Härters und eines
Beschleunigers zugegeben wurden. Die größere Härtermenge wirkt
sich in einer deutlichen Verschiebung des Einsatzpunktes der
Reaktion zu tieferen Temperaturen aus. Die gesamte Wärmetönung
erhöht sich ebenfalls geringfügig.

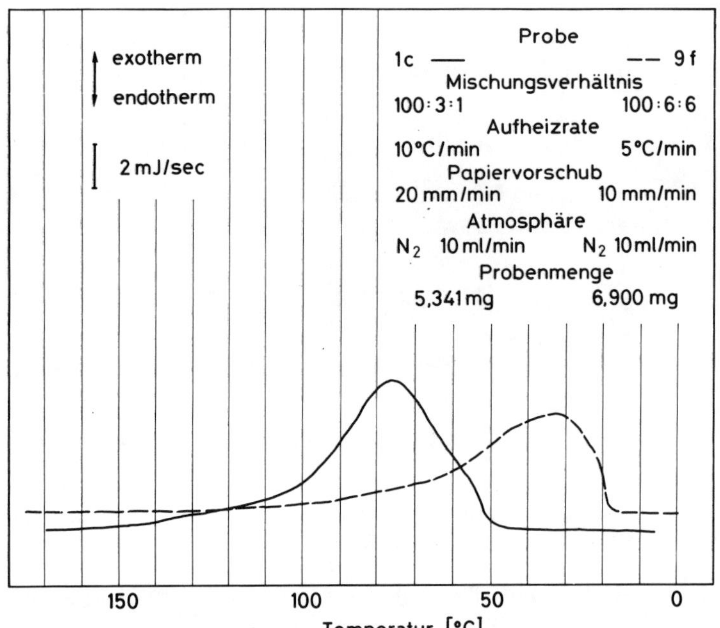

Bild 5

        Als Grenztemperatur, auf die sich die Masse im adia-
batischen Fall erhitzen kann, ergab sich 210 - 220°C [2] . Die
Zündtemperatur von Polyester liegt aber bei etwa 400°C. Eine
Selbstentzündung kann daher ausgeschlossen werden. Man kann aus
diesem Ergebnis weiter entnehmen, daß andere, in der Nähe befindliche Stoffe höchstens dann entzündet werden können, wenn
ihre Zündtemperatur unter 210 - 220°C liegt.
        Die Untersuchung des Selbsterhitzungsvorganges des
Polyesterharzes kann auch auf eine andere Weise erfolgen, bei
dem die Differentiahlthermoanalyse nicht benötigt wird. Man

kann z. B. Aushärtungsversuche mit unterschiedlichen Harzmengen
durchführen und auf den Grenzfall einer unendlichengroßen Menge
Polyesterharz extrapolieren, der dem adiabatischen Fall entspricht. Auch in diesem Fall erhält man den Grenzwert, auf den
sich die Masse bei fehlender Wärmeübertragung an die Umgebung
aufheizen kann. (Wegen Einzelheiten sei auf [2] verwiesen.)
        Derartige Messungen liefern aber weniger als die
Differentialthermoanalyse. Denn mit den Werten, die man aus
DSC-Messungen erhält, kann man auch Fälle untersuchen bzw. berechnen, bei denen ein Teil der Wärme an die Umgebung oder an
andere Stoffe innerhalb des Systems abgegeben wird. Ein solcher
Fall ist z. B. die Herstellung von glasfaserverstärkten Kunststoffen. Ein weiterer Fall wäre etwa derjenige der oben angeführten Olivenpellets. Hier eröffnet sich unter Verwendung der
aus DSC-Messungen gewonnenen Daten die Möglichkeit, die Verhältnisse bei einer Anhäufung von bestimmter Menge, geo-
metrischer Form, Ölgehalt usw. rechnerisch zu erfassen.
        Die Berechnung solcher praxisnaher Modelle mit den
aus DSC-Messungen und auf andere Weise erhaltenen thermischen
Daten wird sich in nächster Zeit an diese gegenwärtigen Untersuchungen anschließen. Dabei müssen im allgemeinen Fall auch
reaktionskinetische Daten berücksichtigt werden. In dem darge-
legten Beispiel der Polymerisation von Polyesterharzen läuft
die Reaktion so schnell ab, daß man sich auf die Ermittlung der
Reaktionsenthalpie beschränken kann. Bei Prozessen dagegen, die,
wie z. B. die Selbsterhitzung von trocknenden Ölen, in einem
Zeitraum von Stunden oder Wochen ablaufen, ist diese einfache
Vorgehensweise dagegen nicht möglich.

Zusammenfassung

        Im Bundeskriminalamt wird die Differential-Thermo-
analyse seit etwa zwei Jahren für Untersuchungen von organisch-
chemischen Stoffen eingesetzt. Im analytischen Bereich liegen
erste Ergebnisse vor, insbesondere bei der Untersuchung von
Lacken. Bei der Untersuchung von Selbsterhitzungs- bzw. -ent-
zündungsvorgängen wird sich die Differential-Thermoanalyse zu
einem wichtigen Hilfsmittel entwickeln, da sie eine quantitative Bestimmung von Wärmetönungen gestattet. Aus Wärmetönung
und spezifischer Wärme können die im Extremfall bei Selbsterhitzungsvorgängen auftretenden Temperaturen bestimmt werden. Damit lassen sich im Gegensatz zu gängigen Verfahren quantitative
Aussagen über die von bestimmten Stoffgruppen ausgehenden Gefahren machen.

Literatur

1   W. Stöcklein und G. Hellmiß: Arch. f. Krim. (einge-
         reicht)

2   G. Hellmiß: Z-VFDB Zeitschrift Forschung und Technik
         im Deutschen Brandschutz 27, 37 (1978)

S E D E X

<u>SE</u>nsitive <u>D</u>etector of <u>EX</u>othermic Processes

Joseph Hakl
Sandoz AG
Entwicklungslabor Farben, Lichtstrasse 35
4002 Basel

1.   <u>Einleitung</u>

        Bei der Durchführung chemischer Reaktionen ist eine
der wichtigsten Informationen über eine Substanz oder ein Reaktionsgemisch die Kenntnis über die Existenz allfälliger Reaktionen und Prozessen mit Wärmetönung. Aus dem Standpunkt der
Sicherheit sind jedoch die exothermen Prozesse am wichtigsten,
wobei die Anfangstemperatur eines exothermen Prozesses das mass-
gebende Charakteristikum ist.
        Zur Bestimmung der Anfangstemperatur exothermer Pro-
zesse steht heutzutage eine ganze Reihe Messmethoden und Mess-
geräte zur Verfügung wie z.B. DSC, DTA, TG, sogenannte dynamische Zersetzungsprüfung (nach Kühner-Geigy), SIKAREX (ein bei
SANDOZ entwickelter adiabatischer Kalorimeter) etc.
        Was erwartet man aber in der chemischen Industrie von
einem Gerät zur Bestimmung der Anfangstemperatur exothermer
Prozesse?
        Man erwartet:
    - hohe Empfindlichkeit
    - praxis- resp. betriebskonforme Arbeitsweise:
       · einfaches Rühren der Proben
       · Untersuchung der Proben unter einem beliebigen
         (inerten) Gas, oder Begasen der Proben
       · beliebiges Probegefäss möglich
       · Beobachtung der Proben während Messung
    - Wirtschaftlichkeit:
       · niedriger Preis des Gerätes
       · gleichzeitiges Messen von mehreren Proben
         (hohe Produktivität)
       · prompte und zuverlässige Resultate
    - Einfachheit:
       · einfach in Funktion und Bedienung
       · einfache und objektive Interpretation der Resultate

        Aus den gegenwärtig erhältlichen Geräte erfüllt lei-
der keines diese Erwartungen. Dies gab den Impuls zur Entwicklung eines neuartigen Gerätes: S E D E X.

2.   <u>Prinzip</u>

        Die Probe wird in einem geeigneten Gefäss (z.B. einem
50 ml Becherglas) mittels eines gasförmigen Mediums, dessen
Temperatur linear steigt, erwärmt. Die Temperaturen des Heizme-
diums und der Probe werden mittels geeigneter Sensoren - vorteilhaft Pt-100-Fühler gemessen und auf einem mindestens 3-Kanal-
Schreiber festgehalten. Gleichzeitig wird die Differenz dieser
Temperaturen erzeugt und mit einer vielfach (normalerweise
10-fach) grösseren Empfindlichkeit auf dem gleichen Schreiber
festgehalten. Wenn in der Probe kein Prozess mit Wärmetönung
stattfindet, bleibt die Differenz zwischen diesen Temperaturen
konstant. Die Temperatur bei der sich die Differenz zu verkleinern beginnt, ist die Anfangstemperatur eines exothermen Prozesses. Analog ist die Temperatur bei der sich die Differenz zu
vergrössern beginnt, die Anfangstemperatur eines endothermen
Prozesses.

3.   <u>Beschreibung</u>

        Im Wesentlichen besteht SEDEX aus 4 Teilen (Abb. 1)

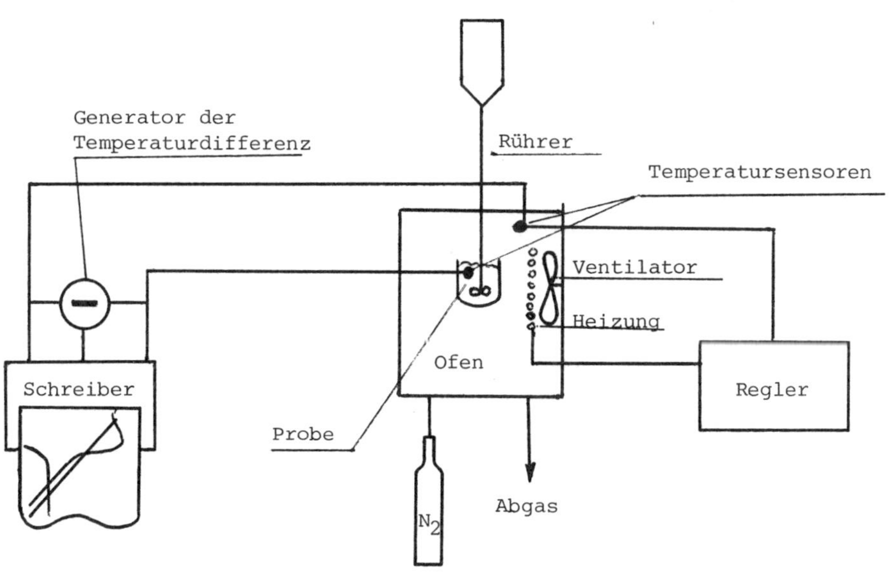

<u>Abbildung 1</u>

1)   Heizbare Kammer mit zirkulierendem Gas, Probehalter und
     Rührer (Ofen)
2)   Regelgerät mit der Möglichkeit, einen linearen Temperatur-
     anstieg zu regeln
3)   Temperatursensoren
4)   Schreiber

3.1   <u>Ofen</u>

Eine der wichtigsten Voraussetzungen eines Ofens für die beabsichtigten Zwecke, ist eine homogene räumliche Verteilung der Temperatur im Arbeitsraum des Ofens. Dies wird durch ein Heizsystem, das aus einem Ventilator und einer Heizspirale besteht, garantiert. Die elektrische Leistung der Spirale beträgt 300 W. Das Gehäuse des Ofens ist aus rostfreiem Stahl gebaut, mit einer Isolation aus Asbest. Im Ofen befindet sich ein Probebehälter. Er besteht aus einer Stange aus Stahl, $\varnothing$ 1 cm, die an einer herausnehmbaren Wanne aus Stahlblech befestigt ist und aus 2 Laborklemmen. Dies erlaubt die Befestigung von 2 Probegefässen und folglich das simultane Messen von 2 Proben. Als Probegefäss werden üblicherweise Bechergläser von 50 ml Inhalt benutzt. Es ist jedoch durchaus möglich auch andere Gefässe einzusetzen, falls es erforderlich, zweckmässig oder erwünscht ist. Mit Erfolg wurden bereits ein Sulfierkolben und ein Autoklav ausprobiert. In den meisten Fällen sind jedoch die Bechergläser ausreichend. Die herausnehmbare Wanne unter den Proben verhindert das Eindringen von Flüssigkeiten oder Schmelzen in das Innere des Gerätes und erlaubt eine mühelose Reinigung.

Die Frontwand des Gerätes (Tür) ist aus Panzerglas; dies ermöglicht das Beobachten der Proben während der Messung (optische Begleiterscheinungen wie Schmelzen, Farbänderung, Gas- oder Rauchentwicklung, Sieden etc.) und erleichtert die Auswertung der Messungen.

Die Messungen können entweder in der Luft oder unter einem beliebigen Gas durchgeführt werden. Dies ist besonders zweckmässig, wenn die Vermutung besteht, dass eine Oxydation der Testsubstanz mit dem atmosphärischen Sauerstoff noch vor Erreichen der eigentlichen Anfangstemperatur des erwarteten exothermen Prozesses eintreten könnte. Die Inertisation wird am zweckmässigsten mit Stickstoff durchgeführt. Zu diesem Zweck sind am Ofen 2 Oliven angebracht: eine dient zum Einleiten des Gases, die andere zum Anbringen eines Abgasschlauches. Eine Durchströmung mit 50 l/h gewährleistet das vernünftige Entfernen des atmosphärischen Sauerstoffs (Restsauerstoff ca. 1 Vol. %), stört aber nicht die gleichmässige Verteilung der Temperatur im Ofen.

Die obere Wand (Deckel) ist abnehmbar und kann beliebig mit Oeffnungen für die Temperatursensoren, Rührwellen, Einleitungsröhren für Gase und Edukte etc. versehen werden (Sovirel System). Mit einigen austauschbaren Deckeln, kann eine ungewöhnliche Flexibilität erreicht werden. Das Rühren ist nicht in allen Fällen notwendig. Es ist vor allem zweckmässig, falls Suspensionen untersucht werden sollen. Zu diesem Zweck dient ein gängiger Rührer aus Glas, angetrieben mit einem üblichen Labormotor mit variablen Umdrehungen. In den meisten Fällen genügt das Rühren mit 100 - 500 UpM aus.

3.2   Regler

Für die Regelung des linearen Temperaturanstiegs wird eine Kombination aus 3 Standardgeräte der Fa. Systag eingesetzt:
- Gradient Master Set (Combilab 1250) dient zur Steuerung der Temperaturanstiegsgeschwindigkeit. Dieses Gerät erlaubt eine kontinuierlich einstellbare Aufheizrate im Bereich von 1 bis 10'000°C/h. Im SEDEX-System wird standard 30°C/h (0,5°C/Min.) verwendet.
  Diese Aufheizrate hat sich bewährt; es ist jedoch denkbar, dass sie in einigen Fällen entweder erhöht oder reduziert werden kann. Vor allem bei grösseren Proben (> 100 ml) ist eine langsamere Aufheizrate sinnvoll
- Pt-100 Convertor (Combilab 1242) dient zur Konversion des Signals eines Pt-100-Fühlers in eine Spannung
- Controller Typ 1 (Combilab 1241) ist der eigentliche Proportional-Regler. Bei einer geeigneten Einstellung garantiert er einen perfekten linearen Temperaturanstieg im Bereich von 20 bis 400°C
- Dual Pt-100 Convertor (Combilab 1286)
- Dual Digital Display (Combilab 1246) zum Ablesen der aktuellen Temperatur
- Power Relay Unit (Combilab 1248)
- I/D Supplement (Combilab 1242) zur Erhöhung des Regelungskomforts.

3.3   Temperatursensoren

Für die Messung der Temperatur werden marktübliche Pt-100-Fühler eingesetzt. Für die Erzeugung eines geeigneten Signals für den Schreiber werden diese Fühler an Dual Pt-100 Convertor angeschlossen. Durch ein geeignetes Verdrahten der Ausgänge aus diesem Dual-Convertor wird die Temperaturdifferenz erzeugt (Abb. 2).

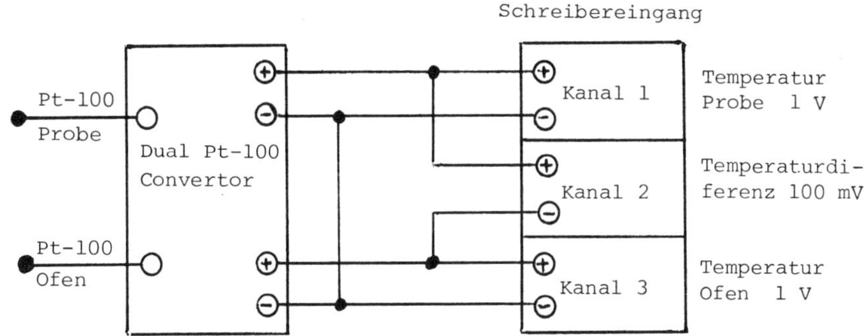

Abbildung 2

3.4   Schreiber

Für die Registrierung der Probe- und Ofentemperatur
sowie der Differenz zwischen diesen Temperaturen wird ein mindestens 3-Kanal-Schreiber benötigt. Um eine mühelose Auswertung
der Messungen zu gewährleisten, benutzt man mit Vorteil einen
Punkt-Schreiber. Für die Registrierung der Probe- und Ofentemperatur wird der Bereich 1V verwendet. Das bedeutet, dass die
Vollskala auf dem Schreiber 100°C beträgt (Abb. 2, Kanal 3).
Für die Registrierung der Temperaturdifferenz wird jedoch der
Bereich 100 mV verwendet (siehe auch Abb. 2, Kanal 2). Dies bedeutet, dass die Vollskala für die Registrierung der Temperaturdifferenz 10°C darstellt. Diese Anordnung in Kombination mit einer Papiervorschubgeschwindigkeit 20 mm/h erlaubt ein zuverläs-
siges Erfassen der Aenderung der Temperaturdifferenz um 1°C/h,
was bei einer Probemenge von ca. 30 g einer Detektionsempfindlichkeit 0,5 W/kg Testmaterial entspricht (!). Zum Vergleich
der Detektionsempfindlichkeit von DSC 20 W/kg. In den meisten
Fällen hat sich diese Anordnung als die günstigste erwiesen.
Eine andere Kombination von Empfindlichkeit und Vorschubsge-
schwindigkeit ist aber durchaus möglich.

4.   Auswertung

Die Auswertung erfolgt graphisch, direkt auf dem
Schreiberpapier; sie ist äusserst einfach und illustrativ
(Abb. 3).

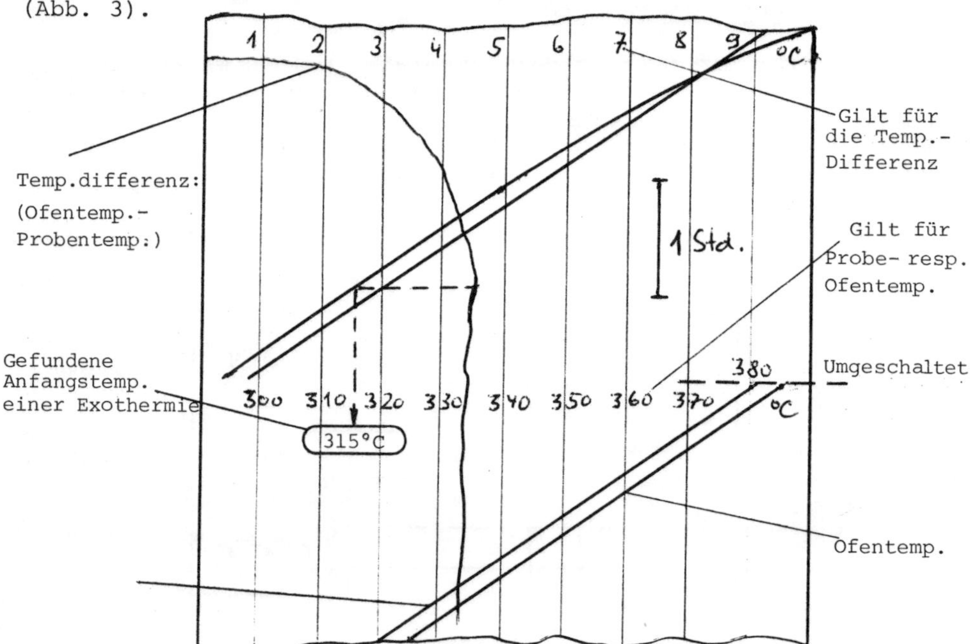

Abbildung 3 zeigt als Beispiel die thermale Stabili-
tät von 1,5-Dinitroanthrachinon.
Dies illustriert auch warum ein Punktschreiber in
diesem Fall dem Linienschreiber vorzuziehen ist, Das zeitliche
Verschieben der Signale bei einem Linienschreiber erschwert die
Auswertung.

3.   <u>Vorteile</u>

Das Gerät bietet gegenüber den anderen Geräten zur
Bestimmung der Anfangstemperatur der exothermen Reaktion die
folgenden Vorteile:

- Hohe Empfindlichkeit: < 1 W/kg Probe
- Rührmöglichkeit   : Die Probe kann mittels eines üblichen
                           Laborrührers gerührt werden
- Messen unter Schutzatmosphäre:
                           Die Messungen unter einem Schutzgas
                           sind sehr einfach
- Flexibilität   : Als Probebehälter kann ein beliebiges
                           Gefäss verwendet werden (z.B. auch ein
                           Autoklav)
- Niedriger Preis   : Komplettes Gerät incl. Schreiber ca.
                           sFr. 20 000.-
- Effizienz   : Es können zwei Proben gleichzeitig ge-
                           messen werden (einfach ausbaubar bis 5)
- Schnelligkeit   : Die Bedienung des Gerätes erfordert
                           keine Spezialkenntnisse, während der
                           Messung muss das Gerät nicht korrigiert
                           oder adjustiert werden
- Auswertung   : Einfach und objektiv
- Genauigkeit und Zuverlässigkeit:
                           Die gemessenen Werte stimmen mit den
                           Resultaten von wesentlich aufwendigeren
                           Methoden (zeitlich, preislich, arbeits-
                           intensitätsmässig) überein.

Vergleich mit anderen Methoden

Anfangstemperatur der Exothermie (°C)

Substanz	Methode			
	Dynamische Zersetzungsprüfung	D S C	SIKAREX	SEDEX
p-Xylylchlorid: 0,02% Fe	110	80	80	55
1,5-Dinitranthrachinon	*	>370	330	320
Gemisch 1,5 und 1,8-Dinitro-AC	340	330	285	290
1-Nitroanthrachinon	360	*	325	315
Nitroanthrachinon Rohware	370	380	305	295
Dodecylnitrit	*	145	116	115
2,4-Dinitroanilin	310	*	*	250
p-Nitroanilin	*	*	273	272

* = nicht gemessen

DSC-GEHALTSBESTIMMUNG VON QUARZ IN MINERALISCHEN ROHSTOFFEN

Volker Schlichenmaier
Applikationslabor TA
Mettler Instrumente AG
CH-8606 Greifensee

Die direkte DSC-Gehaltsbestimmung von Quarz, basierend auf der bekannten $\alpha \rightleftharpoons \beta$ -Umwandlung bei 573°C, bietet heute eine wichtige Alternative zu nasschemischen oder röntgenographischen Methoden.

Bei der Ausarbeitung der Methode mussten insbesondere drei - sozusagen im Quarz eingebaute - Eigenschaften berücksichtigt werden:

1. Die spezifische Umwandlungswärme liegt unter 10 J/g

2. Die Umwandlung ist mit einer Abnahme der spezifischen Wärme von mehr als 10% und einer entsprechenden Verschiebung der Basislinie verbunden

3. Die spezifische Umwandlungswärme ist vom Verteilungsgrad abhängig

Experimentelle Massnahmen und Messungen zur Beherrschung dieser Randbedingungen werden berichtet und die Leistungsfähigkeit der Methode an praktischen Beispielen gezeigt.

Genauigkeit, Reproduzierbarkeit und Nachweisgrenze der Methode werden - ebenfalls im Hinblick auf die spezifischen Randbedingungen - diskutiert.

ANWENDUNG DER TEMPERATURPROGRAMMIERTEN DESORPTION (TPD) ZUR OBERFLAECHENCHARAKTERISIERUNG VON KATALYSATOREN

H. Geisser, A. Baiker, W. Richarz
Technisch-Chemisches Laboratorium
Eidgenössische Technische Hochschule, 8092 Zürich

Die industrielle Bedeutung heterogen katalysierter Reaktionen und in entsprechendem Mass das Interesse an Methoden zur Bestimmung der Mechanismen solcher Reaktionen nimmt stetig zu. Eine notwendige Voraussetzung für mechanistische Untersuchungen ist eine möglichst weitgehende Charakterisierung der Katalysatoroberflächen. Eine Gruppe von Charakterisierungsmethoden bilden die durch Energiezufuhr induzierten Desorptionen mit nachfolgender Analyse der desorbierten Spezies. Von allen Desorptionsmethoden hat die TPD den wesentlichen Vorteil, dass der Katalysator nicht im Hochvakuum untersucht werden muss.

Anhand zweier praktischer Beispiele:

a) Adsorption von C_2H_4 auf $Ni/\gamma\text{-}Al_2O_3$

b) Adsorption von NH_3 sowie $NH(CH_3)_2$ auf $Cu/\gamma\text{-}Al_2O_3$

werden die theoretischen Grundlagen, sowie die Anwendbarkeit dieser Methode diskutiert.

INDUSTRIELLE ANWENDUNGEN MODERNER DILATOMETRIE

E. Kaisersberger, Netzsch Gerätebau GmbH, Selb/Bayern

EINLEITUNG

Die Anwendung thermoanalytischer Verfahren im industriellen Bereich dient vorwiegend der Materialprüfung und Werkstoffentwicklung. Die Dilatometrie hat dabei einen beachtlichen Stellenwert, da das mit Dilatometern leicht bestimmbare Ausdehnungsverhalten von Festkörpern bei Temperaturänderung deren Einsatzmöglichkeiten wesentlich beeinflußt. In modernen Dilatometern können mit hoher Genauigkeit die thermische Dehnung von Feststoffen, sprunghafte Dimensionsänderungen aufgrund von Gitterumwandlungen oder chemischen Reaktionen und Sintervorgänge erfaßt werden.

Wie bei anderen Laborgeräten ist auch die Entwicklung bei Dilatometern geprägt durch die wachsende Bedeutung eines kontrollierenden Labors bei risikobehafteten Massenproduktionen und kapitalintensiven Sonderfertigungen. Moderne Dilatometer haben elektrische oder elektronische Signalausgabe zur Erzielung analoger Kurvendarstellungen oder zum Anschluß von Rechnern, Differenzmeßsysteme mit oder ohne Vergleichsprobe mit Verstärkung der Längenänderung bis 250000-fach und nahezu unbegrenzt programmierbare Temperatursteuereinrichtungen (z.B. Lochstreifeneingabe) für die optimale Annäherung industrieller Wärmebehandlungsprozesse. Um die häufig geringen Materialunterschiede aus dem Ausdehnungsverhalten ablesen zu können, wird neben der hohen Verstärkung auch eine elektronische Differenzierung der Längenänderung oft erforderlich.

Aus den ungezählten industriellen Anwendungen von Dilatometern im Temperaturbereich 4 - 2000 K werden an ausgewählten Beispielen typische Aussagemöglichkeiten aufgezeigt und neue Applikationsmöglichkeiten angedeutet.

EXPERIMENTELLES

Für die Untersuchungen wurden vollautomatische, elektronische Dilatometer in diversen Ausstattungsvarianten eingesetzt. Die Registrierung der Dehnungs-Schwindungskurven und gegebenenfalls der differenzierten Längenänderungskurven erfolgte zusammen mit der Probentemperaturkurve mit 6-Kanal-Kompensations-Punktdruckern in Zeitabhängigkeit.

ERGEBNISSE UND DISKUSSION

Bei supraleitenden Maschinen werden gefüllte, ungefüllte und faserverstärkte Harze als Verguß- oder Armierungsmaterial verwendet. Der große Wärmeausdehnungskoeffizient von reinen Kunstharzen wirkt sich als nachteilig vor allem bei Verbundkonstruktionen mit Metallen aus. Durch geeigneten Füllstoffanteil und Faserverstärkung lassen sich Ausdehnungskoeffizient, mechanische und elektrische Eigenschaften von Harzen in gewünschtem Maße einstellen, wie z.B. P. Bauder /1/ oder Unger /2/ zeigten. Kohlefaserverstärkte Kunststoffe weisen hervorragende mechanische Festigkeit (die zwei- bis dreifache von Edelstahl) bei geringem spezifischen Gewicht und negativem Ausdehnungskoeffizient in Faserrichtung auf. Die Untersuchung von Harz mit unidirektionalen Kohlefaserschichten erfolgte in einem mit zusätzlichem Heliumkryostaten modifizierten Serien-Tieftemperatur-Dilatometer senkrecht zur Faserrichtung /1/ (Abb. 1).

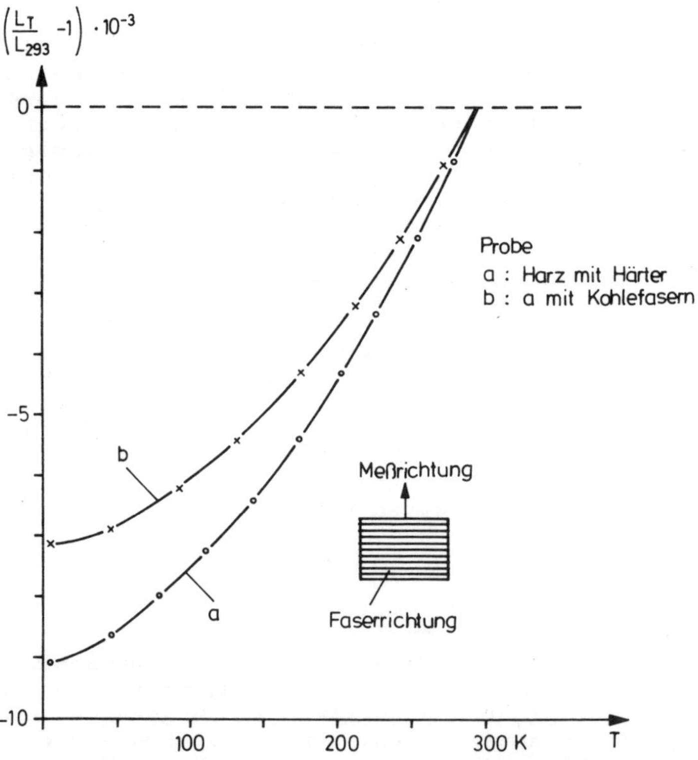

Abb. 1   **Dilatation von kohlefaserverstärktem Kunstharz von 4,2 K bis 293 K**

Die Kontraktion des faserverstärkten Kunststoffes bei Abkühlung bis zur Temperatur von flüssigem Helium entspricht einem
Harz mit entsprechendem Füllstoffanteil. Parallel zur Faserrichtung wurde in dem Temperaturbereich eine relative Längenänderung von -0,64 x 10^{-3} angegeben.

Die technische Verwendung von Polyurethan-Harzen
ist sehr vielgestaltig. Aus Dilatometeruntersuchungen können
Zusammensetzung und Vorbehandlung studiert und damit Verar-
beitungsparameter zur Erzielung gewünschter thermomechani-
scher Eigenschaften festgelegt werden. Aus dem Bereich der
Elektrotechnik kamen zwei Polyurethan-Harze mit mineralischem
Füllstoff Dolomit und unterschiedlichem Härtungszustand zur
Untersuchung (Abb. 2).

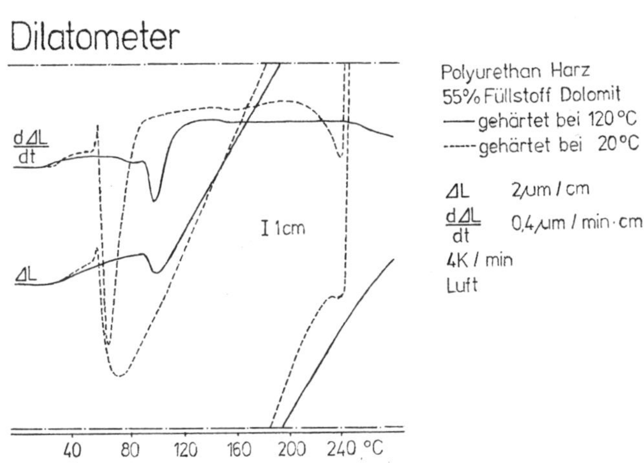

**Abb. 2   Dilatation von Polyurethan-Harzen mit unterschied-
licher Aushärtung**

Neben dem deutlichen Unterschied in der Temperaturlage und dem
Verlauf der Glasumwandlung der Harze, der höheren Ausdehnung
des wenig gehärteten Materials fällt besonders die plötzliche
Aufblähung (und auch visuell erkennbare Strukturzerstörung)
dieses Harzes durch die während der Wärmebehandlung entstehenden Kondensationsprodukte auf. Die Temperatureinsatzgren-
zen werden bei diesem teilgehärteten Harz sehr deutlich aufgezeigt, so daß die Dilatometrie hier Ergebnisse der quantitativen DTA oder DSC bestätigen bzw. ergänzen kann.
Für die Untersuchung der Harze, die z.B. in der Far-
ben- und Lackindustrie eingesetzt werden und meist nur in mi-
nimalen Schichtdicken vorliegen, sind oft die eingangs erwähnten hohen Verstärkungen bis 250000-fach erforderlich.

Die Keramik als Hochtemperaturtechnologie ist geradezu prädestiniert für thermoanalytische Prüfmethoden. Die Dilatometrie dient dabei neben einer allgemeinen Materialcharakte-
risierung der Analyse mineralogischer Bestandteile (z.B.
Quarz, Cristobalit), der Bestimmung der Trockenschwindung und
der Brennschwindung und des Sintervermögens /vgl. z.B. /3/.
Abbildung 3 zeigt als beliebig herausgegriffenes Beispiel das
Dehnungs-Schwindungsverhalten von zwei Rohstoffmischungen
unterschiedlicher Körnung, die sandwichartig zu einer Ofen-
kachel verformt werden.

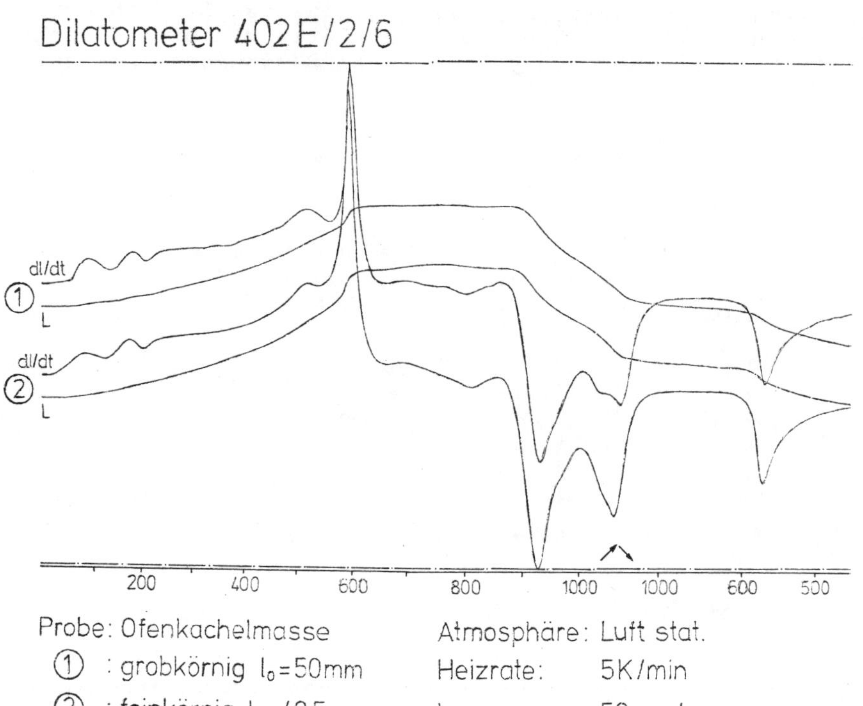

Abb. 3   Ofenkachelmasse

Nur bei fast gleichem Betrag und Temperaturverlauf der Ausdehnung bzw. Schwindung ergibt sich ein rißfreies und in der
späteren Anwendung temperaturbeständiges Produkt. Die differenzierte Längenänderungskurve zeigt auch geringe Unterschiede
einzelner Massekomponenten auf.

Die Wechselwirkungen zwischen Scherben und Glasur in kerami-
schen Verbundsystemen sowie von Bi-Materialien anderer Art lassen sich in Hochtemperatur-Dilatometern über die Messung der
sich einstellenden Durchbiegungen verfolgen, wie von H. Dorsch/
4/ gezeigt wurde. In Differenzdilatometern mit Vergleichsprobe können zwei Materialien solcher Verbundsysteme direkt gegenübergestellt werden.
        Weitere industriell bedeutsame Dilatometeranwen-
dungen gelangen z.B. bei der Qualitätsunterscheidung von
Quarzit für die Ferrosilizium-Herstellung, bei der Bestimmung
der Fußspitzenerweichungstemperatur von Zündkerzenisolatoren,
bei dem Studium der Sinterkinetik von UO_2-Keramiken unter Zusatz von TiO_2 bei ca. $1700^{\circ}C$ /5/ und auf dem Gebiet der Pul-
vermetallurgie /6/.

        Zahlreich sind die Anwendungen der Dilatometrie auf
dem Glassektor. Bei einfachen Systemen sind Transformations-
bereich, Erweichungspunkt und Verspannung von abgeschreckten
Gläsern mit dem Dilatometer leicht und schnell aufzuzeigen
und damit Bearbeitungstemperaturen festzulegen. In einer Untersuchung von Dichtflächen bei Materialien unterschiedlicher
thermischer Ausdehnung (Glas - Glas, Glas - Metall) konnte
Hagy /7/ dilatometrisch Grenzen für die zulässigen Ausdeh-
nungsdifferenzen festlegen.

        Bei Metallen und Legierungen zeigt das Dilatometer
sehr gut die allotropen Modifikationen und Umwandlungen auf.
Speziell bei Kohlenstoffstählen hat sich das Dilatometer für
die Erstellung von Zustandsdiagrammen bewährt, da eine hohe
Auflösung bei geringen Legierungsunterschieden erzielt wird
(Abb. 4).

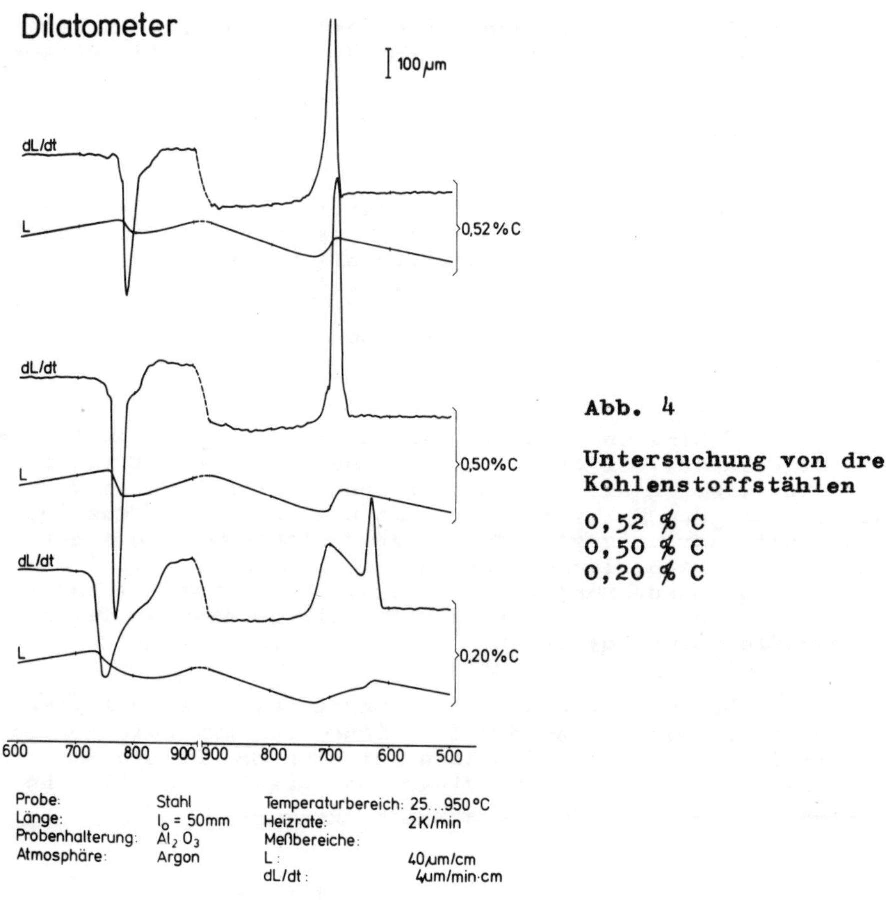

Abb. 4

Untersuchung von drei Kohlenstoffstählen

0,52 % C
0,50 % C
0,20 % C

Die Stufe in der Längenänderungskurve bei 700 - 800°C gibt die
A_1-A_3-Umwandlung (α - γ Eisen) dieser Stähle wieder, die je
nach Kohlenstoffgehalt mit unterschiedlicher Geschwindigkeit
(siehe differenzierte Kurve) und über einen ausgedehnten Temperaturbereich (in Einklang mit dem Fe-C Zustandsdiagramm) abläuft. Das Dilatometer ist auch für die Bestimmung des Rest-
austenitgehaltes aus aufeinanderfolgenden α-Wert-Messungen
geeignet.

Die Ankopplung eines Massenspektrometers an ein Dilatometer ermöglicht das exakte Studium des Entgasungsverhaltens von Metallen. Ein Quadrupol-Massenfilter eignet sich gut für eine Hochvakuum-Kopplung mit einem Vakuum-Dilatometer (Abb. 7).

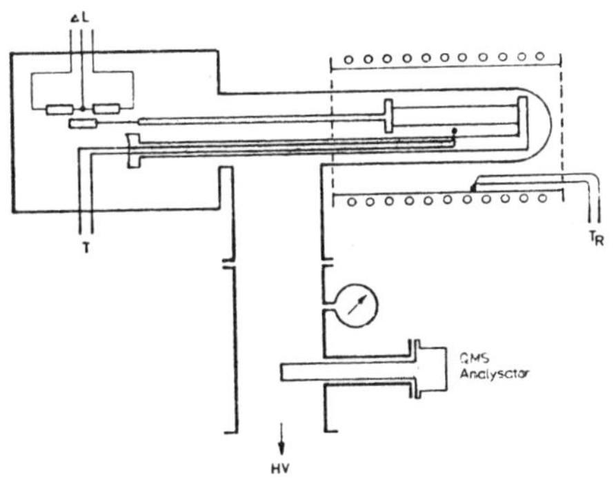

Abb. 5

Schema der Massenspektrometer-Kopplung an ein Vakuum-Dilatometer

Abbildung 6 gibt eine Stahluntersuchung in dieser Gerätekombination wieder.

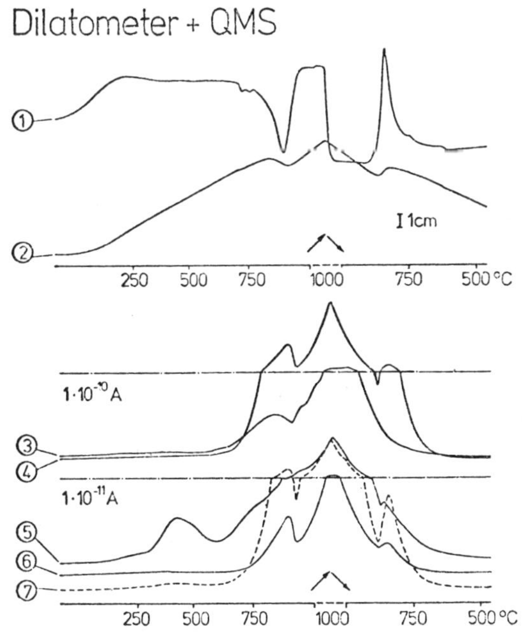

Abb. 6   Simultane Dilatometer-MS-Untersuchung
eines Werkzeugstahls

Die Δ L-Kurve zeigt den typischen Verlauf für einen niedrig-
legierten Kohlenstoffstahl, die Intensitätskurven der ausgewählten Massenzahlen zeigen eine deutlich von der A_1-A_3-
Umwandlung beeinflußte Gasabgabe aus der Probe an. Wegen der
meist geringen Gasabgabe aus Metallproben läßt sich die Hoch-
vakuumkopplung eines Massenspektrometers an ein Dilatometer
hier erfolgreich realisieren.

ZUSAMMENFASSUNG

        Aus der Vielzahl industrieller Anwendungen der Di-
latometrie konnten nur einige Beispiele gezeigt und auf neue
Anwendungsmöglichkeiten von der Geräteseite her hingewiesen
werden. Wegen der meist einfachen Probenherstellung, der
automatisierten Betriebsweise und der nach einfacher Eichung
guten quantitativen Wirkungsweise haben Dilatometer viele
Einsatzmöglichkeiten bei der Materialkontrolle und in der
Werkstoff-Forschung und -Entwicklung.

LITERATUR

/1/ P. Bauder   Diplomarbeit am Institut für Experi-
                            mentelle Kernphysik, Universität
                            und KFA, Karlsruhe,   1975

/2/ P. Unger und   Kunststoff-Rundschau Jg. 20 (1973)
     H. Wiegand   H. 8/9, S. 361 - 368

/3/ K.H. Schüller   Handbuch der Keramik, Verlag Schmid,
                            Freiburg, Gruppe III 0 1, S. 1 - 8

/4/ Dorsch   vertrauliche Mitteilung

/5/ A. Inzenhofer   Fachberichte Hüttenpraxis Metallver-
                            arbeitung, 14. Jg., H. 12 (1976)
                            S. 1198 - 1200

/6/ H. Schreiner und   Powder Metallurgy Internat.
     R. Tusche   Vol. 11 No. 2, 1978

/7/ H. E. Hagy   Elektronik Packaging & Produktion
                            <u>28</u> (1976), S. 28 - 32

DSC MESSUNGEN AN WAERME ENERGIESPEICHERN

Georg Widmann

Applikationslabor TA

Mettler Instrumente AG

CH-8606 Greifensee

Neben allgemeinen Anforderungen an mögliche Speichermedien sind thermoanalytisch erfassbare Eigenschaften wichtig:

- Grosses Speichervermögen, am besten aus der grafischen Darstellung Enthalpie H = f (T) ersichtlich:

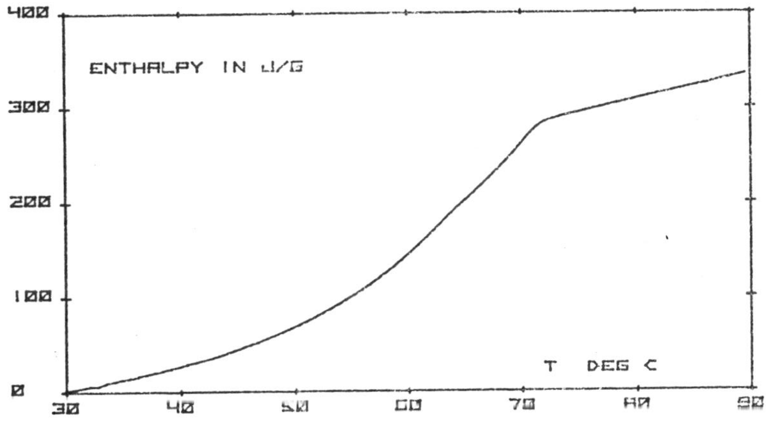

- Bei "latenten" Speichern: Temperaturbereich der Umwandlung, Unterkühlung der Rückumwandlung, Wiederholbarkeit (Alterung)

- Bei organischen Materialen: Sauerstoffstabilität

Es werden hauptsächlich Messungen an Fettsäuren und Paraffinen diskutiert.

CHARAKTERISIERUNG EINES AUS GLASFASERVERSTÄRKTEM, FLAMMWIDRIG EINGESTELLTEM POLYBUTYLENTEREPHTHALTAT HERGESTELLTEN FORMTEILES MIT HILFE DER THERMOANALYSE UND DER IR-SPEKTROSKOPIE

Heinz Möhler und Eduard Mathias

Fachrichtung Kunststofftechnik, Fachhochschule Würzburg-Schweinfurt, Sanderring 8, D-8700 Würzburg

1. Problemstellung

Die Eigenschaften von Spritzgußteilen werden von den Eigenschaften des Rohstoffes, der Werkzeuggeometrie und den Spritzbedingungen beeinflußt. Die thermomechanische Vorgeschichte aufgrund von Wechselwirkungen zwischen den Rohstoffeigenschaften und den Spritzbedingungen bestimmt das Entstehen von Mikrostrukturen im Spritzling und diese wiederum die weiteren Gebrauchs- und Bearbeitungseigenschaften des Formteils. Es sollte untersucht werden, ob die Spritzgießbedingungen für ein Relaisgehäuse, das bereits in flußmittel- und lötbaddichter Ausführung gefertigt wird, so optimiert werden können, daß es ohne eine aufwendige und damit teuere Formänderung auch in gasdichter Ausführung gefertigt werden kann. Dazu mußte die Mikrostruktur und ihre eventuelle Änderung in Abhänigkeit vom Entnahmeort aus dem Spritzling und den Spritzgießbedingungen mit Hilfe geeigneter Methoden möglichst quantitativ charakterisiert werden.

2. Gehäusefertigung

Das Gehäuse besteht aus drei Teilen, die einzeln gespritzt und dann im Ultraschallverfahren verschweißt werden. Wegen der vom Relais geforderten Gebrauchseigenschaften wurde als Werkstoff Polybutylenterephthaltat (PBTP) mit rd. 30 % Kurzglasfa-

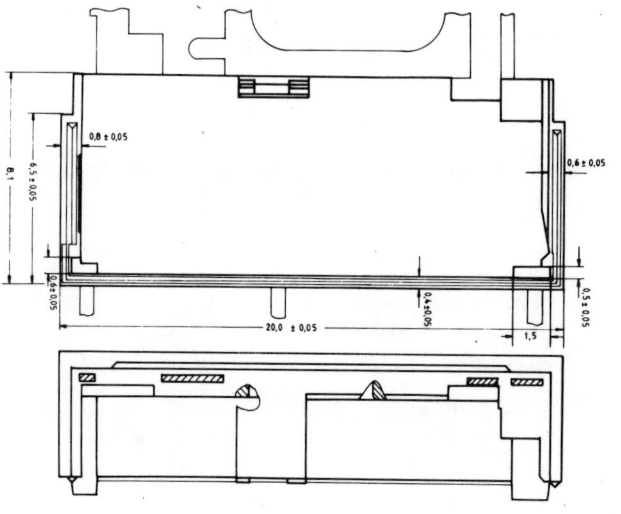

Abb. 1:

Formteilhälfte links

seranteil und 10 % Flammschutzmittelanteil gewählt. PBTP ist ein
teilkristalliner thermoplastischer Polyester. Abb. 1 zeigt die
linke Formteilhälfte im Maßstab 10:1. Wegen der erforderlichen
geringen Wandstärken konnte für die Fügenaht zwischen den beiden
Formteilhälften nur die Stumpfnaht mit Richtungsgeber und nicht
die günstigere Quetschnaht wie zwischen den beiden Formteilhälften und dem Deckel realisiert werden. Bei der Bestimmung der Gasdichtigkeit nach DIN 40046 erwies sich deshalb auch die Fügenaht
zwischen Deckel und den Formteilhälften als dicht. Für die Schweiß-
naht zwischen den beiden Formteilhälften ergaben sich dagegen bei
sonst konstanten Fertigungsbedingungen sehr starke Streuungen.

Die Ultraschallschweißbarkeit eines bestimmten Thermoplasten hängt nach (1) u.a. vom Gefüge des Thermoplasten (Kristallinitätsgrad, Gehalt und Verteilung von Glasfasern und Hilfs-
stoffen) ab. Dabei ist die bis zum Erweichen der amorphen Anteile
erforderliche Beschallungszeit (Schweißzeit) wesentlich geringer
als die bis zum Aufschmelzen der kristallinen Bereiche bei gleichen Schweißbedingungen (2). Eine Variation der Schweißparameter
ist deshalb bei der gegebenen Schweißnahtform nicht möglich. Da
die sehr dünne Längsnaht als zusätzlicher Energierichtungsgeber
wirkt, mußte durch Ausbildung der Sonotrode ein Ausgleich herbei-
geführt werden. Zur Verbesserung der Gasdichtigkeit bleibt also
nur noch die Abhängigkeit des Gefüges von den Spritzgießparametern,
wobei offensichtlich extreme Forderungen an seine Gleichmäßigkeit
und Konstanz von Formteil zu Formteil zu stellen sind.

Es wurde mit einer Schneckenspritzmaschine vom Typ Ar-
burg Allrounder 100 gearbeitet. Das Werkzeug besaß zwei Formne-
ster. Der Anguß erfolgte bei den Formteilhälften über einen Stan-
genanguß mit Punktanschnitt an der linken schmalen Breitseite
(Abb. 1). Die Spritzgießparameter sind in Tabelle I zusammengestellt.

<u>Tabelle I</u>: Spritzgießparameter

V.-Nr.	Massetemperatur $^{\circ}$C			Werkz.-temp. $^{\circ}$C	Spritzdruck N/cm^2	Nachdruck N/cm^2
	Zone I	Zone II	Zone II			
1	260	270	250	55	7650-7750	5400-5900
2	260	270	250-260	65	"	"
3	260	270	250-260	75	"	"
4	250	260	245	75	9400	"
5	270	280	260	75	6850-7350	4400
6	260	270	250-255	85	7750-7850	5400-5900

Die Plastifiziergeschwindigkeit betrug bei V1-5 120 U/min und
bei V6 80 U/min. Bei der Massetemperatur von V5 war keine Ferti-
gung in den geforderten Maßtoleranzen möglich. Bei V6 traten wegen zu hoher Werkzeugtemperatur Entformungsschwierigkeiten auf
und bei V4 mußte der Spritzdruck schon so stark erhöht werden,
daß ein weiteres Absenken der Maßetemperatur nicht möglich war.
Somit sind auch einer Variation der Spritzgießparameter sehr enge
Grenzen gesetzt.

<u>3. Untersuchungsmethoden und Ergebnisse</u>

Folgende Probeentnahmestellen wurden gewählt (Abb. 1):

Breitseite in Angußnähe (Pos. 1), Gehäuseboden (Pos. 2), schmale
Breitseite entgegen dem Anguß (Pos. 3), Fügefläche Längsseite
Pos. 4) und Fügefläche Breitseite in Angußnähe (Pos. 5). Da licht-
mikroskopische Gefügeuntersuchungen keine brauchbaren quantitativen Ergebnisse wegen des hohen Glasfaser- und Flammschutzmittel-
anteils lieferten, wurde die Thermoanalyse und die IR-Spektros-
kopie gewählt.

3.1. Quantitative Differenzmikrokalorimetrie (DSC)

Es wurde mit dem Gerätesystem TA 500 S2 der Firma W.C.
Heraeus GmbH Hanau gearbeitet, ausgerüstet mit der DSC-Zelle für
quantitative differenzkalorimetrische Messungen und der Thermowaage TGA 500. Abb. 2 zeigt ein DSC-Thermogramm des benutzten
PBTP bei Probennahme aus Angußnähe. Im Erweichungsbereich des
amorphen Anteils (Glasübergang bei rd. 75°C) konnten keine Unterschiede in Abhängigkeit vom Entnahmeort und den Spritzgießparametern gefunden werden, wohl aber im Kristallitschmelzbereich.
Geeignete Größen sind dabei die Schmelztemperatur T_m und die spezifische Schmelzenthalpie Δh. Δh ist proportional zur Fläche unter dem Schmelzpeak und wird wie in (3) ermittelt. Δh ist außerdem proportional zum Kristallinitätsgrad. Die Heizrate betrug
immer 10°C/min.

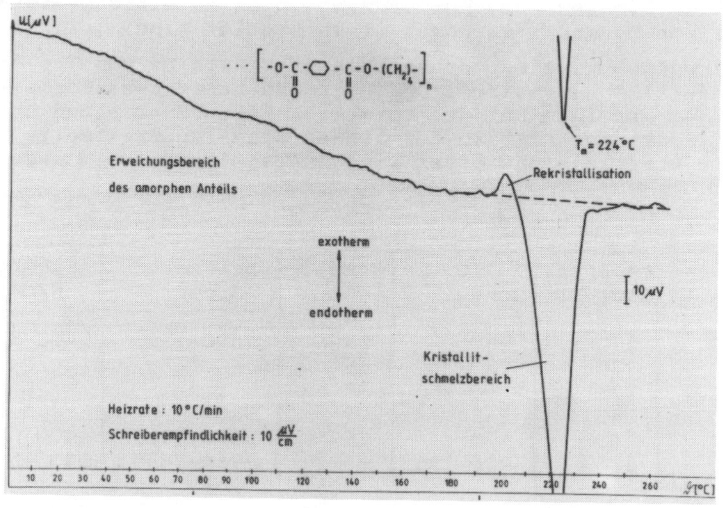

Abb. 2:   DSC-Thermogramm von GF-PBTP aus Pos. 1

Bei Proben aus Angußnähe wurde immer ein bei den anderen Entnahmestellen nicht beobachtbarer exothermer Überschwinger gefunden
(Abb. 2). Da er nach Aufschmelzen der Probe und Abschrecken in
flüssigem Stickstoff auch auftritt, dagegen bei langsamer Abkühlung im DSC-Gerät nicht, handelt es sich um eine während des Auf-
schmelzens im DSC-Ofen erfolgende Rekristallisation. Die ihm entsprechende Enthalpie ist deshalb bei der Bestimmung von Δh von
der gemessenen spezifischen Schmelzenthalpie abzuziehen.

        Bei Proben aus der Schweißnaht wurde immer eine Verbrei-
terung des Schmelzpeaks, eine Schulter bei 210°C und ein Knick
bei 215°C beobachtet (Abb. 3). Die Temperatur des Knicks stimmt
gut mit der Schmelztemperatur T_{m1} des bei Ofenabkühlung bzw. Tem-

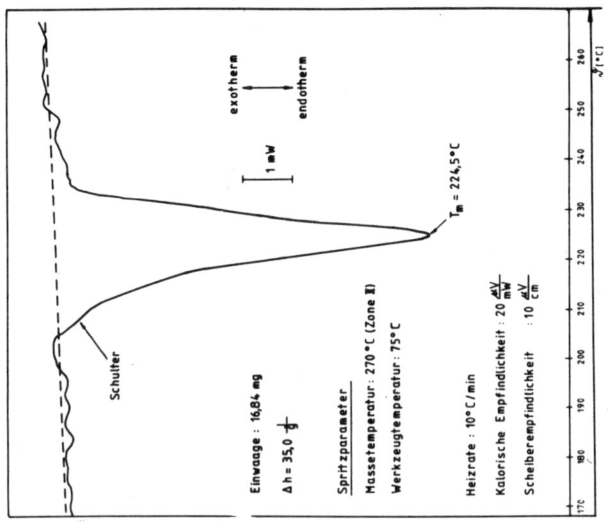

Abb. 3:   Kristallitschmelzbereich Pos. 4 und 5

perung des Formteils bei 190°C 5h gefundenen ersten Kristallit-
schmelzbereiches bei 217°C überein (Abb. 4). Dieser erste kleinere
Kristallisationspeak wird auch von anderen Autoren (4), (5) gefun-
den und einer auch hier nicht näher beschreibbaren, metastabilen
Kristallform des PBTP zugeordnet. Sowohl der Knick als auch die
Schulter treten bei rascher Abkühlung aus der Schmelze nicht auf.
Daraus ergibt sich, daß bei dem hier benutzten Angußsystem und
Werkzeugtemperierung die Abkühlung in Angußnähe schneller als in
der Fügenaht erfolgt. In Tabelle II sind die thermoanalytischen
Ergebnisse zusammengefaßt. Sowohl beim Granulat im Anlieferungs-
zustand als auch bei den verschiedenen Entnahmestellen konnte für
alle Spritzparameter nur der zweite Kristallitschmelzpeak zwischen
223 und 226°C beobachtet werden. Eine Abhängigkeit von T_m vom Entnahmeort tritt für beide Granulatpartien nicht auf. Für Partie 2
zeigt sich allerdings eine Abhängigkeit von den Spritzparametern.

        Aussagekräftiger sind die Δh-Ergebnisse. Da der Kri-
stallinitätsgrad umgekehrt proportional zur Abkühlgeschwindig-
keit ist, ergibt sich für Partie 1 und 2 die geringste Abkühlge-
schwindigkeit in der Fügenaht. Bei Partie 1 nimmt die Abkühlge-
schwindigkeit von Angußnähe über Boden, entgegen dem Anguß zur
Fügenaht hin kontinuierlich ab. Ähnliche Ergebnisse fanden vor
kurzem Tan et al. (10). In Partie 2 wurden diese eindeutigen Verhältnisse nicht mehr beobachtet, obwohl mit demselben Werkzeug
gearbeitet wurde. Das könnte an der deutlich höheren Ausgangs-
kristallinität des Granulates liegen. Bei beiden Partien wird
der Kristallinitätsgrad durch den Spritzgießprozeß erhöht. Auffällig ist die größere Schwankungsbreite des Kristallinitätsgrades bei Partie 2 gegenüber Partie 1, die bereits im Granulat

Tabelle II: Thermoanalytische Ergebnisse

| Entnahme-stelle | Spritzparameter | | DSC-Messungen | | TGA-Rück-stands-messung [%] |
	Massetemp. Zone II [°C]	Werkzeug-temp. [°C]	T_m [°C]	Δh [J/g]	
Partie 1 Granulat			$225,0\pm1,1$[+]	$31,1\pm1,4$[+]	$42,9\pm1,2$[+]
Pos. 1	270	75	$225,0\pm0,5$	$31,8\pm2,2$	$38,2\pm1,7$
Pos. 2	"	"	$225,0\pm0,5$	$32,9\pm0,7$	$41,3\pm1,5$
Pos. 3	"	"	$225,0\pm0,7$	$33,2\pm0,6$	$40,6\pm1,9$
Pos. 4 + 5	"	"	$224,9\pm0,5$	$35,4\pm0,8$	$37,8\pm1,1$
Mittelwert			$225,0\pm0,05$	$33,3\pm1,5$	$39,5\pm1,7$
Partie 2 Granulat			$223,1\pm0,7$	$34,7\pm2,0$	
Pos. 1	270	55	$223,1\pm0$	$39,6\pm1,2$	
Pos. 2	"	"	$223,4\pm0,8$	$38,2\pm1,7$	
Pos. 3	"	"	$223,1\pm0$	$38,6\pm2,3$	
Pos. 4	"	"	$222,9\pm0,4$	$42,9\pm1,7$	
Pos. 5	"	"	$223,6\pm0,8$	$41,6\pm1,7$	
Mittelwert			$223,2\pm0,3$	$40,2\pm2,0$	
Pos. 1	270	65	$222,5\pm0$	$38,1\pm1,5$	
Pos. 2	"	"	$222,9\pm0,4$	$38,5\pm1,2$	
Pos. 3	"	"	$222,7\pm1,0$	$37,9\pm2,2$	
Pos. 4	"	"	$222,5\pm0,7$	$38,5\pm0,8$	
Pos. 5	"	"	$222,7\pm0,4$	$40,2\pm1,3$	
Mittelwert			$222,7\pm0,2$	$38,6\pm0,9$	
Pos. 1	270	75	$225,4\pm0,4$	$37,2\pm2,4$	
Pos. 2	"	"	$226,2\pm0,3$	$33,5\pm1,4$	
Pos. 3	"	"	$225,8\pm0,4$	$36,2\pm1,6$	
Pos. 4	"	"	$225,2\pm0$	$38,0\pm1,8$	
Pos. 5	"	"	$226,0\pm0$	$37,4\pm1,0$	
Mittelwert			$225,7\pm0,4$	$36,5\pm1,8$	
Pos. 1	260	75	$223,6\pm0,4$	$39,0\pm0,4$	
Pos. 2	"	"	$223,8\pm0$	$36,6\pm0,6$	
Pos. 3	"	"	$223,6\pm0,4$	$39,5\pm1,0$	
Pos. 4	"	"	$223,6\pm0,4$	$40,2\pm1,8$	
Pos. 5	"	"	$223,8\pm0$	$40,3\pm2,4$	
Mittelwert			$223,7\pm0,1$	$39,1\pm1,5$	

[+] einfache Standardabweichung

grundgelegt ist und durch den Spritzprozeß nicht verringert werden kann. Dadurch lassen sich die wesentlich größeren Schwankungen bei den Dichtigkeitsprüfungen bei Partie 2 gegenüber Partie 1 erklären. Diese Schwankungen ließen sich auch durch Tempern bei 190°C 5h nicht beseitigen. Eigenartigerweise nimmt der mittlere Kristallinitätsgrad mit fallender Werkzeugtemperatur bei gleicher Massetemperatur d.h. mit stärkerer Abschreckung der Schmelze ab.

Thermogravimetrische Rückstandsuntersuchungen wurden nur für Partie 1 durchgeführt. Der erwartete Zusammenhang zwischen Keimzentren und dem Kristallinitätsgrad konnte nicht gefunden

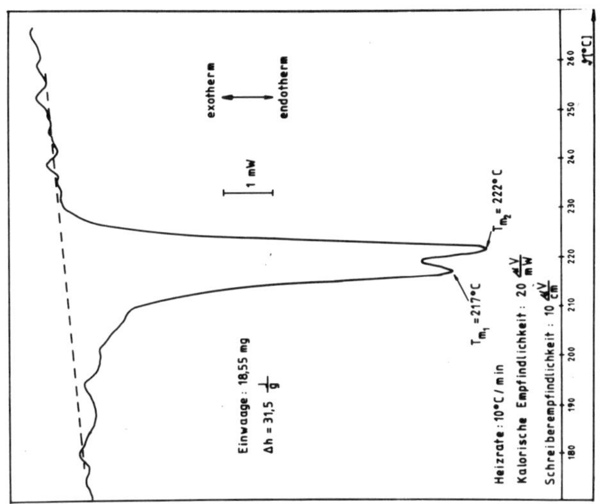

Abb. 4:   Kristallitschmelzbereich nach Ofenabkühlung

werden. Die Kristallinität wird offensichtlich stärker von den
Abkühlbedingungen als von der Anzahl der Keimzentren beeinflußt,
was auch Chan et al. bestätigen (6).

3.2. IR-Spektroskopie

        Es wurde ein IR-Spektrophotometer vom Typ IR-33 der Fa.
Beckman Instruments GmbH München verwendet. Die Probenpräpara-
tion erfolgte durch Pressen von KBr-Tabletten. Die IR-Spektren
hochpolymerer Werkstoffe sind mehr oder weniger stark vom Kristallinitätsgrad abhängig. Die gemessenen Spektren stimmen sowohl für die Bandenlage als auch die relativen Intensitätsver-
hältnisse der Banden sehr gut mit der Literatur überein, (7), (8).
Danach treten die Banden bei 1463 cm^{-1} und bei 1383 cm^{-1} nur in
kristallinen Proben auf. Die 1463 cm^{-1}-Bande ist der CH_2-Knick-
schwingung der transrotationsisomeren Molekülkonformation des
PBTP zuzuordnen. Für die 1383 cm^{-1} ist keine Zuordnung bekannt.
Als innere Standards eignen sich die beiden CH_2-Valenzschwin-
gungen bei 2955 cm^{-1} (γ_a CH_2) und 2890 cm^{-1} (γ_s CH_2).

        Die Extinktion der kristallinen Banden ist proportional
dem Anteil der betreffenden Molekülkonformation, der nicht unbe-
dingt gleich dem kristallinen Anteil aber zu ihm proportional ist.
Mit Hilfe des Lambert-Beerschen Gesetzes wurden durch Bezug auf
die Extinktion der CH_2-Valenzbanden zum Kristallinitätsgrad proportionale Größen berechnet. Dabei ergeben sich zwischen Pos. 2
(Formteilboden) und Pos. 4 bzw. 5 (Fügenaht) Zunahmen des Kristallinitätsgrades zwischen 0 und 5 % (Abb. 5). Das stimmt gut
mit den DSC-Messungen überein, wo Zunahmen zwischen 2 und 12 %
gemessen wurden. Die einzige Ausnahme bildet die erste Ober-
schwingung der Carbonylvalenzschwingung bei 3415 cm^{-1}. Für sie
errechnet sich eine Zunahme des Kristallinitätsgrades um rd. 300%.
Da diese Bande von der OH-Valenzschwingung bei 3540 cm^{-1} über-

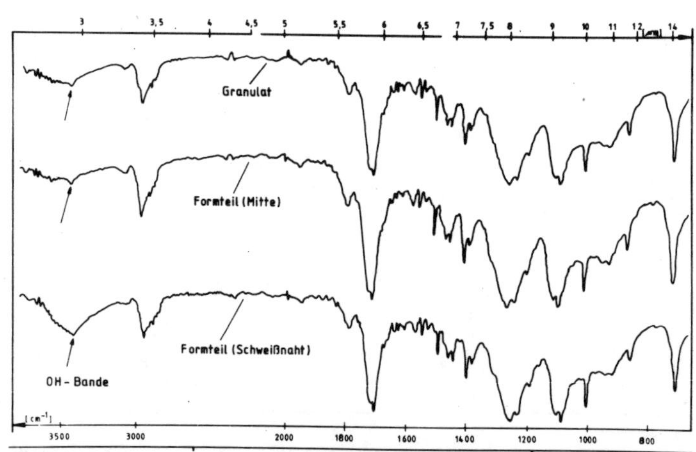

Abb. 5:   IR-Spektren von Granulat und Pos. 2 bzw. 4/5
           bei Spritzbedingung V3

lagert wird, kann ihre aus dem Rahmen fallende Änderung nur durch
starke Zunahme der OH-Bande erklärt werden. Eine thermische Schädigung des PBTP führt nach (9) zur Bildung von Therephthalsäure
und damit zu einer Zunahme der OH-Bandenintensität. Dieser Schä-
digungsprozeß tritt nur in der Fügenaht auf, da hier die Wärme-
abfuhr während des Spritzprozesses nach den DSC-Ergebnissen am
schlechtesten innerhalb des Formnetzes ist. Es läßt sich aufgrund
dieser Ergebnisse eine Formänderung nicht umgehen.

4. Literatur

(1)   L.S.Horvath: Fügen von Kunststoffen, Reihe "Ingenieurwissen"
      VDI-Verlag Düsseldorf 1977, S. 87
(2)   H.Potente: Untersuchung der Schweißbarkeit thermoplastischer
      Kunststoffe mit Ultraschall. Dissertation RWTH Aachen 1971
(3)   H.Möhler und R.Löhr, farbe + lack 85 (1979) 165
(4)   H.K.Yip and H.L.Williams, J.appl.polym.sci. 20 (1976) 1209
(5)   G.E.Sweet and J.P.Bell, J.polym.sci. A-2, 10 (1972) 273
(6)   E.P.Chang, R.O.Kirsten and E.L.Slagowski, Polym. eng. sci.
      18 (1978) 932
(7)   D.O.Hummel u.F.Scholl: Atlas der Polymer-und Kunststoffana-
      lyse Bd.I, 2. Aufl., 1978, Carl Hanser Verlag München, S.223
(8)   D.O.Hummel u. F.Scholl: Atlas der Kunststoffanalyse Bd. I,
      1968, Carl Hanser Verlag München. S. 158
(9)   B.Dolezel: Die Beständigkeit von Kunststoffen und Gummi,
      Carl Hanser Verlag München, 1978
(10) V.Tan u. M.R.Kamal, J. appl. polym. sci. 22 (1978) 2341

Autorenverzeichnis

Sachverzeichnis

Index